国家出版基金项目
NATIONAL PUBLICATION FOUNDATION

"十三五"国家重点图书出版规划项目

# 中国水稻品种志

万建民　总主编

## 浙江上海卷

魏兴华　张小明　主　编

中国农业出版社

北　京

# 内容简介

　　浙江、上海地区水稻育种历史悠久，成绩显著。自20世纪30年代开展水稻良种评选与改良以来，至今育成并推广的一大批水稻品种，为浙江、上海水稻生产做出了重要贡献。本书概述了浙江和上海稻作区划、水稻品种改良的历程及稻种资源状况，主要介绍了中华人民共和国成立以来选育的332个水稻品种，其中常规籼稻品种122个，杂交籼稻品种61个，常规粳稻品种122个，杂交粳稻品种27个。这些新品种的选育与推广应用，在浙江和上海水稻生产中发挥了重要作用。本书还介绍了在浙江、上海乃至全国水稻育种中做出突出贡献的13位专家。

　　为便于读者查阅，各类品种均按汉语拼音顺序排列。同时为便于读者了解品种选育年代，书后还附有品种检索表，包括类型、审定编号和品种权号。

# Abstract

　　Rice breeding in Zhejiang and Shanghai has a long history and obtained remarkable achievements. Since the start of selection and improvement of rice varieties in the 1930s, a large number of rice varieties have been bred and popularized, which have made great contributions to rice production in Zhejiang and Shanghai. This book outlined the cultivation regionalization, the process of rice variety improvement and the status of rice germplasm resources in Zhejiang and Shanghai. It mainly introduced 332 newly bred rice varieties since the establishment of the People ́s Republic of China, including 122 conventional and 61 hybrid *indica* varieties, and 122 conventional and 27 hybrid *japonica* varieties. The selection, popularization and application of these new varieties have played an important role in rice production in Zhejiang and Shanghai.This book also introduced 13 famous rice breeders who made outstanding contributions to rice breeding in Zhejiang, Shanghai, and even in the whole country.

　　For the convenience of readers' reference, all varieties were arranged according to the order of Chinese phonetic alphabet. At the same time, in order to facilitate readers to access simplified variety information, a variety index was attached at the end of the book, including category, approval number and variety right number etc.

# 浙江上海卷编委会

主　编　魏兴华　张小明

编著者（以姓氏笔画为序）

叶胜海　冯　跃　杨窑龙　张小明　余汉勇

陆艳婷　姚海根　袁筱萍　翟荣荣　魏兴华

审　校　魏兴华　张小明　杨庆文　汤圣祥　王彩红

俞法明

# 前　言

　　水稻是中国和世界大部分地区栽培的最主要粮食作物，水稻的产量增加、品质改良和抗性提高对解决全球粮食问题、提高人们生活质量、减轻环境污染具有举足轻重的作用。历史证明，中国水稻生产的两次大突破均是品种选育的功劳，第一次是20世纪50年代末至60年代初开始的矮化育种，第二次是70年代中期开始的杂交稻育种。90年代中期，先后育成了超级稻两优培九、沈农265等一批超高产新品种，单产达到11～12t/hm²。单产潜力超过16t/hm²的超级稻品种目前正在选育过程中。水稻育种虽然取得了很大成绩，但面临的任务也越来越艰巨，对骨干亲本及其育种技术的要求也越来越高，因此，有必要编撰《中国水稻品种志》，以系统地总结65年来我国水稻育种的成绩和育种经验，提高我国新形势下的水稻育种水平，向第三次新的突破前进，进而为促进我国民族种业发展、保障我国和世界粮食安全做出新贡献。

　　《中国水稻品种志》主要内容分三部分：第一部分阐述了1949—2014年中国水稻品种的遗传改良成就，包括全国水稻生产情况、品种改良历程、育种技术和方法、新品种推广成就和效益分析，以及水稻育种的未来发展方向。第二部分展示中国不同时期育成的新品种（新组合）及其骨干亲本，包括常规籼稻、常规粳稻、杂交籼稻、杂交粳稻和陆稻的品种，并附有品种检索表，供进一步参考。第三部分介绍中国不同时期著名水稻育种专家的成就。全书分十八卷，分别为广东海南卷、广西卷、福建台湾卷、江西卷、安徽卷、湖北卷、四川重庆卷、云南卷、贵州卷、黑龙江卷、辽宁卷、吉林卷、浙江上海卷、江苏卷，以及湖南常规稻卷、湖南杂交稻卷、华北西北卷和旱稻卷。

　　《中国水稻品种志》根据行政区划和实际生产情况，把中国水稻生产区域分为华南、华中华东、西南、华北、东北及西北六大稻区，统计并重点介绍了自1978年以来我国育成年种植面积大于40万hm²的常规水稻品种如湘矮早9号、原丰早、浙辐802、桂朝2号、珍珠矮11等共23个，杂交稻品种如D优63、冈优22、南优2号、汕优2号、汕优6号等32个，以及2005—2014年育成的超级稻品种如龙粳31、武运粳27、松粳15、中早39、合美占、中嘉早17、两优培九、准两优527、辽优1052和甬优12、徽两优6号等111个。

　　《中国水稻品种志》追溯了65年来中国育成的8 500余份水稻、陆稻和杂交水稻现代品种的亲源，发现一批极其重要的育种骨干亲本，它们对水稻品种的遗传改良贡献巨大。据不完全统计，常规籼稻最重要的核心育种骨干亲本有矮仔占、南特号、珍汕97、矮脚南特、珍珠矮、低脚乌尖等22个，它们衍生的品种数超过2 700个；常规粳稻最重要的核心育种骨干亲本有旭、笹锦、坊主、爱国、农垦57、农垦58、农虎6号、测21等20个，衍生的品种数超过2 400个。尤其是携带*sd1*矮秆基因的矮仔占质源自早期从南洋引进后就成为广西容县一带优良农家地方品种，利用该骨干亲本先后育成了11代超过405个品种，其中种植面积较大的育成品种有广场矮、珍珠矮、广陆矮4号、二九青、先锋1号、特青、桂朝2号、双桂1号、湘早籼7号、嘉育948等。

《中国水稻品种志》还总结了我国培育杂交稻的历程，至今最重要的杂交稻核心不育系有珍汕97A、Ⅱ-32A、V20A、协青早A、金23A、冈46A、谷丰A、农垦58S、安农S-1、培矮64S、Y58S、株1S等21个，衍生的不育系超过160个，配组的大面积种植品种数超过1 300个；已广泛应用的核心恢复系有17个，它们衍生的恢复系超过510个，配组的杂交品种数超过1 200个。20世纪70～90年代大部分强恢复系引自国外，包括IR24、IR26、IR30、密阳46等，它们均含有我国台湾地方品种低脚乌尖的血缘（*sd1*矮秆基因）。随着明恢63（IR30／圭630）的育成，我国杂交稻恢复系选育走上了自主创新的道路，育成的恢复系其遗传背景呈现多元化。

《中国水稻品种志》由中国农业科学院作物科学研究所主持编著，邀请国内著名水稻专家和育种家分卷主撰，凝聚了全国水稻育种者的心血和汗水。同时，在本志编著过程中，得到全国各水稻研究教学单位领导和相关专家的大力支持和帮助，在此一并表示诚挚的谢意。

《中国水稻品种志》集科学性、系统性、实用性、资料性于一体，是作物品种志方面的专著，内容丰富，图文并茂，可供从事作物育种和遗传资源研究者、高等院校师生参考。由于我国水稻品种的多样性和复杂性，育种者众多，资料难以收全，尽管在编著和统稿过程中注意了数据的补充、核实和编撰体例的一致性，但限于编著者水平，书中疏漏之处难免，敬请广大读者不吝指正。

编　者

2018年4月

# 目　录

# 第一章
# 中国稻作区划与水稻品种遗传改良概述

ZHONGGUO SHUIDAO PINZHONGZHI · ZHEJIANG SHANGHAI JUAN

水稻是中国最主要的粮食作物之一，稻米是中国一半以上人口的主粮。2014年，中国水稻种植面积3 031万 hm²，总产20 651万 t，分别占中国粮食作物种植面积和总产量的26.89%和34.02%。毫无疑问，水稻在保障国家粮食安全、振兴乡村经济、提高人民生活质量方面，具有举足轻重的地位。

中国栽培稻属于亚洲栽培稻种（*Oryza sativa* L.），有两个亚种，即籼亚种（*O. sativa* L. subsp. *indica*）和粳亚种（*O. sativa* L. subsp. *japonica*）。中国不仅稻作栽培历史悠久，稻作环境多样，稻种资源丰富，而且育种技术先进，为高产、多抗、优质、广适、高效水稻新品种的选育和推广提供了丰富的物质基础和强大的技术支撑。

中华人民共和国成立以来，通过育种技术的不断改进，从常规育种（系统选择、杂交育种、诱变育种、航天育种）到杂种优势利用，再到生物技术育种（细胞工程育种、分子标记辅助选择育种、遗传转化育种等），至2014年先后育成8 500余份常规水稻、陆稻和杂交水稻现代品种，其中通过各级农作物品种审定委员会审（认）定的水稻品种有8 117份，包括常规水稻品种3 392份，三系杂交稻品种3 675份，两系杂交稻品种794份，不育系256份。在此基础上，实现了水稻优良品种的多次更新换代。水稻品种的遗传改良和优良新品种的推广，栽培技术的优化和病虫害的综合防治等一系列技术革新，使我国的水稻单产从1949年的1 892kg/hm²提高到2014年的6 813.2kg/hm²，增长了260.1%；总产从4 865万 t提高到20 651万 t，增长了324.5%；稻作面积从2 571万 hm²增加到3 031万 hm²，仅增加了17.9%。研究表明，新品种的不断育成和推广是水稻单产和总产不断提高的最重要贡献因子。

# 第一节　中国栽培稻区的划分

水稻是喜温喜水、适应性强、生育期较短的谷类作物，凡温度适宜、有水源的地方，均可种植水稻。中国稻作分布广泛，最北的稻作区位于黑龙江省的漠河（北纬53°27′），为世界稻作区的北限；最高海拔的稻作区在云南省宁蒗县山区，海拔高度2 965m。在南方的山区、坡地以及北方缺水少雨的旱地，种植有较耐干旱的陆稻。从总体看，由于纬度、温度、季风、降水量、海拔高度、地形等的影响，中国水稻种植面积存在南方多北方少，东南集中西北分散的状况。

本书以我国行政区划（省、自治区、直辖市）为基础，结合全国水稻生产的光温生态、季节变化、耕作制度、品种演变等，参考《中国水稻种植区划》（1988）和《中国水稻生产发展问题研究》（2010），将全国分为华南、华中华东、西南、华北、东北和西北六大稻区。

## 一、华南稻区

本区位于中国南部，包括广东、广西、福建、海南等大陆4省（自治区）和台湾省。本区水热资源丰富，稻作生长季260～365d，≥10℃的积温5 800～9 300℃；稻作生长季日照时数1 000～1 800h，降水量700～2 000mm。稻作土壤多为红壤和黄壤。本区的籼稻面积占95%以上，其中杂交籼稻占65%左右，耕作制度以双季稻和中稻为主，也有部分单季晚稻，部分地区实行与甘蔗、花生、薯类、豆类等作物当年或隔年水旱轮作。

2014年本区稻作面积503.6万hm²（不包括台湾），占全国稻作总面积的16.61%。稻谷单产5 778.7kg/hm²，低于全国平均产量（6 813.2kg/hm²）。

## 二、华中华东稻区

本区为中国水稻的主产区，包括江苏、上海、浙江、安徽、江西、湖南、湖北7省（直辖市），也称长江中下游稻作区。本区属亚热带温暖湿润季风气候，稻作生长季210～260d，≥10℃的积温4 500～6 500℃；稻作生长季日照时数700～1 500h，降水量700～1 600mm。本区平原地区稻作土壤多为冲积土、沉积土和鳝血土，丘陵山地多为红壤、黄壤和棕壤。本区双、单季稻并存，籼稻、粳稻均有。20世纪60～80年代，本区双季稻面积占全国双季稻面积的50%以上，其中，浙江、江西、湖南的双季稻面积占该三省稻作面积的80%～90%。20世纪80年代中期以来，由于种植结构和耕作制度的变革，杂交稻的兴起，以及双季早稻米质不佳等原因，双季早稻面积锐减，使本区的稻作面积从80年代初占全国稻作面积的54%下降到目前的49%左右。尽管如此，本区稻米生产的丰歉，对全国粮食形势仍然具有重要影响。太湖平原、里下河平原、皖中平原、鄱阳湖平原、洞庭湖平原、江汉平原历来都是中国著名的稻米产区。

2014年本区稻作面积1 501.6万hm²，占全国稻作总面积的49.54%。稻谷单产6 905.6kg/hm²，高于全国平均产量。

## 三、西南稻区

本区位于云贵高原和青藏高原，属亚热带高原型湿热季风气候，包括云南、贵州、四川、重庆、青海、西藏6省（自治区、直辖市）。本区具有地势高低悬殊、温度垂直差异明显、昼夜温差大的高原特点，稻作生长季180～260d，≥10℃的积温2 900～8 000℃；稻作生长季日照时数800～1 500h，降水量500～1 400mm。稻作土壤多为红壤、红棕壤、黄壤和黄棕壤等。本区籼稻、粳稻并存，以单季中稻为主，成都平原是我国著名的单季中稻区。云贵高原稻作垂直分布明显，低海拔（<1 400m）稻区多为籼稻，湿热坝区可种植双季籼稻，高海拔（>1 800m）稻区多为粳稻，中海拔（1 400～1 800m）稻区籼稻、粳稻并存。部分山区种植陆稻，部分低海拔又无灌溉水源的坡地筑有田埂，种植雨水稻。

2014年本区稻作面积450.9万hm²，占全国稻作总面积的14.88%。稻谷单产6 873.4kg/hm²，高于全国平均产量。

## 四、华北稻区

本区位于秦岭—淮河以北，长城以南，关中平原以东地区，包括北京、天津、山东、河北、河南、山西、内蒙古7省（自治区、直辖市）。本区属暖温带半湿润季风气候，夏季温度较高，但春、秋季温度较低，稻作生长季较短，无霜期170～200d，年≥10℃的积温4 000～5 000℃；年日照时数2 000～3 000h，年降水量580～1 000mm，但季节间分布不均。稻作土壤多为黄潮土、盐碱土、棕壤和黑黏土。本区以单季早、中粳稻为主，水源主要来自渠井和地下水。

2014年本区稻作面积95.3万hm²，占全国稻作总面积的3.14%。稻谷单产7 863.9kg/hm²，高于全国平均产量。

## 五、东北稻区

本区是我国纬度最高的稻作区，包括黑龙江、吉林和辽宁3省，属中温带—寒温带，年平均气温2～10℃，无霜期90～200d，年≥10℃的积温2000～3700℃；年日照时数2200～3100h，年降水量350～1100mm。本区光照充足，但昼夜温差大，稻作生长期短，土壤多为肥沃、深厚的黑泥土、草甸土、棕壤以及盐碱土。稻作以早熟的单季粳稻为主，冷害和稻瘟病是本区稻作的主要问题。最北部的黑龙江省稻区，粳稻品质十分优良，近35年来由于大力发展灌溉设施，稻作面积不断扩大，从1979年的84.2万hm²发展到2014年的320.5万hm²，成为中国粳稻的主产省之一。

2014年本区稻作面积451.5万hm²，占全国稻作总面积的14.90%。稻谷单产7863.9kg/hm²，高于全国平均产量。

## 六、西北稻区

本区包括陕西、甘肃、宁夏和新疆4省（自治区），幅员广阔，光热资源丰富，但干燥少雨，季节和昼夜气温变化大，无霜期150～200d，年≥10℃的积温3450～3700℃；年日照时数2600～3300h，年降水量150～200mm。稻田土壤较瘠薄，多为灰漠土、草甸土、粉沙土、灌淤土及盐碱土。稻作以单季粳稻为主，分布于河流两岸及有灌溉水源的地区。干燥少雨是本区发展水稻的制约因素。

2014年本区稻作面积28.2万hm²，占全国稻作总面积的0.93%。稻谷单产8251.4kg/hm²，高于全国平均产量。

中华人民共和国成立65年来，六大稻区的水稻种植面积及占全国稻作面积的比例发生了一定变化。华南稻区的稻作面积波动较大，从1949年的811.7万hm²，增加到1979年的875.3万hm²，但2014年下降到503.6万hm²。华中华东稻区是我国的主产稻区，基本维持在全国稻区面积的50%左右，其种植面积的高峰在20世纪的70～80年代，达到全国稻区面积的53%～54%。西南和西北稻区稻作面积基本保持稳定，近35年来分别占全国稻区面积的14.9%和0.9%左右。华北和东北稻区种植面积和占比均有提高，特别是东北稻区，其稻作面积和占比近35年来提高较快，2014年达到了451.5万hm²，全国占比达到14.9%，与1979年的84.2万hm²相比，种植面积增加了367.3万hm²。我国六大稻区2014年的稻作面积和占比见图1-1。

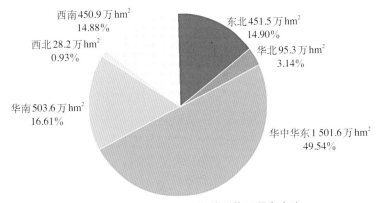

图1-1　中国六大稻区2014年的稻作面积和占比

# 第二节　中国栽培稻的分类

中国栽培稻的分类比较复杂，丁颖教授将其系统分为四大类：籼亚种和粳亚种，早稻、中稻和晚稻，水稻和陆稻，粘稻和糯稻。随着杂种优势的利用，又增加了一类，为常规稻和杂交稻。本节将根据这五大类分别进行介绍。

## 一、籼稻和粳稻

中国栽培稻籼亚种（*O. sativa* L. subsp. *indica*）和粳亚种（*O. sativa* L. subsp. *japonica*）的染色体数同为24（$2n=24$），但由于起源演化的差异和人为选择的结果，这两个亚种存在一定的形态和生理特性差异，并有一定程度的生殖隔离。据《辞海》（1989年版）记载，籼稻与粳稻比较：籼稻分蘖力较强；叶幅宽，叶色淡绿，叶面多毛；小穗多数短芒或无芒，易脱粒，颖果狭长扁圆；米质黏性较弱，膨性大；比较耐热和耐强光，主要分布于华南热带和淮河以南亚热带的低地。

按照现代分类学的观点，粳稻又可分为温带粳稻和热带粳稻（爪哇稻）。中国传统（农家/地方）粳稻品种均属温带粳稻类型。近年有的育种家为扩大遗传背景，在育种亲本中加入了热带粳稻材料，因而育成的水稻品种含有部分热带粳稻（爪哇稻）的血缘。

籼稻、粳稻的分布，主要受温度的制约，还受到种植季节、日照条件和病虫害的影响。目前，中国的籼稻品种主要分布在华南和长江流域各省份，以及西南的低海拔地区和北方的河南、陕西南部。湖南、贵州、广东、广西、海南、福建、江西、四川、重庆的籼稻面积占各省稻作面积的90%以上，湖北、安徽占80%～90%，浙江、云南在50%左右，江苏在25%左右。粳稻主要分布在东北、华北、长江下游太湖地区和西北，以及华南、西南的高海拔山区。东北的黑龙江、吉林、辽宁三省是全国著名的北方粳稻产区，江苏、浙江、安徽、湖北是南方粳稻主产区，云南的高海拔地区则以粳稻为主。

2014年，中国籼稻种植面积2 130.8万hm²，约占稻作面积的70.3%；粳稻面积900.2万hm²，占稻作面积的29.7%。据统计，2014年中国种植面积大于6 667hm²的常规水稻品种有298个，其中籼稻品种104个，占34.9%；粳稻品种194个，占65.1%；2014年种植面积最大的前5位常规粳稻品种是：龙粳31（92.2万hm²）、宁粳4号（35.8万hm²）、绥粳14（29.1万hm²）、龙粳26（28.1万hm²）和连粳7号（22.0万hm²）；种植面积最大的前5位常规籼稻品种是：中嘉早17（61.1万hm²）、黄华占（30.6万hm²）、湘早籼45（17.8万hm²）、中早39（16.3万hm²）和玉针香（11.2万hm²）。

## 二、常规稻和杂交稻

常规稻是遗传纯合、可自交结实、性状稳定的水稻品种类型，杂交稻是利用杂种一代优势、目前必须年年制种的杂交水稻类型。中国是世界上第一个大面积、商品化应用杂交稻的国家，20世纪70年代后期开始大规模推广三系杂交稻，90年代初成功选育出两系杂交稻并应用于生产。目前，常规稻种植面积占全国稻作面积的46%左右，杂交稻占54%左右。

1991年我国年种植面积大于6 667hm²的常规稻品种有193个，2014年增加到298个（图1-2）；杂交稻品种数从1991年的62个增加到2014年的571个。1991年以来，年种植面积大于6 667hm²的常规稻品种数每年较为稳定，基本为200～300个品种，但杂交稻品种数增加较快，增加了8倍多。

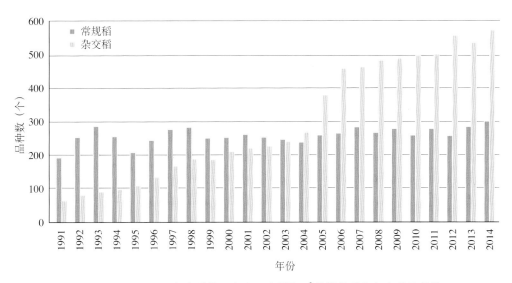

图1-2　1991—2014年年种植面积大于6 667hm²的常规稻和杂交稻品种数

## 三、早稻、中稻和晚稻

在稻种向不同纬度、不同海拔高度传播的过程中，在日照和温度的强烈影响下，在自然选择和人为选择的综合作用下，栽培稻发生了一系列感光性和感温性的变异，出现了早稻、中稻和晚稻栽培类型。一般而言，早稻基本营养生长期短，感温性强，不感光或感光性极弱；中稻基本营养生长期较长，感温性中等，感光性弱；晚稻基本营养生长期短，感光性强，感温性中等或较强，但通常晚籼稻的感光性强于晚粳稻。

籼稻和粳稻、杂交稻和常规稻都有早、中、晚类型，每一类型根据生育期的长短有早熟、中熟和迟熟之分，从而形成了大量适应不同栽培季节、耕作制度和生育期要求的品种。在华南、华中的双季稻区，早籼和早粳品种对日长反应不敏感，生育期较短，一般3～4月播种，7～8月收获。在海南和广东南部，由于温度较高，早籼稻通常2月中、下旬播种，6月下旬收获。中稻一般作单季稻种植，生育期稳定，产量较高，华南稻区部分迟熟早籼稻品种在华中和华东地区可作中稻种植。晚籼稻和晚粳稻均可作双季晚稻和单季晚稻种植，以保证在秋季气温下降前抽穗授粉。

20世纪70年代后期以来，由于杂交水稻的兴起，种植结构的变化，中国早稻和晚稻的种植面积逐年减少，单季中稻的种植面积大幅增加。早、中、晚稻种植面积占全国稻作面积的比重，分别从1979年的33.7%、32.0%和34.3%，转变为1999年的24.2%、48.9%和26.9%，2014年进一步变化为19.1%、59.9%和21.0%（图1-3）。

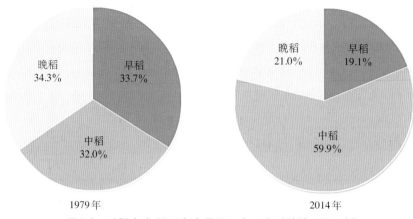

图1-3　1979年和2014年全国早、中、晚稻种植面积比例

## 四、水稻和陆稻

中国的栽培稻极大部分是水稻，占中国稻作面积的98%。陆稻（Upland rice）亦称旱稻，古代称棱稻，是适应较少水分环境（坡地、旱地）的一类稻作生态品种。陆稻的显著特点是耐干旱，表现为种子吸水力强，发芽快，幼苗对土壤中氯酸钾的耐毒力较强；根系发达，根粗而长；维管束和导管较粗，叶表皮较厚，气孔少，叶较光滑有蜡质；根细胞的渗透压和茎叶组织的汁液浓度也较高。与水稻比较，陆稻吸水力较强而蒸腾量较小，故有较强的耐旱能力。通常陆稻依靠雨水或地下水获得水分，稻田无田埂。虽然陆稻的生长发育对光、温要求与水稻相似，但一生需水量约是水稻的2/3或1/2。因而，陆稻适于水源不足或水源不均衡的稻区、多雨的山区和丘陵区的坡地或台田种植，还可与多种旱作物间作或套种。从目前的地理环境和种植水平看，陆稻的单产低于水稻。

陆稻也有籼稻、粳稻之别和生育期长短之分。全国陆稻面积约57万hm²，仅占全国稻作总面积的2%左右，主要分布于云贵高原的西南山区、长江中游丘陵地区和华北平原区。云南西双版纳和思茅等地每年陆稻种植面积稳定在10万hm²左右。近年，华北地区正在发展一种旱作稻（Aerobic rice），耐旱性较强，在整个生育期灌溉几次即可，产量较高。此外，广东、广西、海南等地的低洼地区，在20世纪50年代前曾有少量深水稻品种，中华人民共和国成立后，随着水利排灌设施的完善，现已绝迹。目前，种植面积较大的陆稻品种有中旱209、旱稻277、巴西陆稻、中旱3号、陆引46、丹旱稻1号、冀粳12、IRAT104等。

## 五、粘稻和糯稻

稻谷胚乳均有糯性与非糯性之分。糯稻和非糯稻的主要区别在于饭粒黏性的强弱，相对而言，粘稻（非糯稻）黏性弱，糯稻黏性强，其中粳糯稻的黏性大于籼糯稻。化学成分的分析指出，胚乳直链淀粉含量的多少是区别粘稻和糯稻的化学基础。通常，粳粘稻的直链淀粉含量占淀粉总量的8%～20%，籼粘稻为10%～30%，而糯稻胚乳基本为支链淀粉，不含或仅含极少量直链淀粉（≤2%）。从化学反应看，由于糯稻胚乳和花粉中的淀粉基本或完全为支链淀粉，因此吸碘量少，遇1%的碘-碘化钾溶液呈红褐色反应，而粘稻直链淀粉含量高，吸碘量大，呈蓝紫色反应，这是区分糯稻与非糯稻品种的主要方法之一。从外观看，糯稻胚乳在刚收获时因含水量较高而呈半透明，经充分干燥后呈乳白色，这是因为胚乳细胞快速失水，产生许多大小不一的空隙，导致光散射而引起的乳白色视觉。

云南、贵州、广西等省（自治区）的高海拔地区，人们喜食糯米，籼型糯稻品种丰富，而长江中下游地区以粳型糯稻品种居多，东北和华北地区则全部是粳型糯稻。从用途看，糯米通常用于酿制米酒，制作糕点。在云南的低海拔稻区，有一种低直链淀粉含量的籼粘稻，称为软米，其黏性介于籼粘稻和糯稻之间，适于制作饵块、米线。

# 第三节　水稻遗传资源

水稻育种的发展历程证明，品种改良每一阶段的重大突破均与水稻优异种质的发现和利用相关。20世纪50年代末，矮仔占、矮脚南特、台中本地1号（TN1，亦称台中在来1号）和广场矮等矮秆种质的发掘与利用，实现了60年代我国水稻品种的矮秆化；70～80年代野败型、矮败型、冈型、印水型、红莲型等不育资源的发现及二九南1号A、珍汕97A等水稻野败型不育系育成，实现了籼型杂交稻的"三系"配套和大面积推广利用；80年代农垦58S、安农S-1等光温敏核不育材料的发掘与利用，实现了"两系"杂交水稻的突破；90年代02428、培矮64、轮回422等广亲和种质的发掘与利用，基本克服了籼粳稻杂交的瓶颈；80～90年代沈农89366、沈农159、辽粳5号等新株型优异种质的创新与利用，实现了北方粳稻直立穗型与高产的结合，使北方粳稻产量有了较大的提高；90年代以来光温敏不育系培矮64S、Y58S、株1S以及中9A、甬粳2号A和恢复系9311、蜀恢527等的创新与利用，选育出一系列高产、优质的超级杂交稻品种。可见，水稻优异种质资源的收集、评价、创新和利用是水稻品种遗传改良的重要环节和基础。

## 一、栽培稻种质资源

中国具有丰富的多样化的水稻遗传资源。清代的《授时通考》（1742）记载了全国16省的3 429个水稻品种，它们是长期自然突变、人工选择和留种栽培的结果。中华人民共和国成立以来，全国进行了4次大规模的稻种资源考察和收集。20世纪50年代后期到60年代在广东、湖南、湖北、江苏、浙江、四川等14省（自治区、直辖市）进行了第一次全国性的水稻种质资源的考察，征集到各类水稻种质5.7万余份。70年代末至80年代初，进行了全国水稻种质资源的补充考察和征集，获得各类水稻种质万余份。国家"七五"（1986—1990）、"八五"（1991—1995）和"九五"（1996—2000）科技攻关期间，分别对神农架和三峡地区以及海南、湖北、四川、陕西、贵州、广西、云南、江西和广东等省（自治区）的部分地区再度进行了补充考察和收集，获得稻种3 500余份。"十五"（2001—2005）和"十一五"（2006—2010）期间，又收集到水稻种质6 996份。

通过对收集到的水稻种质进行整理、核对与编目，截至2010年，中国共编目水稻种质82 386份，其中70 669份是从中国国内收集的种质，占编目总数的85.8%（表1-1）。在此基础上，编辑和出版了《中国稻种资源目录》（8册）、《中国优异稻种资源》，编目内容包括基本信息、形态特征、生物学特性、品质特性、抗逆性、抗病虫性等。

截至2010年，在国家作物种质库［简称国家长期库（北京）］繁种保存的水稻种质资源共73 924份，其中各类型种质所占百分比大小顺序为：地方稻种（68.1%）＞国外引进稻种（13.9%）＞野生稻种（8.0%）＞选育稻种（7.8%）＞杂交稻"三系"资源（1.9%）＞遗传材料（0.3%）（表1-1）。在所保存的水稻地方品种中，保存数量较多的省份包括广西（8 537份）、云南（5 882份）、贵州（5 657份）、广东（5 512份）、湖南（4 789份）、四川（3 964份）、江西（2 974份）、江苏（2 801份）、浙江（2 079份）、福建（1 890份）、湖北（1 467份）和台湾（1 303份）。此外，在中国水稻研究所的国家水稻中期库（杭州）保存了稻属及近缘属种质资源7万余份，是我国单项作物保存规模最大的中期种质库，也是世界上最大的单项国家级水稻种质基因库之一。在入国家长期库（北京）的66 408份地方稻种、选育稻种、国外引进稻种等水稻种质中，籼稻和粳稻种质分别占63.3%和36.7%，水稻和陆稻种质分别占93.4%和6.6%，粘稻和糯稻种质分别占83.4%和16.6%。显然，籼稻、水稻和粘稻的种质数量分别显著多于粳稻、陆稻和糯稻。

表1-1  中国稻种资源的编目数和入库数

| 种质类型 | 编目 | | 繁殖入库 | |
|---|---|---|---|---|
| | 份数 | 占比（%） | 份数 | 占比（%） |
| 地方稻种 | 54 282 | 65.9 | 50 371 | 68.1 |
| 选育稻种 | 6 660 | 8.1 | 5 783 | 7.8 |
| 国外引进稻种 | 11 717 | 14.2 | 10 254 | 13.9 |
| 杂交稻"三系"资源 | 1 938 | 2.3 | 1 374 | 1.9 |
| 野生稻种 | 7 663 | 9.3 | 5 938 | 8.0 |
| 遗传材料 | 126 | 0.2 | 204 | 0.3 |
| 合计 | 82 386 | 100 | 73 924 | 100 |

截至2010年，完成了29 948份水稻种质资源的抗逆性鉴定，占入库种质的40.5%；完成了61 462份水稻种质资源的抗病虫性鉴定，占入库种质的83.1%；完成了34 652份水稻种质资源的品质特性鉴定，占入库种质的46.9%。种质评价表明：中国水稻种质资源中蕴藏着丰富的抗旱、耐盐、耐冷、抗白叶枯病、抗稻瘟病、抗纹枯病、抗褐飞虱、抗白背飞虱等优异种质（表1-2）。

表1-2  中国稻种资源中鉴定出的抗逆性和抗病虫性优异的种质份数

| 种质类型 | 抗旱 | | 耐盐 | | 耐冷 | | 抗白叶枯病 | |
|---|---|---|---|---|---|---|---|---|
| | 极强 | 强 | 极强 | 强 | 极强 | 强 | 高抗 | 抗 |
| 地方稻种 | 132 | 493 | 17 | 40 | 142 | — | 12 | 165 |
| 国外引进稻种 | 3 | 152 | 22 | 11 | 7 | 30 | 3 | 39 |
| 选育稻种 | 2 | 65 | 2 | 11 | — | 50 | 6 | 67 |

（续）

| 种质类型 | 抗稻瘟病 | | | 抗纹枯病 | | 抗褐飞虱 | | | 抗白背飞虱 | | |
|---|---|---|---|---|---|---|---|---|---|---|---|
| | 免疫 | 高抗 | 抗 | 高抗 | 抗 | 免疫 | 高抗 | 抗 | 免疫 | 高抗 | 抗 |
| 地方稻种 | — | 816 | 1 380 | 0 | 11 | — | 111 | 324 | — | 122 | 329 |
| 国外引进稻种 | — | 5 | 148 | 5 | 14 | — | 0 | 218 | — | 1 | 127 |
| 选育稻种 | | 63 | 145 | 3 | 7 | | 24 | 205 | | 13 | 32 |

注：数据来自2005年国家种质数据库。

2001—2010年，结合水稻优异种质资源的繁殖更新、精准鉴定与田间展示、网上公布等途径，国家粮食作物种质中期库［简称国家中期库（北京）］和国家水稻种质中期库（杭州）共向全国从事水稻育种、遗传及生理生化、基因定位、遗传多样性和水稻进化等研究的300余个科研及教学单位提供水稻种质资源47 849份次，其中国家中期库（北京）提供26 608份次，国家水稻种质中期库（杭州）提供21 241份次，平均每年提供4 785份次。稻种资源在全国范围的交换、评价和利用，大大促进了水稻育种及其相关基础理论研究的发展。

## 二、野生稻种质资源

野生稻是重要的水稻种质资源，在中国的水稻遗传改良中发挥了极其重要的作用。从海南岛普通野生稻中发现的细胞质雄性不育株，奠定了我国杂交水稻大面积推广应用的基础。从江西发现的矮败野生稻不育株中选育而成的协青早A和从海南发现的红芒野生稻不育株育成的红莲早A，是我国两个重要的不育系类型，先后转育了一大批杂交水稻品种。利用从广西普通野生稻中发现的高抗白叶枯病基因*Xa23*，转育成功了一系列高产、抗白叶枯病的栽培品种。从江西东乡野生稻中发现的耐冷材料，已经并继续在耐冷育种中发挥重要作用。

据1978—1982年全国野生稻资源普查、考察和收集的结果，参考1963年中国农业科学院原生态研究室的考察记录，以及历史上台湾发现野生稻的记载，现已明确，中国有3种野生稻：普通野生稻（*O. rufipogon* Griff.）、疣粒野生稻（*O. meyeriana* Baill）和药用野生稻（*O. officinalis* Wall et Watt），分布于广东、海南、广西、云南、江西、福建、湖南、台湾等8个省（自治区）的143个县（市），其中广东53个县（市）、广西47个县（市）、云南19个县（市）、海南18个县（市）、湖南和台湾各2个县、江西和福建各1个县。

普通野生稻自然分布于广东、广西、海南、云南、江西、湖南、福建、台湾等8个省（自治区）的113个县（市），是我国野生稻分布最广、面积最大、资源最丰富的一种。普通野生稻大致可分为5个自然分布区：①海南岛区。该区气候炎热，雨量充沛，无霜期长，极有利于普通野生稻的生长与繁衍。海南省18个县（市）中就有14个县（市）分布有普通野生稻，而且密度较大。②两广大陆区。包括广东、广西和湖南的江永县及福建的漳浦县，为普通野生稻的主要分布区，主要集中分布于珠江水系的西江、北江和东江流域，特别是北回归线以南及广东、广西沿海地区分布最多。③云南区。据考察，在西双版纳傣族自治州的景洪镇、勐罕坝、大勐龙坝等地共发现26个分布点，后又在景洪和元江发现2个普通野生稻分布点，这两个县普通野生稻呈零星分布，覆盖面积小。历年发现的分布点都集中在流沙河和澜沧江流域，这两条河向南流入东南亚，注入南海。④湘赣区。包括湖南茶陵县及江西东乡县的普通野生稻。东乡县的普通野生稻分布于北纬28°14′，是目前中国乃至全球普通野生稻分布的最北限。⑤台湾区。20世纪50年代在桃园、新竹两县发现过普通野生稻，但目前已消失。

药用野生稻分布于广东、海南、广西、云南4省（自治区）的38个县（市），可分为3个自然分布区：①海南岛区。主要分布在黎母山一带，集中分布在三亚市及陵水、保亭、乐东、白沙、屯昌5县。②两广大陆区。为主要分布区，共包括27个县（市），集中于桂东中南部，包括梧州、苍梧、岑溪、玉林、容县、贵港、武宣、横县、邕宁、灵山等县（市），以及广东省的封开、郁南、德庆、罗定、英德等县（市）。③云南区。主要分布于临沧地区的耿马、永德县及普洱市。

疣粒野生稻主要分布于海南、云南与台湾三省（台湾的疣粒野生稻于1978年消失）的27个县（市），海南省仅分布于中南部的9个县（市），尖峰岭至雅加大山、鹦哥岭至黎母山、大本山至五指山、吊罗山至七指岭的许多分支山脉均有分布，常常生长在背北向南的山坡上。云南省有18个县（市）存在疣粒野生稻，集中分布于哀牢山脉以西的滇西南，东至绿春、元江，而以澜沧江、怒江、红河、李仙江、南汀河等河流下游地区为主要分布区。台湾在历史上曾发现新竹县有疣粒野生稻分布，目前情况不明。

自2002年开始，中国农业科学院作物科学研究所组织江西、湖南、云南、海南、福建、广东和广西等省（自治区）的相关单位对我国野生稻资源状况进行再次全面调查和收集，至2013年底，已完成除广东省以外的所有已记载野生稻分布点的调查和部分生态环境相似地区的调查。调查结果表明，与1980年相比，江西、湖南、福建的野生稻分布点没有变化，但分布面积有所减少；海南发现现存的野生稻居群总数达154个，其中普通野生稻136个，疣粒野生稻11个，药用野生稻7个；广西原有的1 342个分布点中还有325个存在野生稻，且新发现野生稻分布点29个，其中普通野生稻13个，药用野生稻16个；云南在调查的98个野生稻分布点中，26个普通野生稻分布点仅剩1个，11个药用野生稻分布点仅剩2个，61个疣粒野生稻分布点还剩25个。除了已记载的分布点，还发现了1个普通野生稻和10个疣粒野生稻新分布点。值得注意的是，从目前对现存野生稻的调查情况看，与1980年相比，我国70%以上的普通野生稻分布点、50%以上的药用野生稻分布点和30%疣粒野生稻分布点已经消失，濒危状况十分严重。

2010年，国家长期库（北京）保存野生稻种质资源5 896份，其中国内普通野生稻种质资源4 602份，药用野生稻880份，疣粒野生稻29份，国外野生稻385份；进入国家中期库（北京）保存的野生稻种质资源3 200份。考虑到种茎保存能较好地保持野生稻原有的种性，为了保持野生稻的遗传稳定性，现已在广东省农业科学院水稻研究所（广州）和广西农业科学院作物品种资源研究所（南宁）建立了2个国家野生稻种质资源圃，收集野生稻种茎入圃保存，至2013年已入圃保存的野生稻种茎10 747份，其中广州圃保存5 037份，南宁圃保存5 710份。此外，新收集的12 800份野生稻种质资源尚未入编国家长期库（北京）或国家野生稻种质圃长期保存，临时保存于各省（自治区）临时圃或大田中。

近年来，对中国收集保存的野生稻种质资源开展了较为系统的抗病虫鉴定，至2013年底，共鉴定出抗白叶枯病种质资源130多份，抗稻瘟病种质资源200余份，抗纹枯病种质资源10份，抗褐飞虱种质资源200多份，抗白背飞虱种质资源180多份。但受试验条件限制，目前野生稻种质资源抗旱、耐寒、抗盐碱等的鉴定较少。

# 第四节　栽培稻品种的遗传改良

中华人民共和国成立以来，水稻品种的遗传改良获得了巨大成就，纯系选择育种、杂交育种、诱变育种、杂种优势利用、组织培养（花粉、花药、细胞）育种、分子标记辅助育种等先后成为卓有成效的育种方法。65年来，全国共育成并通过国家、省（自治区、直辖市）、地区（市）农作物品种审定委员会审定（认定）的常规和杂交水稻品种共8 117份，其中1991—2014年，每年种植面积大于6 667hm$^2$的品种已从1991年的255个增加到2014年的869个（图1-4）。20世纪50年代后期至70年代的矮化育种、70～90年代的杂交水稻育种，以及近20年的超级稻育种，在我国乃至世界水稻育种史上具有里程碑意义。

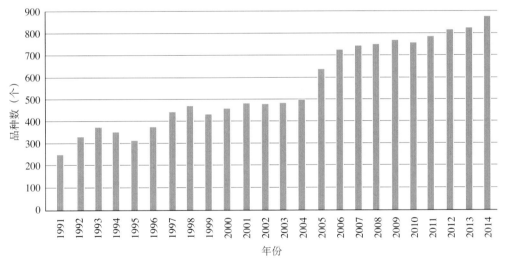

图1-4　1991—2014年年种植面积在6 667hm$^2$以上的品种数

## 一、常规品种的遗传改良

### （一）地方农家品种改良（20世纪50年代）

20世纪50年代初期，全国以种植数以万计的高秆农家品种为主，以高秆（>150cm）、易倒伏为品种主要特征，主要品种有夏至白、马房籼、红脚早、湖北早、黑谷子、竹桠谷、油占子、西瓜红、老来青、霜降青、有芒早粳等。50年代中期，主要采用系统选择法对地方农家品种的某些农艺性状进行改良以提高防倒伏能力，增加产量，育成了一批改良农家品种。在全国范围内，早籼确定38个、中籼确定20个、晚粳确定41个改良农家品种予以大面积推广，连续多年种植面积较大的品种有早籼：南特号、雷火占；中籼：胜利籼、乌嘴川、长粒籼、万利籼；晚籼：红米冬占、浙场9号、粤油占、黄禾子；早粳：有芒早粳；中粳：桂花球、洋早十日、石稻；晚粳：新太湖青、猪毛簇、红须粳、四上裕等。与此同时，通过简单杂交和系统选育，育成了一批高秆改良品种。改良农家品种和新育成的高秆改良品种的产量一般为2 500 ~ 3 000kg/hm²，比地方高秆农家品种的产量高5% ~ 15%。

### （二）矮化育种（20世纪50年代后期至70年代）

20世纪50年代后期，育种家先后发现籼稻品种矮仔占、矮脚南特和低脚乌尖，以及粳稻品种农垦58等，具有优良的矮秆特性：秆矮（<100cm），分蘖强，耐肥，抗倒伏，产量高。研究发现，这4个品种都具有半矮秆基因 $Sd1$。矮仔占来自南洋，20世纪前期引入广西，是我国20世纪50年代后期至60年代前期种植的最主要的矮秆品种之一，也是60 ~ 90年代矮化育种最重要的矮源亲本之一。矮脚南特是广东农民由高秆品种南特16的矮秆变异株选得。低脚乌尖是我国台湾省的农家品种，是国内外矮化育种最重要的矮源亲本之一。农垦58则是50年代后期从日本引进的粳稻品种。

可利用的 $Sd1$ 矮源发现后，立即开始了大规模的水稻矮化育种。如华南农业科学研究所从矮仔占中选育出矮仔占4号，随后以矮仔占4号与高秆品种广场13杂交育成矮秆品种广场矮。台湾台中农业改良场用矮秆的低脚乌尖与高秆地方品种菜园种杂交育成矮秆的台中本地1号（TN1）。南特号是双季早籼品种极其重要的育种亲源，以南特号为基础，衍生了大量品种，包括矮脚南特（南特号→南特16→矮脚南特）、广场13、莲塘早和陆财号等4个重要骨干品种。农垦58则迅速成为长江中下游地区中粳、晚粳稻的育种骨干亲本。广场矮、矮脚南特、台中本地1号和农垦58这4个具有划时代意义的矮秆品种的育成、引进和推广，标志中国步入了大规模的卓有成效的籼、粳稻矮化育种，成为水稻矮化育种的里程碑。

从20世纪60年代初期开始，全国主要稻区的农家地方品种均被新育成的矮秆、半矮秆品种所替代。这些品种以矮秆（80 ~ 85cm）、半矮秆（86 ~ 105cm）、强分蘖、耐肥、抗倒伏为基本特征，产量比当地主要高秆农家品种提高15% ~ 30%。著名的籼稻矮秆品种有矮脚南特、珍珠矮、珍珠矮11、广场矮、广场13、莲塘早、陆财号等；著名的粳稻矮秆品种有农垦58、农垦57（从日本引进）、桂花黄（Balilla，从意大利引进）。60年代后期至70年代中期，年种植面积曾经超过30万hm²的籼稻品种有广陆矮4号、广选3号、二九青、广二104、原丰早、湘矮早9号、先锋1号、矮南早1号、圭陆矮8号、桂朝2号、桂朝13、南京1号、窄叶青8号、红410、成都矮8号、泸双1011、包选2号、包胎矮、团结1号、广二选二、广秋矮、二白矮1号、竹系26、青二矮等；年种植面积超过20万hm²的粳稻矮秆品种有农垦58、农垦57、农虎6号、吉粳60、武农早、沪选19、嘉湖4号、桂花糯、双糯4号等。

### （三）优质多抗育种（20世纪80年代中期至90年代）

1978—1984年，由于杂交水稻的兴起和农村种植结构的变化，常规水稻的种植面积大大压缩，特别是常规早稻面积逐年减少，部分常规双季稻被杂交中籼稻和杂交晚籼稻取代。因此，常规品种的选育多以提高稻米产量和品质为主，主要的籼稻品种有广陆矮4号、二九青、先锋1号、原丰早、湘矮早9号、湘早籼13、红410、二九丰、浙733、浙辐802、湘早籼7号、嘉育948、舟903、广二104、桂朝2号、珍珠矮11、包选2号、国际稻8号（IR8）、南京11、754、团结1号、二白矮1号、窄叶青8号、粳籼89、湘晚籼11、双桂1号、桂朝13、七桂早25、鄂早6号、73-07、青秆黄、包选2号、754、汕二59、三二矮等；主要的粳稻品种有秋光、合江19、桂花黄、鄂晚5号、农虎6号、嘉湖4号、鄂宜105、鄂晚5号、秀水04、武育粳2号、秀水48、秀水11等。

自矮化育种以来，由于密植程度增加，病虫害逐渐加重。因此，90年代常规品种的选育重点在提高产量的同时，还须兼顾提高病虫抗性和改良品质，提高对非生物压力的耐性，因而育成的品种多数遗传背景较为复杂。突出的籼稻品种有早籼31、鄂早18、粤晶丝苗2号、嘉育948、籼小占、粤香占、特籼占25、中鉴100、赣晚籼30、湘晚籼13等；重要的粳稻品种有空育131、辽粳294、龙粳14、龙粳20、吉粳88、垦稻12、松粳6号、宁粳16、垦稻8号、合江19、武育粳3号、武育粳5号、早丰9号、武运粳7号、秀水63、秀水110、秀水128、嘉花1号、甬粳18、豫粳6号、徐稻3号、徐稻4号、武香粳14等。

1978—2014年，最大年种植面积超过40万hm$^2$的常规稻品种共23个，这些都是高产品种，产量高，适应性广，抗病虫力强（表1-3）。

表1-3　1978—2014年最大年种植面积超过40万hm$^2$的常规水稻品种

| 品种名称 | 品种类型 | 亲本/血缘 | 最大年种植面积（万hm$^2$） | 累计种植面积（万hm$^2$） |
|---|---|---|---|---|
| 广陆矮4号 | 早籼 | 广场矮3784/陆财号 | 495.3（1978） | 1 879.2（1978—1992） |
| 二九青 | 早籼 | 二九矮7号/青小金早 | 96.9（1978） | 542.0（1978—1995） |
| 先锋1号 | 早籼 | 广场矮6号/陆财号 | 97.1（1978） | 492.5（1978—1990） |
| 原丰早 | 早籼 | IR8种子$^{60}$Co辐照 | 105.0（1980） | 436.7（1980—1990） |
| 湘矮早9号 | 早籼 | IR8/湘矮早4号 | 121.3（1980） | 431.8（1980—1989） |
| 余赤231-8 | 晚籼 | 余晚6号/赤块矮3号 | 41.1（1982） | 277.7（1981—1999） |
| 桂朝13 | 早籼 | 桂阳矮49/朝阳早18，桂朝2号的姐妹系 | 68.1（1983） | 241.8（1983—1990） |
| 红410 | 早籼 | 珍龙410系选 | 55.7（1983） | 209.3（1982—1990） |
| 双桂1号 | 早籼 | 桂阳矮C17/桂朝2号 | 81.2（1985） | 277.5（1982—1989） |
| 二九丰 | 早籼 | IR29/原丰早 | 66.5（1987） | 256.5（1985—1994） |
| 73-07 | 早籼 | 红梅早/7055 | 47.5（1988） | 157.7（1985—1994） |
| 浙辐802 | 早籼 | 四梅2号种子辐照 | 130.1（1990） | 973.1（1983—2004） |
| 中嘉早17 | 早籼 | 中选181/育嘉253 | 61.1（2014） | 171.4（2010—2014） |
| 珍珠矮11 | 中籼 | 矮仔占4号/惠阳珍珠早 | 204.9（1978） | 568.2（1978—1996） |
| 包选2号 | 中籼 | 包胎白系选 | 72.3（1979） | 371.7（1979—1993） |
| 桂朝2号 | 中籼 | 桂阳矮49/朝阳早18 | 208.8（1982） | 721.2（1982—1995） |
| 二白矮1号 | 晚籼 | 秋二矮/秋白矮 | 68.1（1979） | 89.0（1979—1982） |
| 龙粳25 | 早粳 | 佳禾早占/龙花97058 | 41.1（2011） | 119.7（2010—2014） |
| 空育131 | 早粳 | 道黄金/北明 | 86.7（2004） | 938.5（1997—2014） |
| 龙粳31 | 早粳 | 龙花96-1513/垦稻8号的F$_1$花药培养 | 112.8（2013） | 256.9（2011—2014） |
| 武育粳3号 | 中粳 | 中丹1号/79-51//中丹1号/扬粳1号 | 52.7（1997） | 560.7（1992—2012） |
| 秀水04 | 晚粳 | C21///辐农709//辐农709/单209 | 41.4（1988） | 166.9（1985—1993） |
| 武运粳7号 | 晚粳 | 嘉40/香糯9121//丙815 | 61.4（1999） | 332.3（1998—2014） |

## 二、杂交水稻的兴起和遗传改良

20世纪70年代初，袁隆平等在海南三亚发现了含有胞质雄性不育基因 cms 的普通野生稻，这一发现对水稻杂种优势利用具有里程碑的意义。通过全国协作攻关，1973年实现不育系、保持系、恢复系三系配套，1976年中国开始大面积推广"三系"杂交水稻。1980年全国杂交水稻种植面积479万 hm²，1990年达到 1 665万 hm²。70年代初期，中国最重要的不育系二九南1号A和珍汕97A,是来自携带 cms 基因的海南普通野生稻与中国矮秆品种二九南1号和珍汕97的连续回交后代；最重要的恢复系来自国际水稻研究所的IR24、IR661和IR26，它们配组的南优2号、南优3号和汕优6号成为20世纪70年代后期到80年代初期最重要的籼型杂交水稻品种。南优2号最大年（1978）种植面积298万 hm²，1976—1986年累计种植面积666.7万 hm²；汕优6号最大年（1984）种植面积173.9万 hm²，1981—1994年累计种植面积超过 1 000万 hm²。

1973年10月，石明松在晚粳农垦58田间发现光敏雄性不育株，经过10多年的选育研究，1987年光敏核不育系农垦58S选育成功并正式命名，两系杂交水稻正式进入攻关阶段，两系杂交水稻优良品种两优培九通过江苏省（1999）和国家（2001）农作物品种审定委员会审定并大面积推广，2002年该品种年种植面积达到82.5万 hm²。

20世纪80～90年代，针对第一代中国杂交水稻稻瘟病抗性差的突出问题，开展抗稻瘟病育种，育成明恢63、测64、桂33等抗稻瘟病性较强的恢复系，形成第二代杂交水稻汕优63、汕优64、汕优桂33等一批新品种，从而中国杂交水稻又蓬勃发展，80年代湖北出现6 666.67hm²汕优63产量超9 000kg/hm²的记录。著名的杂交水稻品种包括：汕优46、汕优63、汕优64、汕优桂99、威优6号、威优64、协优46、D优63、冈优22、Ⅱ优501、金优207、四优6号、博优64、秀优57等。中国三系杂交水稻最重要的强恢复系为IR24、IR26、明恢63、密阳46（Miyang 46）、桂99、CDR22、辐恢838、扬稻6号等。

1978—2014年，最大年种植面积超过40万 hm² 的杂交稻品种共32个，这些杂交稻品种产量高，抗病虫力强，适应性广，种植年限长，制种产量也高（表1-4）。

表1-4　1978—2014年最大年种植面积超过40万 hm² 的杂交稻品种

| 杂交稻品种 | 类型 | 配组亲本 | 恢复系中的国外亲本 | 最大年种植面积（万 hm²） | 累计种植面积（万 hm²） |
|---|---|---|---|---|---|
| 南优2号 | 三系，籼 | 二九南1号A/IR24 | IR24 | 298.0（1978） | ＞666.7（1976—1986） |
| 威优2号 | 三系，籼 | V20A/IR24 | IR24 | 74.7（1981） | 203.8（1981—1992） |
| 汕优2号 | 三系，籼 | 珍汕97A/IR24 | IR24 | 278.3（1984） | 1 264.8（1981—1988） |
| 汕优6号 | 三系，籼 | 珍汕97A/IR26 | IR26 | 173.9（1984） | 999.9（1981—1994） |
| 威优6号 | 三系，籼 | V20A/IR26 | IR26 | 155.3（1986） | 821.7（1981—1992） |
| 汕优桂34 | 三系，籼 | 珍汕97A/桂34 | IR24、IR30 | 44.5（1988） | 155.6（1986—1993） |
| 威优49 | 三系，籼 | V20A/测64-49 | IR9761-19 | 45.4（1988） | 163.8（1986—1995） |
| D优63 | 三系，籼 | D汕A/明恢63 | IR30 | 111.4（1990） | 637.2（1986—2001） |

（续）

| 杂交稻品种 | 类型 | 配组亲本 | 恢复系中的国外亲本 | 最大年种植面积（万 hm²） | 累计种植面积（万 hm²） |
|---|---|---|---|---|---|
| 博优64 | 三系，籼 | 博A/测64-7 | IR9761-19-1 | 67.1（1990） | 334.7（1989—2002） |
| 汕优63 | 三系，籼 | 珍汕97A/明恢63 | IR30 | 681.3（1990） | 6 288.7（1983—2009） |
| 汕优64 | 三系，籼 | 珍汕97A/测64-7 | IR9761-19-1 | 190.5（1990） | 1 271.5（1984—2006） |
| 威优64 | 三系，籼 | V20A/测64-7 | IR9761-19-1 | 135.1（1990） | 1 175.1（1984—2006） |
| 汕优桂33 | 三系，籼 | 珍汕97A/桂33 | IR24、IR36 | 76.7（1990） | 466.9（1984—2001） |
| 汕优桂99 | 三系，籼 | 珍汕97A/桂99 | IR661、IR2061 | 57.5（1992） | 384.0（1990—2008） |
| 冈优12 | 三系，籼 | 冈46A/明恢63 | IR30 | 54.4（1994） | 187.7（1993—2008） |
| 威优46 | 三系，籼 | V20A/密阳46 | 密阳46 | 51.7（1995） | 411.4（1990—2008） |
| 汕优46* | 三系，籼 | 珍汕97A/密阳46 | 密阳46 | 45.5（1996） | 340.3（1991—2007） |
| 汕优多系1号 | 三系，籼 | 珍汕97A/多系1号 | IR30、Tetep | 68.7（1996） | 301.7（1995—2004） |
| 汕优77 | 三系，籼 | 珍汕97A/明恢77 | IR30 | 43.1（1997） | 256.1（1992—2007） |
| 特优63 | 三系，籼 | 龙特甫A/明恢63 | IR30 | 43.1（1997） | 439.3（1984—2009） |
| 冈优22 | 三系，籼 | 冈46A/CDR22 | IR30、IR50 | 161.3（1998） | 922.7（1994—2011） |
| 协优63 | 三系，籼 | 协青早A/明恢63 | IR30 | 43.2（1998） | 362.8（1989—2008） |
| Ⅱ优501 | 三系，籼 | Ⅱ-32A/明恢501 | 泰引1号、IR26、IR30 | 63.5（1999） | 244.9（1995—2007） |
| Ⅱ优838 | 三系，籼 | Ⅱ-32A/辐恢838 | 泰引1号、IR30 | 79.1（2000） | 663.0（1995—2014） |
| 金优桂99 | 三系，籼 | 金23A/桂99 | IR661、IR2061 | 40.4（2001） | 236.2（1994—2009） |
| 冈优527 | 三系，籼 | 冈46A/蜀恢527 | 古154、IR24、IR1544-28-2-3 | 44.6（2002） | 246.4（1999—2013） |
| 冈优725 | 三系，籼 | 冈46A/绵恢725 | 泰引1号、IR30、IR26 | 64.2（2002） | 469.4（1998—2014） |
| 金优207 | 三系，籼 | 金23A/先恢207 | IR56、IR9761-19-1 | 71.9（2004） | 508.7（2000—2014） |
| 金优402 | 三系，籼 | 金23A/R402 | 古154、IR24、IR30、IR1544-28-2-3 | 53.5（2006） | 428.6（1996—2014） |
| 培两优288 | 两系，籼 | 培矮64S/288 | IR30、IR36、IR2588 | 39.9（2001） | 101.4（1996—2006） |
| 两优培九 | 两系，籼 | 培矮64S/扬稻6号 | IR30、IR36、IR2588、BG90-2 | 82.5（2002） | 634.9（1999—2014） |
| 丰两优1号 | 两系，籼 | 广占63S/扬稻6号 | IR30、R36、IR2588、BG90-2 | 40.0（2006） | 270.1（2002—2014） |

\* 汕优10号与汕优46的父、母本和育种方法相同，前期称为汕优10号，后期统称汕优46。

## 三、超级稻育种

国际水稻研究所从1989年起开始实施理想株型（Ideal plant type，俗称超级稻）育种计划，试图利用热带粳稻新种质和理想株型作为突破口，通过杂交和系统选育及分子育种方法育成新株型品种［New plant type（NPT），超级稻］供南亚和东南亚稻区应用，设计产量希望比当地品种增产20%～30%。但由于产量、抗病虫力和稻米品质不理想等原因，迄今还无突出的品种在亚洲各国大面积应用。

为实现在矮化育种和杂交育种基础上的产量再次突破，农业部于1996年启动中国超级稻研究项目，要求育成高产、优质、多抗的常规和杂交水稻新品种。广义要求，超级稻的主要性状如产量、米质、抗性等均应显著超过现有主栽品种的水平；狭义要求，应育成在抗性和米质与对照品种相仿的基础上，产量有大幅度提高的新品种。在育种技术路线上，超级稻品种采用理想株型塑造与杂种优势利用相结合的途径，核心是种质资源的有效利用或有利多基因的聚合，育成单产大幅提高、品质优良、抗性较强的新型水稻品种（表1-5）。

**表1-5　超级稻品种的主要指标**

| 项　目 | 长江流域早熟早稻 | 长江流域中迟熟早稻 | 长江流域中熟晚稻、华南感光性晚稻 | 华南早晚兼用稻、长江流域迟熟晚稻、东北早熟粳稻 | 长江流域一季稻、东北中熟粳稻 | 长江上游迟熟一季稻、东北迟熟粳稻 |
|---|---|---|---|---|---|---|
| 生育期（d） | ≤105 | ≤115 | ≤125 | ≤132 | ≤158 | ≤170 |
| 产量（kg/hm²） | ≥8 250 | ≥9 000 | ≥9 900 | ≥10 800 | ≥11 700 | ≥12 750 |
| 品　质 | 北方粳稻达到部颁二级米以上（含）标准，南方晚籼稻达到部颁三级米以上（含）标准，南方早籼稻和一季稻达到部颁四级米以上（含）标准 | | | | | |
| 抗　性 | 抗当地1～2种主要病虫害 | | | | | |
| 生产应用面积 | 品种审定后2年内生产应用面积达到每年3 125hm²以上 | | | | | |

近年有的育种家提出"绿色超级稻"或"广义超级稻"的概念，其基本思路是将品种资源研究、基因组研究和分子技术育种紧密结合，加强水稻重要性状的生物学基础研究和基因发掘，全面提高水稻的综合性状，培育出抗病、抗虫、抗逆、营养高效、高产、优质的新品种。2000年超级杂交稻第一期攻关目标大面积如期实现产量10.5t/hm²，2004年第二期攻关目标大面积实现产量12.0t/hm²。

2006年，农业部进一步启动推进超级稻发展的"6236工程"，要求用6年的时间，培育并形成20个超级稻主导品种，年推广面积占全国水稻总面积的30%，即900万hm²，单产比目前主栽品种平均增产900kg/hm²，以全面带动我国水稻的生产水平。2011年，湖南隆回县种植的超级杂交水稻品种Y两优2号在7.5hm²的面积上平均产量13 899kg/hm²；2011年宁波农业科学院选育的籼粳型超级杂交晚稻品种甬优12单产14 147kg/hm²；2013年，湖南隆回县种植的超级杂交水稻Y两优900获得14 821kg/hm²的产量，宣告超级杂交水稻第三期攻关目标大面积产量13.5t/hm²的实现。据报道，2015年云南个旧市的"超级杂交水稻示范基地"百亩连片水稻攻关田，种植的超级稻品种超优千号，百亩片平均单产16 010kg/hm²；2016年山东临沂市莒南县大店镇的百亩片攻关基地种植的超级杂交稻超优千号，实测单产15 200kg/hm²，创造了杂交水稻高纬度单产的世界纪录，表明已稳定实现了超级杂交水稻第四期大面积产量潜力达到15t/hm²的攻关目标。

截至2014年，农业部确认了111个超级稻品种，分别是：

常规超级籼稻7个：中早39、中早35、金农丝苗、中嘉早17、合美占、玉香油占、桂农占。

常规超级粳稻28个：武运粳27、南粳44、南粳45、南粳49、南粳5055、淮稻9号、长白25、莲稻1号、龙粳39、龙粳31、松粳15、镇稻11、扬粳4227、宁粳4号、楚粳28、连粳7号、沈农265、沈农9816、武运粳24、扬粳4038、宁粳3号、龙粳21、千重浪、辽星1号、楚粳27、松粳9号、吉粳83、吉粳88。

籼型三系超级杂交稻46个：F优498、荣优225、内5优8015、盛泰优722、五丰优615、天优3618、天优华占、中9优8012、H优518、金优785、德香4103、Q优8号、宜优673、深优9516、03优66、特优582、五优308、五丰优T025、天优3301、珞优8号、荣优3号、金优458、国稻6号、赣鑫688、Ⅱ优航2号、天优122、一丰8号、金优527、D优202、Q优6号、国稻1号、国稻3号、中浙优1号、丰299、金优299、Ⅱ优明86、Ⅱ优航1号、特优航1号、D优527、协优527、Ⅱ优162、Ⅱ优7号、Ⅱ优602、天优998、Ⅱ优084、Ⅱ优7954。

粳型三系超级杂交稻1个：辽优1052。

籼型两系超级杂交稻26个：两优616、两优6号、广两优272、C两优华占、两优038、Y两优5867、Y两优2号、Y两优087、准两优608、深两优5814、广两优香66、陵两优268、徽两优6号、桂两优2号、扬两优6号、陆两优819、丰两优香1号、新两优6380、丰两优4号、Y优1号、株两优819、两优287、培杂泰丰、新两优6号、两优培九、准两优527。

籼粳交超级杂交稻3个：甬优15、甬优12、甬优6号。

超级杂交水稻育种正在继续推进，面临的挑战还有很多。从遗传角度看，目前真正能用于超级稻育种的有利基因及连锁分子标记还不多，水稻基因研究成果还不足以全面支撑超级稻分子育种，目前的超级稻育种仍以常规杂交技术和资源的综合利用为主。因此，需要进一步发掘高产、优质、抗病虫、抗逆基因，改进育种方法，将常规育种技术与分子育种技术相结合起来，培育出广适性的可大幅度减少农用化学品（无机肥料、杀虫剂、杀菌剂、除草剂）而又高产优质的超级稻品种。

# 第五节　核心育种骨干亲本

分析65年来我国育成并通过国家或省级农作物品种审定委员会审（认）定的8 117份水稻、陆稻和杂交水稻现代品种，追溯这些品种的亲源，可以发现一批极其重要的核心育种骨干亲本，它们对水稻品种的遗传改良贡献巨大。但是由于种质资源的不断创新与交流，尤其是育种材料的交流和国外种质的引进，育种技术的多样化，有的品种含有多个亲本的血缘，使得现代育成品种的亲缘关系十分复杂。特别是有些品种的亲缘关系没有文字记录，或者仅以代号留存，难以查考。另外，籼、粳稻品种的杂交和选择，出现了大量含有籼、粳血缘的中间品种，难以绝对划分它们的籼、粳类别。毫无疑问，品种遗传背景的多样性对于克服品种遗传脆弱性，保障粮食生产安全性极为重要。

考虑到这些相互交错的情况，本节品种的亲源一般按不同亲本在品种中所占的重要性和比率确定，可能会出现前后交叉和上下代均含数个重要骨干亲本的情况。

## 一、常规籼稻

据不完全统计，我国常规籼稻最重要的核心育种骨干亲本有22个，衍生的大面积种植（年种植面积>6 667hm$^2$）的品种数超过2 700个（表1-6）。其中，全国种植面积较大的常规籼稻品种是：浙辐802、桂朝2号、双桂1号、广陆矮4号、湘早籼45、中嘉早17等。

表1-6　籼稻核心育种骨干亲本及其主要衍生品种

| 品种名称 | 类型 | 衍生的品种数 | 主要衍生品种 |
|---|---|---|---|
| 矮仔占 | 早籼 | >402 | 矮仔占4号、珍珠矮、浙辐802、广陆矮4号、桂朝2号、广场矮、二九青、特青、嘉育948、红410、泸红早1号、双桂36、湘早籼7号、广二104、珍汕97、七桂早25、特籼占13 |
| 南特号 | 早籼 | >323 | 矮脚南特、广场13、莲塘早、陆财号、广场矮、广选3号、矮南早1号、广陆矮4号、先锋1号、青小金早、湘早籼3号、湘矮早3号、湘矮早7号、嘉293、赣早籼26 |
| 珍汕97 | 早籼 | >267 | 珍竹19、庆元2号、闽科早、珍汕97A、Ⅱ-32A、D汕A、博A、中A、29A、天丰A、枝A不育系及汕优63等大量杂交稻品种 |
| 矮脚南特 | 早籼 | >184 | 矮南早1号、湘矮早7号、青小金早、广选3号、温选青 |
| 珍珠矮 | 早籼 | >150 | 珍龙13、珍汕97、红梅早、红410、红突31、珍珠矮6号、珍珠矮11、7055、6044、赣早籼9号 |
| 湘早籼3号 | 早籼 | >66 | 嘉育948、嘉293、湘早籼10号、湘早籼13、湘早籼7号、中优早81、中86-44、赣早籼26 |
| 广场13 | 早籼 | >59 | 湘早籼3号、中优早81、中86-44、嘉293、嘉育948、早籼31、嘉兴香米、赣早籼26 |
| 红410 | 早籼 | >43 | 红突31、8004、京红1号、赣早籼9号、湘早籼5号、舟优903、中优早3号、泸红早1号、辐8-1、佳禾早占、鄂早16、余红1号、湘晚籼9号、湘晚籼14 |
| 嘉育293 | 早籼 | >25 | 嘉育948、中98-15、嘉兴香米、嘉早43、越糯2号、嘉育143、嘉早41、嘉早935、中嘉早17 |
| 浙辐802 | 早籼 | >21 | 香早籼11、中516、浙9248、中组3号、皖稻45、鄂早10号、赣早籼50、金早47、赣早籼56、浙852、中选181 |
| 低脚乌尖 | 中籼 | >251 | 台中本地1号（TN1）、IR8、IR24、IR26、IR29、IR30、IR36、IR661、原丰早、洞庭晚籼、二九丰、滇瑞306、中选8号 |
| 广场矮 | 中籼 | >151 | 桂朝2号、双桂36、二九矮、广场矮5号、广场矮3784、湘矮早3号、先锋1号、泸南早1号 |
| IR8 | 中籼 | >120 | IR24、IR26、原丰早、滇瑞306、洞庭晚籼、滇陇201、成矮597、科六早、滇屯502、滇瑞408 |
| IR36 | 中籼 | >108 | 赣早籼15、赣早籼37、赣早籼39、湘早籼3号 |
| IR24 | 中籼 | >79 | 四梅2号、浙辐802、浙852、中156，以及一批杂交稻恢复系和杂交稻品种南优2号、汕优2号 |
| 胜利籼 | 中籼 | >76 | 广场13、南京1号、南京11、泸胜2号、广场矮系列品种 |
| 台中本地1号（TN1） | 中籼 | >38 | IR8、IR26、IR30、BG90-2、原丰早、湘晚籼1号、滇瑞412、扬稻1号、扬稻3号、金陵57 |

（续）

| 品种名称 | 类型 | 衍生的品种数 | 主要衍生品种 |
|---|---|---|---|
| 特青 | 中晚籼 | >107 | 特籼占13、特籼占25、盐稻5号、特三矮2号、鄂中4号、胜优2号、丰青矮、黄华占、茉莉新占、丰矮占1号、丰澳占，以及一批杂交稻恢复系镇恢084、蓉恢906、浙恢9516、广恢998 |
| 秋播了 | 晚籼 | >60 | 516、澄秋5号、秋长3号、东秋播、白花 |
| 桂朝2号 | 中晚籼 | >43 | 豫籼3号、镇籼96、扬稻5号、湘晚籼8号、七山占、七桂早25、双朝25、双桂36、早桂1号、陆青早1号、湘晚籼32 |
| 中山1号 | 晚籼 | >30 | 包胎红、包胎白、包选2号、包胎矮、大灵矮、钢枝占 |
| 粳籼89 | 晚籼 | >13 | 赣晚籼29、特籼占13、特籼占25、粤野软占、野黄占、粤野占26 |

　　矮仔占源自早期的南洋引进品种，后成为广西容县一带农家地方品种，携带 $sd1$ 矮秆基因，全生育期约140d，株高82cm左右，节密、耐肥，有效穗多，千粒重26g左右，单产4 500 ～ 6 000kg/hm²，比一般高秆品种增产20% ～ 30%。1955年，华南农业科学研究所发现并引进矮仔占，经系选，于1956年育成矮仔占4号。采用矮仔占4号/广场13，1959年育成矮秆品种广场矮；采用矮仔占4号/惠阳珍珠早，1959年育成矮秆品种珍珠矮。广场矮和珍珠矮是矮仔占最重要的衍生品种，这2个品种不但推广面积大，而且衍生品种多，随后成为水稻矮化育种的重要骨干亲本，广场矮至少衍生了151个品种，珍珠矮至少衍生了150个品种。因此，矮仔占是我国20世纪50年代后期至60年代最重要的矮秆推广品种，也是60 ～ 80年代矮化育种最重要的矮源。至今，矮仔占至少衍生了402个品种，其中种植面积较大的衍生品种有广场矮、珍珠矮、广陆矮4号、二九青、先锋1号、特青、桂朝2号、双桂1号、湘早籼7号、嘉育948等。

　　南特号是20世纪40年代从江西农家品种鄱阳早的变异株中选得，50年代在我国南方稻区广泛作早稻种植。该品种株高100 ～ 130cm，根系发达，适应性广，全生育期105 ～ 115d，较耐肥，每穗约80粒，千粒重26 ～ 28g，单产3 750 ～ 4 500kg/hm²，比一般高秆品种增产13% ～ 34%。南特号1956年种植面积达333.3万hm²，1958—1962年，年种植面积达到400万hm²以上。南特号直接系选衍生出南特16、江南1224和陆财号。1956年，广东潮阳县农民从南特号发现矮秆变异株，经系选育成矮脚南特，具有早熟、秆矮、高产等优点，可比高秆品种增产20% ～ 30%。经分析，矮脚南特也含有矮秆基因 $sd1$，随后被迅速大面积推广并广泛用作矮化育种亲本。南特号是双季早籼品种极其重要的育种亲源，至少衍生了323个品种，其中种植面积较大的衍生品种有广场矮、广场13、矮南早1号、莲塘早、陆财号、广陆矮4号、先锋1号、青小金早、湘矮早2号、湘矮早7号、红410等。

　　低脚乌尖是我国台湾省的农家品种，携带 $sd1$ 矮秆基因，20世纪50年代后期因用低脚乌尖为亲本（低脚乌尖/菜园种）在台湾育成台中本地1号（TN1）。国际水稻研究所利用Peta/低脚乌尖育成著名的IR8品种并向东南亚各国推广，引发了亚洲水稻的绿色革命。祖国大陆育种家利用含有低脚乌尖血缘的台中本地1号、IR8、IR24和IR30作为杂交亲本，至少衍生了251个常规水稻品种，其中IR8（又称科六或691）衍生了120个品种，台中本地1号衍生了38个品种。利用IR8和台中本地1号而衍生的、种植面积较大的品种有原丰早、科梅、双科1号、湘矮早9号、二九丰、扬稻2号、泸红早1号等。利用含有低脚乌尖血缘的IR24、IR26、IR30等，又育成了大量杂交水稻恢复系，有的恢复系可直接作为常规品种种植。

早籼品种珍汕97对推动杂交水稻的发展作用特殊、贡献巨大。该品种是浙江省温州农业科学研究所用珍珠矮11/汕矮选4号于1968年育成，含有矮仔占血缘，株高83cm，全生育期约120d，分蘖力强，千粒重27g左右，单产约5 500kg/hm²。珍汕97除衍生了一批常规品种外，还被用于杂交稻不育系的选育。1973年，江西省萍乡市农业科学研究所以海南普通野生稻的野败材料为母本，用珍汕97为父本进行杂交并连续回交育成珍汕97A。该不育系早熟、配合力强，是我国使用范围最广、应用面积最大、时间最长、衍生品种最多的不育系。珍汕97A与不同恢复系配组，育成多种熟期类型的杂交水稻品种，如汕优6号、汕优46、汕优63、汕优64等供华南、长江流域作双季晚稻和单季中、晚稻大面积种植。以珍汕97A为母本直接配组的年种植面积超过6 667hm²的杂交水稻品种有92个，36年来（1978—2014年）累计推广面积超过14 450万hm²。

特青是广东省农业科学院用特矮/叶青伦于1984年育成的早、晚兼用的籼稻品种，茎秆粗壮，叶挺色浓，株叶形态好，耐肥，抗倒伏，抗白叶枯病，产量高，大田产量6 750～9 000kg/hm²。特青被广泛用于南方稻区早、中、晚籼稻的育种亲本，主要衍生品种有特籼占13、特籼占25、盐稻5号、特三矮2号、鄂中4号、胜优2号、黄华占、丰矮占1号、丰澳占等。

嘉育293（浙辐802/科庆47//二九丰///早丰6号/水原287////HA79317-7）是浙江省嘉兴市农业科学研究所育成的常规早籼品种。全生育期约112d，株高76.8cm，苗期抗寒性强，株型紧凑，叶片长而挺，茎秆粗壮，生长旺盛，耐肥，抗倒伏，后期青秆黄熟，产量高，适于浙江、江西、安徽（皖南）等省作早稻种植，1993—2012年累计种植面积超过110万hm²。嘉育293被广泛用于长江中下游稻区的早籼稻育种亲本，主要衍生品种有嘉育948、中98-15、嘉兴香米、嘉早43、越糯2号、嘉育143、嘉早41、嘉早935、中嘉早17等。

## 二、常规粳稻

我国常规粳稻最重要的核心育种骨干亲本有20个，衍生的种植面积较大（年种植面积＞6 667hm²）的品种数超过2 400个（表1-7）。其中，全国种植面积较大的常规粳稻品种有：空育131、武育粳2号、武育粳3号、武运粳7号、鄂宜105、合江19、宁粳4号、龙粳31、农虎6号、鄂晚5号、秀水11、秀水04等。

旭是日本品种，从日本早期品种日之出选出。对旭进行系统选育，育成了京都旭以及关东43、金南风、下北、十和田、日本晴等日本品种。至20世纪末，我国由旭衍生的粳稻品种超过149个。如利用旭及其衍生品种进行早粳育种，育成了辽丰2号、松辽4号、合江20、合江21、早丰、吉粳53、吉粳88、冀粳1号、五优稻1号、龙粳3号、东农416等；利用京都旭及其衍生品种农垦57（原名金南风）进行中、晚粳育种，育成了金垦18、南粳11、徐稻2号、镇稻4号、盐粳4号、扬粳186、盐粳6号、镇稻6号、淮稻6号、南粳37、阳光200、远杂101、鲁香粳2号等。

表1-7 常规粳稻最重要核心育种骨干亲本及其主要衍生品种

| 品种名称 | 类型 | 衍生的品种数 | 主要衍生品种 |
|---|---|---|---|
| 旭 | 早粳 | >149 | 农垦57、辽丰2号、松辽4号、合江20、合江21、旱丰、吉粳53、吉粳88、冀粳1号、五优稻1号、龙粳3号、东农416、吉粳60、东农416 |
| 笹锦 | 早粳 | >147 | 丰锦、辽粳5号、龙粳1号、秋光、吉粳69、龙粳1号、龙粳4号、龙粳14、垦稻8号、藤系138、京稻2号、辽盐2号、长白8号、吉粳83、青系96、秋丰、吉粳66 |
| 坊主 | 早粳 | >105 | 石狩白毛、合江3号、合江11、合江22、龙粳2号、龙粳14、垦稻3号、垦稻8号、长白5号 |
| 爱国 | 早粳 | >101 | 丰锦、宁粳6号、宁粳7号、辽粳5号、中花8号、临稻3号、冀粳6号、砦1号、辽盐2号、沈农265、松粳10号、沈农189 |
| 龟之尾 | 早粳 | >95 | 宁粳4号、九稻1号、东农4号、松辽5号、虾夷、松辽5号、九稻1号、辽粳152 |
| 石狩白毛 | 早粳 | >88 | 大雪、滇榆1号、合江12、合江22、龙粳1号、龙粳2号、龙粳14、垦稻8号、垦稻10号 |
| 辽粳5号 | 早粳 | >61 | 辽粳68、辽粳288、辽粳326、沈农159、沈农189、沈农265、沈农604、松粳3号、松粳10号、辽星1号、中辽9052 |
| 合江20 | 早粳 | >41 | 合江23、吉粳62、松粳3号、松粳9号、五优稻1号、五优稻3号、松粳21、龙粳3号、龙粳13、绥粳1号 |
| 吉粳53 | 早粳 | >27 | 长白9号、九稻11、双丰8号、吉粳60、新稻2号、东农416、吉粳70、九稻44、丰选2号 |
| 红旗12 | 早粳 | >26 | 宁粳9号、宁粳11、宁粳19、宁粳23、宁粳28、宁稻216 |
| 农垦57 | 中粳 | >116 | 金垦18、双丰4号、南粳11、南粳23、徐稻2号、镇稻4号、盐粳4号、扬粳201、扬粳186、盐粳6号、南粳36、镇稻6号、淮稻6号、扬粳9538、南粳37、阳光200、远杂101、鲁香粳2号 |
| 桂花黄 | 中粳 | >97 | 南粳32、矮粳23、秀水115、徐稻2号、浙粳66、双糯4号、临稻10号、宁粳9号、宁粳23、镇稻2号 |
| 西南175 | 中粳 | >42 | 云稻3号、云粳7号、云粳9号、云粳134、靖粳10号、靖粳16、京黄126、新城糯、楚粳5号、楚粳22、合系41、滇靖8号 |
| 武育粳3号 | 中粳 | >22 | 淮稻5号、淮稻6号、镇稻99、盐稻8号、武运粳11、华粳2号、广陵香粳、武育粳5号、武香粳9号 |
| 滇榆1号 | 中粳 | >13 | 合系34、楚粳7号、楚粳8号、楚粳24、凤稻14、楚粳14、靖粳8号、靖粳优2号、靖粳优3号、云粳优1号 |
| 农垦58 | 晚粳 | >506 | 沪选19、鄂宜105、农虎6号、辐农709、秀水48、农红73、矮粳23、秀水04、秀水11、秀水63、宁67、武运粳7号、武育粳3号、宁粳1号、甬18、徐稻3号、武香粳9号、鄂晚5号、嘉991、镇稻99、太湖糯 |
| 农虎6号 | 晚粳 | >332 | 秀水664、嘉湖4号、祥湖47、秀水04、秀水11、秀水48、秀水63、桐青晚、宁67、太湖糯、武香粳9号、甬粳44、香血糯335、辐农709、武运粳7号 |
| 测21 | 晚粳 | >254 | 秀水04、武香粳14、秀水11、宁粳1号、秀水664、武粳15、武运粳8号、秀水63、甬粳18、祥湖84、武香粳9号、武运粳21、宁67、嘉991、矮糯21、常农粳2号、春江026 |
| 秀水04 | 晚粳 | >130 | 武香粳14、秀水122、武运粳23、秀水1067、武粳13、甬优6号、秀水17、太湖粳2号、甬优1号、宁粳3号、皖稻26、运9707、甬优9号、秀水59、秀水620 |
| 矮宁黄 | 晚粳 | >31 | 老来青、沪晚23、八五三、矮粳23、农红73、苏粳7号、安庆晚2号、浙粳66、秀水115、苏稻1号、镇稻1号、航育1号、祥湖25 |

辽粳5号(丰锦////越路早生/矮脚南特//藤坂5号/BaDa///沈苏6号)是沈阳市浑河农场采用籼、粳稻杂交，后代用粳稻多次复交，于1981年育成的早粳矮秆高产品种。辽粳5号集中了籼、粳稻特点，株高80～90cm，叶片宽、厚、短、直立上举，色浓绿，分蘖力强，株型紧凑，受光姿态好，光能利用率高，适应性广，较抗稻瘟病，中抗白叶枯病，产量高。适宜在东北作早粳种植，1992年最大种植面积达到9.8万hm²。用辽粳5号作亲本共衍生了61个品种，如辽粳326、沈农159、沈农189、松粳10号、辽星1号等。

合江20（早丰/合江16）是黑龙江省农业科学院水稻研究所于20世纪70年代育成的优良广适型早粳品种。合江20全生育期133～138d，叶色浓绿，直立上举，分蘖力较强，抗稻瘟病性较强，耐寒性较强，耐肥，抗倒伏，感光性较弱，感温性中等，株高90cm左右，千粒重23～24g。70年代末至80年代中期在黑龙江省大面积推广种植，特别是推广水稻旱育稀植以后，该品种成为黑龙江省的主栽品种。作为骨干亲本合江20衍生的品种包括松粳3号、合江21、合江23、黑粳5号、吉粳62等。

桂花黄是我国中、晚粳稻育种的一个主要亲源品种，原名Balilla(译名巴利拉、伯利拉、倍粒稻)，1960年从意大利引进。桂花黄为1964年江苏省苏州地区农业科学研究所从Balilla变异单株中选育而成，亦名苏粳1号。桂花黄株高90cm左右，全生育期120～130d，对短日照反应中等偏弱，分蘖力弱，穗大，着粒紧密，半直立，千粒重26～27g，一般单产5 000～6 000kg/hm²。桂花黄的显著特点是配合力好，能较好地与各类粳稻配组。据统计，40年来（1965—2004年）桂花黄共衍生了97个品种，种植面积较大的品种有南粳32、矮粳23、秀水115、徐稻2号、浙粳66、双糯4号、临稻10号等。

农垦58是我国最重要的晚粳稻骨干亲本之一。农垦58又名世界一（经考证应该为Sekai系列中的1个品系），1957年农垦部引自日本，全生育期单季晚稻160～165d，连作晚稻135d，株高约110cm，分蘖早而多，株型紧凑，感光，对短日照反应敏感，后期耐寒，抗稻瘟病，适应性广，千粒重26～27g，米质优，作单季晚稻单产一般6 000～6 750kg/hm²。该品种20世纪60～80年代在长江流域稻区广泛种植，1975年种植面积达到345万hm²，1960—1987年累计种植面积超过1 100万hm²。50年来（1960—2010年）以农垦58为亲本衍生的品种超过506个，其中直接经系统选育而成的品种59个。具有农垦58血缘并大面积种植的品种有：鄂宜105、农虎6号、辐农709、农红73、秀水04、秀水11、秀水63、宁67、武运粳7号、武育粳3号、宁粳1号、甬粳18、徐稻3号等。从农垦58田间发现并命名的农垦58S，成为我国两系杂交稻光温敏核不育系的主要亲本之一，并衍生了多个光温敏核不育系如培矮64S等，配组了大量两系杂交稻如两优培九、两优培特、培两优288、培两优986、培两优特青、培杂山青、培杂双七、培杂泰丰、培杂茂三等。

农虎6号是我国著名的晚粳品种和育种骨干亲本，由浙江省嘉兴市农业科学研究所于1965年用农垦58与老虎稻杂交育成，具有高产、耐肥、抗倒伏、感光性较强的特点，仅1974年在浙江、江苏、上海的种植面积就达到72.2万hm²。以农虎6号为亲本衍生的品种超过332个，包括大面积种植的秀水04、秀水63、祥湖84、武香粳14、辐农709、武运粳7号、宁粳1号、甬粳18等。

武育粳3号是江苏省武进稻麦育种场以中丹1号分别与79-51和扬粳1号的杂交后代经复交育成。全生育期150d左右，株高95cm，株型紧凑，叶片挺拔，分蘖力较强，抗倒伏性中等，单产大约8 700kg/hm²，适宜沿江和沿海南部、丘陵稻区中等或中等偏上肥力条件下种植。1992—2008年累计推广面积549万hm²，1997年最大推广面积达到52.7万hm²。以武育粳3号为亲本，衍生了一批中粳新品种，如淮稻5号、镇稻99、香粳111、淮稻8号、盐稻8号、盐稻9号、扬粳9538、淮稻6号、南粳40、武运粳11、扬粳687、扬粳糯1号、广陵香粳、华粳2号、阳光200等。

测21是浙江省嘉兴市农业科学研究所用日本种质灵峰（丰沃/绫锦）为母本，与本地晚粳中间材料虎蕾选（金蕾440/农虎6号）为父本杂交育成。测21半矮生，叶姿挺拔，分蘖中等，株型挺，生育后期根系活力旺盛，成熟时穗弯于剑叶之下，米质优，配合力好。测21在浙江、江苏、上海、安徽、广西、湖北、河北、河南、贵州、天津、吉林、辽宁、新疆等省（自治区、直辖市）衍生并通过审定的常规粳稻新品种254个，包括秀水04、武香粳14、秀水11、宁粳1号、秀水664、武粳15、武运粳8号、秀水63、甬粳18、祥湖84、武香粳9号、武运粳21、宁67、嘉991、矮糯21等。1985—2012年以上衍生品种累计推广种植达2 300万hm²。

秀水04是浙江省嘉兴市农业科学研究所以测21为母本，与辐农70-92/单209为父本杂交于1985年选育而成的中熟晚粳型常规水稻品种。秀水04茎秆矮而硬，耐寒性较强，连晚栽培株高80cm，单季稻95 ～ 100cm，叶片短而挺，分蘖力强，成穗率高，有效穗多。穗颈粗硬，着粒密，结实率高，千粒重26g，米质优，产量高，适宜在浙江北部、上海、江苏南部种植，1985—1994年累计推广面积180万hm²。以秀水04为亲本衍生的品种超过130个，包括武香粳14、秀水122、祥湖84、武香粳9号、武运粳21、宁67、武粳13、甬优6号、秀水17、太湖粳2号、宁粳3号、皖稻26等。

西南175是西南农业科学研究所从台湾粳稻农家品种中经系统选择于1955年育成的中粳品种，产量较高，耐逆性强，在云贵高原持续种植了50多年。西南175不但是云贵地区的主要当家品种，而且是西南稻区中粳育种的主要亲本之一。

## 三、杂交水稻不育系

杂交水稻的不育系均由我国创新育成，包括野败型、矮败型、冈型、印水型、红莲型等三系不育系，以及两系杂交水稻的光敏和温敏不育系。最重要的杂交核心不育系有21个，衍生的不育系超过160个，配组的大面积种植（年种植面积＞6 667hm²）的品种数超过1 300个。配组杂交稻品种最多的不育系是：珍汕97A、Ⅱ-32A、V20A、冈46A、龙特甫A、博A、协青早A、金23A、中9A、天丰A、谷丰A、农垦58S、培矮64S和Y58S等（表1-8）。

表1-8　杂交水稻核心不育系及其衍生的品种（截至2014年）

| 不育系 | 类　型 | 衍生的不育系数 | 配组的品种数 | 代　表　品　种 |
|---|---|---|---|---|
| 珍汕97A | 野败籼型 | ＞36 | ＞231 | 油优2号、油优22、油优3号、油优36、油优36辐、油优4480、油优46、油优559、油优63、油优64、油优647、油优6号、油优70、油优72、油优77、油优78、油优8号、油优多系1号、油优桂30、油优桂32、油优桂33、油优桂34、油优桂99、油优晚3、油优直龙 |

（续）

| 不育系 | 类 型 | 衍生的不育系数 | 配组的品种数 | 代 表 品 种 |
|---|---|---|---|---|
| Ⅱ-32A | 印水籼型 | >5 | >237 | Ⅱ优084、Ⅱ优128、Ⅱ优162、Ⅱ优46、Ⅱ优501、Ⅱ优58、Ⅱ优602、Ⅱ优63、Ⅱ优718、Ⅱ优725、Ⅱ优7号、Ⅱ优802、Ⅱ优838、Ⅱ优87、Ⅱ优多系1号、Ⅱ优辐819、优航1号、Ⅱ优明86 |
| V20A | 野败籼型 | >8 | >158 | 威优2号、威优35、威优402、威优46、威优48、威优49、威优6号、威优63、威优64、威优647、威优77、威优98、威优华联2号 |
| 冈46A | 冈籼型 | >1 | >85 | 冈矮1号、冈优12、冈优188、冈优22、冈优151、冈优188、冈优527、冈优725、冈优827、冈优881、冈优多系1号 |
| 龙特甫A | 野败籼型 | >2 | >45 | 特优175、特优18、特优524、特优559、特优63、特优70、特优838、特优898、特优桂99、特优多系1号 |
| 博A | 野败籼型 | >2 | >107 | 博Ⅲ优273、博Ⅱ优15、博优175、博优210、博优253、博优258、博优3550、博优49、博优64、博优803、博优998、博优桂44、博优桂99、博优香1号、博优湛19 |
| 协青早A | 矮败籼型 | >2 | >44 | 协优084、协优10号、协优46、协优49、协优57、协优63、协优64、协优华联2号 |
| 金23A | 野败籼型 | >3 | >66 | 金优117、金优207、金优253、金优402、金优458、金优191、金优63、金优725、金优77、金优928、金优桂99、金优晚3 |
| K17A | K籼型 | >2 | >39 | K优047、K优402、K优5号、K优926、K优1号、K优3号、K优40、K优52、K优817、K优818、K优877、K优88、K优绿36 |
| 中9A | 印水籼型 | >2 | >127 | 中9优288、中优207、中优402、中优974、中优桂99、国稻1号、国丰1号、先农20 |
| D汕A | D籼型 | >2 | >17 | D优49、D优78、D优162、D优361、D优1号、D优64、D汕优63、D优63 |
| 天丰A | 野败籼型 | >2 | >18 | 天优116、天优122、天优1251、天优368、天优372、天优4118、天优428、天优8号、天优998、天优华占 |
| 谷丰A | 野败籼型 | >2 | >32 | 谷优527、谷优航1号、谷优964、谷优航148、谷优明占、谷优3301 |
| 丛广41A | 红莲籼型 | >3 | >12 | 广优4号、广优青、粤优8号、粤优938、红莲优6号 |
| 黎明A | 滇粳型 | >11 | >16 | 黎57、滇杂32、滇杂34 |
| 甬粳2A | 滇粳型 | >1 | >11 | 甬优2号、甬优3号、甬优4号、甬优5号、甬优6号 |
| 农垦58S | 光温敏 | >34 | >58 | 培矮64S、广占63S、广占63-4S、新安S、GD-1S、华201S、SE21S、7001S、261S、N5088S、4008S、HS-3、两优培九、培两优288、培两优特青、丰两优1号、扬两优6号、新两优6号、粤杂122、华两优103 |
| 培矮64S | 光温敏 | >3 | >69 | 培两优210、两优培九、两优培特、培两优288、培两优3076、培两优981、培两优986、培两优特青、培杂山青、培杂双七、培杂桂99、培杂67、培杂泰丰、培杂茂三 |
| 安农S-1 | 光温敏 | >18 | >47 | 安两优25、安两优318、安两优402、安两优青占、八两优100、八两优96、田两优402、田两优4号、田两优66、田两优9号 |
| Y58S | 光温敏 | >7 | >120 | Y两优1号、Y两优2号、Y两优6号、Y两优9981、Y两优7号、Y两优900、深两优5814 |
| 株1S | 光温敏 | >20 | >60 | 株两优02、株两优08、株两优09、株两优176、株两优30、株两优58、株两优81、株两优839、株两优99 |

　　珍汕97A属野败胞质不育系，是江西省萍乡市农业科学研究所以海南普通野生稻的野败材料为母本，以迟熟早籼品种珍汕97为父本杂交并连续回交于1973年育成。该不育系配合力强，是我国使用范围最广、应用面积最大、时间最长、衍生品种最多的不育系。与不同恢复系配组，育成多种熟期类型的杂交水稻供华南早稻、华南晚稻、长江流域的双季早稻和双季晚稻及一季中稻利用。以珍汕97A为母本直接配组的年种植面积超过6 667hm²的杂交水稻品种有92个，30年来（1978—2007年）累计推广面积13 372万hm²。

　　V20A属野败胞质不育系，是湖南省贺家山原种场以野败/6044//71-72后代的不育株为母本，以早籼品种V20为父本杂交并连续回交于1973年育成。V20A一般配合力强，异交结实率高，配组的品种主要作双季晚稻使用，也可用作双季早稻。V20A是全国主要的不育系之一，配组的威优6号、威优63、威优64等系列品种在20世纪80～90年代曾经大面积种植，其中威优6号在1981—1992年的累计种植面积达到822万hm²。

　　Ⅱ-32A属印水胞质不育系。为湖南杂交水稻研究中心从印尼水田谷6号中发现的不育株，其恢保关系与野败相同，遗传特性也属于孢子体不育。Ⅱ-32A是用珍汕97B与IR665杂交育成定型株系后，再与印水珍鼎（糯）A杂交、回交转育而成。全生育期130d，开花习性好，异交结实率高，一般制种产量可达3 000～4 500kg/hm²，是我国主要三系不育系之一。Ⅱ-32A衍生了优ⅠA、振丰A、中9A、45A、渝5A等不育系，与多个恢复系配组的品种，包括Ⅱ优084、Ⅱ优46、Ⅱ优501、Ⅱ优63、Ⅱ优838、Ⅱ优多系1号、Ⅱ优辐819、Ⅱ优明86等，在我国南方稻区大面积种植。

　　冈型不育系是四川农学院水稻研究室以西非晚籼冈比亚卡（Gambiaka Kokum）为母本，与矮脚南特杂交，利用其后代分离的不育株杂交转育的一批不育系，其恢保关系、雄性不育的遗传特性与野败基本相似，但可恢复性比野败好，从而发现并命名为冈型细胞质不育系。冈46A是四川农业大学水稻研究所以冈二九矮7号A为母本，用"二九矮7号/V41//V20/雅矮早"的后代为父本杂交、回交转育成的冈型早籼不育系。冈46A在成都地区春播，播种至抽穗历期75d左右，株高75～80cm，叶片宽大，叶色淡绿，分蘖力中等偏弱，株型紧凑，生长繁茂。冈46A配合力强，与多个恢复系配组的74个品种在我国南方稻区大面积种植，其中冈优22、冈优12、冈优527、冈优151、冈优多系1号、冈优725、冈优188等曾是我国南方稻区的主推品种。

　　中9A是中国水稻研究所1992年以优ⅠA为母本，优ⅠB/L301B//菲改B的后代作父本，杂交、回交转育成的早籼不育系，属印尼水田谷6号质源型，2000年5月获得农业部新品种权保护。中9A株高约65cm，播种至抽穗60d左右，育性稳定，不育株率100%，感温，异交结实率高，配合力好，可配组早籼、中籼及晚籼3种栽培型杂交水稻，适用于所有籼型杂交稻种植区。以中9A配组的杂交品种产量高，米质好，抗白叶枯病，是我国当前较抗白叶枯病的不育系，与抗稻瘟病的恢复系配组，可育成双抗的杂交稻品种。配组的国稻1号、国丰1号、中优177、中优448、中优208等49个品种广泛应用于生产。

　　谷丰A是福建省农业科学院水稻研究所以地谷A为母本，以[龙特甫B/宙伊B（V41B/汕优菲一//IRs48B）]F₄作回交父本，经连续多代回交于2000年转育而成的野败型三系不育系。谷丰A株高85cm左右，不育性稳定，不育株率100%，花粉败育以典败为主，异交特性好，较抗稻瘟病，适宜配组中、晚籼类型杂交品种。谷优系列品种已在中国南方稻区大面积推广应用，成为稻瘟病重发区杂交水稻安全生产的重要支撑。利用谷丰A配组育成了谷优527、谷优964、谷优5138等32个品种通过省级以上农作物品种审定委员会审（认）定，其中4个品种通过国家农作物品种审定委员会审定。

甬粳2A是滇粳型不育系，是浙江省宁波市农业科学院以宁67A为母本，以甬粳2号为父本进行杂交，以甬粳2号为父本进行连续回交转育而成。甬粳2A株高90cm左右，感光性强，株型下紧上松，须根发达，分蘖力强，茎韧秆壮，剑叶挺直，中抗白叶枯病、稻瘟病、细菌性条纹病，耐肥，抗倒伏性好。采用粳不/籼恢三系法途径，甬粳2A配组育成了甬优2号、甬优4号、甬优6号等优质高产籼粳杂交稻。其中，甬优6号（甬粳2A/K4806）2006年在浙江省鄞州取得单季稻12 510kg/hm²的高产，甬优12（甬粳2A/F5032）在2011年洞桥"单季百亩示范方"取得13 825kg/hm²的高产。

培矮64S是籼型温敏核不育系，由湖南杂交水稻研究中心以农垦58S为母本，籼爪型品种培矮64（培迪/矮黄米//测64）为父本，通过杂交和回交选育而成。培矮64S株高65～70cm，分蘖力强，亲和谱广，配合力强，不育起点温度在13h光照条件下为23.5℃左右，海南短日照（12h）条件下不育起点温度超过24℃。目前已配组两优培九、两优培特、培两优288等30多个通过省级以上农作物品种审定委员会审定并大面积推广的两系杂交稻品种，是我国应用面积最大的两系核不育系。

安农S-1是湖南省安江农业学校从早籼品系超40/H285//6209-3群体中选育的温敏型两用核不育系。由于控制育性的遗传相对简单，用该不育系作不育基因供体，选育了一批实用的两用核不育系如香125S、安湘S、田丰S、田丰S-2、安农810S、准S360S等，配组的安两优25、安两优318、安两优402、安两优青占等品种在南方稻区广泛种植。

Y58S(安农S-1/常菲22B//安农S-1/Lemont///培矮64S)是光温敏不育系，实现了有利多基因累加，具有优质、高光效、抗病、抗逆、优良株叶形态和高配合力等优良性状。Y58S目前已选配Y两优系列强优势品种120多个，其中已通过国家、省级农作物品种审定委员会审（认）定的有45个。这些品种以广适性、优质、多抗、超高产等显著特性迅速在生产上大面积推广，代表性品种有Y两优1号、Y两优2号、Y两优9981等，2007—2014年累计推广面积已超过300万hm²。2013年，在湖南隆回县，超级杂交水稻Y两优900获得14 821kg/hm²的高产。

## 四、杂交水稻恢复系

我国极大部分强恢复系或强恢复源来自国外，包括IR24、IR26、IR30、密阳46等，它们均含有我国台湾省地方品种低脚乌尖的血缘（*sd1*矮秆基因）。20世纪70～80年代，IR24、IR26、IR30、IR36、IR58直接作恢复系利用，随着明恢63（IR30/圭630）的育成，我国的杂交稻恢复系走上了自主创新的道路，育成的恢复系其遗传背景呈现多元化。目前，主要的已广泛应用的核心恢复系17个，它们衍生的恢复系超过510个，配组的种植面积较大（年种植面积＞6 667hm²）的杂交品种数超过1 200个（表1-9）。配组品种较多的恢复系有：明恢63、明恢86、IR24、IR26、多系1号、测64-7、蜀恢527、辐恢838、桂99、CDR22、密阳46、广恢3550、C57等。

表1-9　我国主要的骨干恢复系及配组的杂交稻品种（截至2014年）

| 骨干亲本名称 | 类型 | 衍生的恢复系数 | 配组的杂交品种数 | 代 表 品 种 |
|---|---|---|---|---|
| 明恢63 | 籼型 | >127 | >325 | D优63、Ⅱ优63、博优63、冈优12、金优63、马协优63、全优63、汕优63、特优63、威优63、协优63、优Ⅰ63、新香优63、八两优63 |
| IR24 | 籼型 | >31 | >85 | 矮优2号、南优2号、汕优2号、四优2号、威优2号 |
| 多系1号 | 籼型 | >56 | >78 | D优68、D优多系1号、Ⅱ优多系1号、K优5号、冈优多系1号、汕优多系1号、特优多系1号、优Ⅰ多系1号 |
| 辐恢838 | 籼型 | >50 | >69 | 辐优803、B优838、Ⅱ优838、长优838、川香838、辐优838、绵5优838、特优838、中优838、绵两优838、天优838 |
| 蜀恢527 | 籼型 | >21 | >45 | D奇宝优527、D优13、D优527、Ⅱ优527、辐优527、冈优527、红优527、金优527、绵5优527、协优527 |
| 测64-7 | 籼型 | >31 | >43 | 博优49、威优49、协优49、汕优49、D优64、汕优64、威优64、博优64、常优64、协优64、优Ⅰ64、枝优64 |
| 密阳46 | 籼型 | >23 | >29 | 汕优46、D优46、Ⅱ优46、Ⅰ优46、金优46、汕优10、威优46、协优46、优I46 |
| 明恢86 | 籼型 | >44 | >76 | Ⅱ优明86、华优86、两优2186、汕优明86、特优明86、福优86、D297优86、T优8086、Y两优86 |
| 明恢77 | 籼型 | >24 | >48 | 汕优77、威优77、金优77、优Ⅰ77、协优77、特优77、福优77、新香优77、K优877、K优77 |
| CDR22 | 籼型 | 24 | 34 | 汕优22、冈优22、冈优3551、冈优363、绵5优3551、宜香3551、冈优1313、D优363、Ⅱ优936 |
| 桂99 | 籼型 | >20 | >17 | 汕优桂99、金优桂99、中优桂99、特优桂99、博优桂99（博优903）、华优桂99、秋优桂99、枝优桂99、美优桂99、优Ⅰ桂99、培两优桂99 |
| 广恢3550 | 籼型 | >8 | >21 | Ⅱ优3550、博优3550、汕优3550、汕优桂3550、特优3550、天丰优3550、威优3550、协优3550、优优3550、枝优3550 |
| IR26 | 籼型 | >3 | >17 | 南优6号、汕优6号、四优6号、威优6号、威优辐26 |
| 扬稻6号 | 籼型 | >1 | >11 | 红莲优6号、两优培九、扬两优6号、粤优938 |
| C57 | 粳型 | >20 | >39 | 黎优57、丹粳1号、辽优3225、9优418、辽优5218、辽优5号、辽优3418、辽优4418、辽优1518、辽优3015、辽优1052、泗优422、皖稻22、皖稻70 |
| 皖恢9号 | 粳型 | >1 | >11 | 70优9号、培两优1025、双优3402、80优98、Ⅲ优98、80优9号、80优121、六优121 |

　　明恢63是我国最重要的育成恢复系，由福建省三明市农业科学研究所以IR30/圭630于1980年育成。圭630是从圭亚那引进的常规水稻品种，IR30来自国际水稻研究所，含有IR24、IR8的血缘。明恢63衍生了大量恢复系，其衍生的恢复系占我国选育恢复系的65%～70%，衍生的主要恢复系有CDR22、辐恢838、明恢77、多系1号、广恢128、恩恢58、明恢86、绵恢725、盐恢559、镇恢084、晚3等。明恢63配组育成了大量优良的杂交稻品种，包括汕优63、D优63、协优63、冈优12、特优63、金优63、汕优桂33、汕优多系1号等，这些杂交稻品种在我国稻区广泛种植，对水稻生产贡献巨大。直接以明恢63为恢复系配组的年种植面积超过6 667hm²的杂交水稻品种29个，其中，汕优63（珍汕97A/

明恢63）1990年种植面积681万hm²，累计推广面积（1983—2009年）6 289万hm²；D优63（D珍汕97A/明恢63）1990年种植面积111万hm²，累计推广面积（1983—2001年）637万hm²。

密阳46（Miyang 46）原产韩国，20世纪80年代引自国际水稻研究所，其亲本为统一/IR24//IR1317/IR24，含有台中本地1号、IR8、IR24、IR1317（振兴/IR262//IR262/IR24）及韩国品种统一（IR8//蚬/台中本地1号）的血缘。全生育期110d左右，株高80cm左右，株型紧凑，茎秆细韧、挺直，结实率85%～90%，千粒重24g，抗稻瘟病力强，配合力强，是我国主要的恢复系之一。密阳46衍生的主要恢复系有蜀恢6326、蜀恢881、蜀恢202、蜀恢162、恩恢58、恩恢325、恩恢995、恩恢69、浙恢7954、浙恢203、Y111、R644、凯恢608、浙恢208等；配组的杂交品种汕优46(原名汕优10号)、协优46、威优46等是我国南方稻区中、晚稻的主栽品种。

IR24，其姐妹系为IR661，均引自国际水稻研究所（IRRI），其亲本为IR8/IR127。IR24是我国第一代恢复系，衍生的重要恢复系有广恢3550、广恢4480、广恢290、广恢128、广恢998、广恢372、广恢122、广恢308等；配组的矮优2号、南优2号、汕优2号、四优2号、威优2号等是我国20世纪70～80年代杂交中晚稻的主栽品种，IR24还是人工制恢的骨干亲本之一。

测64是湖南省安江农业学校从IR9761-19中系选测交选出。测64衍生出的恢复系有测64-49、测64-8、广恢4480（广恢3550/测64）、广恢128（七桂早25/测64）、广恢96（测64/518）、广恢452（七桂早25/测64//早特青）、广恢368（台中籼育10号/广恢452）、明恢77（明恢63/测64）、明恢07（泰宁本地/圭630//测64///777/CY85-43）、冈恢12（测64-7/明恢63）、冈恢152（测64-7/测64-48）等。与多个不育系配组的D优64、汕优64、威优64、博优64、常优64、协优64、优I64、枝优64等是我国20世纪80～90年代杂交稻的主栽品种。

CDR22（IR50/明恢63）系四川省农业科学院作物研究所育成的中籼迟熟恢复系。CDR22株高100cm左右，在四川成都春播，播种至抽穗历期110d左右，主茎总叶片数16～17叶，穗大粒多，千粒重29.8g，抗稻瘟病，且配合力高，花粉量大，花期长，制种产量高。CDR22衍生出了宜恢3551、宜恢1313、福恢936、蜀恢363等恢复系24个；配组的汕优22和冈优22强优势品种在生产中大面积推广。

辐恢838是四川省原子能应用技术研究所以226（糯）/明恢63辐射诱变株系r552育成的中籼中熟恢复系。辐恢838株高100～110cm，全生育期127～132d，茎秆粗壮，叶色青绿，剑叶硬立，叶鞘、节间和稃尖无色，配合力高，恢复力强。由辐恢838衍生出了辐恢838选、成恢157、冈恢38、绵恢3724等新恢复系50多个；用辐恢838配组的Ⅱ优838、辐优838、川香9838、天优838等20余个杂交品种在我国南方稻区广泛应用，其中Ⅱ优838是我国南方稻区中稻的主栽品种之一。

多系1号是四川省内江市农业科学研究所以明恢63为母本，Tetep为父本杂交，并用明恢63连续回交育成，同时育成的还有内恢99-14和内恢99-4。多系1号在四川内江春播，播种至抽穗历期110d左右，株高100cm左右，穗大粒多，千粒重28g，高抗稻瘟病，且配合力高，花粉量大，花期长，利于制种。由多系1号衍生出内恢182、绵恢2009、绵恢2040、明恢1273、明恢2155、联合2号、常恢117、泉恢131、亚恢671、亚恢627、航148、晚R-1、中恢8006、宜恢2308、宜恢2292等56个恢复系。多系1号先后配组育成了汕优多系1号、Ⅱ优多系1号、冈优多系1号、D优多系1号、D优68、K优5号、特优多系1号等品种，在我国南方稻区广泛作中稻栽培。

明恢77是福建省三明市农业科学研究所以明恢63为母本，测64作父本杂交，经多代选择于1988年育成的籼型早熟恢复系。到2010年，全国以明恢77为父本配组育成了11个组合通过省级以上农作物品种审定委员会审定，其中3个品种通过国家农作物品种审定委员会审定，从1991—2010年，用明恢77直接配组的品种累计推广面积达744.67万hm²。到2010年，全国各育种单位利用明恢77作为骨干亲本选育的新恢复系有R2067、先恢9898、早恢9059、R7、蜀恢361等24个，这些新恢复系配组了34个品种通过省级以上农作物品种审定委员会审定。

明恢86是福建省三明市农业科学研究所以P18（IR54/明恢63//IR60/圭630）为母本，明恢75（粳187/IR30//明恢63）作父本杂交，经多代选择于1993年育成的中籼迟熟恢复系。到2010年，全国以明恢86为父本配组育成了11个品种通过省级以上农作物品种审定委员会品种审定，其中3个品种通过国家农作物品种审定委员会审定。从1997—2010年，用明恢86配组的所有品种累计推广面积达221.13万hm²。到2011年止，全国各育种单位以明恢86为亲本选育的新恢复系有航1号、航2号、明恢1273、福恢673、明恢1259等44个，这些新恢复系配组了65个品种通过省级以上农作物品种审定委员会审定。

C57是辽宁省农业科学院利用"籼粳架桥"技术，通过籼（国际水稻研究所具有恢复基因的品种IR8）/籼粳中间材料（福建省具有籼稻血统的粳稻科情3号）//粳（从日本引进的粳稻品种京引35），从中筛选出的具有1/4籼核成分的粳稻恢复系。C57及其衍生恢复系的育成和应用推动了我国杂交粳稻的发展，据不完全统计，约有60%以上的粳稻恢复系具有C57的血缘，如皖恢9号、轮回422、C52、C418、C4115、徐恢201、MR19、陆恢3号等。C57是我国第一个大面积应用的杂交粳稻品种黎优57的父本。

## 参考文献

陈温福,徐正进,张龙步,等,2002.水稻超高产育种研究进展与前景[J].中国工程科学,4(1):31-35.

程式华,曹立勇,庄杰云,等,2009.关于超级稻品种培育的资源和基因利用问题[J].中国水稻科学,23(3):223-228.

程式华,2010.中国超级稻育种[M].北京:科学出版社:493.

方福平,2009.中国水稻生产发展问题研究[M].北京:中国农业出版社:19-41.

韩龙植,曹桂兰,2005.中国稻种资源收集、保存和更新现状[J].植物遗传资源学报,6(3):359-364.

林世成,闵绍楷,1991.中国水稻品种及其系谱[M].上海:上海科学技术出版社:411.

马良勇,李西民,2007.常规水稻育种[M]//程式华,李健.现代中国水稻.北京:金盾出版社:179-202.

闵捷,朱智伟,章林平,等,2014.中国超级杂交稻组合的稻米品质分析[J].中国水稻科学,28(2):212-216.

庞汉华,2000.中国野生稻资源考察、鉴定和保存概况[J].植物遗传资源科学,1(4):52-56.

汤圣祥,王秀东,刘旭,2012.中国常规水稻品种的更替趋势和核心骨干亲本研究[J].中国农业科学,5(8):1455-1464.

万建民,2010.中国水稻遗传育种与品种系谱[M].北京:中国农业出版社:742.

魏兴华, 汤圣祥, 余汉勇, 等, 2010. 中国水稻国外引种概况及效益分析[J]. 中国水稻科学, 24(1): 5-11.

魏兴华, 汤圣祥, 2011. 中国常规稻品种图志[M]. 杭州: 浙江科学技术出版社: 418.

谢华安, 2005. 汕优63选育理论与实践[M]. 北京: 中国农业出版社: 386.

杨庆文, 陈大洲, 2004. 中国野生稻研究与利用[M]. 北京: 气象出版社.

杨庆文, 黄娟, 2013. 中国普通野生稻遗传多样性研究进展[J]. 作物学报, 39(4): 580-588.

袁隆平, 2008. 超级杂交水稻育种进展[J]. 中国稻米(1): 1-3.

Khush G S, Virk P S, 2005. IR varieties and their impact[M]. Malina, Philippines: IRRI: 163.

Tang S X, Ding L, Bonjean A P A, 2010. Rice production and genetic improvement in China[M]//Zhong H, Bonjean Alain A P A. Cereals in China. Mexico: CIMMYT.

Yuan L P, 2014. Development of hybrid rice to ensure food security[J]. Rice Science, 21(1): 1-2.

# 第二章
# 浙江和上海稻作区划与品种改良概述

# 第一节　浙江省稻作区划与品种改良概述

## 一、概况

浙江省位于东南沿海长江三角洲南翼，东临东海，南接福建，西与江西、安徽相连，北与上海、江苏接壤，地处北纬27°06′～31°11′，东经118°01′～123°10′，东西和南北的直线距离均为450km左右，陆域面积10.18万km²，占全国的1.06%。浙江地形复杂，山地、丘陵占70.4%，平原、盆地占23.2%，河流、湖泊占6.4%，全省耕地面积为208.17万hm²；地势由西南向东北倾斜，大致可分为浙北平原、浙西丘陵、浙东丘陵、中部金衢盆地、浙南山地、东南沿海平原及滨海岛屿等6个地形区。浙江位于典型的亚热带季风气候区，季风显著，四季分明，年气温适中，光照较多，雨量丰沛，空气湿润，雨、热季节变化同步，气候资源配置多样，年平均气温15～18℃，极端最高气温33～43℃，极端最低气温−2.2～−17.4℃，平均年降水量980～2 000mm，年平均日照时数1 710～2 100h。水稻生育期间（4～10月）稳定通过10℃的积温为4 800～5 800℃，持续期为225～260d，降水量可达800～1 500mm，主要灾害性天气有干旱、台风及台涝、梅涝、春秋季低温等，其中，干旱以7～9月的夏旱出现最多，影响最大，中旱（连续干旱40d以上）的概率为三年一遇，台风及台涝同样以7～9月最为常见。

浙江省稻田种植制度分为一年一熟（中稻）、一年两熟（麦、油菜、绿肥、瓜蔬等一稻）和一年三熟（粮、油、肥、饲、瓜蔬等一稻一稻），稻作以水稻为主，陆稻极少。水稻播种面积和产量常年分别约占粮食播种面积和总产量的70%和80%，水稻的丰歉与粮食的增减密切相关。水稻也是浙江省粮食作物中单产最高的作物，其单产比玉米、小麦分别高近55%和35%。浙江稻作籼粳稻混栽，早稻为籼稻，晚稻浙北以粳稻为主、浙南以籼稻为主、浙中是籼粳混栽地区。1976年以来，推广种植杂交籼稻，主要分布在浙中、浙南和山区、丘陵地区。2000年以后，杂交粳稻面积在粳稻区快速增长。2013年，杂交粳稻面积首次超过杂交籼稻，杂交晚粳和杂交晚籼的面积分别占水稻面积的27.6%和24.9%。

## 二、浙江省种植制度

浙江是全国最早栽培水稻的地区之一。余姚河姆渡新石器遗址发现的稻谷和稻壳等遗物以及桐乡罗家角新石器时代遗址出土的稻谷，经鉴定均属栽培稻。以此推算，浙江栽培水稻已有7 000多年的历史。据《吴越春秋》记载，春秋时期浙江人民就以稻米为主食。秦汉以后，杭嘉湖、宁绍、温黄平原先后开发，水稻种植面积扩大，尤其是东晋以后。宋元时期，由于人口大量增加，除水稻种植面积扩大外，提高了复种指数，改一年一熟为麦稻两熟，并发展间作稻，同时引进早籼品种占城稻，加速两熟制的发展。其中，南宋时期，麦稻两熟制已较普遍，水稻品种也较丰富，产量有较大提高，浙北地区水稻产量可达3.38～4.13t/hm²。明清时期，浙北普遍推广麦稻两熟制，浙东沿海平原扩大间作稻，浙中丘陵河谷地区有少量连作稻栽培。这种种植制度延续了相当长的一个时期，直至

1949年，水田仍以这两种种植制度为主，诸暨、余姚等地有小面积连作稻，年种植面积2 000 ～ 2 667hm²。

1949年后，为了适应民众生活和经济发展对粮食的需求，浙江各地不断改革耕作制度，通过提高粮地复种指数，实行多熟制，以提高土地产出率。1952年，浙江省农林厅总结了萧山湘湖农场和临安县农场等单位改变耕作制度所取得的增产成效，1953年又组织厅机关、浙江省农业科学研究所的技术干部及浙江农学院师生，分为23个工作组深入到27个平原、半山区和山区县进行农田耕作制度的调查研究，总结经验。1955年提出了改革耕作制度的意见，以"五改三发展"为重点，即改间作稻为连作稻、改单季稻为双季稻、改中籼稻为晚粳稻、改低产作物为高产作物、改一熟为两熟或三熟，发展连作稻、多熟制和高产作物。至1966年，绿肥连作稻一年两熟制，由1955年占稻田总面积的3.6%，扩大到61%，粮地复种指数由173上升到195.3，水稻播种面积由1949年的180.42万hm²增加到1966年的232.41万hm²，提高28.8%，总产量增加156.1%（图2-1）。

20世纪60年代中期至70年代，发展三熟制，实行良制与良田、良种、良法配套。在扩大种植矮脚南特、农垦58等矮秆良种的同时，系统地总结绍兴县东湖农场等单位多年来实行良种、良法的经验，推广早、中、晚熟期配套以及"三秧配套""一扩两降"培育壮秧技术。到1972年，全省粮地复种指数提高到221.3，单产和总产创历史最高水平，水稻播种面积在1974年达到高峰（255.62万hm²，图2-1）。1976年后全省进一步扩大三熟制面积，同时，重视改善生产条件，到1978年底止，全省水田形成以连作稻为主体，以冬季粮、油、肥作物复种轮作为基础的一年三熟或二熟种植制度。

1978年农村开始实行经济体制改革，尤其是20世纪80年代初推行家庭联产承包生产责任制以后，水稻生产布局做了扩大晚稻（杂交稻）、调减早稻面积，品种布局上压缩早、晚熟，扩大中熟的调整，产量快速增长（图2-1，图2-2）。1985年农村改革继续深入，调整

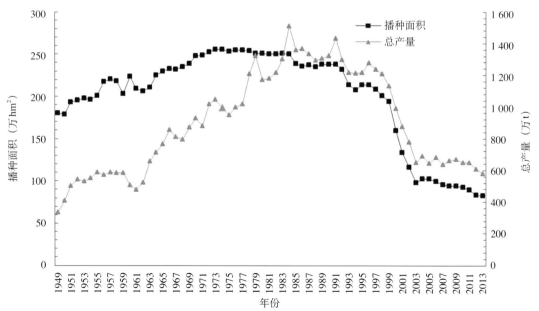

图2-1　浙江省水稻年播种面积和总产量的年变化（1949—2013年）

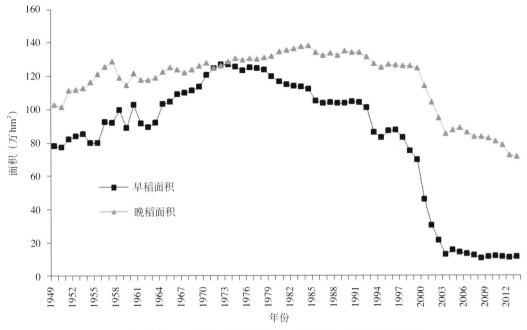

图2-2 浙江省早稻和晚稻播种面积的年变化（1949—2013年）

农业产业结构、发展效益农业成为浙江农业的重点，减粮增经，发展水旱结合、粮经结合、粮饲结合的多样化多熟制，不断优化种植结构以提高稻田效益。1987年浙江省农业厅提出在粮食高产地区有计划、有组织地推广高产模式栽培的意见。1990年浙江省人民政府在总结粮食作物高产模式栽培经验基础上，决定在全省开展吨粮田工程建设，在水稻生产上配套应用高产良种、培育壮秧、配方施肥、综合防治病虫草鼠危害等适用技术，提高水稻单产，稳定粮食总产。1992年浙江省人民政府根据国务院《关于发展优质高产高效农业的通知》精神，要求多发展一些优质或中质早籼和早粳、早糯，逐步淘汰劣质早籼，改常规品种为优质品种。2000年以后，全省水稻面积快速下降，尤其是早稻。2013年，全省水稻播种面积82.87万hm²，仅为1974年高峰期的32.4%（图2-1），其中早稻面积11.51万hm²（占13.9%），较1973年高点126.67万hm²下降了90.9%，晚稻面积71.36万hm²（占86.1%），较1984年高点138.03万hm²下降了48.3%（图2-2）。

## 三、浙江省稻作区划

浙江省稻作区划的系统研究和划分始于20世纪70年代。以热量条件为一级指标、水分条件为二级指标，并根据地形地貌、水稻栽培特点及区域连片等原则，中国水稻研究所（1989）将浙江省划分为6个连作稻种植区和1个中山山地单季稻种植区（含3个亚区），即：温台沿海平原连作稻区，浙中、浙南丘陵山地连作稻区，金衢盆地连作稻区，浙西丘陵与钱塘江南岸平原、丘陵连作稻区，浙东平原、丘陵连作稻区，杭嘉湖平原连作稻区，中山山地单季稻副区，包括单季早中粳亚区、单季中粳亚区和单季迟中籼亚区。邹庆第（1992）则将浙江省划分为10个稻作区：杭嘉湖平原稻作区、钱塘江中下游和杭州湾两岸稻作区、宁绍平原稻作区、浙东沿海港湾平原丘陵稻作区、浙南沿海平原稻作区、浙西山地丘陵稻作区、金衢低丘盆地稻作区、浙东山丘盆地稻作区、浙南山地稻作区、舟山岛屿丘陵稻作区、近年，由于水稻种植制度和品种、技术已发生很大的变化，如原来的杭嘉湖平原双季稻区已变成单季粳稻区，生产技术也有很大的发展，因此原水稻种植区划已不能适应现有水稻生产的现状和要求。根据地理位置、地貌特征、稻作制度和水稻类型，朱德峰等（2007）将浙江省划分为6个稻作区，即杭嘉湖平原单季粳稻区、宁绍平原单双季籼粳稻区、温台沿海平原单双季籼稻区、金衢盆地单双季籼稻区、浙西南丘陵山区单季籼稻区以及浙西北丘陵山区单季籼粳稻区（图2-3）。

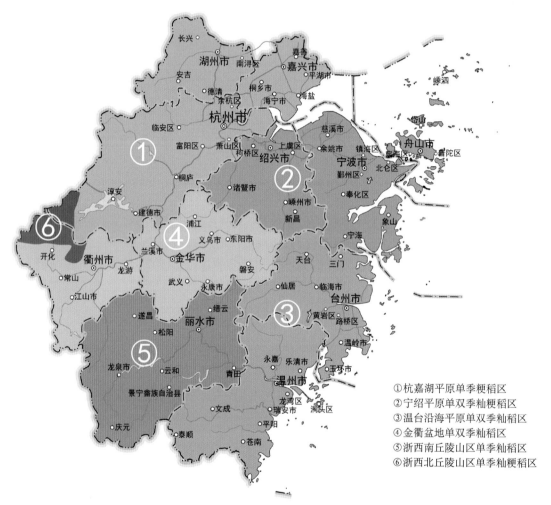

①杭嘉湖平原单季粳稻区
②宁绍平原单双季籼粳稻区
③温台沿海平原单双季籼稻区
④金衢盆地单双季籼稻区
⑤浙西南丘陵山区单季籼稻区
⑥浙西北丘陵山区单季籼粳稻区

图2-3　浙江省稻作区划

**（一）杭嘉湖平原单季粳稻区**

主要包括杭州市市区以及淳安、富阳、建德、临安、桐庐诸县（市）；嘉兴市市区以及海宁、海盐、嘉善、平湖、桐乡诸县（市）；湖州市市区以及德清、安吉、长兴诸县（市）。本区温度≥10℃的积温4 772 ~ 4 960℃，生长期为217 ~ 222d。水稻生长季（5 ~ 10月）降水量734 ~ 905mm。属热量中等、半干燥气候生态型。该区水稻面积占浙江省水稻种植面积的28.1%（2004年资料，下同），以单季稻为主。

该区直播稻面积16.2万hm²，占全省直播稻面积的63.8%。其中，杭州和嘉兴两市直播稻的比例均超过50%，湖州市直播稻占比稍低。

## （二）宁绍平原单双季籼粳稻区

主要包括宁波市市区及余姚、慈溪、奉化、宁海、象山诸县（市）；舟山市市区及岱山和嵊泗县；绍兴市市区及上虞、绍兴、嵊州、新昌、诸暨诸县（市）。本区温度≥10℃的积温4 841～4 855℃，生长期为221～227d。水稻生长季（5～10月）降水量800～900mm。属热量中等、半湿润半干燥气候生态型。该区水稻面积占浙江省水稻种植面积的20.7%，为本省水稻高产区。早稻、中稻和晚稻面积分别占18.0%、56.3%和25.7%。连作早稻和晚稻面积占全省24.2%和26.9%。

该区直播稻面积5.5万hm²，约占全省直播稻面积的21.8%，其中，绍兴市直播稻面积3.1万hm²，占其水稻面积的28.0%，主要分布在诸暨、绍兴、上虞诸县（市）。抛秧面积2万hm²，约占全省抛秧面积的43.3%，主要分布于宁波市区及余姚、奉化两地。

## （三）温台沿海平原单双季籼稻区

主要包括温州市市区以及苍南、洞头、乐清、平阳、瑞安、泰顺、文成、永嘉诸县（市）。台州市市区及临海、三门、天台、温岭、仙居、玉环诸县（市）。本区温度≥10℃的积温5 053～5 425℃，生长期为231～242d。水稻生长季（5～10月）降水量大于1 000mm。属热量充裕、半湿润气候生态型，易受台风侵袭。该区水稻面积占浙江省水稻种植面积的20.0%，早稻、中稻和晚稻面积分别占该区水稻面积25.6%、43.9%和30.4%。连作早稻和晚稻面积占全省33.2%和30.7%。

该区水稻旱育秧面积4.9万hm²，占全省总面积的21.7%。其中，温州市旱育秧面积2.3万hm²，占其水稻面积的17.0%，主要分布在瑞安市、苍南县；台州市旱育秧面积2.7万hm²，占其水稻面积27.0%，主要分布在仙居、温岭、三门诸县（市）。

## （四）金衢盆地单双季籼稻区

主要包括金华市市区及东阳、兰溪、磐安、浦江、武义、义乌、永康诸县（市）；衢州市市区及常山、江山、开化、龙游诸县（市）。本区温度≥10℃的积温5 074～5 287℃，生长期为226～230d。水稻生长季（5～10月）降水量840.0～968.3mm，伏旱、秋旱较为突出。属热量充裕、半湿润半干旱干燥气候生态型。该区水稻面积占浙江省水稻种植面积的17.5%，早稻、中稻和晚稻面积分别占该区水稻面积28.0%、44.6%和27.4%。连作早稻和晚稻面积占全省31.8%和24.3%。

该区水稻旱育秧面积10.1万hm²，占全省总面积的44.6%。其中，金华市旱育秧面积4.7万hm²，占其水稻面积的42.8%，主要分布在东阳、兰溪、义乌、永康、浦江诸县（市）；衢州市旱育秧面积5.4万hm²，占其水稻面积51.6%。

## （五）浙西南丘陵山区单季籼稻区

主要包括金华市的磐安、浦江和永康县（市）；温州市的泰顺、文成和永嘉县（市）；丽水市市区及缙云、景宁、龙泉、青田、庆元、松阳、遂昌和云和县（市）。水稻主要分布在河套盆地和丘陵山区的斜坡梯田。本区温度≥10℃的积温5 120～5 475℃，生长期为230～243d。水稻生长季（5～10月）降水量813.7～1 084.6mm，雨量充沛，但伏旱、秋旱比较明显。属热量充裕、半湿润半干旱气候生态型。该区水稻面积占浙江省水稻种植面积的10.4%，以中稻为主（约占80%）。

该区水稻旱育秧面积3.1万hm²，占全省总面积的13.8%。其中，丽水市水稻旱育秧占其水稻面积的43.2%，主要分布在丽水市区及龙泉、庆元、松阳、景宁和遂昌县（市）。

### （六）浙西北丘陵山区单季籼粳稻区

主要包括杭州市的淳安、临安、桐庐和建德县（市）；湖州市的安吉县；衢州市的开化县和常山县。本区温度≥10℃的积温4 927 ～ 5 271℃，生长期为223 ～ 229d。水稻生长季（5 ～ 10月）降水量750 ～ 1 100mm，存在秋旱威胁。属热量中等、半湿润半干燥气候生态型。该区水稻面积占浙江省水稻种植面积的3.3%，以中稻为主（约占85%）。

## 四、水稻品种改良历程

浙江水稻栽培历史悠久，品种繁多。籼、粳和早、晚之分可见于唐代记载。在现存的宋代方志中记载有太湖地区特性各异的品种167个，籼、粳、糯、早、中、晚各类型俱全，而明代有196个，清代增加到530个。民国13年（1924年）《浙江（续）通志稿》载，全省有粳稻273个，糯稻130个。20世纪初期，随着我国农业高等院校与农业实验机构的建立，在长江流域及其以南的一些省开始调查收集水稻地方品种用于纯系选育和杂交育种。1923年，浙江大学农学院从日本优良品种中单穗选育成浙大3号和曲玉2号。1930年，浙江省成立农林局，1931年在杭州试验总场及五夫分场分别进行了水稻育种工作。1930年成立的浙江省稻麦改良场，首先开展纯系选种，并于1935年始进行杂交育种，1936年秋开始示范推广浙场9号和浙场4号。1939年，浙江省农业改进所为补救浙南山田缺水之弊，开始早稻育种，育成浙农503、浙农504等良种。这些良种产量高出对照农家品种5%～49%，促进了水稻产量的提高。1949年以后，浙江水稻品种则经历了农家品种评选、普及矮秆品种、推广杂交水稻优良组合，推广优质稻、选用超级稻4个阶段。

### （一）农家品种评选

1952年，浙江省人民政府实业厅开展以县为单位、自下而上的评选农家优良品种工作。全省先后评选出水稻优良品种98个，其中早籼稻3个，早中籼稻56个，中籼稻3个，晚籼稻24个，晚粳稻12个。同时，组织群众换种，推广优良农家品种，配合农田耕作制度的变革，其中，早稻主要有浙农503、嘉兴白皮、有芒早粳、六十日火稻、早三倍、小暑白、中性白、宁波白等籼、粳稻品种，早中稻类型主要有齐头黄、金华早、毛里周、细叶青等籼稻品种，晚稻浙北以猪毛簇、红须粳、老来青、10509等粳稻品种为主，浙南则以硬头京、西瓜红、晚籼9号等籼稻品种为主。20世纪50年代中后期，先后从外省引入南特号、陆财号、莲塘早等早籼良种进行试种推广。1959年全省种植南特号约31万hm²，陆财号0.33万hm²，到1961年陆财号种植面积达17.84万hm²，莲塘早2.82万hm²。随后，陆财号、莲塘早种植面积连续5年都保持在13.33万hm²以上，取代了部分农家品种，成为当时双季早稻早、中熟的当家品种。20世纪50年代末60年代初，全省早、晚稻产量较50年代初有较大提高（图2-4）。

### （二）普及矮秆品种

随着稻作生产的发展和施肥水平的提高，原有的早、晚稻高秆品种已不适应生产要求。1959年自广东省引进矮秆早籼稻品种矮脚南特，并成为浙江省第一个生产大面积推广应用的矮秆水稻品种，1960年又引入晚粳稻矮秆品种农垦58，矮秆品种明显的增产效果导致了

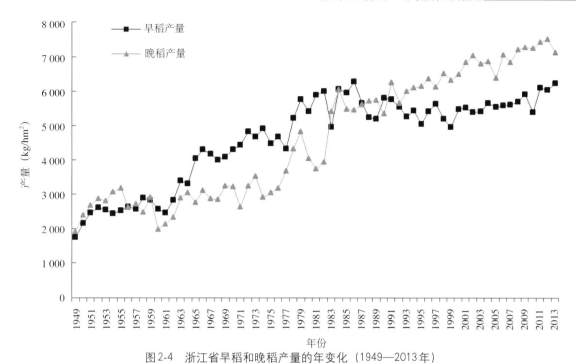

图2-4 浙江省早稻和晚稻产量的年变化（1949—2013年）

浙江省水稻品种的更新换代。继矮脚南特和农垦58推广后，20世纪70年代进一步推广广陆矮4号、先锋1号、珍油97、竹科2号、矮南早1号、二九青、原丰早、圭陆矮等早稻矮秆高产良种，更换了矮脚南特及所有高秆良种，早稻产量大幅度提高，由20世纪50年代的2.50t/hm²上升到70年代的4.87t/hm²。晚稻相继推广农虎6号、嘉湖4号等晚粳稻新品种，产量又有较大增长。80年代，早稻扩大二九丰、浙辐802、青秆黄，晚稻扩大秀水48、秀水11、秀水37、秀水620、原粳4号等中熟和早熟晚粳品种种植，产量水平又上新台阶（图2-4）。进入21世纪，常规晚粳稻推广高产优质粳稻新品种秀水110、嘉991、浙粳22等。

（三）推广杂交水稻优良组合

1976年浙江试种杂交水稻品种汕优6号获得成功，翌年作为连作晚稻栽培进行多点示范，1978年起在全省大面积推广，当年汕优6号种植面积达16.33万hm²，1981年扩大到55.68万hm²，占杂交稻种植总面积的97.9%，占当年全省晚稻播种面积的42.7%。汕优6号作为浙中、浙南地区晚稻的当家品种，持续种植达12年之久。1987年后，生育期较短的汕优64和生育期较长的汕优63作为种植杂交水稻地区的搭配品种，种植面积在6.67万hm²以上的年限分别达到5年和7年。20世纪90年代初，汕优10号和协优46两个组合逐渐成为杂交水稻的主栽组合，年种植面积都在16.67万hm²以上。2000年以后，随着甬优系列的推广，杂交粳稻面积逐年上升。2013年，杂交晚稻占全省水稻种植面积的53.6%，较1999年上升了6.2个百分点，同时，杂交粳稻面积（占27.6%）首次超过杂交籼稻（占24.9%）。这一时期，由于杂交晚稻的推广种植，晚稻产量稳步提高（图2-4）。

（四）推广优质稻，选用超级稻品种

浙江对优质稻的关注虽然历史悠久，但自20世纪50年代到80年代中期，品种的选用一直以产量为主，在早稻品种的选用上更为突出。80年代中期，浙江省人民政府提出大力压缩劣质早籼品种，扩大中质品种，积极开发优质米的选育和加快优质米品种审定的要求，逐步实现早籼品种以良代劣、以优代良的目标，水稻生产由以产量为主转移到质量、产量并重，育种单位先后育成一批优质稻品种，相继推广嘉兴香米、舟903、中优早2号、爱红26等优质早籼品种，在产量不降低的基础上，品质明显提高，达到农民增收、农业增效的目的。1996年，农业部启动了"中国超级稻研究"重大项目，组成了以中国水稻研究所、沈阳农业大学、福建省农业科学院、湖南杂交水稻研究中心、四川省农业科学院等国内主要水稻育种单位为主体的超级稻研究协作组，以高产、优质、多抗为目标，选育了一批超级稻品种。2005—2013年，由农业部冠名的87个示范推广的超级稻品种中，在浙江省推广应用的主要有中早35、中早39和中嘉早17等常规早籼稻品种和甬优6号、甬优12、甬优15、Ⅱ优7954、中浙优1号、国稻1号、国稻3号、国稻6号、中9优8012、天优华占等杂交晚稻品种。

# 第二节　上海郊区稻作区划与品种改良概述

## 一、概况

上海郊区地处长江三角洲东缘，太湖流域下游，北倚长江，东濒东海，南临杭州湾，西与江浙两省接壤，三面环水，为平原感潮河网地区。该地区位于东经120°51′～122°12′和北纬30°40′～31°53′，属北亚热带南缘东亚季风气候，日照较多，气候暖湿，光、温、水基本同季。全市年平均气温为15.5℃，年平均有效积温为2 697.4℃，年降水量1 145.4mm，年日照时数1 934h，水稻生育期间（4～10月）稳定通过10℃的积温为5 165.3℃，降水量可达940.1mm，高温、低温和暴雨是上海郊区常年影响水稻生育的气候因素。上海境内除西南部有少数丘陵山脉外，整体地势为坦荡低平的平原，是长江三角洲冲积平原的一部分，平均海拔高度约4m，郊区土地面积为6 050km²，占全市总面积的95%。2013年底，郊区耕地面积19.5万hm²，其中，水稻播种面积10.19万hm²，占耕地面积的52.3%。

上海郊区水稻生产历史悠久。据青浦松泽马家浜文化遗址出土的炭化稻谷考证，距今7 000年前已有水稻种植。春秋战国时期，上海先民们利用江湖滩地种植水稻。公元前3世纪的《周礼》中有了上海地区"其谷宜稻"的文字记载。水稻是上海郊区种植的主要粮食作物，在历代农业生产中占有重要地位。西汉之前，水稻生产技术十分落后，处于火耕水耨状况。东汉末年后，北方连年混战，东吴的苏松一带相对安定，农业生产有所发展。隋代出现了江东犁、铁搭、水车等生产工具。唐代修固海塘，生产条件的改善促进了水稻生产发展。明清时期，稻田面积因棉花生产大发展而减少，粮食依赖外地补充。民国时期，水稻面积有所恢复和扩大。1932年，水稻面积达17.33万hm²，抗日战争时期，上海粮食紧缺，农民压棉扩粮，水稻面积增加。1949年后，在恢复和发展农业生产中，水稻面积扩大，单产提高。1955年，郊区水稻面积扩大到20.48万hm²，总产86.01万t，并在1976年达到高峰（播种面积36.09万hm²，总产184.52万t）。1980年以后，由于产业结构的变化，水稻面积逐年减少。2003年以来，水稻年播种面积稳定在10.19万～11.27万hm²，总产82.2万～90.3万t，占粮食总产量的75%以上（图2-5）。

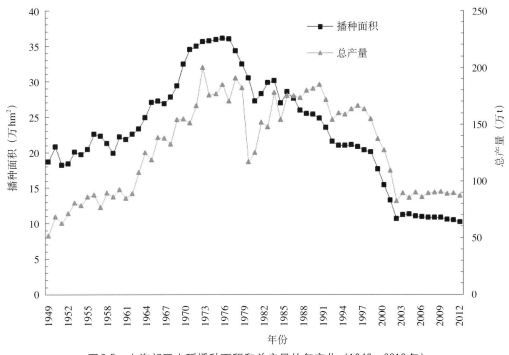

图2-5　上海郊区水稻播种面积和总产量的年变化（1949—2013年）

## 二、上海郊区种植制度

隋唐北宋（7 ~ 11世纪），经"浚三江，治低田"，上海郊区农田抗灾能力提高，开始形成稻麦两熟的耕作制度。从热量条件考虑，上海郊区适宜双季稻安全生长期在165d以上的概率为71%，后季稻极易遭受秋季低温的影响，具有两熟有余、三熟不足的特点。因此，直至20世纪50年代初期，水稻仍一年种植一次，即单季早稻、单季中稻或单季晚稻，冬季种植绿肥、小麦或休闲，粮田复种指数较低，1952年粮田复种指数为191.4。

20世纪50年代中期，上海郊区试种双季稻成功，单季中稻逐年减少，粮田复种指数稳步提高。1956年水稻播种面积22.56万 hm²，早稻、中稻、单季晚稻和后季稻的面积比例分别占26.7%、8.3%、56.5%和8.5%，水稻总产87.35万 t，占粮食总产的71.7%，种植面积和总产分别比1949年增加21.2%和69.0%。1965年，郊区加快了推广双季稻的步伐，压缩单季中、晚稻，扩大早稻、后季稻的面积，水稻播种面积达27.04万 hm²，单季中、晚稻从原来占水稻播种面积的70%以上，降到40%左右，早稻和后季稻面积分别达到25%以上，粮田复种指数提高到203.0。这一阶段出现了一年两熟、三熟并存的多种形式，但仍然以一年两熟制为主。

20世纪60年代后期开始，强调"以粮为纲"，加之农田排灌条件的改善，农业机械的增加，低洼地、盐碱地的治理，以及"麦—稻—稻"粮食三熟制试种成功等，促使上海郊区的粮田三熟制一直呈上升趋势。1966年，市郊农作物总播种面积超过80万 hm²，其中，水稻播种面积27.24万 hm²。1971年，水稻播种面积达到34.49万 hm²，早稻、中稻、单季晚稻、后季稻的面积比例分别占38.2%、0.5%、10.2%、51.1%。1975年水稻播种面积达35.86万 hm²，粮田复种指数达250。郊区以双季稻为主的稻田种植制度一直保持到1984年。

1985年，上海郊区粮食生产任务松动，劳动力向第二、第三产业转移，在种植业结构调整中，重新逐步将粮田一年三熟制恢复为两熟制，压缩早稻、后季稻，扩大单季晚稻，当年早稻、中稻、单季晚稻、后季稻的面积比例分别占22.9%、6.0%、37.0%、34.1%，粮田复种指数210。1990年，市郊农作物总播种面积63.11万hm²，其中，水稻播种面积25.34万hm²，粮田复种指数进一步回落到171.0，以麦—稻、油—稻为主体的两熟制种植面积占粮田面积的89.7%。2005年以后，上海郊区水稻种植已全是单季晚稻，难觅双季稻踪影（图2-6）。

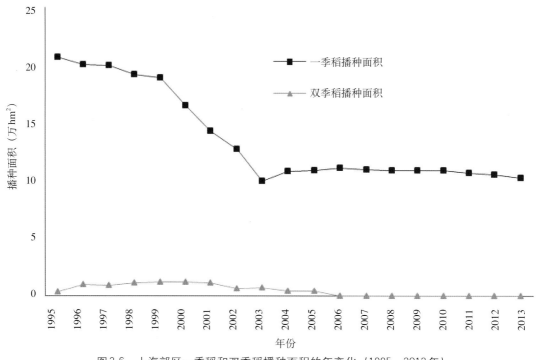

图2-6　上海郊区一季稻和双季稻播种面积的年变化（1995—2013年）

## 三、上海郊区稻作区划

根据自然条件和社会经济技术条件及历史种植习惯，20世纪80年代曾将上海郊区水稻分布划分为3个类型：松江、金山、青浦商品粮稻谷生产区，历来以水稻生产为主，水稻播种面积和总产量分别占全市40%以上；南汇、奉贤、崇明和川沙沿海水稻和经济作物混作区，生产的稻谷以解决农民口粮为主；上海、嘉定、宝山和川沙浦东粮食、经济作物和蔬菜混作区，稻田占耕作面积不足35%。目前，上海郊区发展都市农业，水稻播种面积仅为高峰期的30%，分布于崇明、金山、浦东、松江、奉贤、青浦、嘉定、闵行和宝山区，其中、崇明、金山和浦东区分别占全市水稻种植面积的25.1%、19.7%和14.1%，闵行区、宝山区年播种面积均在1 500hm²以下。

## 四、上海郊区水稻品种改良历程

上海地处太湖流域，历史上一向是稻（一季中稻或晚稻）—麦（油菜、蚕豆或绿肥）

一年两熟为主的耕作制度，稻作历史悠久，品种类型多样。宋代，上海有早稻品种占城稻。1753—1934年，上海所属10县县志记录了粳稻品种107个、籼稻21个、糯稻94个、香稻2个、旱稻4个。清代康熙年间，江南农学家李英贵育出的早籼稻品种"御稻"，因耐寒性强、宜早播早栽一直延续了约200年。据记载，栽培历史悠久的有早籼银条籼、中粳姚种、木樨球、三朝齐、秋前糯等，晚粳稻品种则有芦花白、铁梗青、矮脚老来青、大谷绿种、黄种、三穗千、老种、太湖青、金箍黄等。1949年以后，上海郊区水稻品种的演变大致可分为4个阶段，即农家种评选、农垦58的应用及品种矮秆化、推广杂交稻以及选用丰产优质抗病新品种。

（一）农家种评选普及高秆良种

20世纪50年代初、中期，在对地方品种调查、征集、整理的基础上，上海市科研单位、国营农场、良种场对上海地方品种进行品种比较、品种区域性试验和生产示范，同时开展群众性良种评选活动，选出优良高秆品种进行推广。推广面积较大的有早粳品种有芒早沙粳、无芒早沙粳，中粳品种红壳、白壳、紧子慢、黄壳早二十日、姚种、李子红等，晚粳品种老来青、白芒短种、铁秆青、铁粳青、四上裕、黑种、葡萄青、黄种等，其中有芒早沙粳和老来青年最大推广面积达2.67万hm²。

（二）农垦58的应用及品种矮秆化

1959年，上海郊区引进日本粳稻品种农垦58，该品种具有矮秆、多穗、耐肥、抗倒伏、抗白叶枯病、丰产性好等优点，经20世纪60年代初期试种，很快得到推广并成为单季晚稻的当家品种，完成了这一地区对高秆晚粳品种的大更换。70年代初，农垦58因种性退化、抗逆力下降，种植面积日趋缩小，同时，上海郊区在推广双季稻基础上扩大三熟制，迫切需要早熟、抗病、稳产、高产的晚粳新品种来代替。1964年，上海市农业科学院从农垦58中系选育成早熟晚粳沪选19，1968年开始在郊区大面积推广。另外，上海市原嘉定县华亭农场选育的嘉农14、嘉农15，原青浦县青东农场选育的军公1号，原奉贤县庄行种子场选育的双丰1号，以及从江苏引进的桂花黄和从浙江引进的农红73、农虎6号、嘉湖4号等矮秆丰产抗病晚粳新品种，在20世纪60年代末、70年代初迅速取代了农垦58。80年代初，由于种植结构调整，压缩双季稻和水田三熟制面积，上海郊区推广种植了桂农12、寒丰、铁桂丰等新品种，并引进浙江省嘉兴市农业科学研究所的秀水04、秀水06等，其中，秀水04很快成为郊区单季稻当家品种。1986年，郊区种植单季稻13.81万hm²，其中，秀水04占77.2%。在早稻方面，20世纪60年代初开始推广粮食三熟制，引进了矮脚南特等一些籼稻矮秆品种种植，因丰产性明显优于粳型品种而迅速推广，并逐步形成了特早熟、早熟、中熟、晚熟配套的籼型早稻品种。60年代初期至70年代，上海种植的绿肥茬早稻多采用生育期长、产量高的晚熟品种，主要有矮脚南特、团粒矮、广陆矮4号；麦茬早稻以早、中熟品种为主。80年代初，特早熟类型因生育期短、产量低被淘汰；早熟品种，从浙江省引进的澄溪早代替了二九青、矮南早39；中熟品种用原丰早、中秆早代替了矮南早39；迟熟品种沿用广陆矮4号。1985年以后，因恢复两熟制，早稻品种逐渐退出生产。

（三）推广杂交稻

1975年，上海郊区试种推广南优2号、南优6号、汕优2号、汕优6号等杂交籼稻品种，至1978年发展到4 670hm²，占当年郊区水稻播种面积的1.4%，其中80%作为单季稻栽培。

籼型杂交稻作为早稻栽培杂交优势不明显，成熟晚，影响后季稻生产；作为单季晚稻栽培，品质劣于粳稻；作为后季稻栽培易遭低温袭击，产量不稳。1983年后，籼型杂交水稻不再种植。自1983年始，上海闵行区种子公司和上海市农业科学院作物研究所分别选育成功寒优湘晴和寒优1027两个粳型杂交稻组合。其中，寒优湘晴经4年试验，平均产量7 863.8kg/hm²，比常规单季晚稻品种秀水04增产10.8%。1989年，郊区推广种植1 720hm²，2002年种植面积达3.48万hm²，占当年水稻种植面积的26.1%。2011年开始，秋优金丰、申优254和花优14的面积快速上升，但寒优湘晴的播种面积仍高居杂交粳稻首位。

### （四）选用丰产优质抗病新品种

据调查，1980年上海人均月用粮12.4kg，到1996年这个数字降到了6.6kg。大米消费量降低了，人们对品质的要求更为精益求精。自1996年以来的"九五"和"十五"期间，上海市常规粳稻审定品种共24个，产量较"七五"分别增加了20.3%和28.1%，抗稻瘟病品种数分别增加66.7%和99.7%，优质米品种占审定数的84.8%，秀水110、秀水114、秀水128、秀水134、嘉花1号等一批引入的新品种成为郊区主栽品种，保证了郊区水稻产量的稳定，促进了农民增收和农业增效。

**参考文献**

刘希文，赵盛珊，1992.上海的水稻[M]//熊振民，蔡洪法.中国水稻.北京：中国农业科技出版社，323-331.
浙江省农业志编纂委员会，2004.浙江省农业志（上、下册）[M].北京：中华书局.
中国农业年鉴编辑委员会，1992—1995.中国农业年鉴(1992—1995年)[M].北京：中国农业出版社.
中国水稻研究所，1989.中国水稻种植区划[M].杭州：浙江科学技术出版社.
中华人民共和国国家统计局，1996—2014.中国统计年鉴(1996—2014)[M].北京：中国统计出版社.
朱德峰，陈惠哲，章秀福，等，2007.浙江水稻种植制的变化与种植区划[J].浙江农业学报，19(6):423-426.
邹庆第，1992.浙江的水稻[M]//熊振民，蔡洪法.中国水稻.北京：中国农业科技出版社，309-322.

# 第三章
# 品种介绍

ZHONGGUO SHUIDAO PINZHONGZHI · ZHEJIANG SHANGHAI JUAN

# 第一节　常规籼稻

## 8004（8004）

**品种来源**：中国水稻研究所和杭州市农业科学研究所从红410中单穗系统选育而成。1980年定型，1984年通过浙江省杭州市农作物品种审定委员会审定，1985年通过浙江省农作物品种审定委员会认定（浙品认字039号）。

**形态特征和生物学特性**：属籼型常规中熟早稻。全生育期104.5d。株高68～74cm，株型较松散；叶色较淡，叶片宽而略披，叶缘和茎基部紫色；茎秆细韧而有弹性。苗期耐寒，但穗层不够整齐，齐穗、灌浆和成熟较慢。分蘖力强，成穗率高，有效穗数630万穗/hm²。穗长17cm，着粒较稀，每穗实粒数45.1粒，结实率79.1%，千粒重26.2g；谷粒细长饱满，稃尖紫色。

**品质特性**：糙米率80.4%，精米率68.1%，整精米率59.3%，糙米粒长7.0mm，糙米长宽比3.2，胶稠度33mm，碱消值3.7级，直链淀粉含量24.0%。出米率高，米粒半透明，外观品质美观，米质优，蒸煮后饭粒完整有光泽，食味佳。

**抗性**：较抗稻瘟病。1982年分别用浙江省主要的13个生理小种接种鉴定，对其中9个小种具有抗性。不抗白叶枯病，易感纹枯病，耐肥，抗倒伏，耐盐性极弱。

**产量及适宜地区**：一般产量5.63～6.00t/hm²。1983年和1984年连续两年参加杭州市早稻品种区试，平均产量分别为4.59t/hm²和5.38t/hm²，比对照原丰早分别减产4.87%和3.6%，但不显著。适宜在浙江省作为中熟早籼品种搭配种植。1987—1990年累计推广0.73万hm²。

**栽培技术要点**：①秧龄弹性较小，宜搭配绿肥田或早熟春花田种植。绿肥田秧龄掌握在30～35d，春花田25～30d。稀播壮秧，春花田秧田播种量600～750kg/hm²。②合理密植。以密度17cm×10cm、基本苗300万苗/hm²较好。③肥水管理，要施足基肥，早施追肥；及时搁田。在后期叶色褪淡情况下喷施根外追肥。④适熟抢收，同时，要做好提纯复壮和田间选种工作，确保种子质量。

# 矮南早1号（Ainanzao 1）

**品种来源**：浙江省农业科学院作物育种栽培研究所1962—1964年从矮脚南特中单穗系统选育而成。

**形态特征和生物学特性**：属常规早籼稻品种，具有早熟、矮秆、高产的特点。株高75cm，分蘖力强，成穗率70%～78%。叶缘、叶鞘、叶枕、叶耳紫色，叶舌无色、二裂型，苗色浓绿，叶片较狭而挺，剑叶长23.4cm、宽1.5cm，角度较大，叶鞘包节，茎粗中等，茎秆角度较大；柱头紫色，外露；穗颈短，穗长19.8cm，每穗96粒，着粒密度4.8粒/cm，结实率79%，千粒重22.1g，谷粒椭圆形。

**品质特性**：米粒白色，糙米率81%，垩白大，碱消值6级，直链淀粉含量22.0%，蛋白质含量12.6%，米质较好。

**抗性**：易感纹枯病，中抗白叶枯病。耐肥，抗倒伏力强，耐寒能力较强，耐盐性极弱。

**产量及适宜地区**：1964年嘉兴地区少量试种，表现良好。1965年较大面积种植，产量显著高于莲塘早，嘉兴县原种场种植3.3hm²，平均产量5.44t/hm²，比对照莲塘早增产44.2%，其中0.1hm²试验面积，其产量达6.34t/hm²，一般产量6.00t/hm²。主要分布在长江流域的连作早稻地区，浙江省推广5年，累计推广4万hm²。

**栽培技术要点**：①早播早插。育嫩壮秧。3月底4月初播种，4月底5月初插秧，秧龄30d较适宜。播种插秧过迟或秧龄过长，会出现小苗、早穗而减产。②合理密植。种植密植20cm×10cm，每穴插壮秧6～8苗较为适宜。③施足基肥，早施追肥。要求在插秧后20～25d内发足发好。不宜在土质差的冷水迟发田和春花田种植。④合理灌水，防治病虫害。除土层深肥力高、苗旺色浓的可在分蘖末期搁田一次外，可以 不搁田。特别是后期断水不宜过早。

# 矮南早39（Ainanzao 39）

**品种来源**：浙江省农业科学院水稻研究所从早籼品种矮脚南特中系统选育，1968年育成。

**产量及适宜地区**：属常规早籼稻品种。平均产量6.00t/hm²。主要分布在长江流域的连作早稻地区。浙江省推广5年，累计推广4万hm²。

# 矮珍 (Aizhen)

**品种来源**：浙江省农业科学院水稻研究所以矮南早1号为母本、珍珠矮11为父本杂交配组，于1968年育成。

**产量及适宜地区**：属常规早籼稻品种。在绍兴、丽水等中等肥力地区，平均产量5.30t/hm²。浙江省推广10年，累计推广5万hm²。

# 朝阳1号（Chaoyang 1）

**品种来源**：浙江省农业科学院以矮南早1号为母本、二九矮4号为父本杂交配组，于1969年育成。

**形态特征和生物学特性**：属常规特早熟早籼稻品种。杭州种植全生育期102～105d，比对照矮南早1号早熟2d，株高70.0cm，比对照矮南早1号高10.0cm。穗长17.8cm，每穗粒数65粒，但有效穗数较少，粒较大，千粒重27.0g。

**品质特性**：糙米率81%，整精米率52.5%，糙米长宽比1.9，垩白粒率100%，透明度4级，胶稠度74.0mm，直链淀粉含量24.0%，蛋白质含量11.5%，碱消值6级。

**抗性**：后期耐寒性较好。抗病虫性较差，感稻瘟病、白叶枯病、褐飞虱和白背飞虱。

**产量及适宜地区**：一般产量5.25t/hm²，栽培得当可达6.00t/hm²以上。深受农户欢迎，推广速度很快。适宜倒种春作晚稻种植。浙江省试种第三年就扩大到22.9万hm²，湖南省到1973年累计推广18.9万hm²。

# 二九丰 (Erjiufeng)

**品种来源**：浙江省嘉兴市郊区农业科学研究所1975年秋用IR29为母本、原丰早再生稻为父本杂交育成，原名嘉籼81。分别通过浙江省（1984，浙品审字第020号）、安徽省（1985，皖品审85010013）农作物品种审定委员会审定；1988年通过湖南省农业主管部门认定 [湘品审（认）第98号]。

**形态特征和生物学特性**：属常规中熟早籼稻品种。全生育期109.0～111.3d。株高80cm，株型集散中等；叶色浅绿，叶片较宽、长，剑叶挺举；发棵力中等偏弱，有效穗数420万～450万穗/hm²。穗长18～19cm，每穗总粒数85～95粒，结实率80%，千粒重23～24g，落粒性中等；谷粒椭圆形，颖壳和稃尖均为秆黄色，无芒。

**品质特性**：糙米率80%，精米率72.9%，整精米率56.1%，糙米长宽比2.3，垩白粒率100%，垩白度24.5%，透明度4级，碱消值5.0级，胶稠度72mm，直链淀粉含量25.1%，蛋白质含量10.9%，食味较好。

**抗性**：浙江省农业科学院植物保护研究所1983年鉴定，抗浙江省稻瘟病菌多数生理小种，抗、感率：抗（R）为53.8%，中抗（M）为15.4%，感（S）为30.8%。抗白叶枯病，用5个白叶枯病菌系分别接种，4个表现抗与高抗，1个中抗。耐盐性极弱。

**产量及适宜地区**：1981年嘉兴市郊区早稻品试，产量7.25t/hm²，比对照中秆早增产14.2%。1982—1984年参加嘉兴、杭州、绍兴和宁波市区试，比对照中秆早分别增产15.3%、6.9%、16.6%和20.8%。1983年和1984年浙江省两年早稻品种区试，平均产量分别为5.52t/hm²和6.52t/hm²，比对照原丰早分别增产11.3%和12.4%，极显著。适合浙江省平原和低山、丘陵地区种植。1984—1994年累计推广257.5万hm²。

**栽培技术要点**：①4月初播种。②株行距（15.0～16.7）cm×10cm，每穴4～5苗，基本苗240万～300万苗/hm²，争取有效穗数450万穗/hm²。③施肥量以标准肥33.75～41.25t/hm²为宜，基追肥比例7：3，对施肥水平低或保肥能力差的田块，追肥比例适当提高。缺磷、缺钾的田要施用磷、钾肥。④中后期水分管理很重要，适时适度搁田，做到"苗到不等时，时到不等苗"；齐穗后掌握活水灌溉，干干湿湿到老。⑤易诱致螟虫危害，应及时防治虫害。

# 二九南1号（Erjiunan 1）

**品种来源**：浙江省嘉兴地区农业科学研究所以二九矮7号为母本、矮南早1号为父本杂交配组，1968年选育而成。

**形态特征和生物学特性**：属常规早熟早籼稻品种。全生育期106d，比对照二九青早1～2d。株高75.0cm，株型紧凑，剑叶较宽，分蘖力较弱；成穗率高，穗型较大，穗长18.0cm，每穗粒数78.1粒，结实率80.2%；谷粒椭圆形，颖尖紫色，千粒重26.0g。

**品质特性**：糙米率79.4%，精米率71.2%，整精米率54.2%，糙米长宽比2.0，垩白粒率100%，垩白度27.5%，透明度4级，碱消值4.9级，胶稠度60mm，直链淀粉含量23.3%，蛋白质含量11.2%，稻米品质较差。

**抗性**：中抗稻瘟病、白叶枯病，感褐飞虱、白背飞虱。

**产量及适宜地区**：一般产量为5.40t/hm²左右，主要在浙江、江苏、上海、江西、湖北、安徽等省（直辖市）种植，1971年浙江省推广种植9.87万hm²，1973年湖南省种植面积达9.28万hm²。浙江省推广10多年，累计推广面积25万hm²。适宜在长江流域作为连作早稻种植。

# 二九南2号 (Erjiunan 2)

**品种来源**：浙江省嘉兴地区农业科学研究所以二九矮7号为母本、矮南早1号为父本杂交配组，1968年育成。

**形态特征和生物学特性**：属常规早籼稻品种。全生育期100d，株高65cm，分蘖力较弱，穗较小，千粒重23～25g。

# 二九青 （Erjiuqing）

**品种来源**：浙江省农业科学院水稻研究所，以二九矮7号为母本、青小金早为父本杂交配组，1969年选育而成。1983年通过安徽省农作物品种审定委员会审定，分别通过浙江省（1984，浙品认字第001号）和湖南省 [1985，湘品审（认）第3号] 农业主管部门认定，国家（1985，GS01010—1984）农作物品种审定委员会审定。

**形态特征和生物学特性**：属常规早熟早籼稻品种。感温性强，早熟，全生育期105 ～ 107d。株高70.0cm，抽穗整齐，叶色翠绿，株型紧凑，生长清秀，长势好，剑叶略大。穗型较大，穗长19.2cm，成穗率80.7%，着粒较多，每穗60 ～ 70粒，结实率82.7%，青秆黄熟。秆尖黄色，谷粒椭圆形，谷壳较薄，千粒重23.3g。

**品质特性**：糙米率80.8%，精米率73.3%，整精米率52.4%，糙米长宽比2.0，垩白粒率100%，垩白度28.5%，透明度4级，碱消值5.8级，胶稠度45mm，直链淀粉含量24.5%，蛋白质含量11.1%，稻米品质中等。

**抗性**：中抗稻瘟病，抗病力较强。

**产量及适宜地区**：一般产量4.50 ～ 5.25t/hm²，高的达6.00t/hm²以上，比当时早熟品种增产10%。适应性广，南方稻区各省均可按地域、季节条件种植，推广速度快、面积大。1983—1996年累计推广234.0万hm²。

**栽培技术要点**：①适宜搭配在绿肥田或早熟春花田种植。4月25日播种，5月15日移栽。②壮秧密植，适龄移栽。种植密度17cm×10cm，旱育秧龄不超过20d，最长不超过25d。③及时搁田，适时收割。早搁田，防止割青，以提高粒重，达到丰产丰收。④"翻秋"种植时，若过早播种或秧龄过长会造成早穗、早衰，过迟播种则不能安全抽穗成熟。因此，必须严格掌握适宜的播种、移栽期和秧龄，使营养生长期既不缩短过多，又能安全抽穗成熟。在杭嘉湖平原以7月底前播种，立秋移栽，秧龄10d为宜。

# 辐501（Fu 501）

**品种来源：** 浙江省农业科学院作物与核技术利用研究所以Z96-12为母本、Z95-03为父本杂交选育而成。2011年通过浙江省农作物品种审定委员会审定（浙审稻2011001）。

**形态特征和生物学特性：** 属常规早籼稻品种，全生育期平均109.7d。株高99.1cm，株型偏散，分蘖节位低，分蘖力中等；茎秆中粗、偏软、韧性好；剑叶略披，叶色淡绿；穗型中等，着粒较稀，穗长19.3cm，成穗率75.5%，有效穗数307.5万穗/hm²，每穗总粒数106.9粒，结实率86.9%，千粒重29.1g；谷粒椭圆形，无芒，易落粒，颖壳和稃尖无色。

**品质特性：** 整精米率55.1%，糙米长宽比2.8，垩白粒率100%，垩白度32.3%，透明度4级，胶稠度65mm，直链淀粉含量25.7%，米质指标达到部颁6级食用稻品种品质。

**抗性：** 平均叶瘟0级，穗瘟1.5级，穗瘟损失率0.9%，白叶枯病5.1级。表现抗稻瘟病，中感白叶枯病。田间无叶瘟和穗颈瘟、无白叶枯病和纹枯病、无矮缩病发生。苗期耐寒性中等。

**产量及适宜地区：** 2007—2008年参加浙江省早籼稻区试，两年区试平均产量7.03t/hm²，比对照嘉育293增产2.5%。2009年浙江省生产试验，平均产量7.29t/hm²，比对照嘉育293减产1.0%。适宜在浙江省、江西省作为早稻种植。

**栽培技术要点：** ①浙南3月底播种，浙北可适当推迟，同时地膜覆盖保温并及时揭膜。②大田湿润育秧的秧龄25～30d、4.0～4.5叶时移栽，软盘抛秧秧龄3.1～3.5叶；种植密度(13.3～16.5) cm×20cm，少苗穴插，每穴3～5苗，基本苗150万苗/hm²以上。③中等肥力田基肥施纯氮150～180kg/hm²、过磷酸钙375～450kg/hm²、钾肥112.5kg/hm²；分蘖肥移栽后10d施用；穗肥视苗情而定。④浅水促分蘖，苗足露田控苗，保证有效穗数345万穗/hm²以上。⑤播前浸种消毒，秧田防治稻蓟马，大田防治稻螟虫、稻飞虱、稻纵卷叶螟等。

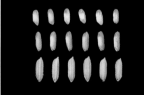

# 辐8-1 (Fu 8-1)

**品种来源**：中国水稻研究所与浙江省杭州市农业科学研究所于1981年采用$^{60}$Co 9.03C/kg辐射处理优质早籼品种8004，经5代连续单株选择，于1984年定型。分别通过浙江省（1988）和国家（1991）农作物品种审定委员会审定。

**形态特征和生物学特性**：属籼型常规迟熟早稻。全生育期120d，主茎12～13张叶。株高85cm，株型紧凑，茎秆粗壮；叶色淡绿，叶鞘基部略呈淡红；分蘖力中等；根系发达，耐肥，抗倒伏；谷粒有顶芒，颖尖紫红色。单株有效穗数8.2个，穗长21.5cm，每穗总粒数75.6粒，结实率80.0%，千粒重30.5g。

**品质特性**：糙米率80.1%，精米率72.0%，整精米率47.0%，糙米粒长6.9mm，糙米长宽比2.6，垩白粒率100%，垩白度21.0%，透明度3级，胶稠度40mm，碱消值4.8级，直链淀粉含量22.3%，粗蛋白含量11.6%。

**抗性**：中感稻瘟病，高感白叶枯病，感褐稻飞虱，抗白背飞虱，耐寒、耐盐性弱，耐旱性强。

**产量及适宜地区**：1986—1987年浙江省早稻品种区域试验平均产量6.64t/hm²。1986年试种示范，1988年种植面积达1.07万hm²。1990年最大栽培面积8.67万hm²，1988—1993年在浙江、江西、湖南等省累计种植17.8万hm²。适宜在浙江、江西、湖南等稻区作为早稻种植。

**栽培技术要点**：①稀播壮秧，适龄移栽。秧田播种量一般600～750kg/hm²，3月底4月初播种的秧龄不超过38d，4月中旬播种的秧龄不超过35d，秧田前期用薄膜搭架覆盖。②合理密植，少苗匀插。种植密度16.7cm×13.3cm，插足45万穴/hm²以上，每穴栽插4～5苗，基本苗150万～225万苗/hm²。③管好肥水，促控结合。总施肥量在中等肥力田块一般为37.5～41.25t/hm²，做到早施追肥、适当增施促花保花肥、配施磷钾肥。当大田苗达600万苗/hm²时开始搁田。生长中期注意经常露田、搁田，生长后期田间保持干干湿湿，不能断水过早。

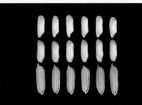

# 辐籼6号 (Fuxian 6)

**品种来源**：浙江省农业科学院原子能利用研究所1980年以辐射突变体辐774为母本、IR26杂交配组选育而成，原名辐8329。1989年通过浙江省农作物品种审定委员会审定（浙品审字第049号）。

**形态特征和生物学特性**：属常规迟熟早籼稻品种。全生育期115d，比对照广陆矮4号略短。株高74cm，株型集散度适中，叶片厚实而内卷，茎秆粗壮不露节，分蘖力中等偏弱。有效穗数稍少，穗大粒多，穗长17.4cm，总粒数85粒，结实率75%～80%，千粒重25.3g，谷粒椭圆形，稃尖无色。

**品质特性**：糙米率80.3%，精密率72.0%，比对照广陆矮4号相对应的绝对数分别提高1%和0.2%。碱消值5.0级，胶稠度41mm，直链淀粉含量26.5%。外观品质中等，食味适口性好。

**抗性**：中抗稻瘟病。浙江省农业科学院植物保护研究所对4群（A、B、G、D群）46个生理小种广谱鉴定结果均为抗至中抗。浙江省山区半山区稻瘟病较重地区，田间抗性也较好。中感白叶枯病，感褐飞虱，高感白背飞虱。苗期耐寒，后期较耐高温，耐盐性极弱。

**产量及适宜地区**：1987年、1988年浙江省两年早稻品种区试和1989年生产试验，产量分别为6.13t/hm²、6.45t/hm²和5.91t/hm²，比对照广陆矮4号分别增产6.9%、7.3%和7.1%，达显著和极显著水平。1988年浙江省18个早稻区试点中，有8个点产量居迟熟组首位，7个点产量居第二位。适宜在浙江省作为迟熟早稻品种种植。1990—1994年累计推广13万hm²。

**栽培技术要点**：①3月底4月初播种，秧田播量525～600kg/hm²，绿肥田早稻种植秧龄35d，作为春花田早稻种植秧龄30d，秧田适当配施磷钾肥。②由于分蘖力中等偏弱，注意密植、插足基本苗。种植密度16.7cm×13.3cm，每穴6～7苗，基本苗300万苗/hm²，力争达到有效穗450万穗/hm²。③肥水管理围绕促早发、孕大穗、增粒重进行。总施肥量掌握在标准肥37.50～41.25t/hm²。水分管理要求深水护苗返青，浅水发棵，适时搁田控田，后期干干湿湿。④注意防治螟虫、纹枯病和白叶枯病。⑤由于灌浆时间较长，不能过早收获。

# 辐籼8号 (Fuxian 8)

**品种来源**：浙江省农业科学院原子能利用研究所用辐8329/辐8105为母本与IR13471-71-1杂交的F₁辐射诱变方法选育而成，1990年定型，原名辐9136。1998年通过浙江省农作物品种审定委员会审定（浙品审字第168号）。

**形态特征和生物学特性**：属常规迟熟早籼稻品种。全生育期平均为111.4d，比对照浙733长1.1d。株高74.9cm，株型紧凑，株高适中，分蘖力中等偏强；叶片厚实、浓绿，叶缘内卷，着生呈放射状；茎秆坚韧富有弹性；穗大粒多，粒重适中，穗部分枝多，着粒较密。穗长17.4cm，每穗总粒数94.7粒，实粒数75.9粒，结实率80.3%，有效穗数345万～375万穗/hm²，千粒重25.4g，落粒性适中。谷粒椭圆形，稃尖无色。

**品质特性**：稻米品质中等，糙米率81.7%，精米率73.5%，整精米率46.4%，达一级优质米标准；垩白度21.3%，优于对照浙733的31%；碱消值5.3级，胶稠度42mm，直链淀粉含量25.9%，综评与浙733相仿。

**抗性**：叶瘟2.9级，最高3.5级，穗瘟0.5级，最高1.0级，稻瘟病抗性强，苗期耐寒性强。

**产量及适宜地区**：1994年、1995年浙江省区试，平均产量分别为6.40t/hm²、5.74t/hm²，比对照浙733分别增产4.3%、5.6%，其中1995年达显著水平。1996年生产试验平均产量6.37t/hm²，比对照浙733增产3.97%。适宜浙中、浙南地区推广种植。2006年以来累计推广25万hm²。

**栽培技术要点**：宜采用穗粒兼顾高产配套栽培技术，以协调群体结构，高产稳产。①根据不同茬口调节播种量。早播（3月底4月初）与迟播（4月上中旬）用种量分别为600kg/hm²和450kg/hm²。本田栽插基本苗180万～210万苗/hm²或37.5万～45.0万穴/hm²，使其在有效分蘖终止期达到540万～570万苗/hm²，有效穗控制在375万～390万穗/hm²。移栽时要浅插，以促进早发，提高成穗率。②施用标准肥37.5～40.5t/hm²，在施足基肥的基础上，分次追肥和适量施用保花肥（倒二叶露尖时）。由于茎秆粗壮，分蘖力较强，对有机肥及磷钾肥需要量大，故酌施钙镁磷肥和氯化钾。③浅水插秧，寸水护苗促返青。分蘖至拔节期间以浅水灌溉，促分蘖，防止满水淹灌。抽穗后干湿交替促深根，壮秆防倒。灌浆期间以跑马水养根保叶，达到青秆黄熟。

# 广陆矮4号（Guangluai 4）

**品种来源**：广东省农业科学院水稻研究所以广场矮3784为母本、陆财号为父本杂交配组选育而成。1983年通过安徽省品种审定委员会审定和浙江省农业主管部门认定（浙品认字第006号），1984年通过湖南省农业主管部门认定［湘品审（认）第8号］。

**形态特征和生物学特性**：属常规迟熟早籼稻品种。春花田早稻种植，全生育期105～107d，比绿肥田种植缩短8～10d。株高70～75cm，株型紧凑，分蘖力中等偏强，后期清秀老健，不易早衰。叶片短厚，茎叶组织坚实。穗型中等，穗长15～16cm，每穗平均粒数50～70粒，瘪谷率10%左右，谷粒较圆、饱满，谷色金黄，千粒重25g左右，谷壳较厚。

**品质特性**：糙米率79.4%，精米率71.5%，整精米率51.1%，糙米长宽比2.8，垩白粒率100%，垩白度57.6%，透明度5级，碱消值5.5级，胶稠度38mm，直链淀粉含量23.9%，蛋白质含量9.3%，米质较差。

**抗性**：开花抽穗期较耐高温，抗细菌性基腐病。

**产量及适宜地区**：一般产量为6.00～6.75t/hm²。适宜安徽、湖北、湖南、江苏、江西、上海、浙江等地种植。1983年至今累计推广423.4万hm²。

**栽培技术要点**：①培育壮秧，稀播、足肥、适龄。播种量600.0kg/hm²，秧龄35～36d。②加强肥水管理提高耕作质量。秧苗栽下后，及时扶苗补缺，确保有足够的基本苗数。深水护苗，浅水发棵。针对不利于早发的特点，重点采用"轰前"施肥法。以猪栏小塘泥作为基肥，以氯化铵15.0kg/hm²，过磷酸钙525.0kg/hm²作为耙面肥，栽后5d追施氯化铵172.5kg/hm²。烤田时间以适时偏早为好。

# 圭陆矮8号 （Guiluai 8）

**品种来源**：浙江省农业科学院水稻研究所1965年以圭峰70为母本、陆财号为父本杂交配组选育而成。

**形态特征和生物学特性**：属常规早籼稻品种。全生育期114d，株高80cm。矮秆，株型紧凑，茎秆细韧、清秀、挺直，叶色较淡，分蘖力中等。成穗率高，抽穗整齐，青秆黄熟，结实率较高。单株有效穗数9.2，穗长17.8cm，每穗粒数76.4粒，结实率80.3%。谷粒椭圆形，易落粒，千粒重23.0g。

**品质特性**：糙米率79.2%，精米率71.9%，整精米率50.7%，糙米长宽比1.9，垩白粒率100%，垩白度26.5%，透明度3级，碱消值5.2级，胶稠度36mm，直链淀粉含量23.7%，蛋白质含量11.1%，稻米品质中等。

**抗性**：较抗稻瘟病，苗期耐寒性较弱。

**产量及适宜地区**：一般产量5.25 ~ 6.00t/hm²。1971年浙江省推广种植20万hm²，1972年湖南省推广种植14万hm²。江西、福建、安徽、湖北、江苏等省也广为种植。20世纪70年代南方稻区年种植面积约80万hm²，80年代种植面积下降较快。浙江省累计推广94万hm²。适宜在长江中下游作为连作为早稻种植。

# 杭8791 (Hang 8791)

**品种来源**：浙江省杭州市农业科学研究所以澄溪早为母本、二九丰为父本杂交选育而成，原名杭87-91。1994年通过浙江省农作物品种审定委员会审定（浙品审字第105号）。

**形态特征和生物学特性**：属常规中熟早籼稻品种。全生育期109～110d，与对照二九丰相仿，整个生育期需要有效积温1 200～1 250℃。株高81.1cm，株型适中，分蘖力中等，生长清秀。穗大粒多，平均有效穗数388.5万穗/hm²，穗长18.9cm，每穗总粒数99.3粒，实粒数86.1粒，有效穗389.3万/hm²，结实率87.4%，千粒重22.1g。

**品质特性**：米质较佳，比二九丰稍好。糙米率80.6%，精米率72.9%，碱消值5.5级，胶稠度33mm，直链淀粉含量25.1%，总分43分。垩白较小，外观透明度较好，米质中上。

**抗性**：叶瘟3.7～5.6级，平均4.65级，穗瘟1.8～2.9级，平均2.35级，最高5～7级，白叶枯病平均5.8；苗期耐寒性强，耐肥，抗倒伏能力中等偏上，尤其耐涝能力较强。

**产量及适宜地区**：1990年浙江省区试，平均产量6.84t/hm²，居试验首位，比对照二九丰增产4.1%；1991年续试，平均产量6.90t/hm²，比对照二九丰增产4.5%，达极显著；1992年生产试验，平均产量6.26t/hm²，比对照二九丰增产9.18%。适宜于在中等肥力水平的地区作为早稻中熟品种种植。

**栽培技术要点**：①4月5日播种，秧龄掌握在30～35d；4月15日播种，秧龄以25d为宜。早播秧田播种量掌握在600kg/hm²，迟播的控制在525kg/hm²以内，秧田增施有机肥和磷钾肥，促进秧苗早分蘖。②本田密度16.7cm×10.0cm。③本田施肥方法是基肥50%～60%，分蘖肥30%～35%，保花肥10%～15%。施肥量以标准肥37.5t/hm²为宜，并增施有机肥和磷钾肥。施肥原则为施足基肥，早施追肥，增施磷钾肥，适施穗肥。④水分管理。浅水促分蘖，适时搁田，后期干湿交替活水到老，防治断水过早，达到青秆黄熟。⑤对稻瘟病、白叶枯病、纹枯病的抗性中等，但在后期贪青和重发病的情况下也易发生，所以必须进行预防，把病虫害损失降到最低限度。

# 杭931 (Hang 931)

**品种来源**：浙江省杭州市农业科学研究所以红突3号为母本、香稻为父本杂交选育而成，1992年定型。1997年通过浙江省农作物品种审定委员会审定（浙审稻第151号）。

**形态特征和生物学特性**：属常规中熟早籼稻品种。全生育期比对照浙852长1d左右。株高78.2cm，分蘖力强，秧龄弹性大。成穗率较高，穗型中等，成穗率76.6%，有效穗数451万/hm$^2$，每穗粒数75.2粒，结实率80.3%，千粒重23.0g。属穗粒兼顾型品种。

**品质特性**：米质优，食味好，具清香味。糙米率79.4%，精米率72.5%，整精米率55.2%，垩白度4.0%，碱消值3.6级，胶稠度71mm，直链淀粉含量12.7%。糙米率、整精米率、糙米粒长、糙米长宽比、垩白度、透明度等指标达到部颁二级优质食用稻米标准，精米率和直链淀粉含量两项指标达到了部颁一级优质食用稻米标准。

**抗性**：中抗稻瘟病，抗白叶枯病，高感褐飞虱和白背飞虱，耐寒性较强。

**产量及适宜地区**：1994年、1995年杭州市早稻区试，平均产量分别为6.20t/hm$^2$、5.30t/hm$^2$，分别比对照浙852增产7.97%、减产0.99%，比对照舟903增产2.49%；1996年生产试验平均产量4.88t/hm$^2$，比对照舟903增产7.83%。适宜在中等肥力地区作为优质早籼种植。

**栽培技术要点**：①绿肥田播种期3月底4月初，适当稀播，秧龄30～35d；春粮田根据前作情况安排播期。②要求栽45万穴/hm$^2$，每穴4～5苗，基本苗掌握在180万～225万苗/hm$^2$。③合理搭配氮磷钾肥，三要素配合施用，做到施足基肥，增施有机肥，早施追肥，后期适施穗肥。④在本田生长期间采取浅水灌溉，改一次重搁为多次早搁、轻搁，后期干干湿湿，青秆黄熟到老。⑤易受鼠、雀和病虫害危害，要做到综合防治，以预防为主，防止高浓度、高用量的农药使用，以免增加稻米农药残留量，影响品质。

# 杭959 (Hang 959)

**品种来源**：浙江省杭州市农业科学研究所以杭8820为母本、早粳4号为父本杂交，经多代选育而成。2000年4月通过浙江省农作物品种审定委员会审定（浙品审字第204号）。

**形态特征和生物学特性**：属常规中熟早籼稻品种。全生育期107.5d。株高78.2cm，株型紧凑，茎秆粗壮，分蘖力强，生长繁茂，后期青秆黄熟。穗型中等，有效穗数415.5万穗/hm²，结实率85%。着粒较密，每穗总粒数80～103粒，千粒重24g。谷粒黄亮。

**品质特性**：精米率73.8%，碱消值7.0级，蛋白质含量12.9%，三项指标达部颁一级食用优质米标准；糙米率82.9%，糙米粒长5.5cm，直链淀粉含量23.6%，三项指标达部颁二级食用优质米标准。

**抗性**：叶瘟平均3.5级，最高7级，穗瘟平均2级，最高5级，稻瘟病穗发病率27.5%，病情指数6.23，抗性明显强于对照品种。感白叶枯病，高感褐飞虱和白背飞虱。

**产量及适宜地区**：杭州市区试，1997年平均产量6.17t/hm²，比对照浙852增产10.9%，比对照舟903增产7.2%；1998年平均产量6.66t/hm²，比对照嘉育293增产7.1%；1999年杭州市生产试验产量4.82t/hm²，比对照嘉育293增产3.6%。适宜在浙江省推广种植。2000年至今累计推广32万hm²。

**栽培技术要点**：①秧田播种量525kg/hm²，大田用种量90kg/hm²。杭州地区3月底4月初播种，采用地膜覆盖，秧龄30d为宜。抛秧种植秧龄宜短，冬闲田或绿肥茬控制在20d，春粮茬控制在15d以内，每盘播种量70～75g。直播用种量60kg/hm²。②移栽45万穴/hm²，每穴3～4苗，基本苗在180万～225万苗/hm²，使最高苗达到570万苗/hm²，有效穗数420万穗/hm²。抛秧种植要求均匀、足苗，抛栽45万～50万穴/hm²，每穴3～4苗壮秧，基本苗150万苗/hm²。③栽后2～3d内深水护苗，以后做到浅水促分蘖，进入分蘖高峰期后干湿交替。施肥"前促、中稳、后控"，基肥50%、苗肥40%、穗肥10%。④重点做好二化螟、三化螟、稻纵卷叶螟及纹枯病的防治。

# 杭982 (Hang 982)

**品种来源**：浙江省杭州市农业科学研究所以浙辐37为母本、浙852为父本杂交配组选育而成。2004年通过浙江省农作物品种审定委员会审定（浙审稻2004004）。

**形态特征和生物学特性**：属常规中熟偏迟早籼稻品种。全生育期111.9d，比对照嘉育948长2.7d。株型紧凑，穗型较大，有效穗数322.5万穗/hm²，每穗实粒数89.0粒，结实率78.2%，千粒重24.2g，后期青秆黄熟。

**品质特性**：整精米率28.0%，垩白粒率98.0%，垩白度57.8%，直链淀粉含量24.5%，直链淀粉含量和蛋白质含量较高。

**抗性**：叶瘟1.3级，穗瘟2.7级，穗瘟损失率3.2%，白叶枯病3.8级。

**产量及适宜地区**：2001—2003年参加金华市早籼稻区试，三年平均产量6.29t/hm²，比对照嘉育948增产6.26%；2003年生产试验，平均产量6.05t/hm²，比对照嘉育948增5.55%。适宜在金华、杭州及生态类似地区推广种植。

**栽培技术要点**：①4月5日播种，秧龄掌握在30～35d；4月15日播种，秧龄以25d为宜。早播的采用地膜覆盖，秧田播种量掌握在600kg/hm²，迟播的控制在525kg/hm²以内，秧田增施有机肥和磷钾肥，促进秧苗早分蘖培育带蘖壮秧。②根据播种量与基本苗数配套试验，4月15日播种，5月10～15日移栽，本田密度16.7cm×10.0cm。③本田基肥50%～60%，分蘖肥30%～35%，保花肥10%～15%。施肥量以标准肥37.50t/hm²为宜，并增施有机肥和磷钾肥。施肥原则为施足基肥，早施追肥，增施磷钾肥，适施穗肥。④水分管理围绕浅水促分蘖，适时搁田，后期干湿交替活水到老，防治断水过早，达到青秆黄熟。⑤注意病虫害防治。⑥后期青秆黄熟，功能叶活力强，防止割青，以利增加粒重，达到丰产丰收。

# 黑珍米 （Heizhenmi）

**品种来源**：中国水稻研究所于1987年从Basmati 370体细胞无性系变异后代中发现黑米突变体，经5代连续定向选择，于1990年育成。1993年4月通过浙江省农作物品种审定委员会认定。

**形态特征和生物学特性**：属籼型常规早熟中稻。全生育期125d。株高75～80cm，株型适中；叶色前期紫色，后期转暗绿色，叶狭而挺；分蘖力强；单株有效穗13个以上，穗长20.3cm，每穗粒数87粒，结实率78.8%，千粒重偏低，为21.3g；谷粒细长，无芒。

**品质特性**：糙米率77.7%，精米率69%，糙米长宽比3.1，透明度1级，无垩白，胶稠度28mm，碱消值7.0级，直链淀粉含量22.5%。具有高蛋白、高紫色素、高维生素、富硒元素的营养特性，其中，粗蛋白质含量13.3%，紫色素2.6%，铁含量146mg/kg，硒含量0.130mg/kg，维生素$B_1$含量3.26mg/kg。

**抗性**：感稻瘟病和白叶枯病。

**产量及适宜地区**：作为连作晚稻栽培，大田产量较高，为4.95t/hm²；作为中稻和单季晚稻栽培，平均单产分别为4.05t/hm²和4.91t/hm²。适宜在南方稻区作为特色稻品种种植。

**栽培技术要点**：①适期播种，稀播育壮秧。播种期浙北6月15～18日，浙中南6月18～22日，播种量150～180kg/hm²，秧龄35d左右，最迟不超过45d。②少苗移栽。黑珍米分蘖力较强，以每穴移栽1～2株，密度20cm×20cm为宜。③施足基肥、早施追肥、重施磷钾肥。④水分管理。早搁田、重搁田，防止分蘖过多。一般总苗数达到450万苗/hm²就要搁田。⑤注意防治纹枯病和稻瘟病。

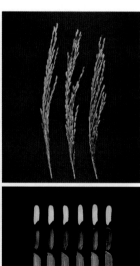

# 红突 31 （Hongtu 31）

**品种来源**：浙江省舟山市农业科学研究所于 1977 年采用电子流辐射诱变早籼红 410，于 1980 年育成。1985 年分别通过浙江省舟山市和浙江省农作物品种审定委员会（审）认定。

**形态特征和生物学特性**：属籼型常规迟熟早稻。全生育期 118 ～ 120d。株高 80 ～ 84cm，叶色绿色，茸毛中间型，叶缘紫色，叶耳、叶舌中长，形状尖锐，茎基叶鞘浅紫色，叶较窄，剑叶长 16 ～ 26.6cm，宽 0.9 ～ 1.2cm，直立；分蘖力强，成穗率高，有效穗数 540 万～ 600 万穗/hm²。穗长 15.2 ～ 18.1cm，每穗粒数 65 ～ 70 粒，结实率 80% ～ 85%，千粒重 24g 左右；谷粒细长，稃尖紫色，部分短芒，颖壳、芒秆黄色。

**品质特性**：糙米率 78%，精米率 69%，整精米率 56%，糙米长 7.3mm，糙米长宽比 3.1 ～ 3.3，无心腹白，垩白度 16.0%，透明度 3 级，碱消值 3.4 级，胶稠度 84mm，直链淀粉含量 16.3% ～ 18.2%，蛋白质含量 8.0%。

**抗性**：抗稻瘟病，高感白叶枯病；苗期耐寒性中等，后期耐旱性中等。

**产量及适宜地区**：1983 年、1984 年参加舟山地区早稻品种区试，平均产量分别为 6.07t/hm²、6.96t/hm²，比对照广陆矮 4 号分别增产 11.17%、4.46%；1985 年进行大面积对比试验，平均产量 6.56t/hm²，与对照广陆矮 4 号平产。适宜在浙江的中、低肥连作早稻地区种植。自 1983 年以来累计种植 8.47 万 hm²。

**栽培技术要点**：①培育适龄壮秧。秧龄一般 30 ～ 35d，以 30d 最适。播种量本田 75 ～ 90kg/hm²，秧本比 1：8。秧田基肥施复合肥 225 ～ 300kg/hm²。②匀株密植。行株距 16.6cm×（13.3 ～ 11.6）cm。每穴 4 ～ 6 苗，基本苗 180 万～ 270 万苗/hm²。③合理用肥。标准肥 30.0 ～ 37.5t/hm²，基肥和面肥占总肥量的 40% ～ 50%，其中 50% ～ 70% 为有机肥。移栽 7 ～ 10d 追施一次分蘖肥，占总量的 30%。④水分管理。移栽 15d 后，当苗数达 600 万苗/hm² 时，即可轻搁田。孕穗开花期，宜寸水灌田，自然落干。灌浆期间灌一次浅水，自然落干及跑马水灌溉，直到收割前 7d 停灌。

# 沪旱15 (Huhan 15)

**品种来源**：上海市农业生物基因中心以七秀占为母本、中旱3号为父本杂交，经6代自交选育而成。2006年通过国家农作物品种审定委员会审定。

**形态特征和生物学特性**：属籼型常规早熟中稻，旱稻。作一季中稻旱作种植全生育期121.1d。株高103.0cm，生长整齐，苗期长势旺盛，分蘖力强，株型紧凑，叶片挺直，青秆黄熟，有效穗数300.0万穗/hm²，穗长20.7cm，每穗总粒数144.3粒，结实率80.6%，千粒重21.3g。

**品质特性**：整精米率62.2%，糙米长宽比3.0，垩白粒率15%，垩白度2.2%，胶稠度30mm，直链淀粉含量25.0%，米质一般。

**抗性**：中抗苗瘟和叶瘟，抗旱性强。

**产量及适宜地区**：2004—2005年参加长江下游旱稻组品种区试，平均产量5.36t/hm²，比对照中旱3号增产36.7%。2005年生产试验，平均产量5.55t/hm²，比对照中旱3号增产26.0%。适宜在湖南、浙江、安徽、福建、广西等旱情较轻的丘陵地区作为一季旱稻种植。

**栽培技术要点**：①适时播种，播前种子消毒，条播行距33～40cm，穴播宜宽行窄株，行距26～28cm，株距16～18cm。播种量一般为30～45kg/hm²，穴播每穴播种5粒左右。播后覆土深度3～5cm。②施肥管理。施足基肥，增施有机肥和磷钾肥。基肥占总施肥量的70%～80%，追肥于稻苗四叶期用水浇施尿素，分蘖期追施尿素。③水分管理。播种后若无雨就及时灌水，孕穗期灌水1次，以利出苗，其他时期遇旱时应酌情及时灌溉。④杂草及病虫防治。播种后至出苗前可适当施用除草剂，苗期人工或化学除草。注意防治蝼蛄、纹枯病、稻瘟病、老鼠、鸟等危害。

# 嘉籼222（Jiaxian 222）

**品种来源**：浙江省嘉兴市郊区农业科学研究所以双珍2号为母本、联品76-7为父本杂交选育而成。1986年9月通过嘉兴市农作物品种审定委员会审定。

**形态特征和生物学特性**：属常规中熟早籼稻品种。全生育期二熟制种植106～108d，三熟制种植99d，比对照二九丰早熟2d。株高73～76cm，株型紧凑；叶片挺直，叶鞘紫色；茎秆粗壮，分蘖力中等；成穗率较高，结实率83.6%，比对照二九丰高3.6%，千粒重高25.3g；谷粒椭圆形，壳色金黄，稃尖紫色。

**抗性**：苗期耐寒性好，耐肥，抗倒伏，对稻瘟病抗谱较窄，高肥田块发叶瘟和穗瘟，感白叶枯病。

**产量及适宜地区**：一般产量6.00～6.38t/hm²。1986年嘉兴市早稻品种区试，平均产量6.77t/hm²，与对照二九丰6.74t/hm²持平。适宜在浙北地区作中熟偏早品种种植。累计推广8.13万hm²。

**栽培技术要点**：①浙北地区作三熟制栽培，以4月20日播种为宜，秧田播种量750kg/hm²，秧龄30～35d。②插基本苗270万～300万苗/hm²，争取有效穗450万穗/hm²以上。③施基本肥41.2～48.7t/hm²。施足基肥，早施追肥，适施穗肥。④移栽时浅水插秧，深水护苗，返青后浅水露田，促多分蘖、早分蘖；适时搁田，控制无效分蘖。⑤对稻瘟病、白叶枯病要从秧田期开始防治，后期看天、看苗防治。

# 嘉籼 758 (Jiaxian 758)

**品种来源**：浙江省嘉兴市秀洲区（原郊区）农业科学研究所以汤泉早/IR28为母本、二九丰为父本杂交选育而成，原名加籼758。1988年通过浙江省嘉兴市农作物品种审定委员会审定。

**形态特征和生物学特性**：属常规中熟偏早熟早籼稻品种。绿肥茬种植，全生育期108～111d，作春花三熟制种植，全生育期100d。株高80cm，比对照二九丰矮3cm；分蘖力中等偏强；叶片较宽长，前期叶角大，叶片披散；穗型中等，有效穗数450万～480万穗/hm²；每穗总粒数80粒，实粒数69.5粒，千粒重约24g，谷粒椭圆形。

**品质特性**：米粒腹白较小，外观米质及食味均优于对照二九丰，总体稻米品质为中等。

**抗性**：苗期耐寒性中等，但优于对照二九丰。多年推广种植，田间表现较抗稻瘟病和白叶枯病。

**产量及适宜地区**：嘉兴市早稻品种区试，1986年平均产量6.87t/hm²，比对照二九丰增产2%；1987年平均产量5.32t/hm²，比对照二九丰增产5.24%。适宜二九丰种植地区均可栽培，但主要适于土壤肥力水平中等或偏下稻区作为早三熟茬种植，有利于"双抢"调节劳力和提高连晚产量。1988年至今累计推广49万hm²。

**栽培技术要点**：①绿肥田二熟制种植，秧田播种量450kg/hm²；三熟制种植，播600～800kg/hm²。由于从播种到抽穗的天数比二九丰短1～2d，故秧龄也稍短于二九丰，不应超过30d。②耐肥力不及二九丰。栽培上严格控制氮肥用量，在施11.25t/hm²猪粪作为基肥的条件下，总氮素化肥控制在碳酸氢铵900kg/hm²以下，施用方法上注意前重后轻，以基面肥和苗肥为主，中期看苗补施。③该品种穗型较大，保证有足够的穗数是高产的先决条件，要坚持少苗密植的原则，要求插足57万穴/hm²，每穴4～5苗，以保证基本苗200万苗/hm²以上，最高分蘖苗控制在675万苗/hm²，以保证有效穗数420万穗/hm²。④后期田间保持干干湿湿，以防纹枯病暴发，引起倒伏。

# 嘉兴8号 （Jiaxing 8）

**品种来源**：浙江省嘉兴市农业科学研究院1993年秋季在嘉兴以浙辐37/嘉兴35为母本、测93-14为父本杂交配组。2001年通过浙江省农作物品种审定委员会审定（浙审稻第226号）。

**形态特征和生物学特性**：属常规中熟早籼稻品种。全生育期110.3d，与对照浙852相似。植株形态近似广陆矮4号，株高80cm，与对照嘉育293相仿。分蘖中偏强，茎秆粗壮，株型较紧凑。苗期叶色偏深绿，中后期较淡。穗型中等，着粒较密，有效穗数447万穗/hm²，每穗总粒70粒，千粒重25g，结实率85%。成熟一致，谷粒黄亮，谷粒圆形。

**品质特性**：食味近似普通晚粳米。精米率、整精米率、碱消值、胶稠度、蛋白质含量等5项指标达部颁一级优质米标准；糙米率、垩白度、透明度、直链淀粉含量等4项指标达二级优质米标准。

**抗性**：中感稻瘟病，感白叶枯病。

**产量及适宜地区**：1997—1998年参加嘉兴市早稻品种区域试验，平均产量6 454.5kg/hm²，比对照嘉早05增产5.65%；2000年生产试验，平均产量6 855kg/hm²，比对照嘉早05增产5.1%。适宜浙江省杭、嘉、湖地区种植。

**栽培技术要点**：①秧田播量525～600kg/hm²，秧龄30～35d，叶龄6叶移栽。②插52.5万穴/hm²，每穴4苗；直播稻用种量82.5～90kg/hm²，基本苗225万苗/hm²。③施肥前促、中稳、后补。④中后期干湿交替，不要断水过早。⑤适时收获，避免过熟而造成田间落粒。

# 嘉育140 （Jiayu 140）

**品种来源**：浙江省嘉兴市农业科学研究院以嘉育21为母本、G02-186为父本杂交配组选育而成，原名G05-140。2009年通过浙江省农作物品种审定委员会审定（浙审稻2009041）。

**形态特征和生物学特性**：属常规早籼稻品种，全生育期110.5d，株高87.2cm，剑叶较挺，分蘖力中等。穗层较整齐，穗型较大，偶有包颈，着粒较稀。平均有效穗数318万穗/hm²，成穗率77％；穗长18.7cm，每穗总粒数115.1粒，结实率87.6％，千粒重26.9g。谷粒长粒形、无芒，颖尖无色。

**品质特性**：整精米率57.8％，糙米长宽比3.2，垩白粒率51.3％，垩白度10.4％，透明度2级，胶稠度63mm，直链淀粉含量25.3％，两年米质指标分别达到部颁四级和六级食用稻品种品质。

**抗性**：耐肥、抗倒伏性中偏上，比嘉育21强。叶瘟1.9级，穗瘟4.3级，穗瘟损失率7.6％，白叶枯病5.5级。

**产量及适宜地区**：2007年、2008年参加浙江省早籼稻区试，两年区试平均产量7.21t/hm²，比对照嘉育293增产5.1％。2009年浙江省生产试验产量7.53t/hm²，比对照嘉育293增产1.9％。适宜在浙江省作为早稻种植。

**栽培技术要点**：①适期播种。可采用薄膜平铺育秧，播种量450～525kg/hm²，大田用种量90kg/hm²，秧龄控制30d以内。秧田喷药防病虫，移栽前施起身肥，带肥带药到本田。②移栽。移栽密度15cm×14cm，每穴栽插4～5苗，基本苗数180万苗/hm²以上，最高苗控制在480万苗/hm²，争取有效穗数在345万穗/hm²以上。③在土壤肥力水平中等偏上的地

区种植，总用肥量可控制在纯氮142.5～150kg/hm²；其中基肥占总用肥量的65％～70％，以有机肥为主，配施300kg/hm²磷肥；早施足施苗肥，配施钾肥105～120kg/hm²；严格控制后期氮肥用肥。④水分管理。前期干干湿湿以湿为主，开好丰产沟，及时多次烤搁田，促进深根壮秆；后期湿润灌溉，防断水过早。⑤重点防治稻虱、大化螟和二化螟。因各地稻瘟病生理小种上的差异，该品种宜在稻瘟病轻发地区应用。重点注意防治纹枯病。

# 嘉育16 (Jiayu 16)

**品种来源**：浙江省嘉兴市农业科学研究院以RD95为母本、G93-368为父本杂交配组，采用系谱法选育而成，原名G96-16。2000年通过浙江省农作物品种审定委员会审定（浙品审字第206号）。

**形态特征和生物学特性**：属常规中熟早籼稻品种。嘉兴市1997—1998年三熟茬区试，全生育期100d，比对照嘉早05迟2d；绍兴市1997年二熟茬区试，全生育期108.4d，比对照浙852早熟1.6d；台州市1998年二熟茬区试，全生育期106.4d，与浙733相仿。年度间生育期较为稳定，受气候条件影响小。株高82.1cm，比对照嘉早05高3.9cm。分蘖中等，根系活力强，后期功能叶寿命长，青秆黄熟。有效穗数435.2万/hm²，成穗率68.2%，每穗总粒数93.2粒，每穗实粒数80.7粒，结实率86.6%。千粒重21.8～22.4g。

**品质特性**：精米率、整精米率、碱消值、胶稠度等4项指标达部颁一级优质米标准，糙米率、粒形、垩白度、透明度、直链淀粉含量等5项指标达部颁二级优质米标准。

**抗性**：苗期耐寒性强，较耐肥、抗倒伏；中抗稻瘟病、穗瘟平均3.1级；感白叶枯病，平均6.0级。

**产量及适宜地区**：嘉兴市1997年、1998年两年早稻区试中，平均产量分别为6 744kg/hm²和6 423kg/hm²，比对照嘉早05分别增产9.6%和6.0%。1998年生产试验平均产量为6 639kg/hm²，比对照嘉早05增产6.1%。适宜浙北、浙中地区种植。

**栽培技术要点**：①稀播培育适龄壮秧。秧田播种量不超过600kg/hm²，秧龄在30d以内，移栽叶龄不超过5.5叶。②少苗足穴密植。插足基本苗118.0万～225.1万苗/hm²，最高苗控制在667.3万苗/hm²以内，争取有效穗数420.2万～445.2万穗/hm²，为高产奠定基础。③合理施肥。总用肥量宜掌握在标准肥37.5～41.25t/hm²。施肥原则：足施基肥（以有机肥为主，配施磷肥），早施足施苗肥，配施钾肥促早发，后期酌情看苗补肥壮穗。④科学水分管理。在水分管理上，宜前期多次轻搁促早发，中期控制最高苗，后期干干湿湿防断水过早，以提高穗基部籽粒充实度。

# 嘉育164 （Jiayu 164）

**品种来源**：浙江省嘉兴市农业科学研究院以嘉育948/Z94-207的杂交后代为母本、嘉兴13为父本杂交配组选育而成。分别通过浙江省（2001，浙品审字第367号）和湖北省（2002，鄂审稻003—2002）农作物品种审定委员会审定。

**形态特征和生物学特性**：属常规中熟早籼稻。全生育期108.6d，株高78.4cm，株型优；叶色较深，叶片长而挺，生长繁茂，后期转色好。有效穗数372.5万/hm²，成穗率75.9%，每穗总粒数98.4粒，每穗实粒数76.2粒，结实率77.64%，千粒重27.4g（比对照嘉育293高3.56g）。

**品质特性**：糙米率、精米率、糙米粒长、糙米长宽比、碱消值和胶稠度6项指标达部颁一级食用米标准，透明度和直链淀粉含量达二级米标准。湖北省区试结果，糙米率78.8%，整精米率56.8%，垩白度3.8%，直链淀粉含量13.4%，胶稠度77mm。

**抗性**：苗期较耐寒。穗瘟损失率10.85%，比对照嘉育293减少34.85%，与对照浙733相仿，中感稻瘟病，抗性优于对照嘉育293。感白叶枯病、细条病、白背稻虱和褐飞虱，与对照嘉育293相仿。

**产量及适宜地区**：浙江省早籼中熟组区试，1999年平均产量6.08t/hm²，比对照嘉育293减产0.36%；2000年平均产量7.46t/hm²，比对照嘉育293增产3.33%，达极显著水平；2001年生产试验，平均产量6.16t/hm²，比对照嘉育293减产2.17%。湖北省区试，平均产量7.07t/hm²，居21个参试品种首位，比对照鄂早11增产9.79%，达极显著水平。适宜在浙江省作为早稻种植。2001—2008年累计推广5.3万hm²。

**栽培技术要点**：①稀播培育适龄壮秧。秧田播种量525～600kg/hm²，秧龄控制在25d

以内，以叶龄不超过5.0～5.5叶为准。②匀株密植，插足基本苗。宜插足45万穴/hm²，基本苗达180万～225万苗/hm²，最高苗控制在675万苗/hm²以内。③注意施足基肥，以有机肥为主，早施、足施苗肥，配施磷钾肥，促早发，后期切忌补肥偏迟过重。总用肥量以施用标准肥37.5t/hm²为宜。④及时烤搁田，促根、健苗、壮蘖，后期忌过早断水，宜采用干干湿湿，以干为主的灌水方式。⑤注意纹枯病防治。在稻瘟病较重地区要及时施药预防。

# 嘉育173（Jiayu 173）

**品种来源**：浙江省嘉兴市农业科学研究院以G99-21为母本、辐99-59为父本杂交配组选育而成，原名G03-173。2007年通过浙江省农作物品种审定委员会审定（浙审稻2007024）。

**形态特征和生物学特性**：属常规早籼稻品种。全生育期108.4d，比对照嘉育293长1.4d。株高82.3cm，株型适中，分蘖力中等，叶片挺直，叶鞘青色，叶色中等略偏淡。成穗率高，穗型较大，结实率高。有效穗数319.5万/hm²，成穗率79.4%，穗长19.6cm，每穗总粒数125.7粒，每穗实粒数109.6粒，结实率87.2%，千粒重26.1g。谷粒长粒形，淡黄色。

**品质特性**：整精米率58.2%，糙米长宽比3.1，垩白粒率36.8%，垩白度39%，透明度3级，胶稠度48.8mm，直链淀粉含量17.3%，两年米质指标分别达到部颁三级和四级食用稻品种品质。

**抗性**：苗期较耐寒，耐肥、抗倒伏性中等偏上。叶瘟1.4级，穗瘟1.5级，穗瘟损失率1.8%；白叶枯病5级。

**产量及适宜地区**：2005年、2006年参加浙江省早籼稻区试，两年区试平均产量7.74t/hm²，比对照嘉育293增产6.7%。2007年浙江省生产试验，平均产量7.26t/hm²，比对照嘉育293增产5.0%。适宜在浙江省土壤肥力水平中等或中等偏上地区作为早稻种植。

**栽培技术要点**：①适时播种，播种量宜掌握在450～525kg/hm²，大田用种量90kg/hm²，秧龄控制30d以内。注意秧田喷药防病害和稻蓟马。移栽前施起身肥，带肥带药到本田。②密植规格不低于15cm×13.3cm，每穴4～5苗，插足基本苗180万～225万苗/hm²。最高苗宜控制在480万苗/hm²，争取有效穗数345万穗/hm²以上。③以有机肥为主，化肥为辅，施足基肥，早施足施追肥，配施磷钾肥。在土壤肥力中等偏上的地区种植，总用肥量可控制在纯氮142.5～150kg/hm²，其中基肥105～120kg/hm²，严格控制后期用肥。尽可能减少化学氮肥用量，增加有机肥比例，有利于品质提高。④水分管理。注意前期干干湿湿以湿为主，开好丰产沟，及时多次烤搁田，提高早生分蘖比例，促进深根壮秆；后期湿润灌溉，防断水过早，以免影响品质与产量。⑤宜在稻瘟病轻发地区种植，在病害防治上，重点注意及时防治稻瘟病、白叶枯病、纹枯病等病害，重点防治飞虱、螟虫。

# 嘉育21 （Jiayu 21）

**品种来源**：浙江省嘉兴市农业科学研究院以G96-29为母本、YD951为父本杂交配组选育而成，原名G99-21。分别通过湖北省（2003，鄂审稻003—2003）、浙江省（2005，浙审稻2005025）和湖南省（2006，湘审稻2006003）农作物品种审定委员会的审定。

**形态特征和生物学特性**：属常规早籼稻品种。全生育期104d左右。株高84.7～85.9cm，株型松散适中，茎秆粗壮，叶色淡绿，叶鞘、叶耳、稃尖无色，剑叶直立，叶片较窄，夹角较小，半叶下禾，成熟落色好。成穗率高，结实率较高。有效穗数333万穗/hm²，成穗率73.8%，穗长19.9cm，每穗总粒数120.7粒，结实率82.3%，千粒重25.3g，比对照嘉育293高1.7g。稃尖无色。

**品质特性**：整精米率50.7%，糙米长宽比3.0，垩白粒率24.5%，垩白度6.5%，透明度2.8级，胶稠度53.5mm，直链淀粉含量19.9%。

**抗性**：叶瘟2.0级，穗瘟2.5级，穗瘟损失率3.2%，白叶枯病4.4级。中抗稻瘟病和白叶枯病。

**产量及适宜地区**：2003年、2004年参加浙江省早稻区试，两年平均产量7 366.5kg/hm²，比对照嘉育293增产6.3%。2005年省生产试验平均产量7.37t/hm²，比对照嘉育293增产4.5%。适宜在浙江省作为早稻种植，在湖南省非稻瘟病区作为双季早稻种植，在湖北省稻瘟病无病区或轻病区作为早稻种植。

**栽培技术要点**：①培育适龄粗壮秧。秧龄在30d以内，播种量不超过525kg/hm²，移栽叶龄低于5.5叶。②合理施肥。施足基肥（以有机肥为主，配施磷肥），基肥用量占总用肥量的60%；早施足施苗肥，配施钾肥，总用肥量控制在标准肥37.5t/hm²，严格控制后期用肥。③少穴密植，插足基本苗。争取基本苗达180万苗/hm²。④湿润灌溉，养根壮秆防倒伏。苗期多次烤搁田，促根壮秆，控制群体；后期湿润灌溉，养根保叶增穗重，防倒伏。⑤防病治虫及防雀同普通大田管理，注意纹枯病防治。

# 嘉育253（Jiayu 253）

**品种来源**：浙江省嘉兴市农业科学研究院以G96-28-1为母本、嘉育143为父本杂交配组选育而成，原名G00-253。分别通过浙江省（2005，浙审稻2005024）和国家（2006，GS2006009）农作物品种审定委员会审定。

**形态特征和生物学特性**：属常规早籼稻品种。全生育期107.1d，比对照嘉育293长1.3d。株型适中，群体整齐，茎秆粗壮，叶片宽挺，长势繁茂，平均有效穗数312万/hm²，成穗率74.9%，株高84.3cm，穗长17.8cm，每穗总粒数141.2粒，实粒数106.2粒，结实率75.2%，千粒重26.0g。

**品质特性**：整精米率43.7%，糙米长宽比2.2，垩白粒率96.3%，垩白度32.9%，透明度3.0级，胶稠度80.3mm，直链淀粉含量26.3%。

**抗性**：浙江省区试结果，中抗稻瘟病，感白叶病，叶瘟平均1.5级，穗瘟平均2.9级，损失率6.2%，白叶枯病7.0级。国家区试结果，稻瘟病抗性加权平均4.6级，穗瘟损失率最高级9级，抗性频率60%，白叶枯病抗性7级。

**产量及适宜地区**：浙江省早稻区试，2003年、2004年区试平均产量7.51t/hm²，比对照嘉育293增产8.3%；2005年生产试验，平均产量7.59t/hm²，比对照嘉育293增产5.9%。长江中下游早籼早中熟组品种区域试验，2004年、2005年平均产量7.29t/hm²，比对照浙733增产4.95%；2005年生产试验，平均产量7.58t/hm²，比对照浙733增产12.1%。适宜在江西、湖南、湖北、安徽、浙江的稻瘟病、白叶枯病轻发双季稻区作为早稻种植，2007—2013年，累计推广16.9万hm²。

**栽培技术要点**：①适时播种，稀播育壮秧，秧田播种量控制在450～525kg/hm²，秧龄控制在30d以内，以叶龄不超过5.5叶为准。②少苗匀株密植，密植规格不低于15cm×13.3cm，插足基本苗180万～225万苗/hm²。③总用肥量以控制在标准肥25t/hm²为宜。施足基肥，以有机肥为主，配施磷肥，基肥占总用肥量的60%；早施、足施苗肥，配施钾肥，促早发；严格控制后期用肥。④水分管理。注意后期保持湿润灌溉，切忌断水过早。⑤及时防治稻瘟病、白叶枯病、螟虫等病虫害。

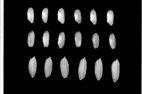

# 嘉育280（Jiayu 280）

**品种来源**：浙江省嘉兴市农业科学研究院以嘉育293为母本、ZK787为父本杂交配组选育而成，1990年定型，原名G90-280。1996年通过浙江省农作物品种审定委员会审定（浙品审字第137号）。

**形态特征和生物学特性**：属常规早籼稻品种。全生育期107.5d，比对照浙852长1.2d，比嘉育293早熟。株高75cm，比浙852高3～5cm。株型紧凑，分蘖中等，叶片挺直，叶色偏深绿，前期叶色偏深绿。茎秆粗壮，耐肥，抗倒伏，移栽后起发快，生长旺健。抽穗整齐，成熟一致。有效穗数420万/hm²，成穗率在75%以上。穗型较大，每穗总粒数可达95粒，每穗实粒数75～80粒，结实率80%。千粒重24.5～25.0g。谷粒长椭圆形，无芒。

**品质特性**：糙米率80.8%，糙米长宽比2.4。宁波市反映，适合群众口味；东阳市反映，食味较软，与汕优10号相仿。

**抗性**：苗期耐寒性强。对稻瘟病抗性与对照嘉育293相仿，比对照浙852差，对白叶枯病、白背飞虱、褐飞虱的抗性比浙852强。

**产量及适宜地区**：1993年、1994年浙江省早籼中熟组区试，平均产量分别为5.73t/hm²、6.62t/hm²，比对照浙852分别增产5.3%、13.4%，其中1994年增产达极显著水平；1995年浙江省生产试验，平均产量6.18t/hm²，比对照浙852增产11.99%。适宜在浙江中部和浙江北部稻瘟病轻发地种植。1996—2008年累计推广种植

**栽培技术要点**：①三熟茬栽培，用种量600kg/hm²，秧本田比1∶6，秧龄控制在35d以内，移栽叶龄不超过5.5叶。②从高产栽培要求，插苗52.5万～60.0万穴/hm²，每穴4～5苗，插基本苗225万～300万苗/hm²。控制最高苗600万/hm²，争取有效穗数达到420万～450万穗/hm²。③施肥掌握"前促、中稳、后补"的原则，基肥50%，苗肥30%，穗肥20%，总用肥量控制在标准肥41.25t/hm²，可比嘉育293少一些。其中有机肥占25%，配施磷钾肥。④水分管理。前期多次轻搁，长根促蘖，后期防断水过早。⑤在稻瘟病重的地区注意适时防治。

# 嘉育293（Jiayu 293）

**品种来源**：浙江省嘉兴市农业科学研究院以浙辐802/科庆47//二九丰///早丰6号/水原287为母本、HA79317-7为父本杂交配组选育而成，原名G88-293。1993年通过浙江省农作物品种审定委员会审定（浙品审字第95号）。

**形态特征和生物学特性**：属常规中熟早籼稻品种。全生育期112.2d，与对照二九丰相仿。株高76.8cm，株型紧凑，分蘖力中等，叶片长而挺，茎秆粗壮，生长旺盛，耐肥，抗倒伏，后期青秆黄熟。有效穗数375万～420万/hm²，穗长18cm，每穗总粒数100～107粒，结实率80%以上，千粒重23～24g。谷粒长椭圆形，无芒，谷色土黄色。

**品质特性**：精米粒率72.3%，整精米粒率54.6%，糙米长宽比2.2，垩白粒率98%，垩白度20.9%，碱消值5.45级，胶稠度37mm，直链淀粉含量25.5%。

**抗性**：抗穗瘟病5.95级，最高9级，抗白叶枯病3.85级，抗稻飞虱5级，抗白背稻虱3级。

**产量及适宜地区**：浙江省早稻区试，1991、1992年平均产量分别为7.25t/hm²、7.79t/hm²，比对照二九丰分别增产9.83%、9.7%；（均极显著）。1992年生产试验，平均产量6.50t/hm²，比对照二九丰增产13.36%。适宜在稻瘟病较轻地区种植。截止2009年浙江省累计推广102.2万hm²。

**栽培技术要点**：①三熟制栽培，播种量600～750kg/hm²，大田用种量120kg/hm²，秧本田比1：5.5，秧龄控制在35d以内。各茬口秧苗移栽时的最佳叶龄在6.5叶内。②三熟茬插苗52.5万～60.0万穴/hm²，每穴4～5苗，基本苗225万～300万苗/hm²，最高苗600万苗/hm²，有效穗数420万穗/hm²，成穗率70%以上，每穗总粒数105～110粒，结实率80%以上。③用肥量以41.25～45t/hm²为宜，其中25%为有机肥，同时配施磷钾肥。肥料施用以"前促、中稳、后补"的原则，基肥占30%，穗肥（保花肥）20%。④后期防断水过早，经常湿润灌溉。保证穗基部充实饱满，防止割青损失。⑤注意纹枯病、螟虫等的防治；稻瘟病重病区，注意适时防治。

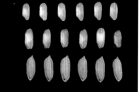

# 嘉育46 (Jiayu 46)

**品种来源**：浙江省嘉兴市农业科学研究院以嘉育293/Z94-207的杂交后代为母本、G96-28-1为父本杂交配组，1999年选育而成，原名G99-46。2004年通过浙江省农作物品种审定委员会审定（浙审稻2004001）。

**形态特征和生物学特性**：属常规中熟早籼稻品种。全生育期110.3d，比对照嘉育293迟1.95d。株高88.3cm，比对照嘉育293高8.3cm。株型紧凑，分蘖力中等，植株较高，穗大粒多，丰产性好，后期转色较好。有效穗数301.5万穗/hm²，穗长20.0cm，每穗总粒数147.0粒，每穗实粒数106.2粒，结实率72.3%，千粒重22.9g。

**品质特性**：精米率70.1%，整精米率47.8%（对照嘉育293为50.9%），糙米籽粒长6mm，糙米长宽比2.6，垩白粒率71.5%，垩白度15.6%，透明度3级，直链淀粉含量26.1%，比对照嘉育293高1.2%。米质中等。

**抗性**：苗期耐寒性较强。叶瘟0.5级，穗瘟3级，穗瘟损失率5.2%，抗性明显超过对照嘉育293；白叶枯病9级，比对照差。

**产量及适宜地区**：2002年、2003年参加浙江省早籼稻品种区试，两年区试平均产量6.92t/hm²，比对照嘉育293增产7.41%。2003年生产试验，平均产量7.32t/hm²，比对照嘉育293增加10.75%。适宜浙江省作为早稻种植。

**栽培技术要点**：嘉育46植株较高，穗形大，协调群体和个体生长，充分发挥大穗的增产优势，争取较多有效穗；控制总用肥量，防止后期用肥过多，是争取嘉育46高产的关键。①播种量控制在450kg/hm²，秧龄控制在30d以内。②插足基本苗180万～225万苗/hm²。③施足基肥（以有机肥为主），早施、足施苗肥，配施磷、钾肥。总用肥量控制在标准肥41.25t/hm²为宜。④切忌断水过早，以促进基部籽粒灌浆饱满。注意做好病虫防治工作。

# 嘉育66（Jiayu 66）

**品种来源**：浙江省嘉兴市农业科学研究院以嘉育143为母本、嘉育253为父本杂交配组选育而成，原名G05-66。2011年通过浙江省农作物品种审定委员会审定（浙审稻2011004）。

**形态特征和生物学特性**：属常规早籼稻品种。全生育期110.6d，比对照嘉育293长1.4d。植株中等偏高，株高90.4cm。株型松散适中，剑叶长挺，叶色偏深绿，生长繁茂。有效穗数295.5万穗/hm²，成穗率70.5%，穗长18.7cm，每穗总粒数131.9粒，实粒数107.7粒，结实率81.9%，千粒重27.6g。谷粒圆粒偏长形，无芒，颖尖无色，落粒性中等。

**品质特性**：整精米率56.5%，糙米长宽比2.4，垩白粒率75.0%，垩白度15.5%，透明度2.5级，胶稠度37mm，直链淀粉含量26.3%，两年米质指标分别达到部颁五级和六级食用稻品种品质。

**抗性**：叶瘟1.5级，穗瘟5级，穗瘟损失率1.04%，综合指数2.9；白叶枯病9级。

**产量及适宜地区**：2008年、2009年参加浙江省早籼稻区试，两年区试平均产量7.30t/hm²，比对照嘉育293增产6.3%。2010年生产试验，平均产量5.97t/hm²，比对照嘉育293增产7.4%。适宜在浙江省作为早稻种植。

**栽培技术要点**：①适期播种。播前种子浸种消毒。为防低温烂秧，可采用薄膜平铺育秧，播种量以450～525kg/hm²为宜，大田用种量90kg/hm²，秧龄控制在30d以内。秧田喷药防病虫，带肥带药到本田。②移栽。移栽密度12.8cm×（10.2～11.4）cm，每穴栽插4～5苗，基本苗180万苗/hm²以上，最高苗控制在480万苗/hm²以内，争取345万/hm²以上有效穗。③在土壤肥力水平中等地区种植，总用肥量控制纯氮165kg/hm²，其中基肥占总用肥量的60%～65%，以有机肥为主，配施磷肥300kg/hm²；早施足施苗肥，配施钾肥105～120kg/hm²。④水分管理。前期干干湿湿以湿为主，开好丰产沟，及时多次烤搁田，促进深根壮秆，提高分蘖成穗率；后期湿润灌溉，切忌断水过早。⑤及时防治病虫害。种子消毒浸种，重点防治稻虱、大螟和二化螟。病害防治上，重点注意纹枯病与白叶枯病的防治。

# 嘉育67 (Jiayu 67)

**品种来源**：浙江省嘉兴市农业科学研究院以中选181为母本、嘉育253为父本杂交配组选育而成，原名G05-67。2008年通过浙江省农作物品种审定委员会审定（浙审稻2008025）。

**形态特征和生物学特性**：属常规中熟偏迟早籼稻品种，全生育期112.4d。株高79.5cm，中等，株型紧凑，茎秆粗壮；叶姿挺直，叶色浓绿，叶鞘青色；分蘖中等，生长繁茂，耐肥，抗倒伏；穗形较大，结实率较高，后期转色佳。有效穗数369万穗/hm²，成穗率77.5%，穗长17.4cm，每穗总粒数104.8粒，结实率82.6%，千粒重26.5g。谷粒圆形，颖壳秆尖青色，无芒。

**品质特性**：糙米率81.1%，精米率72.9%，整精米率50.7%，糙米长宽比2.1，垩白粒率100%，垩白度30.9%，透明度3.5级，碱消值5.0级，胶稠度75mm，直链淀粉含量27.1%，蛋白质含量9.2%，米质指标为部颁等外等级食用稻品种品质。

**抗性**：苗期耐寒性较强，成秧率较高。叶瘟1.0级，最高5级，穗瘟1.0级，穗瘟损失率2.9%，白叶枯病7.4级。

**产量及适宜地区**：2006年、2007年参加宁波市早籼稻区试，两年区试平均产量7.56t/hm²，比对照嘉育293增产4.6%。2008年生产试验，平均产量6.97t/hm²，比对照嘉育293增产7.4%。适宜在宁波地区种植。

**栽培技术要点**：①适时早播。采用薄膜保温育秧，盖膜时间视当时气温变化而定，不宜超过20d。播种量控制在450～525kg/hm²，秧龄控制30d以内。②少苗匀株密植。建议密植规格不低于16.7cm×16.7cm，插足基本苗150万苗/hm²以上，争取有效穗数达375万穗/hm²。③合理施肥。施足基肥。以有机肥为主，配施磷肥，基肥占总用肥量的70%；早施、足施苗肥，配施钾肥；严格控制后期用肥。总用肥量以施纯氮187.5kg/hm²为宜。④水分管理。挖好丰产沟，适时搁田。注意前期多次搁烤，后期湿润灌溉，切忌断水过早，促进基部籽粒灌浆饱满。⑤病虫防治。需特别注意防治虫害，并注意纹枯病、白叶枯病等病害防治。

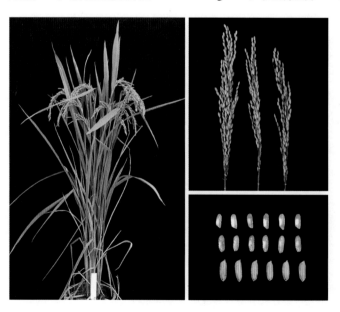

# 嘉育70（Jiayu 70）

　　**品种来源**：浙江省嘉兴市农业科学研究院以中754为母本、00D1-1（嘉育253提纯系）为父本杂交配组选育而成，原名G03-70。2006年通过浙江省农作物品种审定委员会审定（浙审稻2006023）。

　　**形态特征和生物学特性**：属常规早籼稻品种。全生育期109.4d，比对照嘉育293长3.0d。植株中等偏高，株高85.6cm，比对照嘉育293高10cm。株型紧凑，叶色浓绿，叶鞘青色，剑叶比对照嘉育293宽而长，叶姿挺直，生长繁茂，较耐肥、抗倒伏，秧龄弹性大。有效穗数328.5万穗/hm²，成穗率72.5%；穗长17.3cm，每穗总粒数134.7粒，实粒数104.3粒，结实率77.4%，千粒重24.8g。

　　**品质特性**：整精米率66.4%，糙米籽粒长5.3mm，糙米长宽比2.0，垩白粒率100%，垩白度26.2%，透明度3.5级，胶稠度66.5mm，直链淀粉含量24.1%。

　　**抗性**：苗期耐寒性较强，成秧率较高。叶瘟1.0级，穗瘟1.5级，穗瘟损失率3.3%，稻瘟病抗性明显比对照嘉育293强；白叶枯病6.5级，比对照嘉育293差。

　　**产量及适宜地区**：2004年、2005年参加宁波市早稻品种区试，两年区试平均产量7.86t/hm²，比对照嘉育293增产9.7%。2006年生产试验，平均产量7.66t/hm²，比对照嘉育293增产3.2%。适宜在宁波地区做早稻种植。

　　**栽培技术要点**：①适时早播，稀播育壮秧。②插足基本苗180万苗/hm²以上。③茎秆粗壮，较耐肥、抗倒伏。施足基肥（以有机肥为主，配施磷肥），基肥占总用肥量的70%；早施、足施苗肥，配施钾肥；严格控制后期用肥。总用肥量以187.5kg/hm²纯氮为宜。④后期切忌断水过早。⑤叶色较深，易遭虫害，须特别注意虫害及纹枯病等病害防治。

# 嘉育 73 （Jiayu 73）

**品种来源**：浙江省嘉兴市农业科学研究院以二九丰与194的杂交后代为母本、矮早21杂交配组选育而成，原名G87-73。1991年通过浙江省农作物品种审定委员会审定（浙品审字第068号）。

**形态特征和生物学特性**：属常规中熟早籼稻。苗色深绿，株型紧凑，叶片挺直，叶下禾，易育秧，秧龄弹性大，移栽后起发快，后期青秆黄熟，不易穗发芽。浙江省区试，全生育期110.2d，比对照二九丰早0.3d。株高75～80cm，分蘖中等偏弱。成穗率高，穗型较大，每穗总粒数86粒，比对照二九丰少6.3粒，结实率82.4%，千粒重26g，比对照二九丰高3g。

**品质特性**：糙米率79.5%，精米率71.7%，碱消值6级，胶稠度42mm，直链淀粉含量26.85%，品质评分与对照二九丰相同，但垩白度37.0%，比对照二九丰52.3%明显低，外观米质较好。

**抗性**：苗期比对照二九丰耐寒，移栽后起发快。比对照二九丰耐肥、抗倒伏，不易穗发芽。对稻瘟病抗性优于对照二九丰，对白叶枯病抗性略逊于对照二九丰，对白背飞虱抗性比对照二九丰略好，对褐飞虱抗性与对照二九丰相似。

**产量及适宜地区**：1989年浙江省早稻区试，平均产量6.59t/hm²，比对照二九丰增产8.46%，达极显著标准，居中熟组首位；1990年续试，平均产量6.60t/hm²，比对照二九丰增产0.4%；同年在浙江省早稻生产试验，平均产量6.48t/hm²，比对照二九丰增产1.14%。适宜浙江省作为早稻品种搭配种植。1991—1996年累计推广8.2万hm²。

**栽培技术要点**：①匀株密植插足基本苗，要求基本苗插足255万～300万苗/hm²。②秧龄弹性大，三熟茬栽培，秧龄控制在35d内，以30d为宜。嵊州市种子公司试验，育秧期有效积温控制在600℃以内，叶龄不超过6.1～6.5叶。有条件的地方可采用薄膜平铺育秧，有利提早成熟。③耐肥性好，三熟制栽培总用肥量可掌握在41.2～45.0t/hm²。施肥原则为施足基肥（60%），早施追肥，配施磷钾肥。后期断水切忌过早，防早衰，限割青，达到丰产丰收之目的。

# 嘉育948（Jiayu 948）

**品种来源**：浙江省嘉兴市农业科学研究院以YD4-4为母本、嘉育293-T8为父本杂交选育而成，原名G94-48。分别通过浙江省（1998，浙品审字第170号）、湖北省（2000，鄂审稻001—2000）、安徽省（2000，皖品审00010285）、国家（2001，GS2001018）和江西省（2001，赣审稻2001003）农作物品种审定委员会审定。

**形态特征和生物学特性**：属常规中熟早籼稻品种。浙江省种植全生育期107～108d，比对照舟903早熟3d，与对照浙852相仿。株高76～80cm，株型紧凑适中，分蘖力中等，茎秆粗壮，叶片挺直，剑叶上举，后期青秆黄熟。成穗率高，平均达78.6%。穗型较大，每穗总粒数92.6粒，实粒数79.4粒，结实率83%～85%，千粒重偏低，仅22.3～23.0g。谷粒中长，无芒，谷色黄亮。

**品质特性**：精米率71.1%，整精米率34.9%，糙米粒长5.9mm，糙米长宽比2.7，垩白度0.6%，垩白粒率8.0%，透明度3级，胶稠度76mm，直链淀粉含量12.8%。

**抗性**：苗期耐寒性好，不易烂秧，成秧率高。较耐肥、抗倒伏，秧龄弹性大。浙江、安徽中抗稻瘟病和白叶枯病，在湖北省中感白叶枯病、高感稻瘟病。

**产量及适宜地区**：1995年浙江省联品试验，产量6.50t/hm²，比对照浙852增2.2%。1995年、1996年杭州、金华两市区试，平均产量分别为5.42t/hm²、6.10t/hm²，比对照浙852分别增产4.03%、5.12%。1996年杭州市生产试验，比对照舟903增产3.15%。安徽省两年早籼区试与生产试验，平均6.20～6.75t/hm²，比对照竹青产量略低。湖北省区试平均产量6.39t/hm²。适宜在湖北，安徽，浙江金华、杭州，江西中北部及湖南益阳、湘潭地区稻瘟病和白叶枯病轻发区作为双季早稻种植，1997年以来年，累计推广217.5万hm²。

**栽培技术要点**：①播种量不超过600kg/hm²，秧龄控制在30d以内，叶龄不超过5.5张。②要求插足42万～45万穴/hm²，基本苗180万～225万苗/hm²，最高苗数控制在600万苗/hm²，有效穗数争取420万～450万穗/hm²。③合理施肥，总用肥量宜掌握在37.5～41.25t/hm²，施足基肥，以有机肥为主、配施磷钾肥，早施苗肥促早发，后期看苗酌施穗肥。④前期田间以湿为主促早发，中期干干湿湿控制最高苗，后期防止断水过早。⑤注意病虫防治。

# 嘉早05 （Jiazao 05）

**品种来源**：浙江省嘉兴市农业科学研究院以嘉育293为母本、ZK287和双超55的杂交后代为父本杂交选育而成，原代号Z90-05，1994年通过浙江省农作物品种审定委员会审定（浙品审字第108号）。

**形态特征和生物学特性**：属常规中熟早籼稻品种。全生育期与对照嘉籼758相仿。浙北地区作三熟制栽培，7月初抽穗，7月底至8月初成熟，全生育期约105d。株高75cm，茎秆粗壮，分蘖力中等，较耐肥、抗倒伏。穗数略少于嘉籼758，穗大粒偏小。有效穗数405万～465万/hm$^2$，每穗90～95粒，结实率80%～85%，千粒重23～24g。颖尖无芒，谷粒黄色。

**品质特性**：外观米质中等，食味较好。浙江省嘉兴市农业科学研究院测定，直链淀粉含量19.3%，碱消值4.9级，胶稠度42mm。

**抗性**：苗期耐寒较好。穗瘟1级，而对照嘉籼758为4～5级。1993年田间白叶枯病接种为2级，属抗。对白背飞虱也有较好的抗性。

**产量及适宜地区**：嘉兴市早稻区试，1991年平均产量6.79t/hm$^2$，比对照嘉籼758增产6.8%；1992年平均产量7.69t/hm$^2$，比对照嘉籼758减产2.17%；1992年生产试验，平均产量7.30t/hm$^2$，比对照嘉育293、嘉籼222和嘉籼758平均增产5.5%。适宜在嘉兴、湖州地区作为中熟早籼种植，1994—2000年累计推广18.3万hm$^2$。

**栽培技术要点**：①浙北地区二熟制早稻栽培，采用塑料薄膜拱棚或地膜覆盖育秧，适时播种期3月25日至4月5日，秧龄控制在30d以内；三熟制早稻栽培，采用露地育秧，适时播种期4月20～25日，秧龄以35～30d为宜，迟栽不超过30d。②秧田播种量600～675kg/hm$^2$。匀株密植，增穴增苗。株行距15cm×（11.7～13.3）cm，基本苗210万～255万苗/hm$^2$。③氮肥用量172.5～202.5kg/hm$^2$，适当配施磷肥，二熟制早稻可适当增加氮肥用量。要求早施苗肥，促进早发稳长，6月中旬看苗适施穗肥保大穗，忌后肥过重。④浅水促发棵，齐穗后干干湿湿，切忌断水过早，防早衰。⑤大田要注意加强纹枯病、稻纵卷叶螟、二化螟等病虫害的防治。

# 嘉早08 (Jiazao 08)

**品种来源**：浙江省嘉兴市农业科学研究院以嘉早935为母本、Z95-05为父本杂交选育而成，原代号Z97-08，2002年通过浙江省农作物品种审定委员会审定（浙审稻第363号）。

**形态特征和生物学特性**：属常规迟熟早籼稻品种，全生育期113d。茎秆粗壮，叶片较宽，叶姿挺直，叶色偏深绿，每穗总粒数134.8粒，结实率80%，千粒重25.5g。谷粒中长，易落粒。

**品质特性**：精米率、粒长、垩白度、碱消值、胶稠度等5项指标达部颁一级食用优质米标准，直链淀粉含量偏低，米质较优。

**抗性**：中抗稻瘟病，中感白叶枯病，感白背飞虱和感褐稻虱。

**产量及适宜地区**：1999年、2000年浙江省水稻品种区域试验，平均产量6.72t/hm²，比对照浙733增产5.88%；2000年生产试验，平均产量7.12t/hm²，比对照浙733增产8.43%。适宜浙江省作为早稻种植。

**栽培技术要点**：①浙北地区适宜二熟制早稻栽培，采用塑料薄膜拱棚或地膜覆盖育秧，播种期3月25日至4月5日；浙中南地区可二熟制和三熟制早稻栽培，播种期4月5～15日。②秧田播种量450～600kg/hm²，三熟制早稻秧龄不超过30d。③合理密植。要求插足基本苗225万苗/hm²。④氮肥用量不超过172.5kg/hm²。要求施足基面肥，磷肥作为基肥施入，早施苗肥，二熟制早稻适施穗肥。⑤注意做好螟虫、稻飞虱、纹枯病等病虫害防治。⑥齐穗后干湿交替灌溉，切忌断水过早影响灌浆质量。⑦适时收割，防止割青。⑧晾晒时注意适当厚摊勤翻以提高稻米整精米率。

# 嘉早12（Jiazao 12）

**品种来源**：浙江省嘉兴市农业科学研究院以Z91-105为母本、优905/嘉育293//嘉早43的选株为父本杂交选育而成，原代号Z96-12，2000年通过浙江省农作物品种审定委员会审定（浙品审字第205号）。

**形态特征和生物学特性**：属常规早籼稻品种。全生育期103d。株高80cm，株型较好，分蘖力中等，茎秆粗壮，适应性广，耐肥，抗倒伏。抽穗整齐，穗较大，结实率达90%，千粒重22g。

**品质特性**：米质优，谷壳薄，出米率高，糙米率70%，米粒晶莹透明，无腹白，为食用优质早籼。

**抗性**：中抗稻瘟病，感白叶枯病、白背稻虱和褐稻虱。

**产量及适宜地区**：一般产量6.75t/hm²。1997年、1998年嘉兴市两年早稻区试，平均产量分别为6.79t/hm²、6.76t/hm²，比对照嘉早05分别增产10.3%、11.6%；1999年生产试验，平均产量6.24t/hm²，比对照嘉育948增产7.7%，丰产性好。适宜浙北和浙中地区种植。

**栽培技术要点**：①浙北地区二熟制早稻栽培，采用塑料薄膜拱棚或地膜覆盖育秧，适时播种期4月5日前后，秧龄控制在30d以内；三熟制早稻栽培，采用露地育秧，适时播种期4月20～25日，秧龄不超过30d。②秧田播种量600～675kg/hm²。匀株密植，增穴增苗。株行距15cm×（11.7～13.3）cm，基本苗210万～255万苗/hm²。③氮肥用量172.5～202.5kg/hm²，适当配施磷钾肥，二熟制早稻可适当增加氮肥用量。要求早施苗肥，促进早发稳长，6月中旬看苗适施穗肥保大穗，忌后肥过重。④大田要注意加强纹枯病、白叶枯病、稻纵卷叶螟、二化螟等病虫害的防治。⑤浅水促发棵，齐穗后干干湿湿，切忌断水过早，防早衰。⑥在90%以上谷粒黄熟后收割，防止割青；收割后采用厚摊勤翻的晾晒方式，以提高稻米整精米率。

# 嘉早309 (Jiazao 309)

**品种来源**：浙江省嘉兴市农业科学研究院以03YK7为母本、ZH308//嘉早312/Z02-318的选株为父本杂交选育而成，原代号Z6309，2011年通过浙江省农作物品种审定委员会审定（浙审稻2011002）。

**形态特征和生物学特性**：属常规早籼稻品种。浙江省区试结果，全生育期111.3d，比对照嘉育293长2.1d。株高90.4cm，株型松散适中，剑叶较窄而挺，略扭曲，叶色淡绿。穗型中等，着粒较稀，有效穗数318万穗/hm²，成穗率68.4%，穗长20.3cm，每穗总粒数116.9粒，实粒数100.8粒，结实率86.2%，千粒重26.2g。谷粒细长，谷壳黄亮，颖尖无色、无芒。

**品质特性**：整精米率61.8%，糙米长宽比3.0，垩白粒率32.5%，垩白度6.6%，透明度2.0级，胶稠度55.5mm，直链淀粉含量22.1%，两年米质指标均达到部颁三级食用稻品种品质。

**抗性**：叶瘟2.4级，穗瘟2.5级，穗瘟损失率4.5%，综合指数2.2；白叶枯病5级。

**产量及适宜地区**：浙江省早籼稻区试，2008—2009年区试平均产量7.37t/hm²，比对照嘉育293增产7.3%；2010年生产试验，平均产量6.62t/hm²，比对照嘉育293增产10.9%。适宜浙江省作为早稻种植。

**栽培技术要点**：①二熟制早稻栽培，采用塑料薄膜拱棚或地膜覆盖育秧，播种期3月25日至4月5日，秧龄30d；三熟制早稻栽培，采用露地育秧，播种期4月15~20日，秧龄不超过35d。②秧田播种量600~675kg/hm²。匀株密植，增丛增苗。株行距15cm×(11.7~13.3) cm，基本苗210万~255万苗/hm²。③氮肥用量172.5~202.5kg/hm²，适当配施磷钾肥，二熟制早稻可适当增加氮肥用量。要求早施苗肥，促进早发稳长，6月中旬看苗适施穗肥保大穗，防止后期氮肥过重。④大田要注意加强纹枯病、稻纵卷叶螟、二化螟等病虫害的防治。⑤浅水促发棵，齐穗后干干湿湿，切忌断水过早，防早衰。⑥在90%以上谷粒黄熟后收割，防止割青；收割后采用厚摊勤翻的晾晒方式，以提高稻米整精米率。

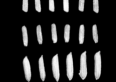

# 嘉早311（Jiazao 311）

**品种来源**：浙江省嘉兴市农业科学研究院以G00-25为母本、Z02-404为父本杂交选育而成，原名Z04-311。2008年通过浙江省农作物品种审定委员会审定（浙审稻2008026）。

**形态特征和生物学特性**：属常规早籼稻品种。全生育期109.4d，比对照嘉育293长0.8d。株高79.4cm，株型集散适中，叶片挺直，叶色深绿。成穗率中等，穗形较大，结实率较高；有效穗数309万穗/hm²，成穗率73.7%，穗长17.8cm，每穗总粒数114粒，每穗实粒数98.2粒，结实率86.1%，千粒重28.1g。谷粒圆形，无顶芒。

**品质特性**：整精米率46.8%，糙米长宽比2.3，垩白粒率100%，垩白度29.1%，透明度3.5级，胶稠度72mm，直链淀粉含量25.7%，两年米质指标分别达到部颁五级和级外食用稻品种品质。

**抗性**：叶瘟1.1级，穗瘟3.5级，穗瘟损失率8.6%，白叶枯病5.2级。

**产量及适宜地区**：宁波市早籼稻区试，2005年、2006年区试平均产量8.16t/hm²，比对照嘉育293增产10.8%；2007年生产试验，平均产量7.27t/hm²，比对照嘉育293增产7.1%。适宜在宁波地区种植。

**栽培技术要点**：①手插和抛秧栽培，3月底到4月初播种，每秧盘播种60~70g，秧龄控制在25~30d；机插栽培4月10日播种，每秧盘播种150g，秧龄控制在20d以内，都需薄膜覆盖育秧；直播栽培4月10~15日播种。手插栽培秧田播种量450~600kg/hm²，抛栽播种量600~750kg/hm²，机插播种量671.5kg/hm²，秧本比1:10。②手插大田插栽3.6万穴/hm²；直播用种量75kg/hm²。保证落地苗150万苗/hm²。③掌握氮肥重基、早追、后控的原则和氮、磷、钾平衡施用的原则。秧田二叶一心期施好断奶肥，拔秧前施起身肥。本田施肥原则为施足基面肥，早施追肥，早播早插田块看苗适施穗肥。苗数达330万苗/hm²时及时搁田。齐穗后坚持干湿交替，切勿断水过早。④5月底前后用药剂防治二化螟、稻纵卷叶螟、稻蓟马等，6月下旬和7月上旬的生育中后期重点防治白叶枯病、二化螟和稻纵卷叶螟，兼治纹枯病、白背稻虱等病虫害。

# 嘉早312（Jiazao 312）

**品种来源**：浙江省嘉兴市农业科学研究院以嘉早935/Z95-05的选株为母本、Z96-10为父本杂交配组选育而成。2003年分别通过浙江省（浙审稻2003001）和国家（国审稻2003041）农作物品种审定委员会审定。

**形态特征和生物学特性**：属常规中熟早籼稻品种。全生育期平均110d，比对照嘉育948迟熟2.2d，比对照浙733早熟1.2d。株高81.5cm，群体整齐；茎秆粗壮，分蘖力中等，株型适中，基部节间短；剑叶较短，挺直。穗粒重，结构协调，后期转色较好。穗型较大，耐肥，抗倒伏，长江中下游早稻区试，有效穗数328.5万/hm²，穗长19.7cm，每穗总粒数108.9粒，结实率78.2%，千粒重25.9g。

**品质特性**：整精米率41.7%，糙米长宽比3.2，垩白粒率33.5%，垩白度7.3%，胶稠度83.5mm，直链淀粉含量14.2%，米质较优。

**抗性**：苗期耐寒性强，抗倒伏性同嘉育280。叶瘟7级，穗瘟7级，穗瘟损失率10.8%，白叶枯病3级，白背飞虱9级。中抗白叶枯病，中感稻瘟病。

**产量及适宜地区**：长江中下游早籼早中熟组区试，2001年平均产量7.36t/hm²，比对照舟903和浙733分别增产11.34%和5.62%，均达极显著水平；2002年平均产量6.75t/hm²，比对照嘉育948增产6.92%，达极显著水平，比对照浙733减产1.53%，未到显著水平；2002年生产试验，平均产量5.65t/hm²，比对照浙733增产1.55%。浙江省早籼稻区试，2001年平均产量7.25t/hm²，比对照浙733增产1.36%，达极显著水平；2002年平均产量6.31t/hm²，比对照嘉育293增8.14%。2002年生产试验，平均产量5.62t/hm²，比对照嘉育293增1.82%。适宜浙江、江西、湖南、湖北、安徽双季稻区早稻种植，2003—2011年累计推广9.1万hm²。

**栽培技术要点**：①4月初播种，秧田播种量600kg/hm²，秧龄不超过35d。②栽插规格15cm×11.7cm或16.6cm×10cm，每穴插3～4苗，插足基本苗180万苗/hm²。③注意防治稻瘟病、纹枯病、稻飞虱等病虫的危害。

# 嘉早324 (Jiazao 324)

**品种来源**：浙江省嘉兴市农业科学研究院以嘉早935/Z9538//Z9610的选株为母本、Z9610/Z9510的选株为父本杂交配组选育而成。2004年通过浙江省农作物品种审定委员会审定（浙审稻2004021）。

**形态特征和生物学特性**：属常规中熟早籼稻品种。全生育期113d，株高83.1cm。株型紧凑；茎秆圆壮，分蘖力较强，剑叶挺，色绿，转色好。穗大粒多，有效穗数309万穗/hm²，成穗率70%，穗长20.2cm，每穗总粒数133.4粒，实粒数91.9粒，结实率69.0%，千粒重25.9g。

**品质特性**：整精米率35.4%，糙米长宽比3.3，垩白度6.9%，透明度2.5级，直链淀粉含量14.6%。稻米外观品质好，米饭清香，适口性好。

**抗性**：叶瘟0.6级，穗瘟4.3级，穗瘟损失率15.3%，白叶枯病3.4级，对照嘉育293平均分别为4.9级、6.3级、27.6%、3级。

**产量及适宜地区**：2002年、2003年参加浙江省早籼稻区试，两年区试平均产量6.76t/hm²，比对照嘉育293增产5.0%。2004年生产试验，平均产量6.64t/hm²，比对照嘉育293增产0.45%。适宜在浙江省早稻种植。

**栽培技术要点**：①该品种对低温较敏感，不宜过早播种。宜4月初播种，秧龄25～30d。播种量600kg/hm²，大田用种量60kg/hm²。②采用少苗密穴移栽，密度以20cm×16.5cm为宜，插15万穴/hm²以上，每穴栽插5～6苗，争取最高苗450万苗/hm²，有效穗数300万穗/hm²以

上。基肥复合肥750kg/hm²，插后7d内追施尿素112.5kg/hm²。结合除草遵循施足基肥、早施分蘖肥、后期看苗情酌施穗粒肥。③水分管理。前期浅水勤灌，促分蘖壮苗早发；中期适时适度搁田，有利提高成穗率；后期保持干湿交替，以湿为主，养根保叶壮粒直至黄熟，切忌断水过早引起早衰。④病虫防治。根据当地预测情报做好防治工作，尤其注意防治二化螟、纹枯病及防除杂草等，确保稳产高产，成熟后及时收割晒干。

# 嘉早332（Jiazao 332）

**品种来源**：浙江省嘉兴市农业科学研究院以Z99-123为母本、嘉早312为父本杂交选育而成，原代号Z02-332，2006年通过浙江省农作物品种审定委员会审定（浙审稻2006022）。

**形态特征和生物学特性**：属常规早籼稻品种。浙江省两年区试平均全生育期106.7d，比对照嘉育293长1.1d。株高83.9cm，有效穗数327万穗/hm²，成穗率76.2%，穗长19.7cm，每穗总粒数136.1粒，实粒数111.4粒，结实率81.9%，千粒重24.7g。

**品质特性**：整精米率44.0%，糙米长宽比3.1，垩白粒率58.5%，垩白度9.6%，透明度2.3级，胶稠度76.5mm，直链淀粉含量14.6%。

**抗性**：叶瘟1.9级，穗瘟3.0级，穗瘟损失率3.9%，白叶枯病5.0级。

**产量及适宜地区**：2004—2005年参加浙江省早籼稻区试，两年区试平均产量7.51t/hm²，比对照嘉育293增产1.1%。2006年生产试验，平均产量7.13t/hm²，比对照嘉育293增产4.6%。适宜在浙江省作为早稻种植。

**栽培技术要点**：①二熟制早稻栽培，采用塑料薄膜拱棚或地膜覆盖育秧，播种期3月25日至4月5日，秧龄30d；三熟制早稻栽培，采用露地育秧，播种期4月20～25日，秧龄不超过30d。②秧田播种量600～675kg/hm²。匀株密植，增穴增苗。株行距15cm×（11.7～13.3）cm，基本苗210万～255万苗/hm²。③氮肥用量172.5～195kg/hm²，适当配施磷钾肥，二熟制早稻可适当增加氮肥用量。要求早施苗肥，促进早发稳长，6月中旬看苗适施穗肥保大穗，防止后期氮肥过重。④大田要注意加强纹枯病、稻纵卷叶螟、二化螟等病虫害的防治。⑤浅水促发棵，齐穗后干干湿湿，切忌断水过早，防早衰。⑥在90%以上谷粒黄熟后收割，防止割青；收割后采用厚摊勤翻的晾晒方式，以提高稻米整精米率。

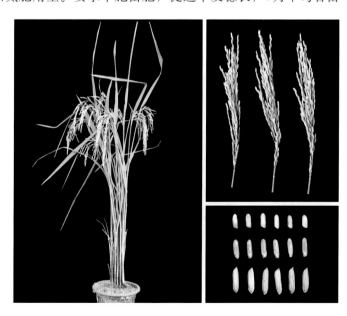

# 嘉早41（Jiazao 41）

**品种来源**：浙江省嘉兴市农业科学研究院以嘉育293为母本、广陆矮4号/ZK787的选株为父本杂交选育而成，原名Z91-41。1999年通过浙江省农作物品种审定委员会审定（浙品审字第187号）。

**形态特征和生物学特性**：属常规中熟早籼稻品种。熟期适中，4月10日播种，6月20日齐穗，7月22～24日成熟，全生育期105～108d。株高80～85cm，株型紧凑，茎秆粗壮坚韧，分蘖力中等偏弱。穗大粒多，直播种植，每穗总粒数130粒，实粒数100粒，有效穗数300万～390万穗/hm²，成穗率70%，千粒重22～24g。

**品质特性**：米质中等。

**抗性**：苗期耐寒，抗倒伏性较好，抗逆性较强，抗病性与浙733相仿，抗稻瘟病。

**产量及适宜地区**：1993年、1994年嘉兴市早稻区试，平均产量分别为6.93t/hm²、7.19t/hm²，比对照嘉籼758和嘉早05分别增产10.0%和12.7%；1995年生产试验，平均产量5.57t/hm²，比对照嘉育73增产14.2%。适宜在浙北地区推广种植，1994—1997年累计推广5.9万hm²。

**栽培技术要点**：①4月6～10日抢晴播种，最迟不超过4月20日，大田用种量控制在525～675kg/hm²，播前晒种，浸种消毒。②薄露灌溉，协调群体结构，二叶期前秧板不上水，保持田面湿润，畦面开裂时可灌跑马水，二叶期后灌浅水上秧板促分蘖，每次灌水都要自然落干露田至蜂泥状，当苗数达到300万苗/hm²时加重露田，多次轻搁，控制最高苗450万～525万苗/hm²，有效穗数300万～375万穗/hm²，提高分蘖成穗率，在孕穗期与抽穗期田面刚断水时即复水，乳熟期至收割再逐渐加重露田。③在分蘖期间重搁田，植株落黄较重，在肥力条件较差的田块，即使前期长势较差，只要后期适量追施穗粒肥，结实率和千粒重明显提高。肥力条件较好的田块，虽然前期长势旺盛，但在后期没有施穗粒肥，千粒重受影响，表明后期增施穗肥对植株延长功能叶促进灌浆作用很大。④综合防治草、病、虫、鼠害，红壤稻区草害主要有稗草、瓜皮草、三棱草等，采取"一封、二杀、三补"的化除防治策略。

# 嘉早43（Jiazao 43）

**品种来源**：浙江省嘉兴市农业科学研究院、台州市种子公司与台州市农业科学研究所合作，以嘉育293为母本、ZK787为父本杂交选育而成，原名Z91-43。1998年通过浙江省农作物品种审定委员会审定（浙品审字第169号）。

**形态特征和生物学特性**：属常规中熟早籼稻品种。浙江省两年区试结果，全生育期103.4～107.9d，分别比浙733短0.9d和0.5d，与对照二九丰相仿。株高75～80cm，株型集散中等，分蘖力中等偏弱，茎秆粗壮坚韧，叶较窄而色偏深，后期转色好，耐肥，抗倒伏。成穗率高，穗型较大，穗长18～19cm，有效穗数360万穗/hm²，每穗总粒数100～105粒，分别比对照浙733多9.5万/hm²和11.0粒，结实率80%～85%，千粒重25g。谷粒较圆。

**品质特性**：精米率71.4%，米粒长5.4mm，糙米长宽比2.3，垩白度44%，透明度4级，碱消值3级，胶稠度76mm，直链淀粉含量11.5%，蛋白质含量11.1%。

**抗性**：苗期较耐寒。叶瘟5.5级，穗瘟7.0级，而对照浙733叶瘟5.7级，穗瘟5.0级。稻瘟病和白叶枯病的抗性与对照二九丰相仿，属感病品种。

**产量及适宜地区**：产量水平一般在6.75～7.50t/hm²。台州市区试，1993年、1994年平均产量分别为5.62t/hm²、6.89t/hm²，比对照二九丰分别增产1.4%、11.2%。1994年生产试验，产量6.63t/hm²，比对照二九丰增产4.9%。适宜在台州、嘉兴等地早稻种植。1995—1999年累计推广6.9万hm²。

**栽培技术要点**：①绿肥田早稻栽培，可在3月底至4月初播种，春花田早稻可在4月15日前后播种，秧龄30～35d，播种量700～800kg/hm²，大田用种量120～135kg/hm²为宜。②大田基本苗180万苗/hm²以上。③施肥掌握施足基面肥促早发，主攻前期分蘖的原则，后期看苗适施穗肥以提高结实率和千粒重，配合施用磷钾肥和有机肥。④水分管理要根据水稻生育进程合理灌溉，前期以浅为主，后期干干湿湿，养根保叶。根据品种特性，配合使用轻型栽培技术，争取获得高产。⑤做好稻瘟病、白叶枯病、白背稻飞虱等病虫害的防治。

# 嘉早442 (Jiazao 442)

**品种来源**：浙江省嘉兴市农业科学研究院以嘉早935/Z9538的选株为母本、Z00309为父本杂交选育而成，原代号Z03-442，2007年通过浙江省农作物品种审定委员会审定（浙审稻2007025）。

**形态特征和生物学特性**：属常规早籼稻品种。全生育期108d，比对照嘉育293长0.9d。株高76.1cm，株型集散度和繁茂性适中，生长较整齐；剑叶略宽，叶色中绿，叶片较挺。穗型中等，结实率中等，千粒重较高，易落粒。有效穗数330万穗/hm²，成穗率79.4%，穗长18.1cm，每穗总粒数114粒，实粒数97.8粒，结实率85.8%，千粒重27.6g。谷粒粗长。

**品质特性**：整精米率51.3%，糙米长宽比2.7，垩白粒率50.5%，垩白度6.7%，透明度3级，胶稠度53.8mm，直链淀粉含量25.8%，两年米质指标分别达到部颁四级和六级食用稻品种品质。

**抗性**：叶瘟1.0级，穗瘟1.0级，穗瘟损失率1.7%，白叶枯病5级。

**产量及适宜地区**：2005年、2006年参加浙江省早籼稻区试，两年平均产量7.49t/hm²，比对照嘉育293增产3.4%；2007年生产试验，平均产量7.10t/hm²，比对照嘉育293增产2.7%。适宜在浙江省作为早稻种植。

**栽培技术要点**：①二熟制早稻栽培，采用塑料薄膜拱棚或地膜覆盖育秧，适宜播种期3月25日至4月5日，秧龄30d；三熟制早稻栽培，采用露地育秧，适宜播种期4月20～25日，秧龄不超过32d。②秧田播种量600～675kg/hm²。匀株密植，增穴增苗。株行距15cm×(11.7～13.3) cm，基本苗210万～255万苗/hm²。③氮肥用量150～180kg/hm²，适当配施磷钾肥，二熟制早稻可适当增加氮肥用量。要求早施苗肥，促进早发稳长，6月中旬看苗适施穗肥保大穗，防止后期氮肥过重。④大田要注意加强纹枯病、稻纵卷叶螟、二化螟等病虫害的防治。⑤浅水促发棵，齐穗后干干湿湿，切忌断水过早，防早衰。⑥在90%以上谷粒黄熟后收割，防止割青；收割后厚摊勤翻的晾晒，以提高稻米整精米率。

# 嘉早935（Jiazao 935）

**品种来源**：浙江省嘉兴市农业科学研究院以Z91-105为母本、优905/嘉育293//Z91-43的选株为父本杂交选育而成，原名Z95-35。分别通过浙江省（1999，浙审稻第183号）、国家（2000，GS20000006）和湖南省（2002，湘审稻XS043-2002）农作物品种审定委员会审定。

**形态特征和生物学特性**：属常规中熟偏迟早籼稻品种。全生育期106～109d，比对照嘉育293略迟。株高82～85cm，株型紧凑；茎秆粗壮，分蘖力中等，生长繁茂；叶色浓绿，剑叶挺直。穗型偏长，着粒中等，每穗106粒，有效穗数375万～420万穗/hm²，结实率80%～85%，千粒重26～27g。谷粒长，无芒。

**品质特性**：糙米长宽比3.1，糙米率81.2%，精米率69.8%，整精米率45.3%，垩白粒率14.0%，垩白度6.5%，透明度3.0级，碱消值6.4级，胶稠度58mm，直链淀粉含量12.6%。

**抗性**：秧苗期较耐寒，秧龄弹性较大。中抗稻瘟病、白叶枯病、细条病，对褐飞虱和白背稻虱抗性与对照嘉育293基本相仿，为感。湖南省抗性鉴定结果，白叶枯病3级，为抗；叶瘟4级，为中抗；穗瘟7级，为感。

**产量及适宜地区**：1997年、1998年浙江省早稻区试，平均产量分别为7.00t/hm²、6.02t/hm²，分别比对照二九丰和浙852增产9.5%和1.9%。1998年、1999年全国南方稻区年度区试，平均产量分别为6.80t/hm²、6.09t/hm²，比对照浙852分别增产9.9%、7.3%，均达极显著水平；1999年生产试验，产量5.99t/hm²，比迟熟对照浙733增产0.52%。湖南省区试，平均产量7.37t/hm²，比对照湘早籼13增产12%，日产量平均4.63kg，比对照湘早籼13高0.54kg。适宜在浙江、江西、湖南、湖北、安徽省稻瘟病轻病区作为双季早稻种植。1998—2005年累计推广20.8万hm²。

**栽培技术要点**：①3月底播种，秧田播种量675～750kg/hm²，大田用种量75～90kg/hm²，浸种时做好种子消毒处理。移栽密度15cm×18cm，每穴插5～6苗，秧龄28～30d为宜，4.5～5.0叶及时移栽，插足基本苗180万～195万苗/hm²。②施足基肥，早施追肥，后期看苗酌情补肥。中等肥力田块施纯氮150～165kg/hm²、五氧化二磷90kg/hm²、氧化钾90～105kg/hm²。③适时晒田，有水抽穗，后期干干湿湿促成熟。④注意防治穗颈瘟和其他病虫害。

# 金辐48 (Jinfu 48)

**品种来源**：浙江省金华市农业科学研究所于1983年春以$^{60}$Coγ射线辐射处理金科5号干种子，选择优良变异单株，1984年定型，原名金84-48。1989年12月通过浙江省金华市农作物品种审定委员会审定，1993年通过浙江省农作物品种审定委员会认定。

**形态特征和生物学特性**：属籼型常规中熟早稻。生育期115d左右，感温性较强。株高80cm，叶片窄而稍卷，通风透光，茎秆坚韧，分蘖力中等偏强，耐肥，抗倒伏，青秆黄熟，籽粒灌浆速度快。有效穗数420万穗/hm²左右。穗型较松散，着粒较稀，结实性好，千粒重高，一般穗长17.7cm，每穗总粒数70粒左右，结实率85%，千粒重约28g。谷粒椭圆形、长，颖尖秆黄色。

**品质特性**：糙米率81%，精米率72%，碱消值3级，胶稠度65mm，直链淀粉含量23.1%。

**抗性**：感稻瘟病；苗期耐寒性中等，后期耐高温。

**产量及适宜地区**：一般产量6.00～6.75t/hm²。1987年、1988两年金华市区试，平均产量分别为6.99t/hm²、5.93t/hm²，比对照广陆矮4号分别增产3.9%、0.8%，生产试验产量6.43t/hm²，比对照广陆矮4号增产7.68%。适宜在浙江省肥力中上地区作为绿肥田或早熟春花田早稻种植。

**栽培技术要点**：①适时播种，培育壮秧。做绿肥田早稻，一般于3月底4月初播种，低架地膜覆盖，4月底5月初移栽，秧龄30～35d，秧田播种量1 125～1 200kg/hm²。做春花田早稻，宜于4月10～15日播种，播种量600～750kg/hm²，秧龄30d以内。②合理密植，插足基本苗。一般采用20cm×13.3cm或20cm×16.7cm密植方式。绿肥田插足180万～225万苗/hm²，春花田插足落田苗270万～300万苗/hm²。③早施分蘖肥，促进早发。一般于插秧后5～7d施足分蘖肥，以促早发。做到基肥足，配施磷钾肥。④管好田水，防治病虫。前期浅水灌溉促早发，分蘖后期适时搁田，控制无效分蘖，成熟后期干干湿湿，养根保叶。适时用药防治二化螟、纹枯病和稻瘟病。⑤成熟后适时收割。

# 金早22（Jinzao 22）

**品种来源**：浙江省金华市农业科学研究所于1990年夏以金87-38为母本、鉴89-72作父本杂交，经3年6代选育而成，原名金93-22。1998年通过浙江省农作物品种审定委员会审定。

**形态特征和生物学特性**：属籼型常规中熟早稻。全生育期110.5d，比对照浙733短1.0d。在金华、衢州地区做绿肥田早稻种植，全生育期114d；做早熟油、麦田茬早稻，全生育期102d。株高80cm左右，株型紧凑，茎秆粗壮，剑叶挺长，叶色较深。分蘖力中等偏弱，但成穗率高，有效穗数345万穗/hm²。穗型较大，粒大饱满，穗长19cm，每穗总粒数90粒，结实率85%左右，千粒重约30g。谷粒偏长，偶有顶芒。

**品质特性**：糙米率80.3%，精米率73%，整精米率44.4%，糙米长宽比2.7，直链淀粉含量24.3%，蛋白质含量10.9%，米质中等。适合作为工业或加工及饲料用粮。

**抗性**：中抗稻瘟病，感白叶枯病。苗期耐寒性较强，后期较耐高温。

**产量及适宜地区**：在1995年和1996年金华市区试中，平均产量分别为6 015kg/hm²和7 314kg/hm²，比对照浙733分别增产14.5%和7.6%，两年均达显著水平；1996年生产试验平均产量为7 290kg/hm²，比对照浙733增产6.7%。适宜于金华、衢州地区和相似生态农区作为中迟熟早稻推广种植。已累计推广5.27万hm²。

**栽培技术要点**：①适时播种，培育壮秧。作为绿肥田早稻栽培宜3月底播种，4月下旬抛、插移栽。秧田播种量525～600kg/hm²，秧龄25～30d。作为早稻直播，宜在4月8～12日播种，播种量75kg/hm²。②合理密植，增穴增穗。移栽密度30万穴/hm²，落田苗150～180万苗/hm²。点直播密度以16.5cm×16.5cm为宜，抛、撒直播栽培应保证落田苗150万苗/hm²。③合理肥水，早管促早发。一般每公顷施纯氮187.5kg，配施磷钾肥。基肥占总施肥量的60%以上；早施分蘖肥，促进分蘖早生快发；后期看苗酌施穗肥。前期浅水灌溉，促进分蘖早发；中期适时适度搁烤田，抛秧、直播栽培田块，应采取多次搁田，以控制群体；后期干干湿湿，以湿为主，养根保叶壮粒。④及时防治二化螟、纹枯病及防除杂草等工作。

# 金早47 (Jinzao 47)

**品种来源**：浙江省金华市农业科学研究所以中87-425为母本、陆青早1号为父本杂交选育而成。2001年通过浙江省农作物品种审定委员会审定。

**形态特征和生物学特性**：属籼型常规中熟早稻。全生育期114d（直播栽培约105d）。株高82.5cm，株型紧凑；茎秆粗壮；剑叶较短，叶片较厚；叶色深绿，叶姿挺直。苗期较耐寒，后期耐高温、耐肥、抗倒伏，熟色好。分蘖早，分蘖力中等，有效穗数319.5万穗/hm²。穗大粒多，着粒密，穗颈节较粗且外露部分较长，穗长17.8cm，每穗粒数124粒，结实率85%左右，千粒重25.4g。谷粒椭圆形。

**品质特性**：糙米率80.4%，精米率72.4%，整精米率60.4%，糙米长宽比2.0，垩白粒率100%，碱消值6.5级，胶稠度37mm，直链淀粉含量21.4%。适合作为工业或加工用粮。

**抗性**：抗稻瘟病，中抗细菌性条斑病，感白叶枯病、褐飞虱，高感白背飞虱，易感恶苗病。

**产量及适宜地区**：一般直播栽培产量6.75t/hm²，高产田块可达9.00t/hm²。1998年、1999年参加浙江省金华市早稻品种区试，平均产量6.82t/hm²，比对照浙733增产11.62%；1999年生产试验，平均产量6.23t/hm²，比对照浙733增产4.61%。适宜在浙中、浙南稻区及类似地区作为早稻种植。2001年至今累计推广31.27万hm²。

**栽培技术要点**：①适时播种，合理密植。绿肥田早稻3月底播种，4月中下旬抛秧、移栽；春花田早稻4月10日播种，秧田播种量525～600kg/hm²，秧龄30d以内，培育带蘖壮秧；抛栽应抛足落田苗150万～180万苗/hm²，移栽密度则以16.5cm×16.5cm为宜，每穴

4～5苗。直播栽培4月8～10日播种，用种量75kg/hm²。②早管促早发，做到基肥足、分蘖肥早、穗肥巧。一般要求每公顷施纯氮202.5～232.5kg，并配施磷钾肥。水分管理上要前期浅水活棵促蘖，中期够苗搁田，后期干湿壮籽，落干黄熟。③药剂浸种防恶苗病，并做好病虫草害的防治工作。病虫防治做到以防为主，农业防治与药剂防治相结合，重点做好二化螟、纹枯病、稻瘟病等的防治工作。及时施除草剂，防止草荒，确保高产。

# 青农早1号（Qingnongzao 1）

**品种来源**：上海市青浦县农业科学研究所于1973年用竹莲矮为母本、神奇为父本杂交培育而成，原名繁一。1983年通过上海市农作物品种审定委员会审定。

**形态特征和生物学特性**：属籼型常规早熟早稻。全生育期95～97d。株高65cm左右，株型紧凑，茎秆坚韧，主茎叶片数10～11张，剑叶长27cm、宽1.6cm，剑叶角度小，叶片厚，叶色青绿，叶片不易衰老，植株生长清秀、青秆活熟。苗期抗寒性偏弱，分蘖性弱，扬花灌浆时较耐高温，灌浆速度较快。穗型大，穗长16cm，单株有效穗数6个，每穗粒数70粒左右，千粒重25g左右。谷粒颖壳、稃尖和护颖均为淡黄色，无芒。

**品质特性**：糙米率80%，米质中等。

**抗性**：感稻瘟病和纹枯病。

**产量及适宜地区**：1980年、1981年和1982年上海市青浦县三年生产对比试验结果，产量分别为6.02t/hm²、6.07t/hm²和6.35t/hm²，比对照二九青分别增产10.05%、10.88%和9.4%。经1980—1982三年区试结果，均比对照二九青增产。1981年、1982年生产试验结果，比对照二九青分别增产17.2%、11.6%。1982年市、县二级组织8个单位试种，示范26hm²，平均产量6.17t/hm²。适宜在上海双季稻区作为早稻种植，已累计推广3.6万hm²。

**栽培技术要点**：①培育适龄壮秧。该品种秧龄弹性小，25～28d为最适宜的秧龄，最长不得超过30d。一般秧田播种量900kg/hm²，大田用种量187.5～225kg/hm²。②插足基本苗。基本苗一般450万苗/hm²，同时注意每穴苗数均匀。③科学肥水管理。一般栽培水平下化肥（碳酸氢铵）总用量掌握在900kg/hm²左右；搁田复水后，叶色恢复慢，有早衰趋势的，补施尿素37.5kg/hm²左右。移栽后田间保持活棵水，不断水；活棵后浅水，移栽后分次搁田；孕穗至抽穗期直至成熟时以湿为主。④加强病虫害防治工作。

# 庆早44 (Qingzao 44)

**品种来源**：浙江省嘉兴市农业科学研究所以庆莲16为母本、早二六为父本杂交配组选育而成。1986年通过浙江省嘉兴市农作物品种审定委员会审定。

**形态特征和生物学特性**：属常规中熟早籼稻品种。生育期中等略偏迟。二熟制栽培全生育期111～112d，三熟制栽培，全生育期102～103d。植株较矮，株型紧凑，分蘖力中等，茎秆粗壮，叶色浓绿。穗型中等，着粒较密，每穗实粒50～60粒，结实率高，千粒重27～28g。

**抗性**：苗期耐寒性好。抗稻瘟病，感白叶枯病，对纹枯病的感染程度比当时当家品种轻。

**产量及适宜地区**：一般产量6.00～6.38t/hm²。嘉兴市早稻区试，1985年平均产量6.08t/hm²，比对照二九丰增产2.9%；1986年平均产量7.00t/hm²，比对照二九丰增产3.9%；1987年生产试验，表现较高的产量水平。适宜嘉兴等市三熟制早稻中迟熟品种种植。1986—1993年累计推广3.413万hm²。

**栽培技术要点**：①稀播育壮秧。二熟制育秧，秧田播种量187.5kg/hm²，短龄带土移栽；三熟制育秧，秧田播种量750kg/hm²，掌握秧龄30～35d为宜，不超过40d。②匀株密植。基本苗300万苗/hm²，争取有效穗数450万穗/hm²，达到丰产水平。③足肥早施。施标准肥45t/hm²，并施足基肥，配施磷钾肥，早施苗肥促早发。控制后期追肥过多、过迟，防止贪青迟熟和诱发病虫危害。④及时防治病虫害。庆早44对白叶枯病较易感染，对纹枯病属感病，注意防治。

# 瑞科26（Ruike 26）

**品种来源**：浙江省瑞安市农业科学研究所于1990年采用$^{60}$Coγ辐射处理竹菲选干种子，经选择于1991年定型。2001年通过浙江省农作物品种审定委员会审定。

**形态特征和生物学特性**：属籼型常规中熟偏迟早稻。全生育期113d，株高75～85cm，株型紧凑，茎秆粗壮，叶色深绿而挺直，后期转色佳，主茎叶片数13.4叶。分蘖力较强，有效穗数422万穗/hm$^2$。穗型较大，穗长20cm，每穗总粒数100粒左右，结实率85.7%，千粒重26.5g。谷粒长椭圆形，无芒，颖尖秆黄色。

**品质特性**：糙米率79.1%，精米率71.9%，精米长6.2mm，糙米长宽比2.7，胶稠度46mm，碱消值5.0级，直链淀粉含量23.1%，蛋白质含量8.3%，米质中等。

**抗性**：中抗稻瘟病、白叶枯病和褐稻虱，感细菌性条斑病和白背飞虱。芽期耐冷，苗期耐寒性强，耐盐性极弱，抗倒伏能力较强。

**产量及适宜地区**：1997年和1999年参加舟山市早稻品种区试，平均产量6.52t/hm$^2$，比对照嘉育293增产5.35%；1999年生产试验，平均产量7.09t/hm$^2$，比对照嘉育293增产11.8%。适宜浙南和舟山稻区作为早稻种植。

**栽培技术要点**：①适期播种，培育壮秧。3月底至4月初播种，秧田播种量600kg/hm$^2$，秧龄25～30d。②力争早插，浅插匀插。移栽密度16.5cm×16.5cm，保证22.5万～30.0万穴/hm$^2$，每穴3～5苗。③施足基肥，早施追肥。一般施纯氮210～225kg/hm$^2$，基肥占总用肥量的60%，追肥在插后1周内一次性施入。④浅水促蘖，适时搁田。分蘖期后田间干湿相间，青秆黄熟。⑤做好第一代螟虫等病虫害的防治工作。

# 双科1号（Shuangke 1）

**品种来源**：浙江农业大学和浙江省诸暨县农业科学研究所以IR 24为母本、科辐早为父本配组杂交，1977年育成。1983年通过浙江省农作物品种审定委员会审定，1985年通过湖南省农作物品种审定委员会认定。

**形态特征和生物学特性**：属籼型常规中熟早稻。全生育期112d。株高80～85cm，株型较紧凑，叶片较挺，剑叶偏长，叶色前期淡绿，后期转绿，熟色较差，较易倒伏。分蘖力较弱，穗呈弧形，穗长17～18cm，每穗总粒数75～80粒，结实率80%左右，千粒重26g。谷粒长椭圆形，稃尖秆黄色。

**品质特性**：糙米率80%，米质中等。

**抗性**：苗期耐寒力弱，耐盐性极弱。

**产量及适宜地区**：1979年、1980年浙江省早籼稻品种区试，平均产量分别为6.37t/hm²、6.40t/hm²，比对照原丰早分别增产3.4%、4.0%，达显著水平。诸暨稻麦原种场连续三年大面积试种，平均产量6.00t/hm²以上，其中，1980年4.79hm²，产量6.19t/hm²；1981年9.43hm²，产量6.10t/hm²；1982年11.44hm²，产量6.38t/hm²。适宜在浙江省杭、嘉、宁、绍、台地区的部分县（市）搭配种植。

**栽培技术要点**：①因地制宜，合理搭配。在熟制搭配上应以早三熟、中三熟茬口种植为宜。②适时播种，培育壮秧。日平均气温稳定在10℃以上时播种为宜。播种量900～2 250kg/hm²。秧龄30～35d。

③匀株密植，科学用肥。要求插足基本苗375万/hm²。一般掌握施标准肥33.8t/hm²左右，施足基肥（占50%～60%），早施适施追肥促早发，防后期氮肥过多。④加强管理，防治病虫。注意病虫害防治。⑤科学水分管理，后期干湿交替。⑥严防割青，适时收割。

# 四梅2号 (Simei 2)

**品种来源**：浙江农业大学和诸暨县农业科学研究所协作，于1974年以IR 24为母本、科梅为父本配组杂交，1977年育成。1983年通过浙江省农作物品种审定委员会审定。

**形态特征和生物学特性**：属籼型常规中熟早稻。全生育期114d。株高80cm，株型较松散，叶片窄长而较披、色深，分蘖力较强，后期灌浆速度快。单株有效穗数11.6个，穗长19.5cm，每穗总粒数80.2粒，结实率82.0%，千粒重25.0g。谷粒椭圆形，无芒，颖尖秆黄色，易落粒，易穗发芽。

**品质特性**：糙米率80.7%，精米率72.6%，整精米率48.2%，糙米粒长6.1mm，糙米长宽比2.3，垩白粒率100%，垩白度24.0%，透明度4级，胶稠度50mm，碱消值6.3级，直链淀粉含量25.7%，粗蛋白含量9.8%。

**抗性**：感稻瘟病，中抗白叶枯病中国致病型Ⅴ、Ⅵ和Ⅶ，抗细菌性基腐病，感褐稻虱和白背飞虱。苗期抗寒性较强，耐淹，耐旱性弱，耐盐性极弱。

**产量及适宜地区**：一般产量6.00t/hm²。1979年、1980年浙江省早籼稻品种区试，平均产量分别为6.28t/hm²、6.66t/hm²，比对照原丰早分别增产2.5%和7.5%。适宜在浙江省中部金华地区或肥力水平中等以及生态条件相仿地区作为连作早稻栽培。1980年浙江省试种1 300hm²，年最大推广面积5.7万hm²（1983年），1980—1985年累计种植18.3万hm²左右。

**栽培技术要点**：①适时早播，培育壮秧。绿肥田可在3月底4月初播种，播种量1 125～1 350kg/hm²。早三熟栽培，4月5～10日播种，播种量750～900kg/hm²。秧龄30～35d。②合理密植，增加落田苗数。行株距16.7cm×13.4cm，绿肥田每穴6～7苗，春粮田7～8苗，确保落田苗300万～375万苗/hm²。③施足基肥，早施追肥。一般施标准肥33.75～37.50t/hm²，基肥要有一定数量的有机肥，追肥要早，插后7d完成，后期根据生长情况酌情施用，并配施磷钾肥。④注意病虫害的防治。苗期注意稻蓟马的防治，后期尤其注意纹枯病的防治。

# 台早5号 (Taizao 5)

**品种来源**：浙江省台州市农业科学研究所以芜科1号为母本、二九青为父本杂交，于1974年定型，原名早籼5-10。1983年通过浙江省农作物品种审定委员会审定。

**形态特征和生物学特性**：属籼型常规迟熟早稻。全生育期118.5d，比对照广陆矮4号长1～2d，对温度反应较敏感。株高85～90cm，株型紧凑，叶片较挺，叶色较淡，分蘖力较弱，有效穗数少。穗大粒多，平均穗长19cm，每穗实粒数75～80粒，千粒重26～27g。谷粒长椭圆形，无芒，颖壳和稃尖淡黄色。

**品质特性**：糙米率80%，腹白小，米质中等。

**抗性**：感稻瘟病和白叶枯病，苗期耐寒力较强，耐盐性弱。

**产量及适宜地区**：一般产量6.38t/hm²。1979年、1980年参加浙江省早稻品种区试，平均产量6.76t/hm²，比对照广陆矮4号分别增产0.7%、0.4%。适宜在浙江台州地区轻病区种植。在浙江省推广9年，累计种植5万hm²。

**栽培技术要点**：①适当稀播，培育壮秧。作为二熟制早稻栽培，掌握秧龄30～35d，秧田播种量1 125kg/hm²；作为三熟制早稻栽培，一般秧龄35～40d，秧田播种量750kg/hm²；迟三熟田适当减少播种量，约600kg/hm²，秧龄40d。②合理密植，插足基本苗。一般株行距16.7cm×11.7cm，基本苗375万苗/hm²。③适当增施肥料，讲究施肥方法。基肥和面肥占50%～60%，早施追肥，看苗看土施穗肥。④加强肥水管理，及时防治病虫害。及时早耘田施肥，浅灌促早发。同时应及早做好穗瘟病、白叶枯病、纹枯病等病虫害防治工作。

# 台早518（Taizao 518）

**品种来源**：浙江省台州市农业科学研究院于2002年以嘉育253为母本、嘉943为父本杂交，2004年早季选择生长整齐、丰产性好的株系F₅-E1394混收，2005年早季进入鉴定圃进行小区产量鉴定（编号0518），2006年定名。2009年通过浙江省农作物品种审定委员会审定。

**形态特征和生物学特性**：属籼型常规中熟早稻。两年区域试验平均全生育期110.2d，比对照嘉育293长1.1d。株高87.7cm，株型适中，剑叶大而挺，叶色较浓绿，茎秆粗壮，分蘖力中等，穗型较大，着粒较密，为穗粒兼顾型品种，后期熟色与丰产性较好，较耐肥、抗倒伏。有效穗数310.5万穗/hm²，成穗率75.6%，穗长17.1cm，每穗总粒数127.0粒，实粒数107.3粒，结实率84.7%，千粒重26.6g。谷粒椭圆形，无芒，颖尖无色。

**品质特性**：糙米率79.6%，精米率71.4%，整精米率52.7%，糙米长宽比2.1，垩白粒率99.8%，垩白度30.6%，透明度4级，胶稠度67mm，直链淀粉含量26.6%，粗蛋白质含量10.2%。

**抗性**：中抗稻瘟病，感白叶枯病。

**产量及适宜地区**：2007年浙江省早籼稻区试，平均产量7.54t/hm²，比对照嘉育293增产5.0%，达极显著水平；2008年续试，平均产量6.81t/hm²，比对照嘉育293增产4.3%，达显著水平；两年区试平均产量7.17t/hm²，比对照嘉育293增产4.7%。2009年生产试验平均产量7.73t/hm²，比对照嘉育293增产4.6%。适宜在浙江全省作为早稻种植。

**栽培技术要点**：①适时播种，培育壮秧。作为绿肥田早稻栽培，3月底至4月初播种，秧龄25～30d。作春花田早稻，4月10日左右播种，秧龄不超过30d，播种量525～600kg/hm²。作为直播栽培，4月8～12日播种，撒直播60kg/hm²，点直播75kg/hm²。②合理密植。插秧密度16.7cm×16.7cm，每穴4～6苗；抛秧密度基本苗150万～180万苗/hm²；点直播密度16.7cm×16.7cm。③施肥。基肥足，追肥早，基追肥比例以3∶1有利高产。④水分管理。生长前期干干湿湿，生长后期湿润灌溉，干干湿湿，以干为主，切忌断水过早影响产量和品质。⑤病虫害防治。苗期和分蘖期做好二化螟防治，始穗期至灌浆期做好稻纵卷叶螟、纹枯病和稻飞虱的防治，整个生长期注意稻瘟病防治。

# 天禾1号 (Tianhe 1)

**品种来源**：浙江省金华市天禾生物技术研究所和金华三才种业公司以金恢88为母本、浙3为父本于1994年夏进行杂交，经多代选育于2001年定型，2002年定名，又名禾早1号。2004年通过浙江省农作物品种审定委员会审定。

**形态特征和生物学特性**：属籼型常规中熟偏迟早稻。全生育期111.2d，比对照嘉育948长2.2d。株高82cm，株型较紧凑，主茎12～13张叶，叶色浓，分蘖力中等偏强，生长势旺盛，穗型较大，着粒密度高，成穗率高，苗期耐寒性较好，后期青秆黄熟。一般有效穗324万穗/hm²，每穗实粒数91.4粒，结实率79.4%，千粒重25.6g。谷粒椭圆形。

**品质特性**：糙米率77.7%，精米率67.5%，整精米率35.5%，糙米长宽比2.2，垩白粒率100%，垩白度42%，透明度4级，碱消值4.9级，胶稠度50mm，直链淀粉含量25%，蛋白质含量10.7%。

**抗性**：叶瘟平均级0.5级，穗瘟平均级1级，穗瘟损失率0.8%，白叶枯病平均级3.6级，中抗稻瘟病和白叶枯病。

**产量及适宜地区**：2002年和2003年两年区域试验平均产量6.39t/hm²，比对照嘉育948增产9.94%。适宜在浙江省金华、衢州及生态类似地区推广种植。

**栽培技术要点**：①适时播种。移栽稻一般于3月下旬播种，秧田播种量375kg/hm²，秧龄30d以内；直播稻于4月初播种，用种量60～75kg/hm²。②合理密植。移栽一般16.5cm×16.5cm，落田苗150万～180万苗/hm²；点直播或撒直播，做到匀播。③科学施肥。施足基肥，早施追肥。基追肥一般为7：3，配施磷钾肥，后期控制氮肥用量。④水分管理。分蘖盛期及时搁田，幼穗分化期及抽穗期及时灌水，后期湿润灌溉，断水不宜过早。⑤防病治虫。注意对稻瘟病和纹枯病的防治，尤其在分蘖盛期和破口期；平时注意二化螟、三化螟、稻纵卷叶螟等防治工作。

# 温189 (Wen 189)

**品种来源**：浙江省温州市农业科学研究所于1980年以庆莲16为母本、军协//温选10号/秋塘早5号为父本配组复交，于1982年晚季定型。1990年通过浙江省温州市农作物品种审定委员会审定，1993年通过浙江省农作物品种审定委员会认定。

**形态特征和生物学特性**：属籼型常规迟熟早稻。全生育期115d，与对照广陆矮4号相仿，年度间变化较小。株高75～80cm，株型紧凑，根系发达，茎秆中粗、坚韧，不易倒伏。主茎12～13张叶，叶鞘基部淡紫红色，叶片上举挺直，绿色，剑叶挺，开角小。分蘖力中等，单株有效穗数5～6个。穗长17cm，每穗总粒数70～90粒，结实率80%，千粒重24～25g。谷粒短椭圆形，无芒，颖壳薄，黄色，稃尖紫色。

**品质特性**：糙米率81.4%，精米率73.6%，碱消值中等，碱消值4.7级，胶稠度50mm，直链淀粉含量25.8%。

**抗性**：抗稻瘟病，中抗白叶枯病，感纹枯病，高感褐飞虱和白背飞虱。苗期耐寒性较强，耐盐性极弱。

**产量及适宜地区**：1987年和1988年浙江省早稻品种区试，平均单产分别为5.84t/hm$^2$和6.01t/hm$^2$，比对照广陆矮4号增产。大面积试种，一般产量6.00～6.75t/hm$^2$。适宜在浙江南部连作早稻地区种植。1983年以来累计种植8.8万hm$^2$。

**栽培技术要点**：①适时早播，稀播壮秧。3月底至4月初播种，秧田播种量600kg/hm$^2$，秧龄约30d。②合理密植，插足基本苗。移栽密度20.0cm×15.8cm，每穴5～6苗，落地苗150万～180万苗/hm$^2$。③施足基肥，配施磷钾肥。一般基肥占80%。④加强管理，做好治虫防病。薄水插秧，深水护苗，浅水分蘖，促早生早发。插后20d搁田，控制最高525万苗/hm$^2$。后期干干湿湿，以湿为主，保持根系活力。及时治虫，重视纹枯病防治。重瘟地区或重发年间必须加强对稻瘟病的防治。

# 温229 （Wen 229）

**品种来源**：浙江省温州市农业科学研究院于1998年以（嘉早935/浙农943）F₃优良单株为母本、温451为父本配组复交，经4年6代定向选择，于2002年育成。分别通过浙江省（2006）和国家（2008）农作物品种审定委员会审定。

**形态特征和生物学特性**：属籼型常规中熟早稻。全生育期106.9d，熟期适中，株高82.9cm，株型紧凑，叶片中宽较挺，剑叶挺直，熟期转色好，有效穗数348万穗/hm²，分蘖力中等偏强，有效穗多，成穗率高。穗长19.0cm，每穗总粒数98.3粒，实粒数85.1粒，结实率86.6%，千粒重27.3g。

**品质特性**：整精米率46.6%，糙米长宽比2.9，垩白粒率42%，垩白度2.3%，胶稠度48mm，直链淀粉含量25.4%。

**抗性**：抗稻瘟病，高感白叶枯病。

**产量及适宜地区**：2005年参加长江中下游早中熟早籼组品种区试，平均产量7.37t/hm²，比对照浙733增产3.79%（极显著）；2006年续试，平均产量7.17t/hm²，比对照浙733增产4.13%（极显著）；两年区试平均产量7.27t/hm²，比对照浙733增产3.96%，增产点比例67.6%。2007年生产试验，平均产量6.88t/hm²，比对照浙733增产5.61%。适宜在江西、湖南、安徽、浙江的稻瘟病、白叶枯病轻发的双季稻区作为早稻种植。

**栽培技术要点**：①育秧。适时播种，秧田播种量525～600kg/hm²，本田用种量60.0～67.5kg/hm²，施足基肥，早施断奶肥，培育带蘖壮秧。直播田用种量75～90kg/hm²。②移栽。秧龄25～30d移栽，一般栽插株行距20cm×16.7cm或20cm×20cm，每穴栽插4～5

苗，基本苗120万～150万苗/hm²。③肥水管理。施足基肥，早施追肥，看苗酌情施穗粒肥。该品种耐肥力中等，需总纯氮量150～180kg/hm²，基肥占70%～80%，合理搭配磷钾肥，中等肥力田块可施过磷酸钙375～450kg/hm²，钾肥150kg/hm²。水分管理采取薄露灌溉法，即苗期寸水护苗，分蘖期浅水促蘖，分蘖末期及时搁田，幼穗分化至抽穗期保持薄水灌溉，灌浆至黄熟期湿润交替，防止断水过早。④病虫防治。注意及时防治稻瘟病、白叶枯病、纹枯病、螟虫、稻飞虱等病虫害。

# 温305（Wen 305）

**品种来源**：浙江省温州市农业科学研究院于1999年春季以抗稻瘟病的金早47为母本、光叶稻早籼436为父本配组杂交，经4年6代连续选择，于2002年早季测产定型。2006年通过浙江省农作物品种审定委员会审定。

**形态特征和生物学特性**：属籼型常规中熟早稻。全生育期109.9d，比对照嘉育948长0.4d，感光性弱，抽穗期较稳定。株高78.0cm，株高适中，株型紧凑，分蘖力中等偏弱，穗大粒多，粒形较圆，抗倒伏性好，后期转色好，青秆黄熟。有效穗数283.5万穗/hm²，成穗率77.4%，穗长17.8cm，每穗总粒数132.4粒，实粒数106.9粒，结实率80.7%，千粒重24.5g。谷粒短圆粒。

**品质特性**：糙米率79.2%，精米率71.5%，整精米率49.6%，糙米长宽比2.0，垩白粒率100.0%，垩白度15.5%，透明度3级，碱消值4.8级，胶稠度52.0mm，直链淀粉含量24.8%，蛋白质含量8.9%。

**抗性**：高抗稻瘟病，高感白叶枯病。

**产量及适宜地区**：经2003年浙江省金华市早稻区试，平均产量6.35t/hm²，比对照嘉育948增产4.2%，达显著水平；2004年续试，平均产量6.65t/hm²，比对照嘉育948增产3.9%，达极显著水平；两年平均产量6.50t/hm²，比对照嘉育948增产4.1%。2005年金华市生产试验平均产量7.02t/hm²，比对照嘉育948增产7.5%。适宜在金华地区作为早稻种植。

**栽培技术要点**：①适期播种，培育壮秧。在3月底至4月初播种，采用稀播足肥育壮秧，秧田播种量600~750kg/hm²，秧龄掌握25~30d，培育成4~5叶、带1~2个分蘖的壮秧。大田用种量60kg/hm²左右。②合理密植，插足基本苗。行株距为20cm×17.6cm或20cm×20cm，插足142.5万~150万苗/hm²。③科学肥水管理，调控群体结构。一般中等肥力田块施纯氮180kg/hm²左右。注意氮、磷、钾合理搭配施用。应重施基肥，前期占70%~75%，中后期占25%~30%。水分管理实行浅水插秧，寸水返青，薄水促蘖，足够苗时适时适度晒田，深水孕穗，后期湿润促灌浆，防止断水过早。④防治病虫害。及时做好二化螟、三化螟、稻丛卷叶螟、稻飞虱、稻瘟病和白叶枯病等病虫害的防治。

# 先锋1号 (Xianfeng 1)

**品种来源**：浙江农业大学1961年以广场矮6号为母本、陆财号为父本杂交配组，1969年育成。1984年通过国家农作物品种审定委员会审定（GS01012—1984）。

**形态特征和生物学特性**：属常规迟熟早籼稻品种。全生育期114～120d，成熟期比对照矮脚南特早熟2～3d。株高85～89cm，株型紧凑，叶色浓绿，剑叶略披，茎秆较粗，抽穗整齐，结实率高，成熟时表现青秆黄熟。穗长20cm，每穗80粒，成穗率高，结实率80%，千粒重26g，谷粒长椭圆形，颖壳黄色，稃尖紫褐色，个别有顶芒。长势旺盛，后期无早衰现象，分蘖中等，耐肥中等。

**品质特性**：米质较好，糙米率79%。

**抗性**：苗期耐寒性强，耐纹枯病，后期易感穗颈瘟。

**产量及适宜地区**：一般产量5.25～6.00t/hm²，高的达7.50t/hm²以上。1968年诸暨农业科学研究所品比试验，产量6.28t/hm²，比对照矮脚南特增产10%；1969年该所扩大种植120.5hm²，产量5.92t/hm²，其中39.9hm²产量6.38t/hm²。余杭县大观山农场1967—1969年试种三年，产量均列首位，1968年产量8.85t/hm²，1969年种植667hm²，平均产量6.00t/hm²以上。1969年绍兴县东湖农场试种13.2hm²，平均产量6.28t/hm²，比对照矮脚南特增产15.2%；1970年种植0.36hm²，产量7.00t/hm²。海宁县良种场1967—1969年三年试验，产量均列首位，1969年种植14hm²，产量6.29t/hm²，其中0.13hm²产量9.29t/hm²；星华四队试种0.08hm²，产量高达9.92t/hm²。适宜在长江流域连作早稻地区推广种植，浙江省从1968—1975年推广16万hm²，1976年在湖北、江西、安徽、四川等省推广面积约92.6万hm²，累计推广118.1万hm²。

**栽培技术要点**：①适时播种，培育壮秧。杭嘉湖地区绿肥田早稻，4月上旬播种，采用

小苗移栽，秧龄20～25d。早熟春花田早稻，采用小苗移栽，播种期比绿肥早稻田迟15d，秧龄25～30d。中、晚熟春花田早稻，因本身生育期长，以稀播大秧为宜，4月中旬播种，秧龄40～45d。②施足基肥，早施追肥。基肥足、追肥早。在生长健壮绿叶时，要控制用肥量，严防后期贪青倒伏和发穗颈瘟。③提高密植程度。分蘖力中等，要适当增加插秧本数，提高密植程度。尤其在中迟春花、油菜田种植，要插足基本苗。④做好病虫害防治工作。后期注意防治穗颈瘟和稻纵卷叶螟发生。

# 甬籼57（Yongxian 57）

**品种来源**：浙江省宁波市农业科学研究院作物研究所以嘉育143为母本、G95-40-3为父本杂交选育而成。2004年通过浙江省农作物品种审定委员会审定。

**形态特征和生物学特性**：属籼型常规中熟早稻。全生育期107.7d，与对照嘉育293相仿。株高80.1cm，株型紧凑，穗型较大，半弯穗，着粒密度高，穗、粒、重结构协调，后期青秆黄熟。适宜作为加工和储备用粮。有效穗数350万穗/hm²，每穗总粒数106粒，每穗实粒数89.3粒，结实率84.3%，千粒重26.6g。

**品质特性**：整精米率62.9%，糙米长宽比2.0，垩白粒率100%，垩白度36.0%，碱消值5.0级，直链淀粉含量26.5%，蛋白质含量9.7%。

**抗性**：中抗稻瘟病和白叶枯病。

**产量及适宜地区**：经2001年浙江省宁波市早籼稻区试，平均产量7.31t/hm²，比对照嘉育293增产3.62%，达极显著水平；2002年续试，平均产量7.35t/hm²，比对照嘉育293增产4.83%，达极显著水平；两年平均产量7.33t/hm²，比对照嘉育293增产4.56%。2003年宁波市生产试验，平均产量7.49t/hm²，比对照嘉育293增产6.18%。适宜在宁绍及生态类似地区作为早稻种植。2006—2010年累计推广6.07万hm²。

**栽培技术要点**：①适时播种，培育壮秧。手插和抛秧栽培的在3月底4月初播种，直播栽培的在4月13日左右播种。手插栽培秧田播种量在450～600kg/hm²，秧本比为1：（8～10）；抛秧栽培的每盘播种60～70g；直播栽培播种量以67.5kg/hm²左右为佳。②适时移栽，合理密植。秧龄控制在25～30d；栽插密度16.7cm×16.7cm，每穴3～5苗；抛秧栽培的抛1 050盘/hm²；直播栽培保证基本苗150万苗/hm²以上。③科学施肥，合理灌溉。掌握重基、早追、中控、看苗后补和氮、磷、钾平衡施用的原则，大田施纯氮总量为210kg/hm²左右，配合磷钾肥。浅水插秧，深水护苗，后期以浅灌为主；抛秧栽培的要薄水抛栽，抛后3～4d内畦面保持浅水层，扎根后灌浅水；直播栽培的在二叶一心后上水，以浅灌为主。总苗数达到目标穗数80%时，挖沟放水搁田，到泥土开细缝为止。

# 甬籼69 (Yongxian 69)

**品种来源**: 浙江省宁波市农业科学研究院作物研究所以嘉育143为母本、G95-40-3为父本杂交选育而成。2007年通过浙江省农作物品种审定委员会审定。

**形态特征和生物学特性**: 属籼型常规中熟早稻。全生育期107.7d, 比对照嘉育293长0.6d。株高78.5cm, 株型紧凑, 剑叶挺笃, 叶色较绿, 穗型较大, 穗弯, 叶下禾, 谷粒短圆。有效穗数307.5万穗/hm², 成穗率77.0%, 穗长17.7cm, 每穗总粒数127.7粒, 实粒数112.5粒, 结实率88.1%, 千粒重25.9g。谷粒较圆。

**品质特性**: 整精米率55.1%, 糙米长宽比2.3, 垩白粒率100.0%, 垩白度20.3%, 透明度4级, 胶稠度72.3mm, 直链淀粉含量25.8%, 蛋白质含量9.8%。宜作为工业加工和储备用粮。

**抗性**: 感稻瘟病, 高感白叶枯病。

**产量及适宜地区**: 2005年参加浙江省早籼稻区试, 平均产量8.12t/hm², 比对照嘉育293增产6.2%, 达极显著水平; 2006年续试, 平均产量7.11t/hm², 比对照嘉育293增产3.7%, 达显著水平; 两年省区试平均产量7.61t/hm², 比对照嘉育293增产5.0%。2007年浙江省生产试验, 平均产量7.03t/hm², 比对照嘉育293增产1.7%。适宜在浙江全省作为早稻种植, 2010—2011年累计推广1.73万hm²。

**栽培技术要点**: ①培育适龄壮秧。手插或抛秧栽培3月底4月初播种, 秧龄25～30d; 机插栽培4月初播种, 秧龄20d左右; 直播栽培4月10～15日播种。手插栽培播种量45～60kg/hm², 秧本比为1:(8～10), 插栽36万穴/hm²左右; 抛秧栽培抛秧1 050盘/hm²左右, 每秧盘播种60～70g; 机插栽培,秧苗450盘/hm²左右, 每秧盘播种150g左右; 直播栽培落地苗150万苗/hm²以上。②肥水管理。掌握氮肥施用重基、早追、后控和氮、磷、钾平衡施用原则。苗期浅灌促分蘖; 当总苗数达到最高苗数的80%时排水搁田, 促发根壮蘖, 抗倒伏; 后期浅灌勤灌; 灌浆后干干湿湿, 不能断水过早。③除草和病虫防治。栽后7d左右灌水, 结合施肥喷药防治杂草。对直播田, 第一次化除在播后4d, 第二次在播种15d后。前期防灰飞虱, 中期防治纹枯病, 后期防治二代二化螟、纹枯病、稻瘟病等。

# 原丰早（Yuanfengzao）

**品种来源**：浙江省农业科学院原子能利用研究所，对中籼科字6号（IR8）经$^{60}$Coγ射线9.03C/kg辐照处理干种子后，经5个世代选育鉴定，1973年选育而成。1983年通过安徽省农作物品种审定委员会审定和浙江省农业主管部门认定（浙品认字第003号），1984年通过湖南省农业主管部门认定[湘品审（认）第6号]，1982年获国家发明一等奖。

**形态特征和生物学特性**：属常规早中熟早籼稻品种。全生育期108d，株高80cm。株型适中，叶片挺直，叶色较淡，生长清秀，分蘖力中等偏弱。抽穗整齐，单株有效穗数8.2，穗长19.8cm，每穗粒数89.8粒，结实率78.4%，千粒重22.5g。

**品质特性**：稻米食味好。糙米率80.1%，精米率72.7%，整精米率43.3%，糙米长宽比1.9，垩白粒率97%，垩白度15.5%，透明度4级，碱消值4.9级，胶稠度65mm，直链淀粉含量24.7%，蛋白质含量10.1%，稻米品质中等，赖氨酸含量比其他品种高8.0%～13.8%。

**抗性**：对稻瘟病和白叶枯病的抗性与浙江省迟熟当家品种广陆矮4号相似，抗纹枯病能力较广陆矮4号强。

**产量及适宜地区**：一般产量6.00～6.38t/hm$^2$，在高产栽培条件下可以大面积超7.50t/hm$^2$，最高产量10.28t/hm$^2$。在浙江省品试中，比同熟期的推广品种增产11.58%～12.2%。适宜于长江中下游连作早稻地区种植。1983—1990年累计推广166.2万hm$^2$。

**栽培技术要点**：①稀播壮秧，适龄移栽。在育秧时要适当稀播，秧田播种量900～1 125kg/hm$^2$，本田用种量控制在187.5kg/hm$^2$以下。秧龄春花田掌握在30～35d，最长不超过40d。②增穴密植，大穗高产。插60万～70万穴/hm$^2$，绿肥田每穴4～5苗，春花田每穴5～6苗，基本苗187.5万～225.0万苗/hm$^2$。③基肥足，追肥早。施足基肥，早施追肥，追肥在移栽7～10d内施完，后期酌施穗肥。④加强水分管理，注意分蘖期的搁田和拔节前烤田，后期保湿到老。⑤注意病虫害防治。在施肥水平较高或病区要特别注意稻瘟病的防治。

# 越糯1号（Yuenuo 1）

**品种来源**：浙江省绍兴市农业科学研究所从早籼品种嘉育293中系统选育而成，原名293选糯。1997年通过浙江省农作物品种审定委员会审定。

**形态特征和生物学特性**：属籼糯型常规中熟早稻。全生育期114d，熟期适中，株高90cm，株型紧凑，叶色浓绿，叶片厚、短，剑叶较挺，分蘖力中等，茎秆粗壮，较耐肥抗倒。穗长19cm，每穗总粒数105～110粒，结实率75%～80%，千粒重22g。谷粒饱满，糙米长宽比2.9，无芒，颖壳金黄色。

**品质特性**：糙米率77.5%，精米率70.4%，整精米率59.1%，胶稠度100mm，碱消值3.5级，直链淀粉含量1.5%，米质达到或接近酿制"加饭酒"的标准。

**抗性**：中抗稻瘟病和白叶枯病。

**产量及适宜地区**：1994年和1995年绍兴市早稻品种区试，平均单产分别为6.54t/hm$^2$和6.13t/hm$^2$，比对照二九丰分别增产2.4%和3.2%。1995年绍兴市生产试验平均单产6.41t/hm$^2$，比对照二九丰增产4.1%。在湖州市早稻优质米品比试验中，平均单产6.08t/hm$^2$，与对照早莲31相仿。适宜在浙江绍兴、湖州等市作为早稻搭配种植。2008年累计推广0.67万hm$^2$。

**栽培技术要点**：①适时播种，培育壮秧。3月底4月初播种，秧田播种量600kg/hm$^2$，大田用种量75～90kg/hm$^2$，秧龄25～30d。作直播栽培，适宜播期为4月10～15日。作抛秧栽培，3月底至4月初播种，秧田播种量2 250kg/hm$^2$，大田用种量75～90kg/hm$^2$，秧龄25d，叶龄4.0～4.5叶。②合理密植，足苗落田。移栽密度16.7cm×13.3cm；点直播密度16.7cm×16.7cm，每穴5～8粒；抛秧密度180苗/m$^2$。③加强肥水管理。移栽大田一般施纯氮168.75kg/hm$^2$，适当增施磷钾肥，采用促前、控中、稳后的施肥方法；直播田和抛秧田施纯氮量控制在150kg/hm$^2$内。水分管理做到薄露灌溉，及时搁田，后期灌跑马水。④加强病虫害和杂草防治。大田注意纹枯病等病虫害防治。直播田分期除草。

# 早莲31（Zaolian 31）

**品种来源**：浙江省嘉兴市农业科学研究所，以早二六选为母本、庆莲16为父本杂交配组选育而成。1986年通过嘉兴市农作物品种审定委员会审定，分别通过湖州市（1987）农作物品种审定委员会审定和浙江省（1989，浙品认字第125号）农业主管部门认定。

**形态特征和生物学特性**：属常规中熟早籼稻品种。全生育期110d。株高85cm，株型紧凑，分蘖力中等，叶色浓绿，叶片挺笃，生长繁茂。成穗率高，穗型中等偏大，着粒较密，单株有效穗数8.4，穗长19.0cm，每穗粒数84.5粒，结实率86.2%，千粒重26.5g。谷粒饱满，呈椭圆形，颖壳稃尖黄色，部分谷粒有短芒。

**品质特性**：糙米率80.0%，精米率72.7%，整精米率55.1%，糙米长宽比1.8，垩白粒率100%，垩白度23.0%，透明度3级，碱消值4.9级，胶稠度65mm，直链淀粉含量24.6%，蛋白质含量10.7%。食味中等，碾磨品质较好。

**抗性**：耐肥、抗倒伏力较差，较易倒伏，苗期耐寒。抗稻瘟病，对白叶枯病有一定的抗性，纹枯病较轻。

**产量及适宜地区**：一般产量6.00～6.38t/hm²。1985年、1986年参加嘉兴市早稻品种区试，平均产量6.53t/hm²。适宜在嘉兴等地大麦茬三熟制早稻种植，并适宜在稻瘟病病区试种。1985—1999年，浙江省累计推广40.25万/hm²。

**栽培技术要点**：①适时早播，稀播育壮秧。播种可比二九丰提早2～3d，秧田播种量750kg/hm²，秧龄掌握在35d以内。②合理密植，保穗增粒。插基本苗300万苗/hm²，争取有效穗数450万穗/hm²，三熟制栽培要求60万穴/hm²，每穴插5株。③合理施肥，及时搁田。施标准肥37.5t/hm²，基追肥之比7：3，控制中后期用肥。及时搁田，促使根系深扎，增强抗倒伏能力。④及时防病，确保丰产。

# 早籼141（Zaoxian 141）

**品种来源**：浙江省台州地区农业科学研究所于1971年以不脱矮为母本、温革为父本杂交，经6代自交于1974年定型。1983年通过浙江省农作物品种审定委员会认定。

**形态特征和生物学特性**：属籼型常规中熟早稻。在台州地区作绿肥田早稻种植，全生育期105～110d，比对照二九青迟2～3d。株高75cm左右，株型紧凑，叶色浓绿，叶片狭短，剑叶较挺，分蘖中等，茎秆粗壮，较耐肥抗倒。单株分蘖力较弱，每穗总粒数65粒左右，实粒数55粒左右，结实率80%～85%，千粒重27～28g，谷粒饱满，无芒，颖壳金黄色。

**品质特性**：糙米率81.5%，米质中等。

**抗性**：中抗稻瘟病，感白叶枯病。

**产量及适宜地区**：一般产量为5.25～6.00t/hm²。1976年参加台州地区早稻区试，21个点平均产量5.23t/hm²，比对照二九青增产17.2%；1977年参加浙江省早稻区试，26个试验点比对照圭陆矮8号增产4.4%。1978年始在宁波、台州、温州等地试种推广，江苏常熟、上海奉贤也有引种。适宜在浙江作为早稻种植。1982年浙江东部沿海地区推广3.33万hm²，1983—1986年累计推广8.13万hm²。

**栽培技术要点**：①适时播种，短龄壮秧。浙南绿肥田4月初播种，春粮田4月中旬播种；秧田播种量1 125～1 350kg/hm²，秧龄25～30d。②匀株密植，增加苗数。移栽密度16.7cm×10.0cm，45万～60万穴/hm²，基本苗300万～360万苗/hm²。③增施肥料，适施穗肥。采用促前、控中、稳后的施肥方法，适当增施磷钾肥。④科学水分管理。做到薄露灌溉，及时搁田，后期灌跑马水。⑤加强病虫害和杂草防治。注意防治白叶枯病和纹枯病。

# 浙101 （Zhe 101）

**品种来源**：浙江省农业科学院作物与核技术利用研究所，1996年利用早熟早籼品种浙9248纯系单株干种子搭载返地式卫星进行空间诱变处理，2001年从7株稳定一致的抗病优良单株中优选而成。2005年通过浙江省农作物品种审定委员会审定（浙审稻2005026）。

**形态特征和生物学特性**：属中熟偏迟常规早籼稻品种。全生育期108.5d，比对照嘉育293长2.7d。株高91.6cm，株型适中，分蘖力中等，茎秆粗壮。剑叶较挺，主分蘖穗生长较旺，穗层略欠整齐。有效穗数337.5万穗/hm²，成穗率70.6%，穗长19.2cm，每穗总粒数105.9粒，每穗实粒数87.0粒，结实率82.2%，千粒重26.3g。

**品质特性**：整精米率42.9%，糙米长宽比2.4，垩白粒率90.5%，垩白度33.1%，透明度3.5级，胶稠度69.0mm，直链淀粉含量19.4%，米质中等，优于对照嘉育293。

**抗性**：叶瘟0.3级，平均穗瘟1.6级，穗瘟损失率2.6%，白叶枯病5.3级。抗稻瘟病，中感白叶枯病，

**产量及适宜地区**：2003年、2004年参加浙江省早稻区试，两年区试平均产量7.19t/hm²，比对照嘉育293增产3.7%。2005年生产试验，平均产量7.17t/hm²，与对照嘉育293平产。适宜在浙江省作为早稻种植。

**栽培技术要点**：①适期播种。两熟制早稻栽培，地膜育秧在3月底4月初播种，4月底5月初移栽；三熟制早稻种植，4月中旬播种，秧龄不超过30d。本田用种量60～75kg/hm²，做好秧田管理，培育适龄壮秧。播种前种子抢晴及时翻晒，用402或浸种灵等药液浸种灭菌，严格种子灭菌。②少苗足穴密植。增加基本苗数，有利于个体生长发育，达到增产目的。③合理控制肥水。施肥量折纯氮187.5kg/hm²为宜。施足基肥，增施磷钾肥，严防后期氮肥过量。浅水勤灌，多次轻搁，后期干湿交替，养根保叶，切忌断水过早以保持根系活力，保证灌浆充实，落干黄熟。④加强病虫草害防治，后期防止倒伏。

# 浙103（Zhe 103）

**品种来源**：浙江省农业科学院作物与核技术利用研究所，以高产抗病早籼Z9512为母本、广东优质软米南95-331为父本杂交配组选育而成。2004年通过浙江农作物品种审定委员会审定（浙审稻2004023）。

**形态特征和生物学特性**：属常规早籼稻品种。全生育期两年平均108.8d，比对照嘉育293迟1.6d。株高97.6cm，株型紧凑，剑叶短而挺立，分蘖力中等。穗大粒多，有效穗数282.2万穗/hm²，每穗实粒数113.5粒，结实率75.8%，千粒重27.4g。

**品质特性**：糙米长宽比3.4，整精米率67.0%，垩白度11.5%，透明度3级，直链淀粉含量15.7%。糙米粒长、糙米长宽比、碱消值、胶稠度、蛋白质符合部颁一级优质米标准；糙米率、直链淀粉含量符合二级标准。米饭较软，适口性较好，米质较好。

**抗性**：叶瘟平均2.1级，最高5.5级，穗瘟平均3.3级，最高5级，白叶枯病平均9级，最高9级；对照嘉育293叶瘟平均4.3级，最高7级，穗瘟平均4.3级，最高9级，白叶枯病平均3级，最高3级。中抗稻瘟病，感白叶枯病。对稻瘟病的抗性显著优于对照嘉育293。

**产量及适宜地区**：2002年、2003年参加衢州市早稻区试，产量平均比对照嘉育293增产9.05%。2004年生产试验平均产量5.71t/hm²，比对照嘉育293增产3.2%。适宜在衢州及生态类似地区种植。

**栽培技术要点**：①种子精选和浸种灭菌。播种前抢晴及时翻晒，选用发芽势强、出苗整齐、籽粒饱满的种子作为生产用种，严格种子灭菌。②适期播种。两熟制早稻栽培，地

膜育秧可在3月下旬至4月初播种，4月底至5月初移栽；三熟制早稻种植，4月中旬播种，秧龄不超过30d，以5叶1心期移栽为好。③匀株密植。插足基本苗，发挥大穗、大粒的优势。④合理施肥，科学用水，适时收割。该品种植株较高，耐肥力中等，控制氮肥用量。施足基肥，增施磷钾肥，严防后期氮肥过量。浅水勤灌，多次轻搁，后期干湿交替，养根保叶，防止断水过早而影响灌浆结实。⑤加强病虫害防治，防止倒伏。

# 浙106（Zhe 106）

**品种来源**：浙江省农业科学院作物与核技术利用研究所，以高产抗病早籼品系Z9512为母本与高产多抗早籼浙733杂交配组，经多年南繁北育选育而成。分别通过浙江省（2004，浙审稻2004024）和湖南省（2007，湘审稻2007003）农作物品种审定委员会审定。

**形态特征和生物学特性**：属常规早籼稻品种。浙江省金华市区试全生育期113.5d，与对照浙733相仿。株型适中，生长势较强，剑叶直立，成熟落色好，熟期适宜，丰产性较好。有效穗数294.8万穗/hm²，每穗89.4粒，结实率74.4%，千粒重27.3g。湖南双季早稻区试全生育期109d，株高85～95cm，叶片挺直，剑叶较长，分蘖力中等，穗大粒多，后期落色好，有效穗285万～315万穗/hm²，每穗115粒，结实率85.3%～78.9%，千粒重31.6～27.4g。

**品质特性**：整精米率70.2%，糙米长宽比2.9，垩白度26%，透明度3级，直链淀粉含量27.4%。粒长、胶稠度、碱消值、蛋白质含量符合部颁一级优质米标准，糙米率、精米率、长宽比符合部颁二级优质米标准。

**抗性**：叶瘟平均0.5级，最高5级；穗瘟平均2级，最高5级；白叶枯病平均4.8级，最高7级。稻瘟病抗性显著优于对照浙733，白叶枯病抗性差于对照浙733。

**产量及适宜地区**：浙江省金华市早稻区试，2002年、2003年平均产量分别为6.41t/hm²、6.62t/hm²，比对照浙733分别增产7.95%、7.42%，均达极显著水平；2004年生产试验，平均产量6.10t/hm²，比对照浙733增产6.6%。湖南省区试，2004年、2005年平均产量分别为7.57t/hm²、7.29t/hm²，比对照金优402分别增产3.53%、减产1.05%，均不显著。适宜在浙江、湖南稻瘟病轻发区作为双季早稻种植。2007年累计推广0.73万hm²。

**栽培技术要点**：①种子消毒，适时播种。②稀播培育适龄壮秧。二熟制种植采用地膜育秧，3月下旬至4月初播种，4月底至5月初移栽。③匀株密植，插足基本苗，以5叶1心期移栽为好。④合理施肥，科学用水。控制氮肥用量，以施纯氮180kg/hm²为宜。施足基肥，增施磷钾肥，严防后期氮肥过头。浅水勤灌，多次轻搁，后期干干湿湿，切忌断水过早。

# 浙1500 (Zhe 1500)

**品种来源**：浙江省农业科学院作物研究所1991年秋在日本以日本超高产杂交粳稻奥羽交1号为母本、籼稻浙8619为父本，采用离体杂交方法获得杂交当代种子，1994年株系圃定型选育而成，原名浙优15。1998年通过浙江农作物品种审定委员会审定（浙品审字第176号）。

**形态特征和生物学特性**：属常规早籼稻品种。全生育期137.9d，比对照汕优63短3d。株高108cm，生长势旺，分蘖力强，茎秆粗壮，叶色深绿，剑叶较挺。穗型大，穗粒结构协调。有效穗数258.8万穗/hm²，每穗总粒数151.4粒，每穗实粒数125.5粒，千粒重26.4g。谷粒椭圆形。

**品质特性**：糙米粒长5.3mm，糙米长宽比1.9，糙米率83.7%，精米率77.3%，整精米率57.2%，垩白度18%，胶稠度49mm，直链淀粉含量24.8%，出饭率高。

**抗性**：中抗稻瘟病。各地几年试种，特别是1996—1997年较大面积试种均未发现稻瘟病危害。建德市农业局调查结果显示，对白叶枯病的抗性明显优于对照汕优10号，纹枯病较轻。

**产量及适宜地区**：1996年、1997年浙江省单季稻区试，平均产量分别为8.48t/hm²和7.22t/hm²，分别比对照汕优63增产7.81%、9.18%，其中1996年增产达显著水平；1997年生产试验，平均产量7.62t/hm²，比对照汕优63增产6.45%。1997年南方稻区区试和全国籼型杂交稻区试（两系组）结果，比对照汕优63分别增产5.3%和6.78%，均达极显著水平，产量均列第一位。适宜在浙江省作为单季晚稻搭配种植。

**栽培技术要点**：①超稀播，秧田播种量150kg/hm²以下。大田用种量15kg/hm²。单晚种植，5月底至6月初播种；连晚种植，杭州地区6月30日前播种，与杂交水稻一样采取两段育秧，7月25日以前移栽。②株行距，单晚种植20.0cm×30.0cm，连晚种植20.0cm×23.3cm。③注意螟虫、稻飞虱和纹枯病的防治。④科学水分管理。防止断水过早，增施磷钾肥，特别多施钾肥，适时收获，防止倒伏。

# 浙207 （Zhe 207）

**品种来源**：浙江省农业科学院作物与核技术利用研究所以Z9512为母本、K青为父本杂交配组选育而成。2009年通过湖南省农作物品种审定委员会审定（湘审稻2009001）。

**形态特征和生物学特性**：属迟熟常规早籼稻品种，全生育期111d。株高80～90cm，株型适中，分蘖力中等，剑叶挺直。有效穗数315万～345万穗/hm²，每穗总粒数108粒，结实率78.5%～90.2%，千粒重27.5～31.5g。

**品质特性**：糙米率82.6%，精米率74.5%，整精米率59.2%，糙米长宽比2.7，垩白粒率95%，垩白度14.4%，透明度2级，碱消值6级，胶稠度68mm，直链淀粉含量26.2%，蛋白质含量9%。其中糙米率、精米率和碱消值符合一级食用籼稻品种品质标准，透明度和蛋白质含量符合二级标准。

**抗性**：稻瘟病抗性综合指数5.0，白叶枯病抗性7级，感白叶枯病。

**产量及适宜地区**：湖南省区试，2007年平均产量8.05t/hm²，比对照金优402增产5.67%，达显著水平；2008年平均产量8.21t/hm²，比对照金优402减产1.11%，不显著；两年区域试验平均产量8.18t/hm²，比对照金优402增产2.28%。适宜在湖南省稻瘟病轻发区作为双季早稻种植。

**栽培技术要点**：①适时播种。湖南省双季早稻栽培，湘中3月底播种，湘南可适当提早，湘北须适当推迟。②合理密植。秧田播种量525～600kg/hm²，大田用种量75～90kg/hm²，秧龄控制在30d以内，4.5～5.0叶时移栽。种植密度（13.3～16.5）cm×20cm，每穴5～6苗，基本苗150万～180万苗/hm²。③施足基肥，早施追肥。及时晒田控蘖。④合理灌溉。后期湿润灌溉，抽穗扬花后不要排水过早，保证充分灌浆结实。⑤注意病虫害防治。

# 浙408（Zhe 408）

**品种来源**：浙江省农业科学院作物与核技术利用研究所，以G9968为母本、丰43为父本杂交配组选育而成。2007年通过浙江省农作物品种审定委员会审定（浙审稻2007027）。

**形态特征和生物学特性**：属常规中熟早籼稻品种。全生育期108.1d，比对照嘉育293长0.4d。株高85.8cm，半矮生型，株型集散适中，分蘖力较强。剑叶挺立，叶姿挺直，叶色浓绿。穗数较多，穗型较大，千粒重较高，有效穗数315万穗/hm²，成穗率76.9%，穗长19.7cm，每穗总粒数115.6粒，每穗实粒数96.8粒，结实率83.7%，着粒密度5.87粒/cm，千粒重27.1g。谷粒粗长，稃尖无色，无芒，护颖白色，颖壳黄色。

**品质特性**：糙米率80.5%，精米率72.6%，整精米率40.9%，糙米长宽比2.7，垩白粒率97.5%，垩白度16.4%，透明度4级，胶稠度76.5mm，直链淀粉含量10.2%，蛋白质含量11.3%，米质指标达到部颁六级食用稻品种品质。

**抗性**：苗期耐寒性较好，秧龄弹性中等。叶瘟1.9级，穗瘟4.0级，穗瘟损失率6.4%；白叶枯病5.0级。中抗稻瘟病和白叶枯病。稻瘟病抗性明显优于对照嘉育293，白叶枯病与对照嘉育293相仿。

**产量及适宜地区**：2005年、2006年参加金华市早籼稻区试，两年平均产量7.29t/hm²，比对照嘉育293增产7.9%。2007年生产试验，平均产量7.18t/hm²，比对照品种嘉育293增产5.8%。适宜在浙江省金华市等同类型生态地区作为早籼稻种植。

**栽培技术要点**：①二熟制地膜育秧可在3月底4月初播种，4月底5月初移栽；三熟制种植，一般在4月中旬播种，大田用种量60～80kg/hm²。也可在4月上旬点（撒）直播，大田用种量90kg/hm²。②以5叶1心期移栽为好，行株距以16.5cm×（16.5～20.0）cm为宜，每穴3～5苗，基本苗在165万～180万苗/hm²。③合理肥水。一般以施纯氮180kg/hm²为宜，施足基肥，增施磷钾肥，严防后期氮肥过多。生育前期浅水勤灌，多次轻搁，促进低节位分蘖；后期干干湿湿，切忌断水过早。④适当迟收。一般在7月20日左右收获较好。

# 浙733 (Zhe 733)

**品种来源**：浙江省农业科学院作物研究所，1983年用优质早籼禾珍早为母本，与晚籼赤块矮选为父本杂交，1986年选育而成。分别通过浙江省（1991，浙品审字第069号）、湖南省（1991，湖南省湘品审第73号）和国家（1993，GS01002—1992）农作物品种审定委员会审定。

**形态特征和生物学特性**：属早中熟常规早籼稻品种。全生育期116d，株高85cm。株型适中，分蘖力中等，叶鞘绿色，叶片较挺，叶色浅绿。单株有效穗8个，成穗率、结实率较高，有效穗数400.5万穗/hm²，穗长19.6cm，每穗总粒数94.8粒，秕谷率23.63%，比对照广陆矮4号略低，千粒重25.6g。谷粒椭圆形，无芒，谷壳亮黄。

**品质特性**：糙米长宽比2.8，糙米率81.75%，精米率73.8%，均达到部颁一级优质米标准，胶稠度45mm，达部颁二级标准，直链淀粉含量25.5%。食味和适口性较好。

**抗性**：中抗稻瘟病、白叶枯病、白背飞虱和褐稻虱。

**产量及适宜地区**：1989年、1990年浙江省区域试验，平均产量分别为6.54t/hm²、7.08t/hm²，比对照广陆矮4号分别增产6.7%、6.39%；1990年生产试验，平均产量6.95t/hm²，比对照广陆矮4号增产3.56%。1989年、1990年湖南省区试，平均产量7.32t/hm²、7.52t/hm²，比对照湘早籼1号分别增产1.9%、3.3%；1991年生产试验，平均产量7.77t/hm²。1990年、1991年江西省区试，平均产量分别为6.35t/hm²、6.52t/hm²，比对照竹系26分别增产10.82%、11.46%。适宜在长江中下游地区作为早稻种植。1991—2010年累计推广197.7万hm²。

**栽培技术要点**：①适时播种。二熟制地膜育秧可在3月底4月初播种，4月底5月初移栽，秧田播种量600～750kg/hm²；中三熟种植，4月中旬播种，秧田播种量450～600kg/hm²，秧龄在33d以内；迟三熟栽培，4月下旬播种，播种量以375kg/hm²为宜。②适当密植。二熟制栽培时，确保基本苗180万～225万苗/hm²；三熟制栽培，秧苗带蘖移栽，基本苗270万～300万苗/hm²。③合理肥水。施标准肥37.5t/hm²，以有机肥为主。足基肥、早追肥，增施磷钾肥。浅水勤灌，适时多次轻搁，后期干干湿湿，防断水过早。

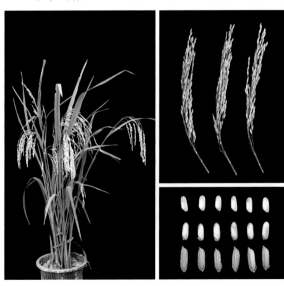

# 浙852 (Zhe 852)

**品种来源**：浙江省农业科学院作物研究所1982年以浙辐802为母本，与韩国籼糯水源290杂交，$^{137}$Cs γ 射线7.74C/kg辐照 $F_1$ 代干种子，经多年异地筛选加代选育而成。分别通过浙江省（1989，浙品审字第048号）、湖南省[1991，湘品审（认）第148号]和国家（1991，GS01010—1990）农作物品种审定委员会审定。

**形态特征和生物学特性**：属常规中熟早籼稻品种。全生育期112d，比对照二九丰早熟0.3d。株型较好，株高75cm，分蘖力中等偏强。穗型和粒重中等，穗长18.4cm，有效穗数454.5万穗/hm$^2$。结实率较高，每穗73～75粒，结实率80%，千粒重23.5～24.5g，穗、粒、重三者兼顾；谷粒椭圆，落粒性中等，耐肥中等。熟期适宜，7月20～25日均可收获，有利调节劳力，争取双季高产。

**品质特性**：糙米率80.2%，精米率72.8%，整精米率53.5%，垩白粒率100%，垩白度26.0%，透明度4级，碱消值5级，胶稠度68mm，直链淀粉含量25.1%，蛋白质含量9.42%。

**抗性**：苗期耐寒能力较强，对后期高温和阴雨有一定的抵御能力。抗稻瘟病，感白叶枯病和纹枯病。

**产量及适宜地区**：1987—1989年浙江省两年早稻品种区试和一年生产试验，平均产量分别为6.18t/hm$^2$、5.95t/hm$^2$和5.88t/hm$^2$，比对照二九丰分别增产0.49%、0.25%和1.74%，不显著；大田产量一般6.00t/hm$^2$。适宜在浙江、湖南作为中熟早稻种植。1990—1997年累计推广58.7万hm$^2$。

**栽培技术要点**：①3月底至4月上旬播种，秧田播种量600kg/hm$^2$，二熟制秧龄30～35d，三熟制秧龄25～30d。②插种密度16.6cm×13.3cm，每穴4苗，插足基本苗225万苗/hm$^2$，最高苗控制在600万苗/hm$^2$以内，达到有效穗450万穗/hm$^2$。③施标准肥37.5t/hm$^2$，注意增加前、后期的用肥比例，减少中期用肥比例。基肥占60%，增施磷钾肥，适施孕穗肥。④浅水发棵，适时搁田，后期干干湿湿，活水到老。也可采用深水控蘖、浅水长穗。⑤播种前药剂浸种，防止恶苗病发生，注意防治纹枯病和虫害。

# 浙9248（Zhe 9248）

**品种来源**：浙江省农业科学院作物与核技术利用研究所以优质黑米紫珍32为母本与高产多抗的浙852为父本杂交配组，采用孤雌生殖技术加速稳定，结合育种加代和病区自然诱发筛选，1992年定型，原名G9248。1997年通过浙江省农作物品种审定委员会审定（浙品审字第152号）。

**形态特征和生物学特性**：属常规早籼稻品种。全生育期105～110d，比对照浙852早熟1～2d。株高75cm，株型紧凑，长势旺盛，分蘖力较强。叶片较挺，叶色深绿，叶鞘、叶缘紫色。成穗率高，穗长18cm，每穗总粒数85～95粒，结实率85%，千粒重26g。籽粒细长，谷粒近圆柱形，谷壳薄，稃尖紫色。

**品质特性**：外观、加工品质优，食味佳。糙米率和精米率均超过对照浙852，整精米率高达64.8%，垩白度7.3%。米饭软硬适中，适口性好，米质评价总分58分。1994年被评为浙江省优质早籼米品种。

**抗性**：穗瘟平均2.3～3.0级，最高3级，与浙852相仿。易感纹枯病。苗期耐寒性强。

**产量及适宜地区**：1993年浙江省多点试种，平均产量6.85t/hm²，比对照浙852增产3.6%。1994—1996年绍兴市早稻区试，平均产量分别为6.05t/hm²、5.03t/hm²和5.72t/hm²，分别比对照二九丰减产6.0%，比对照浙852减1.45%和增产1.0%。1996年生产试验，平均产量5.60t/hm²，比对照浙852减产5%。适宜在绍兴、金华等市作为早稻优质米品种种植。1995—2007年累计推广54.3万hm²。

**栽培技术要点**：作移栽稻栽培：①药剂浸种消毒。②4月上中旬播种，秧田播种量300～400kg/hm²，本田用种量60～75kg/hm²。秧龄控制在25d以内，以5叶1心期前移栽为好，插秧株行距以16.7cm×13.3cm为宜，每穴3～4苗。③耐肥力中等，以标准肥37.5t/hm²为好，施足基肥，在80%出穗时，结合搁田施用225kg/hm²氯化钾，保花肥以钾肥代氮肥，效果较好。④注意纹枯病的防治。

作抛秧栽培：①精做秧板，均匀播种。播前10d翻耕，前2d上水耥平，挖好秧沟，秧板宽1.4m，待秧板沉实后放秧盘，做到秧盘贴泥无高低、无间隙，每盘播67g。②秧田肥水管理。二叶期前以湿润灌溉为主，不灌水上秧板。③秧田注意防治病虫草鼠害。④提倡塑盘旱育秧及肥床旱育抛秧。

# 浙辐802（Zhefu 802）

**品种来源**：浙江农业大学与余杭县农业科学研究所用 $^{60}$Co γ 射线 7.74C/kg 辐射处理四梅 2 号干种子，1980 年选育而成。分别通过浙江省（1984，浙品审字第 021 号）、湖南省（1985，湘品审第 5 号）、安徽省（1985，皖品审 85010012）和国家（1990，GS01003—1989）农作物品种审定委员会审定。

**形态特征和生物学特性**：属常规中熟早籼稻品种。全生育期 107d。株高约 75cm，株型较松散，分蘖力中等偏弱。剑叶较长，叶片较阔，叶色生长前期淡绿色，后期转浓。穗型较大，穗长 17 ～ 18cm，每穗粒数约 80 粒，结实率较高，结实率 80.2%，成穗率比原丰早稍高，千粒重 22 ～ 24g。谷粒椭圆形，谷壳、稻尖、护颖秆黄色，偶有顶芒。

**品质特性**：糙米率 79.7%，精米率 72.0%，整精米率 63.6%，糙米长宽比 2.4，垩白粒率 10%，垩白度 30.5%，透明度 4 级，碱消值 5 级，胶稠度 62mm，直链淀粉含量 25.3%。稻米品质较好。

**抗性**：较抗稻瘟病、纹枯病。

**产量及适宜地区**：1983 年、1984 年浙江省两年区试，平均产量分别为 5.25t/hm²、6.20t/hm²，比对照原丰早分别增产 6.0%、6.8%。均达显著标准。大田生产一般产量 6.00t/hm²。适宜在安徽、湖北、湖南、江苏、江西、上海、浙江省等南方稻区大面积推广种植。1984 年至今累计推广 977.8 万 hm²。

**栽培技术要点**：①二熟制早稻种植，清明前后播种，播种量 900kg/hm²。早三熟种植可推迟到 4 月中旬播种，播种量 600 ～ 750kg/hm²，用种量 105 ～ 135kg/hm²。② 秧龄掌握在 30 ～ 33d，不超过 35d，叶龄 5.5 叶，不超过 6 叶。株行距 16.7cm×10.0cm 或 13.3cm×13.3cm，每穴插 4 ～ 5 苗，插足基本苗 300 万苗/hm²。③施肥技术上采取轰前、稳中、保后的原则。用肥量因田块肥力而定。④适时搁田，插秧后 10 ～ 15d，二熟制栽培的达苗数 450 万/hm²，三熟制栽培的苗数为 375 万/hm² 时排水搁田。掌握八九成黄熟时收获，轻割轻放，细收细打，确保丰产丰收。

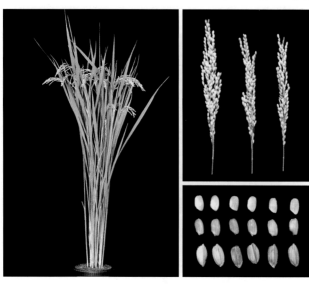

# 浙鉴21（Zhejian 21）

**品种来源**：浙江省农业科学院作物与核技术利用研究所以浙9248为母本、舟903为父本杂交育成，原名浙9521。2004年通过浙江农作物品种审定委员会审定（浙审稻2004022）。

**形态特征和生物学特性**：属常规中熟早籼稻品种。全生育期109.8d，比对照嘉育948长2.0d。株高83cm，株型紧凑，叶片挺直，叶色淡绿。分蘖力强，穗粒兼顾，熟期适中。有效穗数505.5万穗/hm²，穗型较小，为多穗型品种，穗长17.9cm，着粒较稀，每穗总粒75粒、实粒60粒，结实率82.9%，千粒重23g，谷粒细长。

**品质特性**：糙米长宽比3.4，整精米率74.1%，垩白度84%，透明度2.0级，直链淀粉含量15.7%，粒型细长，透明度高，米质优。糙米率、精米率、糙米粒长、糙米长宽比、碱消值、蛋白质等6项指标达部颁一级优质米标准；透明度、胶稠度、直链淀粉含量等3项指标达部颁二级优质米标准。

**抗性**：叶瘟平均2.3级，最高5.0级；穗瘟平均2.3级，最高5.0级；白叶枯病平均9.0级，最高9.0级。中抗稻瘟病，感白叶枯病。

**产量及适宜地区**：2001年、2002年绍兴市早稻区试，两年平均产量6.17t/hm²，比对照嘉育948增产3.55%。2003年生产试验，平均产量6.78t/hm²，比对照嘉育948增产5.17%。适宜在浙江绍兴及同类型生态地区作为优质食用早籼稻种植。

**栽培技术要点**：①播前用药剂浸种。②适期播种，肥育壮秧。3月底播种，浙南地区可适当推迟到4月初，减少地膜覆盖时间。秧田播种量300～450kg/hm²，本田用种量60～75kg/hm²。③掌握秧龄，合理密植。5叶1心期前移栽为好，株行距16.5cm×13.2cm，每穴3～4苗。④科学施肥。要求施足基肥，严防后期过量施用氮肥。对钾肥比较敏感，在穗数达到80%时，结合搁田施用225kg/hm²氯化钾。⑤水分管理切忌断水过早，防止后期倒伏。⑥注意纹枯病的防治，特别是孕穗期不论有无发生，一定要防治1次，同时还要注意螟虫的防治。

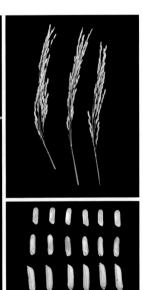

# 浙农 34 （Zhenong 34）

**品种来源**：浙江大学农业与生物技术学院以金97-47为母本、中9740为父本杂交配组选育而成。2007年通过浙江省农作物品种审定委员会审定（浙审稻2007023）。

**形态特征和生物学特性**：属常规中熟略偏迟早籼稻品种。全生育期108.2d，比对照嘉育293长1.1d。株高81.2cm，株型松散度适中，分蘖力中等。苗期长势较旺，秧龄弹性较大。叶色较深，后期转色好，不早衰。穗粒结构协调，成穗率高，抽穗整齐。穗长18.0cm，每穗总粒数128.9粒，每穗实粒数115.2粒，结实率89.3%，千粒重25.1g。粒形较圆，谷粒淡黄色，无芒。

**品质特性**：糙米长宽比2.0，整精米率61.2%，垩白粒率100%，垩白度25%，透明度4级，胶稠度51.8mm，直链淀粉含量23.4%，两年米质指标均达到部颁六级食用稻品种品质。

**抗性**：稻瘟病抗性强，其中叶瘟1.2级，穗瘟0级，穗瘟损失率0；白叶枯病8级；纹枯病较轻。抗倒伏性好，耐涝性和苗期耐寒性均较强。

**产量及适宜地区**：2005年、2006年参加浙江省早籼稻区试，两年平均产量7.12t/hm²，比对照嘉育293减产1.8%。2007年生产试验，平均产量7.10t/hm²，比对照嘉育293增产2.7%。适宜在浙江省作为早稻种植。

**栽培技术要点**：①播种量控制在525～600kg/hm²，宜稀播匀播，培育壮秧。绿肥田早稻可在3月底播种，薄膜覆盖或温室塑盘育秧，秧龄以25～30d为宜。春花田早稻宜在4月10日播种，秧龄在30d以内。②合理密植，插足基本苗150万～180万苗/hm²。③合理施肥。要求中等偏上，施标准肥氮肥337.5～375.0kg/hm²、过磷酸钙375～450kg/hm²、氯化钾1 125kg/hm²。④加强水分管理。前期浅灌勤灌，浅水活棵，促早发；中期适时搁田，控制无效分蘖，增强抗倒伏能力；后期保持干湿交替，防止断水过早，保持根系活力。⑤稻瘟病抗性强，主要做好二化螟、稻纵卷叶螟、纹枯病等防治及杂草的防除工作。⑥适时收割，确保丰产丰收。

# 浙农7号 （Zhenong 7）

**品种来源**：浙江大学农业与生物技术学院农学系以中丝3号为母本、浙农947为父本杂交配组，2000年选育而成。2004年通过浙江省农作物品种审定委员会审定（浙审稻2004002）。

**形态特征和生物学特性**：该品种属中熟早籼稻。全生育期108.9d，比对照浙733短4d。株高88.9cm，株型适中，分蘖力中等，茎秆较粗，剑叶挺。成穗率高，出穗整齐，后期青秆黄熟，丰产性好。有效穗数339万穗/hm²，穗长20.3cm，每穗总粒数118粒，结实率80.4%，千粒重23.6g。谷粒淡黄色，偶有短芒。

**品质特性**：糙米长宽比3.0，糙米率76.9%，整精米率40.0%，垩白粒率18.0%，垩白度6.0%，透明度3级，碱消值6.6级，胶稠度67mm，直链淀粉含量14.1%。腹白少，外观晶莹透亮，整精米率较低。

**抗性**：叶瘟4.7级，穗瘟2.7级，穗瘟损失率2.6%，白叶枯病3.3级。

**产量及适宜地区**：2002年、2003年参加浙江省早籼稻区试，两年平均产量6.84t/hm²，比对照嘉育293增产6.19%。2003年生产试验，平均产量6.96t/hm²，比对照嘉育293增产5.31%。适宜在浙江省作为早稻种植。

**栽培技术要点**：①适时早播稀播、适龄移栽，培育壮苗。3月底4月初为播种适期，露地育秧浙南地区4月10日后播种，直播稻或三熟制早稻栽培以4月中旬为宜，秧龄30d。用种量52.5kg/hm²，播前经晒种和种子药剂处理。②合理密植，插足基本苗，增穴增苗。株行距20cm×20cm，插足基本苗180万～225万苗/hm²，力求做到插匀、插足。③需肥量中等偏上，合理运筹，科学用肥。④加强水分管理，前期浅灌勤灌，浅水活棵，促早发。中期适时搁田，控制无效分蘖，增强抗倒伏能力。后期保持干湿交替，防止断水过早，保持根系活力，以提高籽粒饱满度。⑤及时防治病虫害，主要做好虫害的防治。⑥做到适时收割，确保丰产丰收。

# 浙农 8010 （Zhenong 8010）

**品种来源**：浙江农业大学以粳稻科情3号与籼糯IR29杂交的后代选株为母本、优质抗病早籼8004为父本杂交选育而成。1993年通过浙江农作物品种审定委员会审定（浙品审字第097号）。

**形态特征和生物学特性**：属常规中熟偏迟早籼稻品种。全生育期116d。株高82cm，株型较紧凑，分蘖中等偏强。叶片淡绿色，剑叶狭短而挺。成穗率高，属多穗型品种。穗颈节间较长，穗长20cm，着粒密度较稀，每穗总粒数80～100粒，结实率高，千粒重23g。

**品质特性**：精米率、胶稠度和蛋白质含量均达国家一级优质米标准，糙米率和糙米长宽比达到国家二级优质米标准。米饭清香有光泽，外形好，饭粒润滑柔软可口，饭冷后不回硬。

**抗性**：高抗稻瘟病，耐寒性较强。

**产量及适宜地区**：浙江省温州市早稻区试，1990年平均产量6.27t/hm²，比对照竹科2号增产9.14%；1991年平均产量6.52t/hm²，比对照竹科2号增产0.62%。1992年生产试验，平均产量5.98t/hm²，比对照竹科2号增产4.81%。适宜在温州地区中低肥田种植。累计推广11.4万hm²。

**栽培技术要点**：①宜在3月25日播种，播种量450～600kg/hm²，秧龄一般在30～35d。②4月底至5月初移栽，种植密度以16.7cm×16.7cm、插苗30万～37.5万穴/hm²、每穴5～6苗为佳，插足基本苗180万苗/hm²。③施肥33.75～41.25t/hm²，采取前重、中控、后补的原则，基肥要施足，以有机肥为主，氮、磷、钾搭配。④加强水分管理。前期浅灌勤灌，浅水活棵，促早发。中间适时搁田，控制无效分蘖，增强抗倒伏能力。后期保持干湿交替，防断水过早，保持根系活力，以提高籽粒饱满度。⑤及时做好纹枯病和虫害的防治。⑥适时收割，确保丰产丰收。

# 浙农 921 (Zhenong 921)

**品种来源**：浙江农业大学以高产早籼中浙1号为母本、优质籼稻K125-3杂交配组，再与中浙1号回交，1993年定型选育而成。1997年通过浙江省农作物品种审定委员会审定（浙品审字第149号）。

**形态特征和生物学特性**：属常规中熟早籼稻品种。全生育期105～112d，比对照浙852长1.5～2.0d。株高75cm，株型紧凑，分蘖力较强，茎秆粗壮。根系发达，苗期长势较旺，叶色较深，叶片较狭挺。抽穗整齐，成穗率约75%，穗长18cm，每穗总粒数100粒，结实率70%～80%，千粒重27.5g。谷粒淡黄色，无芒。

**品质特性**：糙米粒长6.5mm，糙米长宽比2.5，糙米率83.9%，精米率75.5%，整精米率43.9%，垩白粒率100%，垩白度28.3%，透明度3.5，碱消值5.1级，胶稠度49.5mm，直链淀粉含量26.3%。米质优于对照品种浙852。

**抗性**：抗稻瘟病，纹枯病轻。耐涝性、抗倒伏性和苗期耐寒性均较强。

**产量及适宜地区**：1994年、1995年参加浙江省早稻区试，平均产量6.14t/hm²、5.50t/hm²，比对照浙852分别增产5.2%、9.3%。1996年生产试验，平均产量5.91t/hm²，比对照浙852增产2.82%。适宜在浙中、浙南稻区作为早稻种植。

**栽培技术要点**：①浙江南部绿肥早稻种植3月25日播种，早熟春花田4月上旬播种；浙北地区或山区半山区可适当推迟。播种量600～750kg/hm²，大田用种量60～75kg/hm²。4月底5月初移栽，秧龄以30～35d为好。②密度16.7cm×16.7cm，插苗30.0万～37.5万穴/hm²，每穴5～6苗为佳，插足基本苗225万苗/hm²，有效穗数375万～450万穗/hm²。③对肥水条件的要求中等偏上，施标准肥3.38t/hm²为好，不宜超过5.63t/hm²。重施基肥、早施追肥、看长势补施穗肥。以有机肥为主，做到氮、磷、钾搭配施用，施栏肥1.35～1.50t/hm²，加碳酸氢铵450kg/hm²，过磷酸钙300kg/hm²和钾肥150kg/hm²。前期浅灌勤灌，中期适时搁田，后期保持干湿交替，防止断水过早。④及时防治病虫害。主要做好纹枯病和虫害的防治。

# 浙农952 (Zhenong 952)

**品种来源**：浙江大学农业与生物技术学院农学系和浙江省绍兴县种子公司合作，以中浙1号为母本、浙珍1号为父本杂交配组选育而成。2001年通过浙江省农作物品种审定委员会审定（浙品审字第224号）。

**形态特征和生物学特性**：属常规中迟熟早籼稻品种。全生育期111d。株高81.9cm，株型较紧凑，抗倒伏性强。抽穗整齐，成穗率高，后期转色好。穗长18.2cm，每穗总粒数95.9粒，结实率75.2%，千粒重29.8g。

**品质特性**：糙米粒长6.8mm，糙米长宽比2.7，糙米率81.0%，精米率71.9%，整精米率35.0%，垩白粒率95.7%，垩白度21.6%；透明度3.3，碱消值5.5级，胶稠度43.3mm，直链淀粉含量23.9%。其中糙米率、精米率、粒长和碱消值等4项指标达部颁一级食用优质米标准；长宽比、胶稠度和直链淀粉含量等3项指标达二级米标准。米质中等。

**抗性**：浙江省两年区域试验结果，苗瘟1.2级和0.5级，穗瘟2.1级和2.4级，分别比对照浙733（苗瘟4.7级和3.3级，穗瘟4.2级和4.8级）提高一个等级以上。感白叶枯病、细条病、白背稻虱和褐稻虱。耐寒性较强。

**产量及适宜地区**：浙江省早稻品种区试，1997—1999年平均产量6.34t/hm²，比对照浙733减产0.42%。2000年生产试验，平均产量6.61t/hm²，比对照浙733增产0.64%。适宜浙江省作为早稻种植。

**栽培技术要点**：①适时早播稀播，适龄移栽。适宜绿肥田或早熟春花田早稻种植，秧

龄以30～32d为好。②合理密植，增穴增苗。种植密度17cm×17cm，插30.0万～37.5万穴/hm²，每穴栽插6～7苗为佳，插足基本苗270万苗/hm²。③需肥量中等偏上，合理运筹，科学用肥，适宜在肥力和施肥量较高的地区种植。④加强水分管理。前期浅灌勤灌，中期适时搁田，后期保持干湿交替，防止断水过早。⑤及时防治病虫害。主要做好纹枯病和虫害的防治。

# 珍汕97 (Zhenshan 97)

**品种来源**：浙江省温州地区农业科学研究所以珍珠矮11为母本、矮选4号为父本杂交，1968年育成。本品种作为早籼稻育种亲本衍生有厦革4号、珍竹19、庆元2号、79130等品种，还是我国三系杂交稻最重要的保持系，配制有汕优系列三系杂交稻。

**形态特征和生物学特性**：属籼型常规迟熟早稻品种。全生育期118d。株高85cm，株型紧凑，茎秆坚韧，基部叶鞘、叶缘、颖尖紫色，分蘖力中等，成穗率高，适应性广，但灌浆到成熟时间较长。单株有效穗数7.8个，穗长21cm，每穗总粒数88.5粒，结实率79.6%，千粒重25.0g。

**品质特性**：糙米率79.5%，精米率70.8%，整精米率53.8%，糙米粒长5.7mm，糙米长宽比2.0，垩白粒率97%，垩白度16.0%，透明度3级，碱消值5.3级，胶稠度26mm，直链淀粉含量23.4%，粗蛋白含量12.0%。

**抗性**：中感稻瘟病，高感白叶枯病、褐飞虱和白背飞虱，易感纹枯病和小球菌核病。耐瘠，较耐盐碱，苗期耐寒性弱，穗期干旱胁迫敏感。

**产量及适宜地区**：一般产量5.25～6.00t/hm²。作为常规稻应用，适于南方双季稻区作为早稻栽培，1978年曾推广种植6.93万hm²；应用不育系珍汕97A所配制的三系杂交种在长江流域、华南稻区累计种植2 000万hm²以上。

**栽培技术要点**：①适时早播，稀播壮秧。3月底至4月初播种，秧田播种量600kg/hm²，秧龄约30d。②合理密植，插足基本苗。移栽密度20.0cm×15.8cm，每穴5～6苗，落地苗150万～180万苗/hm²。③施足基肥，配施磷钾肥。一般基肥占80%。④加强水分管理。薄水插秧，深水护苗，浅水分蘖，促早生早发。插后20d搁田，控制最高苗数。后期干干湿湿，以湿为主，保持根系活力。⑤注意防病治虫。

# 中106 (Zhong 106)

**品种来源**：中国水稻研究所以中156为母本、军协/青四矮为父本复交，于1990年春在海南陵水F₆代定型，原编号90-106。1996年5月通过浙江省农作物品种审定委员会审定。

**形态特征和生物学特性**：属籼型常规迟熟早稻。全生育期110～113d。主茎叶片数13张。株高85cm，苗期耐寒，移栽后起发快，生长势旺，茎秆粗壮，耐肥抗倒伏。后期遇高温不逼熟，穗期遇阴雨结实性好，青秆黄熟。分蘖力偏弱，但抽穗整齐，成穗率高。穗大，每穗总粒数100粒上下，结实率85.5%以上，千粒重27～28g。稃尖紫色，谷粒椭圆形。

**品质特性**：糙米率79.4%，精米率71.4%，整精米率53.6%，糙米长宽比2.1，碱消值5.1级，胶稠度36mm，直链淀粉含量24.4%，米质中等。

**抗性**：中抗稻瘟病，感白叶枯病、褐稻虱和白背飞虱。

**产量及适宜地区**：大田生产试验一般产量6.75～7.50t/hm²。1992年参加浙江省联品迟熟组试验，平均产量7.60t/hm²，比对照广陆矮4号和辐8-1分别增产12.6%和5.0%，达极显著水平。1993年、1994年参加浙江省早籼稻区域试验，平均单产分别为5.76t/hm²、6.50t/hm²，比对照浙733分别增产4.3%、5.8%，居第二位和第一位。1995年浙江省生产试验平均单产5.69t/hm²，比对照浙733增产4.75%。适宜长江中下游稻瘟病较轻地区作连作早稻栽培。1998年累计推广0.67万hm²。

**栽培技术要点**：①适时早播。该品种成熟期偏迟，苗期耐寒，应适时早播。②壮秧密植。作为二熟制绿肥田早稻，秧田播种量600～750kg/hm²，本田基本苗225万苗/hm²；作为三熟制春花田早稻，秧田播种量450～600kg/hm²，落田苗300万苗/hm²；直播稻以播60～75kg/hm²为宜。秧龄均在30d左右。③增施肥料。总施肥量标准肥37.5t/hm²。基肥足，追肥早，增施磷、钾肥。④做好田间管理。结合浸种进行种子消毒，及时防治纹枯病和白叶枯病。适时适度搁田，后期不宜断水过早。

# 中 156 (Zhong 156)

**品种来源**：中国水稻研究所1983年以浙辐802为母本、湘早籼1号为父本配组杂交，1986年秋F₅定型，1987年品系比较试验表现优异，1988年起发放各地试种和大田示范，原名中87-156。分别通过江西省（1991）和浙江省（1993）农作物品种审定委员会认定，以及浙江温州市（1990）、湖南省（1991）和国家（1993）农作物品种审定委员会审定。

**形态特征和生物学特性**：属籼型常规中熟早稻。全生育期110～114d。株高80cm，根系发达，茎秆粗壮，主茎总叶龄12张左右，叶面积大，色深，前散后挺，功能期长，灌浆前期较慢，灌浆时间较长。穗大粒多，结实性好，谷粒饱满，耐肥，抗倒伏。分蘖力较弱、整齐，单株有效穗数8.8个，有效穗数345万～375万穗/hm²，穗长20.6cm，每穗总粒数85粒，结实率82%，千粒重28.5g。谷粒椭圆而厚，不易穗发芽。

**品质特性**：糙米率80.3%，精米率73.0%，整精米率54.6%，糙米长宽比2.0，垩白粒率100%，垩白度21.0%，碱消值7.0级，胶稠度30mm，直链淀粉含量25.2%，粗蛋白含量10.9%。

**抗性**：中抗苗稻瘟病，感叶瘟，高感白叶枯病和褐稻虱，中抗白背飞虱。耐寒性中等，后期耐高温，耐旱性极弱。

**产量及适宜地区**：一般产量6.00t/hm²左右。1988—1990年参加湖南、江西、湖北、浙江、安徽等地区试，多数增产极显著，产量位次均列前茅。1990年、1991年浙江省和南方稻区区试平均产量分别为6.82t/hm²、6.64t/hm²。适宜长江中下游稻瘟病较轻地区作连作早稻栽培。1988年发放多地试种，年最大种植面积16.7万hm²（1992年），1990—1996年湖南、江西、浙江、湖北、安徽等省累计推广40.7万hm²。

**栽培技术要点**：①绿肥茬田播种量750～900kg/hm²，中熟春花大麦茬田600kg/hm²，迟熟春花小麦、油菜茬田450kg/hm²。②秧龄一般30d左右为宜，因分蘖力弱，应注意培育壮秧，移栽时要合理密植，基本苗225万苗/hm²左右。③施足有机肥，早追氮、磷、钾肥。前期促分蘖，中期适度搁田，后期尽量推迟排水平田，天气干热时深水灌溉。④注意防治稻瘟病、白叶枯病、褐飞虱等病虫害。

# 中 86-44 （Zhong 86-44）

**品种来源**：中国水稻研究所以浙辐802/广陆矮4号为母本、HA 79317-7为父本配组复交于1986年育成。分别通过湖南省（1992）、湖北省（1992）、江西省（1993）和国家（1994）农作物品种审定委员会审定。

**形态特征和生物学特性**：属籼型常规中熟早稻。全生育期111～115d，对温度较敏感。株高78cm，株型适中，茎秆粗壮，叶片淡绿，田间长势繁茂，后期转色较好，耐肥力中等偏强，抗倒伏性中上等。分蘖力强，有效穗数386.5万穗/hm²，穗长18.3cm，每穗粒数73.4粒，结实率84.2%，千粒重25.5g。谷粒细长，颖尖秆黄色，有顶芒，种皮略呈棕黄色。

**品质特性**：糙米率79.9%，精米率72.5%，整精米率49.2%，糙米粒长6.6mm，糙米长宽比2.8，垩白粒率87%，垩白度10.0%，透明度2级，碱消值5.1级，胶稠度76mm，直链淀粉含量25.0%，粗蛋白含量10.7%。米质中等。

**抗性**：抗稻瘟病、褐飞虱和白背飞虱，抗白叶枯病中国致病型 V、VI 和 VII。耐寒、耐盐性弱，耐旱性极弱。

**产量及适宜地区**：1988年湖北省区试预试产量为6.19t/hm²，比对照原丰早增产9.45%，极显著；1989年、1990年区试，平均产量6.56t/hm²，比对照原丰早增产13.98%，极显著。1990年湖南省、浙江省早稻品种区试平均产量分别为7.27t/hm²、6.96t/hm²，比对照浙辐802分别增产9.6%、广陆矮4号增产4.5%，均极显著。1991—1992南方稻区早稻品种区试平均产量7.27t/hm²。适宜湖南、湖北、浙江、江西省等长江中游地区种植。1992—1999年累计推广30.6万hm²。

**栽培技术要点**：①培育壮秧，少苗密植。二熟制绿肥田早稻3月25～30日播种，播种量750～900kg/hm²，秧龄30d，基本苗150万～180万苗/hm²。春花田早稻，一般4月10～15日播种，播种量600kg/hm²，秧龄28～30d，基本苗225万苗/hm²。②采用攻头、稳中、控尾的施肥方法，注意增施磷、钾肥。③早期浅灌，适时搁田，后期防止断水过早。

# 中98-18 (Zhong 98-18)

**品种来源**：中国水稻研究所于1994年以嘉育948为母本、嘉兴39为父本杂交，经6代定向选择，于1998年定型。2002年分别通过浙江省和江西省农作物品种审定委员会审定。

**形态特征和生物学特性**：属籼型常规中熟早稻。生育期109d左右。株高84cm，株型紧凑，茎秆粗壮，分蘖力中等，有效穗数311万穗/hm²，成穗率73.5%。穗长18.9cm，每穗总粒数119.5粒，实粒数100.4粒，结实率84%，千粒重23.7g。

**品质特性**：米质优，口感好，精米率、糙米粒长、糙米长宽比、透明度、碱消值、胶稠度、直链淀粉含量和蛋白质含量等8项指标达部颁一级食用优质米标准，糙米率、整精米率和垩白度等3项指标达部颁二级米标准。

**抗性**：中抗稻瘟病。抗倒伏性好。

**产量及适宜地区**：1999年、2000年参加浙江省金华市水稻品种区试，平均产量6.68t/hm²，比对照嘉育948增产7.84%。2000年生产试验，平均产量7.08t/hm²，比对照嘉育948增产7.4%。适宜浙江省金华、温州、衢州等地区作为双季早稻栽培。

**栽培技术要点**：①育秧移栽3月底4月初、直播4月10以前播种，用种量75kg/hm²。②密度30万~37.5万穴/hm²，基本苗120万~150万苗/hm²。③分蘖盛期及时晒田控蘖，后期采用湿润灌溉，保证充分结实灌浆。肥料管理上要施足基肥，早施追肥。④注意防治稻瘟病等病虫害。

# 中辐906 （Zhongfu 906）

**品种来源**：中国水稻研究所以丰4/IR9129-136-2-1//密阳23复交F$_1$代种子经铯137辐射育成。1998年通过浙江省农作物品种审定委员会审定。

**形态特征和生物学特性**：属籼型常规中熟早稻。全生育期平均111.1d，种性稳定，秧龄弹性大。株高73.0cm，主茎叶片11.2叶，株型紧凑，通风透光，茎秆粗壮，叶片挺笃、稍卷，叶色翠绿，分蘖力中等，穗大粒多，结实率高，后期转色好。剑叶长27.8cm，宽1.75cm，有效穗数330万穗/hm$^2$，穗长18.5cm，每穗粒数75～102粒，结实率87%，千粒重25.7g。谷粒长椭圆形，无芒，谷壳、颖尖秆黄色。

**品质特性**：糙米率81.1%，精米率73.0%，整精米率48.3%，糙米粒长6.5mm，糙米长宽比2.9，垩白大小11.5%，垩白度6.9%，透明度3.0级，碱消值5.0级，胶稠度50mm，直链淀粉含量25.5%。

**抗性**：中抗稻瘟病，抗白叶枯病。苗期耐寒，后期耐阴雨，耐高温。

**产量及适宜地区**：1995年和1996年浙江省早籼稻中熟组品种区试中，平均产量分别为5.23t/hm$^2$和6.58t/hm$^2$，比对照浙852分别增产3.9%和7.1%。1997年浙江省生产试验平均产量为6.57t/hm$^2$，比对照浙852增产5.1%。适于浙江中南部地区种植。累计推广1.4万hm$^2$。

**栽培技术要点**：①适时稀播，培育壮秧。作两熟制栽培，于3月25日至4月5日前后播种，秧田播种量掌握在600kg/hm$^2$。作三熟制栽培播种量在450～600kg/hm$^2$，秧龄掌握在30d以内。②合理密植，增穴增穗。应适当增加穴数，少苗密植，每平方米250～450苗。

③施足基肥，早施追肥。以基肥为主，早施追肥，促进早发，增施磷钾肥，采用攻早、稳中、控尾的施肥原则，基追肥比例以7：3为好。④科学用水，增粒增重。采取浅水插秧，深水护苗，促使早返青、早分蘖，多次搁田，长根壮蘖，控制群体发展，提高分蘖成穗率，足水齐穗，齐穗后干干湿湿，以提高结实率和千粒重，后期切忌断水过早。⑤注意防治病虫害，并做到及时收获，达到丰产丰收。因地制宜采用轻型栽培技术。

# 中秆早（Zhongganzao）

**品种来源**：浙江省农业科学院水稻研究所以二九矮3号的衍生中籼品种爱武为母本、早籼稻早丰收为父本杂交配组，1973年选育而成。分别通过浙江省（1983，浙品认字第004号）和国家（1985，GS01018—1984）农作物品种审定委员会审定。

**形态特征和生物学特性**：属常规中熟偏早熟早籼稻品种。比对照圭陆矮3号早熟1d，比对照圭陆矮8号早熟3d。株高70～80cm。株型紧凑，分蘖力较弱，茎秆韧度较低，秧龄弹性大，繁茂性较好，熟期褪色良好，青秆黄熟。叶色浅绿，叶片较大。穗型大，每穗粒数80～90粒，结实率80%。千粒重22～23g，不易落粒。谷粒小。

**抗性**：抗稻瘟病力较弱，易感穗颈瘟。

**产量及适宜地区**：1972年经浙江省22个试种点产量鉴定，平均产量6.12t/hm²。1974年扩大试种，1983年推广种植12万hm²。适宜在浙江省作春花茬田早稻种植。1983—1984年累计推广16.6万hm²。

**栽培技术要点**：①浙江北部二熟制早稻种植，4月上旬播种，4月下旬移栽；三熟制早稻种植，4月中旬播种，5月中旬移栽。②适宜中等施肥水平，施肥以基肥为主，追肥尽早施用。③小穴密植。绿肥田早稻采用16.7cm×10cm的株行距，每穴6～7苗，插足基本苗360万～375万苗/hm²；春花田早稻则需插足基本苗465万～480万苗/hm²。④注意防治穗颈瘟。稻瘟病危害严重的地区，破口期施药防治穗颈瘟。加强田间管理，特别是在后期，要保持田间湿润，不宜断水过早，以增强植株活力，提高抗病能力。⑤由穗型较大，穗基部谷粒充实较慢，适时收获，防止割青。

# 中旱209（Zhonghan 209）

**品种来源**：中国水稻研究所以栽培稻种间杂交后代选21为母本、IR55419-04-1为父本，于1996年杂交配组，经连续多代选育而成。2004年通过国家农作物品种审定委员会审定。

**形态特征和生物学特性**：属籼型常规早熟中稻，旱稻。全生育期111.7d，比对照巴西陆稻（IAPAR 9）迟熟2.2d，熟期适中。株高94.2cm，株型紧凑，剑叶长27.3cm、宽1.63cm，挺直，分蘖力强，前期长势旺盛，后期转色好。有效穗数315万穗/hm$^2$，穗长20.4cm，每穗总粒数87.4粒，结实率73.6%，谷粒长9.7mm、宽2.58mm，千粒重26.0g。

**品质特性**：出糙率80.4%，整精米率59.4%，糙米粒长6.9mm，糙米长宽比3.3，垩白粒率12.5%，垩白度1.7%，胶稠度40.5mm，直链淀粉含量23.9%，综合评分54分，达到国家三级优质米标准。

**抗性**：感稻瘟病，高感白叶枯病。抗旱性中等。

**产量及适宜地区**：2002年参加长江中下游旱稻品种区试，平均产量4.86t/hm$^2$，比对照巴西陆稻（IAPAR 9）增产22.08%（极显著）；2003年续试，平均产量4.10t/hm$^2$，比对照巴西陆稻（IAPAR 9）增产16.77%（极显著）；两年区试平均产量4.39t/hm$^2$，比对照巴西陆稻（IAPAR 9）增产18.99%。2003年生产试验平均产量4.16t/hm$^2$，比对照巴西陆稻（IAPAR 9）增产。适宜在福建北部、江西、浙江、上海、湖北、江苏中南部、安徽中南部的稻瘟病和白叶枯病轻发区作为中稻旱作种植。2010—2014年累计推广1.53万hm$^2$。

**栽培技术要点**：①整地。深翻土壤并做畦，整地前15d喷施除草剂清除杂草。②播种。

条播或穴播，播种量45～60kg/hm$^2$，播种深度3～5cm。③施肥。基肥施磷肥900kg/hm$^2$，钾肥150kg/hm$^2$，尿素75kg/hm$^2$；四叶期时追施尿素120～150kg/hm$^2$；分蘖期、孕穗期可追施尿素150kg/hm$^2$。④水分管理。一生主要依靠自然降水，但在出苗期、分蘖期、孕穗期、灌浆期遇到持续干旱时应进行灌溉。⑤除草。在生长前期应及时中耕除草。⑥防治病虫。注意防治稻瘟病和白叶枯病等。

# 中旱221（Zhonghan 221）

**品种来源**：中国水稻研究所以双头农虎为母本、巴西陆稻为父本杂交，经7代选择于2003年育成。2006年通过国家农作物品种审定委员会审定。

**形态特征和生物学特性**：属籼型常规早熟中稻，旱稻。在长江下游作一季中稻旱作种植全生育期平均112.7d，比对照中旱3号迟熟2.1d。生长整齐，苗期长势旺盛，分蘖力强，叶片挺直，后期转色好，有效穗数322.5万穗/hm²，株高96.3cm，穗长22.0cm，每穗总粒数117.9粒，结实率79.9%，千粒重22.7g。

**品质特性**：整精米率57%，糙米长宽比3.3，垩白粒率2%，垩白度0.1%，胶稠度30mm，直链淀粉含量25.3%，米质一般。

**抗性**：中抗苗瘟和叶瘟。抗旱性中等。

**产量及适宜地区**：2004—2005年参加长江下游旱稻组品种区试，平均产量5.39t/hm²，比对照中旱3号增产37.5%（极显著）。2005年生产试验，平均产量5.73t/hm²，比对照中旱3号增产30.3%。适宜在湖南、浙江、安徽淮河以南、福建的部分旱情较轻的丘陵地区作为一季旱稻种植。

**栽培技术要点**：①播种。适时播种，一般在5月中旬至6月中旬播种，播种方式可采用穴播、条播或散播。适当稀植，穴播每穴4～5粒种子，行距23～25cm，株距13～17cm，条播与撒播的播种量控制45kg/hm²左右。②育秧移栽。与普通水稻品种管理相似，以水栽旱管较好，一般在返青后不需建立水层，在孕穗期、抽穗扬花期遇到特别干旱的年份时，灌溉水分有利于高产丰收。③施肥。基肥一般在翻耕前施磷肥450kg/hm²、钾肥150kg/hm²、尿素300kg/hm²。④杂草及病虫防治。采用化学除草结合人工除草，播种前半个月喷施适当除草剂杀灭地表杂草。注意及时防治稻瘟病、纹枯病、二化螟和褐飞虱等病虫害。

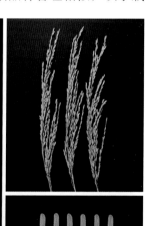

# 中佳早10号 （Zhongjiazao 10）

**品种来源**：中国水稻研究所以Z99-312为母本、嘉兴99-25为父本配组杂交，经多代系统选育而成。2006年通过浙江省农作物品种审定委员会审定。

**形态特征和生物学特性**：属籼型常规中熟早稻。全生育期107.0d，比对照嘉育293长1.3d。株高84.9cm，株型较紧凑，株高适中，叶片细长较挺，穗型中等，成穗率和结实率高，后期熟相清秀，丰产性较好。有效穗数336万穗/hm²，成穗率79.2%，穗长19.0cm，每穗总粒数115.4粒，实粒数100.2粒，结实率86.8%，千粒重25.7g。

**品质特性**：整精米率49.1%，糙米长宽比3.2，垩白粒率25.8%，垩白度2.4%，透明度2.3级，胶稠度78.3mm，直链淀粉含量13.2%。

**抗性**：高抗稻瘟病，中感白叶枯病，抗倒性中等。苗期耐寒性弱。

**产量及适宜地区**：2004年浙江省早籼稻区试，平均产量7.53t/hm²，比对照嘉育293增产5.6%，未达显著水平；2005年区试，平均产量7.58t/hm²，比对照嘉育293减产1.8%，未达显著水平；两年平均产量7.56t/hm²，比对照嘉育293增产1.9%。2006年浙江省生产试验平均产量6.92t/hm²，比对照嘉育293增产1.5%。适宜在浙江全省作为早稻种植。

**栽培技术要点**：①播种期和播种量。3月末4月初播种，播种量375～450kg/hm²，稀播育壮秧，5月1日前移栽，秧龄宜控制在30d以内。②栽插密度。株行距16.7cm×16.7cm或16.7cm×20.0cm，每穴插2～3苗。③肥水管理。施肥采用施足基肥，早施追肥，注重穗粒肥原则，适当控制后期氮肥使用。灌溉上，分蘖盛期要及时晒田控制分蘖，增强植株抗倒伏性，后期采用湿润灌溉，抽穗扬花期不能断水。④病虫防治。及时用药防治螟虫和飞虱。稻瘟病重发区，要注意防治叶瘟。

# 中佳早2号 (Zhongjiazao 2)

**品种来源**：中国水稻研究所以美国优质光身稻品种Jefferson为母本、优质早籼品种舟903为父本进行杂交，经多年系统选择培育而成。2005年通过江西省农作物品种审定委员会审定。

**形态特征和生物学特性**：属籼型常规中熟早稻。全生育期107.0d，比对照浙733早熟2.0d。株高83.6cm，田间生长整齐，长势旺盛，分蘖力强，有效穗多，结实率高，但穗粒数少。有效穗数312万穗/hm²，每穗总粒数112.8粒，实粒数92.4粒，结实率81.9%，千粒重26.3g。

**品质特性**：糙米率79.8%，精米率67.4%，整精米率52.0%，垩白粒率9%，垩白度0.9%，直链淀粉含量15.0%，胶稠度74mm，糙米粒长7.3mm，糙米长宽比3.3，透明度3级，碱消值7级。米质达国家三级，部颁二级。

**抗性**：稻瘟病抗性自然诱发鉴定：苗瘟0级，叶瘟3级，穗颈瘟0级。抗穗瘟、中抗叶瘟和抗白叶枯病。中抗褐飞虱。抗倒伏能力较强，苗期较耐低温。

**产量及适宜地区**：2003—2004年参加江西省水稻区试，2003年平均产量6.81t/hm²，比对照赣早籼53增产1.98%；2004年平均产量6.99t/hm²，比对照浙733减产1.58%。适宜于江西省赣中北地区种植。

**栽培技术要点**：①3月底到4月初播种，秧田播种量375～450kg/hm²。秧龄30d左右，栽插密度为13cm×13cm或者13cm×15cm，每穴插2～3苗，基本苗控制在150万苗/hm²左右。②施纯氮150～180kg/hm²，氮、磷、钾比为1∶0.5∶1。③分蘖盛期及时晒田，后期采用湿润灌溉，保证充分结实灌浆。④注意防治病虫害。及时用药防治螟虫和飞虱。稻瘟病重发区，要注意防治叶瘟。

# 中嘉早17（Zhongjiazao 17）

**品种来源**：中国水稻研究所和浙江省嘉兴市农业科学研究院以中选181为母本、嘉育253为父本配组杂交，经系谱法选择育成。分别通过浙江省（2008）、国家（2009）和湖北省（2012）农作物品种审定委员会审定。

**形态特征和生物学特性**：属籼型常规中熟偏迟早稻。在长江中下游作为双季早稻种植，全生育期平均109.0d，比对照浙733长0.6d。株高88.4cm，株型适中，长势较繁茂，叶色较绿，叶姿挺，茎秆粗壮，熟期转色好。分蘖力中等，有效穗数309万穗/hm²。穗型较大，穗长18.0cm，每穗总粒数122.5粒，结实率82.5%，千粒重26.3g。谷粒椭圆形，颖尖秆黄色，落粒性中等。

**品质特性**：糙米率78.9%，整精米率66.7%，糙米长宽比2.2，垩白粒率96%，垩白度17.9%，透明度4级，胶稠度77mm，直链淀粉含量25.9%。

**抗性**：高感稻瘟病，感白叶枯病，高感褐飞虱，感白背飞虱。

**产量及适宜地区**：2007年、2008年参加长江中下游早中熟早籼组品种区域试验，平均产量分别为7.97t/hm²、7.56t/hm²，比对照浙733分别增产10.50%、7.70%（均极显著）；2008年生产试验，平均产量7.77t/hm²，比对照浙733增产14.71%。适宜在江西、湖南、安徽、浙江稻瘟病、白叶枯病轻发的双季稻区作为早稻种植，2010年至今累计推广363.13万hm²。

**栽培技术要点**：①适时播种。塑料软盘育秧宜适当早播，大田用种量45～52.5kg/hm²；地膜湿润育秧大田用种量67.5～75kg/hm²。②适时移栽。插足基本苗150万苗/hm²以上；

抛秧一般在三叶一心至四叶一心期，抛栽37.5万苗/hm²、基本苗150万苗/hm²以上。③肥水管理。宜施足基肥，早施追肥。总用肥量纯氮150～180kg/hm²，氮、磷、钾比例为1：0.5：1。用有机肥作为基肥，一般施标准肥41.25～45t/hm²，并配施钾肥112.5～150kg/hm²。合理灌水，抛秧后应轻搁田1～2d，抛、插秧后约5d施用除草剂并保持4～5d水层，后期多次露田控苗促根，成熟收获前4～6d断水。

# 中丝2号 (Zhongsi 2)

**品种来源**：中国水稻研究所1990年秋以浙8619/浙8736为母本、AT 77-1为父本配组杂交，经定向选育而成。分别通过浙江省（1995）、江西省（1996）和国家（1998）农作物品种审定委员会审定。

**形态特征和生物学特性**：属籼型常规中熟早稻。全生育期112d，生育期较稳定。株高85cm，株型集散适度，前期矮生丛生，后期青秆黄熟，茎秆坚韧，耐肥，抗倒伏，分蘖力较强。叶片狭短挺直，叶色前期浅绿，后期转深，主茎叶片13张左右。穗粒结构协调，有效穗数450万穗/hm²。穗长21.0cm，每穗总粒数85.5粒，结实率78.9%，千粒重22.2g。

**品质特性**：糙米率79.2%，精米率71.7%，整精米率49.0%，糙米粒长6.4mm，糙米长宽比2.9，垩白粒率22%，垩白度2.3%，透明度2级，碱消值6.2级，胶稠度78mm，直链淀粉含量11.6%，粗蛋白含量10.6%。软米品种，米饭软，食味较佳。

**抗性**：抗稻瘟病和褐飞虱，中抗白背飞虱，感白叶枯病。耐寒、耐旱性中等，耐盐性弱。

**产量及适宜地区**：1993—1994年浙江省早稻品种区试，平均产量5.70t/hm²，与对照浙733平产；1994—1995年江西省早稻品种区试，平均产量5.69t/hm²，比对照赣早籼26增产7.3%。适宜浙江南部、江西、湖南等长江中下游稻区种植。年最大种植面积7.13万hm²（1998年），1996—2005年累计推广31.93万hm²。

**栽培技术要点**：①稀播培育分蘖壮秧。秧龄28d左右，大田用种量75～105kg/hm²。增穴增苗，适当提高密植，插足苗数，要求基本苗达到225万苗/hm²。②重施基肥，早施追肥，及时晒田。基肥、追肥、保花肥比例6：3：1。③及时防治白叶枯病和纹枯病。要特别注意抓好分蘖盛期后的搁田防病工作。同时也要抓好其他病虫害的防治工作。

# 中选056（Zhongxuan 056）

**品种来源**：中国水稻研究所以中选181为母本、Z95-03为父本于2002年夏在杭州配组杂交，经6代选择于2005年在杭州定型，原编号MJ512选，2006年参加试验，供种编号EH05-6。2009年通过浙江省农作物品种审定委员会审定。

**形态特征和生物学特性**：属籼型常规中熟偏迟早稻。全生育期111.3d，比对照嘉育293长2.2d，生育期略长。株高105.3cm，植株较高，剑叶挺直，茎秆较粗壮，分蘖力中等，后期较耐高温，青秆黄熟。穗型较大，有效穗数297万穗/hm²，成穗率73.7%，穗长19.5cm，每穗总粒数106.3粒，实粒数95.3粒，结实率90.0%，千粒重27.6g。谷粒椭圆形，无芒，颖尖无色。

**品质特性**：整精米率64.3%，糙米长宽比2.2，垩白粒率99.0%，垩白度26.4%，透明度3级，胶稠度43mm，直链淀粉含量27.4%，蛋白质含量10.2%。

**抗性**：抗稻瘟病，感白叶枯病。

**产量及适宜地区**：2007年、2008年浙江省早籼稻区试，平均产量分别为7.20t/hm²、6.45t/hm²，比对照嘉育293分别增产0.3%、1.1%（均未达显著水平）。2009年生产试验平均产量7.51t/hm²，比对照嘉育293增产1.9%。适宜在浙江省双季稻区作为早稻种植。

**栽培技术要点**：①适时稀播育壮秧。一般3月底4月初播种，直播在最低温度≥10℃时进行。秧田播种量450～525kg/hm²，直播播种量75kg/hm²。移栽秧龄28～30d。3～4叶期施断奶肥。②合理密植。株行距16.5cm×16.5cm，每穴5～6苗，基本苗120万～180万苗/hm²。③加强肥水管理。复合肥作为基肥，施195～270kg/hm²；追肥施尿素195～225kg/hm²、氯化钾75～120kg/hm²；穗粒肥依苗情适施或不施。分蘖盛期及时晒田控蘖，幼穗分化期灌水防低温，后期湿润灌溉，防止断水过早。④防倒、防病虫害。

# 中选181 （Zhongxuan 181）

**品种来源**：中国水稻研究所于1992年用矮仔乌骚与中156杂交，经连续3代($F_3 \sim F_5$)的定向选育，于$F_6$代再与浙733杂交，并将其$F_1$作为父本与早熟品系中丝3号杂交。随后在1995年选择高抗及丰产性优良的株系，混合进行幼穗的组织培养（中丝3号///矮仔乌骚/中156//浙733)选育而成。分别通过浙江省（2001）和国家（2003）农作物品种审定委员会审定。

**形态特征和生物学特性**：属籼型常规迟熟早稻。在长江中下游作为早稻种植全生育期平均111.5d，与对照浙733熟期相当。株高97.7cm，株型偏散，生长繁茂，分蘖力较弱，穗、粒、重三者协调，后期转色较好，增产潜力大。有效穗数322.5万穗/hm²，穗长20.7cm，每穗总粒数106.2粒，结实率77.9%，千粒重28.9g。

**品质特性**：整精米率49.2%，糙米长宽比3.0，垩白粒率100%，垩白度43.3%，胶稠度46.5mm，直链淀粉含量23.6%。蒸煮品质较好，加工品质中等，外观品质差。

**抗性**：感叶稻瘟病、穗稻瘟病和细菌性条斑病，中感白叶枯病，中抗白背飞虱。

**产量及适宜地区**：2001年参加长江中下游早籼早中熟组区试，平均产量7.77t/hm²，分别比对照舟903、浙733增产17.53%（极显著）、11.50%（极显著）；2002年续试，平均产量7.15t/hm²，分别比对照嘉育948、浙733增产14.34%（极显著）、5.31%（极显著）。2002年生产试验平均产量6.21t/hm²，比对照浙733增产11.64%。适宜在江西、湖南、湖北、安徽、浙江双季稻区作为早稻种植。2004—2009年累计推广5.67万hm²。

**栽培技术要点**：①适时播种。一般于3月底播种，秧田播种量375kg/hm²，秧龄30d左右。②合理密植。栽插规格13.3cm×20.0cm，基本苗120万～135万苗/hm²。③肥水管理。基肥重施有机肥，秧苗返青后早施追肥，注意氮、磷、钾肥配合施用，生育后期视生长情况可适施穗肥；最高苗达到375万苗/hm²时排水晒田，灌浆中后期采取间歇灌溉，勿断水过早。④防治病虫。注意防治稻瘟病、白叶枯病等病虫的危害。

# 中选5号 (Zhongxuan 5)

**品种来源**: 中国水稻研究所1987年以泸红早1号为母本、辐籼6号 (辐8329) 为父本杂交, 经连续5代选择, 于1989年定型。1993年通过浙江省农作物品种审定委员会审定。

**形态特征和生物学特性**: 属籼型常规迟熟早稻, 全生育期114d。株高85cm, 株型集散适中, 茎秆粗壮, 分蘖力中等, 剑叶挺拔, 主茎叶13.5片, 叶鞘青绿色。穗、粒重比较协调, 有效穗数405万穗/hm², 穗长18cm, 每穗粒数85 ~ 90粒, 结实率80%, 千粒重26 ~ 27g, 谷粒椭圆形。

**品质特性**: 糙米率81.9%, 精米率73.7%, 整精米率51.2%, 碱消值5.5级, 胶稠度38mm, 直链淀粉含量26%, 稻米品质一般, 适宜加工粉干及作工业用粮。

**抗性**: 抗稻瘟病, 抗谱较广。苗期较耐冷。

**产量及适宜地区**: 平均产量6.80 ~ 7.50t/hm²。1994年参加乐清市早籼稻区试, 平均产量7.16t/hm², 比对照温189和浙852分别增产6.24%和23.4%。1995年续试, 平均产量6.85t/hm², 比对照温189和浙852分别增产1.0%和19.5%。1994年, 全市试种16.1hm², 平均产量7.34t/hm²。适宜在浙江省作为早稻种植。1996—1998年累计推广1.8万hm²。

**栽培技术要点**: ①早播稀播, 培育适龄壮秧。作为绿肥田早稻栽培, 在3月26日前后播种; 作春花田栽培, 则可在清明前后播种。秧田播种量控制在525kg/hm²以内。秧龄28 ~ 30d, 5 ~ 6叶龄时即在4月底5月初移栽。②合理施肥, 加强肥水管理。总需肥量37.5 ~ 41.25t/hm² 有机肥。重施基肥, 基肥占总施肥量的60%, 配施磷钾肥; 结合第一次耘田早施追肥; 后期看苗补施穗肥。早搁田、搁好田。当大田苗数达375万苗/hm²时, 即行开沟搁田, 控制无效分蘖; 后期干干湿湿, 防止断水过早。③做好病虫害的防治。破口期预防稻瘟病, 孕穗期做好纹枯病防治。

# 中选972 (Zhongxuan 972)

**品种来源**：中国水稻研究所以陆青早1号为母本、浙733为父本配组杂交，经多代定向选择育成。2003年通过国家农作物品种审定委员会审定。

**形态特征和生物学特性**：属籼型常规迟熟早稻。在长江中下游南部作为早稻种植全生育期平均114.3d，比对照威优402早熟0.4d、金优402迟熟1.5d。株高94.7cm，株叶形态好，长势繁茂，分蘖力偏弱，茎秆粗壮，后期转色好。有效穗数300万穗/hm²，穗长20.8cm，每穗总粒数116.6粒，结实率82.2%，千粒重28.1g。

**品质特性**：整精米率42.6%，糙米长宽比2.8，垩白粒率100%，垩白度69.5%，胶稠度45mm，直链淀粉含量23.1%。蒸煮品质较好，加工品质中等，外观品质差。

**抗性**：感稻瘟病，中感白叶枯病和白背飞虱。

**产量及适宜地区**：2000年参加长江中下游南部早籼迟熟组区试，平均产量7.83t/hm²，比对照威优402增产4.04%（极显著）；2001年续试，平均产量7.46t/hm²，分别比对照金优402、威优402增产5.92%（极显著）、2.61%（不显著）。2002年生产试验平均产量5.92t/hm²，比对照金优402减产5.22%。适宜在福建北部、江西、湖南、浙江中南部双季稻稻瘟病轻发区作为早稻种植。

**栽培技术要点**：①适时播种。一般于3月底播种，秧田播种量375kg/hm²，秧龄30d左右。②合理密植。栽插规格13.3cm×20.0cm，基本苗120万～135万苗/hm²。③肥水管理。基肥重施有机肥，秧苗返青后早施追肥，注意氮、磷、钾肥配合施用；最高苗达到375万苗/hm²时排水晒田。④防治病虫。注意防治稻瘟病等病虫的危害。⑤植株偏高，注意防止倒伏。

# 中优早5号（Zhongyouzao 5）

**品种来源**：中国水稻研究所1989年春在长沙以A345为母本、84-17为父本杂交，经在南宁、长沙、杭州等地多代选育于1993年定型。分别通过江西省（1997）、湖南省（1997）和国家（1998）农作物品种审定委员会审定。

**形态特征和生物学特性**：属籼型常规中熟早稻。全生育期112d，感温性强。株高79cm，株型较紧凑，幼苗叶片稍披，剑叶上挺，叶下禾，茎秆中等，抽穗整齐。分蘖力较强，有效穗数405万～465万穗/hm$^2$，成穗率79.0%左右。穗型中等，每穗总粒数81.1粒，实粒数71.3粒，结实率87.9%，千粒重24.2g。稃尖无色，无芒。

**品质特性**：糙米率79.5%，精米率70.3%，整精米率53.98%，糙米粒长6.6mm，糙米长宽比3，垩白粒率19%，垩白度2%，透明度3级，胶稠度54mm，碱消值4级，直链淀粉含量12.5%，粗蛋白含量12.7%，米质优，食味好。

**抗性**：高感稻瘟病，中抗白叶枯病。苗期较耐寒，后期耐高温。

**产量及适宜地区**：1995年江西省优质早籼稻区试，产量4.78t/hm$^2$，比对照赣早籼26减产2.74%（不显著），1996年续试产量5.83t/hm$^2$，比对照赣早籼37增产5.57%，增产显著。1995—1996年湖南省早籼早熟组区试，平均产量6.18t/hm$^2$，比对照湘早籼13减产1.44%。适宜在江西、湖南、湖北南部、浙江双季稻区作为早稻种植。1998—2005年累计推广12.07万hm$^2$。

**栽培技术要点**：①适时早播，稀播培育壮秧。秧龄不宜过长，控制在30～35d内。秧田播种量450～525kg/hm$^2$，大田用种量67.5～75kg/hm$^2$。②宜密植，栽插密度13.3cm×20.0cm或16.7cm×20.0cm，每穴4～5苗，插足基本苗135万～150万苗/hm$^2$。③施足基肥，早施追肥；基肥以有机肥为主，氮、磷、钾配合。④分蘖盛期及时晒田控蘖，后期采用湿润灌溉，保证结实灌浆对水分的需求。⑤及时收获。⑥注意防治稻瘟病，在稻瘟病重发区不宜种植。

# 中优早81 （Zhongyouzao 81）

**品种来源**：中国水稻研究所1992年春在海南陵水从高产早籼中86-44的变异分离株系中选育而成。1996年分别通过江西省和湖南省农作物品种审定委员会审定和认定。

**形态特征和生物学特性**：属籼型常规中熟早稻。全生育期106～110d。感温性较强。株高80cm左右，株型紧凑，茎秆坚韧、较细；主茎12～13叶，叶色淡绿，叶狭挺，田间透光性好。生长整齐，灌浆速度快，后期青秆黄熟。分蘖力较强，有效穗数390万～405万穗/hm²，成穗率71.6%；穗长17cm，每穗总粒数75粒左右，结实率85%，千粒重24～25g。谷粒细长。

**品质特性**：出糙率83%，精米率67.5%，整精米率54.8%，糙米粒长7.05mm，糙米长宽比3.53，垩白粒率31%，垩白度4.8%，碱消值7级，胶稠度74mm，直链淀粉含量19%，蛋白质含量9.5%。

**抗性**：中抗稻瘟病。后期较耐高温。

**产量及适宜地区**：1984年、1995年参加江西省区试，两年平均产量5.01t/hm²，比对照赣早籼26增产0.18%。适宜在江西、湖南双季稻区作为早稻种植。1996—2011年累计推广90.93万hm²。

**栽培技术要点**：①湿润育秧，秧龄25～28d，叶龄3.54叶移栽，大田用种1 005kg/hm²；软盘旱育秧，秧龄25d，抛栽叶龄3.13叶，大田用种840kg/hm²。②由于株型紧凑，应注意小穴密植。两熟制早稻插45万穴/hm²，每穴5～6苗，基本苗225万苗/hm²左右。③耐肥力中等偏强，要求有机肥为主，重视前期追肥，促早生快发，重施磷钾肥，少施氮肥。④中后期注意防治纹枯病和稻瘟病，后期不能脱水过早。

# 中育1号 （Zhongyu 1）

**品种来源**：中国水稻研究所与国际水稻研究所合作，1983年以广陆矮4号为母本、IR 64为父本杂交，经4年6代选育，于1986年定型，原名中育87-1。分别通过浙江省（1991）、安徽省（1994）和国家（1995）农作物品种审定委员会审定。

**形态特征和生物学特性**：属籼型常规中熟中稻，感温性中等。全生育期126～135d。分蘖力中等偏弱，有效穗数300万穗/hm²。作为连作晚稻栽培株高80～95cm，作为中稻栽培95～115cm，株型适中，茎粗中等，主茎叶片15～16叶，叶片狭长但挺直略卷，叶色较绿，剑叶角度小。穗型较大，每穗总粒数120粒左右，结实率80%，谷粒椭圆形，千粒重27g。

**品质特性**：糙米率81.4%，精米率73.6%，整精米率57.7%，碱消值7级，胶稠度33mm，粗蛋白含量10.53%，直链淀粉含量25.5%，蛋白质含量10.53%。

**抗性**：中抗稻瘟病和白背飞虱，中感白叶枯病。抗倒伏能力中等。

**产量及适宜地区**：作为连作晚稻一般产量6.00～7.05t/hm²，高的达8.33t/hm²。作一季中稻一般产量8.25～9.75t/hm²。1988—1990年参加浙江省籼型杂交晚稻区试和生产试验，三年平均产量分别为6.79t/hm²、5.71t/hm²和5.58t/hm²，比对照汕优6号分别增产1.21%、减产3.65%（均不显著）和增产6.66%（显著）。1988—1990年参加湖北省中籼预备区试、区试和生产试验，平均产量8.38t/hm²、8.29t/hm²、9.90t/hm²，分别比对照桂朝2号增产14.86%、8.50%、5.17%，均达极显著和显著水平。1990年参加安徽省和南方稻区中籼区试，平均产量7.61t/hm²和8.38t/hm²，分别比对照桂朝2号增产6.09%和6.3%，达显著和极显著水平。适宜在长江中下游白叶枯病轻发区作为中稻种植。

**栽培技术要点**：①稀播育壮秧。秧田播种量187.5～300kg/hm²，本田用种量30～45kg/hm²，带蘖下田。②栽插规格13.5cm×20cm，基本苗90万～150万苗/hm²。③施足基肥，早施攻蘖肥。施纯氮225～300kg/hm²，配施磷钾肥。④中期搁烤田，后期干干湿湿，抽穗前后防治稻曲病。

# 中早1号 (Zhongzao 1)

**品种来源**：中国水稻研究所1987年以中156为母本、军协/青四矮为父本复交，连续多年于1990年育成，原编号中90-B13。通过江西省（1995）农作物品种审定委员会认定，后又分别通过浙江省（1995）和国家（1998）农作物品种审定委员会审定。

**形态特征和生物学特性**：属籼型常规中熟早稻。全生育期110d。株高80cm，株型集散适中，叶片挺拔，分蘖力较强，成穗率高，耐肥，抗倒伏。有效穗数390万～420万穗/hm²，每穗总粒数75～80粒，结实率85%以上，千粒重28g。谷粒椭圆形，稃尖紫色。

**品质特性**：糙米率80.3%，精米率72.1%，整精米率54.0%，糙米长宽比2.2，透明度4级，碱消值5.3级，胶稠度37mm，直链淀粉含量24.4%，米质中等。

**抗性**：中抗褐飞虱和白背飞虱，感稻瘟病和白叶枯病。苗期耐寒性强。

**产量及适宜地区**：1992年、1993年在浙江省早稻品种区试中，平均产量分别为7.35t/hm²、6.02t/hm²，分别比对照二九丰、浙852增产3.65%、10.3%；1994年生产试验单产比对照浙852增产6.6%。1992年、1993年参加江西省早籼区试，平均产量5.41t/hm²、5.42t/hm²，分别比对照竹系26（1992年）和浙辐802（1993年）增产17.6%和41.98%，均达极显著。大田生产，一般产量6.0～6.75t/hm²。1992年，中国水稻研究所在春花茬口种植平均产量7.31t/hm²；龙游县试种平均产量6.83t/hm²。作为直播稻或小苗抛栽亦表现高产、增产。1993年中国水稻研究所模式区直播平均产量6.76t/hm²；龙游县1994年翻秋抛秧栽培，产量达6.83t/hm²；1994年东阳市直播平均产量6.98t/hm²。适宜在浙江、江西、湖南等稻瘟病轻发区栽培。1995—1998年累计推广5.13万hm²。

**栽培技术要点**：①播前种子消毒，稀播育壮秧，二熟制早稻播750kg/hm²，三熟制早稻播450kg/hm²，控制秧龄30d以内。②少苗密植，基本苗150万～195万苗/hm²。③施足基肥，早施追肥，以有机肥为主，增施磷钾肥。④浅水常灌，适时搁田，后期防止断水过早。⑤及时防治病虫害。

# 中早 22 （Zhongzao 22）

**品种来源**：中国水稻研究所1996年以Z 935为母本、中选11为父本杂交，1998年夏利用F$_6$株系的幼穗经组织培养而获得的高产品系。2004年通过浙江省农作物品种审定委员会审定。

**形态特征和生物学特性**：属籼型常规迟熟早稻。全生育期112d，比对照嘉育293长2.5d。株型集散适中，生长势旺盛，苗期耐寒性较好，叶片挺直，茎秆粗壮，较耐肥、抗倒伏，分蘖力中等，穗大粒多，丰产性好，后期青秆黄熟。有效穗数262.5万穗/hm$^2$，每穗实粒数118.2粒，结实率74.2%，千粒重27.5g。

**品质特性**：糙米率80.5%，精米率72.9%，整精米率27.4%，糙米粒长6.4mm，糙米长宽比为2.6，垩白粒率86%，垩白度20.2%，透明度3级，碱消值5.9级，胶稠度44mm，直链淀粉含量24.3%。适合工业加工用。

**抗性**：中抗稻瘟病，抗白叶枯病，纹枯病轻，中抗白背飞虱。苗期耐寒性较好。

**产量及适宜地区**：2002年和2003年参加浙江省衢州市早籼稻区试，平均产量分别为4.93t/hm$^2$和8.78t/hm$^2$，比对照嘉育293分别增产7.2%和10.1%，2003年比对照浙733增产18.2%，均达极显著水平；两年平均产量6.85t/hm$^2$，比对照嘉育293增产9.02%。2003年衢州市早稻生产试验，平均产量6.53t/hm$^2$，比对照嘉育293增产16.0%。2001年和2002年参加江西省早稻区试，平均单产6.77t/hm$^2$。2002年参加浙江省优质专用水稻新品种选育与产业化协作组6点联合品比试验，平均单产6.16t/hm$^2$，比对照嘉育293增产5.73%。适宜在浙江衢州、金华及生态类似地区推广种植。2005—2010年累计推广7.93万hm$^2$。

**栽培技术要点**：①选种。选谷粒饱满、均匀、无病虫、符合GB 4404（粮食种子）中水稻分级标准的种子。②播种。在3月底4月初进行，秧田播种量450～525kg/hm$^2$，秧龄28～33d。③插秧密度。按株行距16.7cm×16.7cm，基本苗150万～180万苗/hm$^2$。④施肥。要施足基肥，早施追肥；基肥以有机肥为主，增施磷钾肥，适当控制氮肥。⑤水分管理。在分蘖盛期及时晒田控蘖，幼穗分化期灌水防低温，后期采用湿润灌溉，保证充分结实灌浆。⑥病虫防治。在破口期喷施稻瘟净1次，6月下旬喷井冈霉素1次，平时注意防治虫害。

# 中早23 （Zhongzao 23）

**品种来源**：中国水稻研究所以合作938为母本、稻丰占为父本杂交，$F_6$经体细胞无性系变异技术选育而成。2003年通过江西省农作物品种审定委员会审定。

**形态特征和生物学特性**：属籼型常规迟熟早稻。全生育期110.9d，比对照浙733迟熟1.9d。株高81.4cm，田间生长整齐，长势旺盛，分蘖力强，有效穗多，结实率高，但穗粒数少。有效穗数387.8万穗/$hm^2$，每穗总粒数85.5粒，实粒数69.0粒，结实率80.6%，千粒重26.9g。

**品质特性**：糙米率80.2%，整精米率53.3%，糙米粒长5.7mm，糙米长宽比2.1，垩白粒率97.0%，垩白度27.2%，胶稠度37mm，直链淀粉含量23.4%。

**抗性**：稻瘟病抗性自然诱发鉴定：苗瘟0级，叶瘟2级，穗颈瘟5级。

**产量及适宜地区**：2002—2003年参加江西省水稻区试，2002年平均产量6.74t/$hm^2$，比对照浙733减产0.24%；2003年平均产量6.63t/$hm^2$，比对照浙733增产0.62%。江西全省各地均可种植。2005年累计推广0.67万$hm^2$。

**栽培技术要点**：①适时播种。3月底4月初播种，秧田播种量450～525kg/$hm^2$，大田用种量75～90kg/$hm^2$；秧龄28～33d，叶龄5叶1心至6叶1心。②合理密植。移栽规格16.7cm×16.7cm；每穴插植4～5苗；基本苗插足150万～180万苗/$hm^2$。③科学肥水管理。施足基肥，早施追肥；基肥以有机肥为主；大田总用肥量为尿素975kg/$hm^2$、氧化钾225kg/$hm^2$、磷肥450kg/$hm^2$，氮∶磷∶钾比例为1∶0.2∶0.5。分蘖盛期及时晒田控蘖；幼穗分化期灌水防低温，后期采用湿润灌溉，防止断水过早，影响品质和产量。④根据情况适当防治稻瘟病和纹枯病。

# 中早25（Zhongzao 25）

**品种来源**：中国水稻研究所以高产早籼中选181为母本、中早18为父本，杂交选育而成。2006年先后通过江西省和国家农作物品种审定委员会审定。

**形态特征和生物学特性**：属籼型常规中熟早稻。在长江中下游作为早稻种植全生育期平均106.2d，比对照浙733早熟1.3d。株高82.8cm，株型适中，长势旺盛，叶姿挺直，茎秆粗壮，群体整齐，分蘖力一般，成穗率较高，穗粒数中等，结实率高，后期青秆黄熟，转色好，主穗抽穗慢。有效穗数328.5万穗/hm²，穗长18.5cm，每穗总粒数108.2粒，结实率79.3%，千粒重26.5g。

**品质特性**：糙米率82.0%，精米率67.0%，整精米率53.8%，糙米粒长6.4mm，糙米长宽比2.4，垩白粒率100%，垩白度19.3%，胶稠度52mm，直链淀粉含量24.1%，蛋白质含量10.2%。适合做工业加工用粮。

**抗性**：中感稻瘟病和白叶枯病。苗期耐寒性较好。

**产量及适宜地区**：2004年、2005年参加长江中下游早籼早中熟组品种区试，平均产量分别为6.88t/hm²、7.15t/hm²，比对照浙733分别增产1.15%、0.77%（均不显著）。2005年生产试验平均产量6.76t/hm²，比对照浙733增产0.05%。2006年在江西省邓家埠示范种植平均单产6.74t/hm²；在鹰潭、余干、南昌等地试种，一般大田单产6.30～7.20t/hm²，高产可达7.50t/hm²以上。适宜在江西、湖南、安徽、浙江的双季稻区作为早稻种植。2009年至今累计推广27.6万hm²。

**栽培技术要点**：①适时播种。一般3月底4月初播种，直播在日最低温度≥10℃时。秧田播种量450～525kg/hm²，大田用种量75～120kg/hm²。②移栽。秧龄28～33d或叶龄5叶1心移栽，密度16.7cm×16.7cm，每穴5～6苗，基本苗150万～180万苗/hm²。③肥水管理。施足基肥，早施追肥，基肥以有机肥为主，增施磷钾肥，适施穗肥。分蘖盛期及时晒田控蘖，幼穗分化期灌水防低温，后期采用湿润灌溉，防止断水过早。④病虫防治。注意防治螟虫、稻瘟病和纹枯病等病虫害。

# 中早27（Zhongzao 27）

**品种来源**：中国水稻研究所以Z 96-229为母本、浙农952为父本配组杂交，经6代系统选育，$F_6$通过花药培养选育而成。2005年通过江西省农作物品种审定委员会审定。

**形态特征和生物学特性**：属籼型常规中熟早稻。全生育期106.2d，比对照浙733早熟2.3d。株高90.4cm，株型适中，叶色浓绿，叶片宽，分蘖力弱，有效穗少，穗粒数较多，结实率高，千粒重大。有效穗数309万穗/hm²，每穗总粒数102.9粒，每穗实粒数86.0粒，结实率83.6%，千粒重29.2g。

**品质特性**：糙米率81.0%，精米率66.8%，整精米率35.8%，垩白粒率92%，垩白度18.4%，胶稠度30mm，糙米粒长6.9mm，糙米长宽比2.8，透明度3级，碱消值5级，直链淀粉含量24.25%。

**抗性**：稻瘟病抗性自然诱发鉴定：苗瘟0级，叶瘟2级，穗瘟0级。

**产量及适宜地区**：2003—2004年参加江西省水稻区试，2003年平均产量6.58t/hm²，比对照浙733减产0.76%；2004年平均产量6.87t/hm²，比对照浙733减产2.17%。适宜在江西省赣中北地区种植。2010—2014年累计推广2.73万hm²。

**栽培技术要点**：①播种。3月底4月初播种，秧田播种量450～525kg/hm²，大田用种量75kg/hm²。②移栽。秧龄28～30d，插秧规格为16.7cm×16.7cm，每穴5～6苗。③施肥。施足基肥，早施追肥；基肥以有机肥为主，适当增施磷钾肥；适施穗肥，提高结实率和千粒重。④灌水。分蘖盛期及时晒田控蘖，后期采用湿润灌溉，防止断水过早以保证充分结实灌浆。⑤注意防治病虫害。

# 中早 35 （Zhongzao 35）

**品种来源**：中国水稻研究所2002年以中早22为母本、嘉育253为父本杂交育成，原株系号06-194。分别通过江西省（2009）和国家（2010）农作物品种审定委员会审定。

**形态特征和生物学特性**：属籼型常规迟熟早稻。在长江中下游作为双季早稻种植，全生育期平均110.6d，比对照浙733长0.6d。株高91.9cm，株型适中，茎秆粗壮，长势繁茂，叶片挺直，叶色浓绿，分蘖力一般，稃尖无色，着粒密，熟期转色好，产量高。有效穗数301.5万穗/hm²，穗长18.1cm，每穗总粒数118.7粒，结实率83.5%，千粒重27.3g。

**品质特性**：糙米率81.6%，精米率69.8%，整精米率61.8%，糙米粒长5.8mm，糙米长宽比2.1，垩白粒率100%，垩白度16.0%，胶稠度70mm，直链淀粉含量21.2%。

**抗性**：高感稻瘟病，中感白叶枯病，高感褐稻虱和白背飞虱。

**产量及适宜地区**：2008—2009年参加江西省水稻区试，平均产量分别为7.39t/hm²、7.10t/hm²，比对照浙733分别增产9.92%、8.02%，达极显著和显著。2008年、2009年参加长江中下游早籼早中熟组品种区试，平均产量为7.58t/hm²、7.68t/hm²，比对照浙733分别增产7.9%、9.6%（均极显著）。适宜在江西、湖南、湖北、安徽、浙江的稻瘟病轻发的双季稻区作为早稻种植。2010年至今累计推广28.8万hm²。

**栽培技术要点**：①适时播种，播前种子消毒。塑料软盘育秧适当迟播，大田用种量45～52.5kg/hm²；地膜湿润育秧适当早播，大田用种量75kg/hm²；直播应在日平均气温稳定在13℃以上时播种。②适龄移栽。以栽插基本苗150万苗/hm²左右为宜。抛栽一般在三

叶一心至四叶一心期，抛栽37.5万穴/hm²。立苗（抛栽、插秧后5d）后注意保持4～5d水层进行化学除草。③肥水管理。需肥量中等偏上，氮、磷、钾比例为1：0.5：1。宜用有机肥作为基肥，配施钾肥112.5～150kg/hm²。按照无水抛秧，灌水分蘖，适时晒田，多露轻晒，有水抽穗，干湿壮籽的原则科学水分管理。收获前4～6d断水，切忌断水过早。④注意稻瘟病、纹枯病、螟虫、稻飞虱等病虫害防治。

# 中早 38（Zhongzao 38）

**品种来源**：中国水稻研究所以中选181为母本、金2000-10为父本杂交选育而成。2009年通过浙江省农作物品种审定委员会审定。

**形态特征和生物学特性**：属籼型常规中熟早稻。全生育期110.2d，比对照嘉育293长1.1d。株高97.6cm，生长整齐，植株较高，株型适中，剑叶挺直，叶色淡绿，茎秆粗壮，分蘖力中等偏强，穗型较大，着粒较稀，后期转色较好，丰产性较好。有效穗数309万穗/hm²，成穗率76.6%，穗长19.4cm，每穗总粒数101.5粒，实粒数89.5粒，结实率88.4%，千粒重29.5g。谷粒长椭圆形，无芒，颖尖无色。

**品质特性**：整精米率50.9%，糙米长宽比2.9，垩白粒率100.0%，垩白度34.7%，透明度4级，胶稠度56mm，直链淀粉含量25.4%。

**抗性**：高抗稻瘟病，中感白叶枯病。

**产量及适宜地区**：经2007年浙江省早籼稻区试，平均产量7.39t/hm²，比对照嘉育293增产2.9%，未达显著水平；2008年续试，平均产量6.85t/hm²，比对照嘉育293增产4.9%，达显著水平；两年区试平均产量7.59t/hm²，比对种增产3.8%。2009年浙江省生产试验平均产量7.61t/hm²，比对照嘉育293增产3.1%。适宜在浙江省作为早稻种植。

**栽培技术要点**：①适时播种。塑料软盘育秧3月20～25日播种，地膜湿润育秧3月下旬至4月初播种，直播应掌握在日平均气温稳定在13℃以上时播种。手插栽培秧田播种量600～750kg/hm²，抛秧栽培秧田播种量750kg/hm²左右，机插栽培每盘播种量125～130g，直播栽培播种量75kg/hm²左右。②合理密植。手插栽培密度15cm×18cm，栽插基本苗控制在150万苗/hm²左右，抛秧栽培抛足37.5万穴/hm²，基本苗达150万苗/hm²。③科学施肥。施足基肥，早施追肥。适当控制氮肥，增施磷钾肥。④合理灌水。浅水分蘖，适时晒田，多露轻晒，有水抽穗，干湿壮籽，成熟收割前4～6d断水，忌断水过早。⑤及时防治病虫。种子必须灭菌，预防恶苗病的发生。及时防治稻瘟病等病虫害。

# 中早39（Zhongzao 39）

**品种来源**：中国水稻研究所以嘉育253为母本、中组3号为父本杂交选育而成。分别通过浙江省（2009）和国家（2012）农作物品种审定委员会审定。

**形态特征和生物学特性**：属籼型常规中熟早稻。全生育期109.7d，比对照嘉育293长0.5d。株高87.1cm，适中，茎秆粗壮，抗倒伏，生长整齐。叶色较绿，叶片挺，叶鞘、叶缘及稃尖均呈紫色。穗型较大，着粒较密，谷粒短圆，颖尖无芒。有效穗数300万穗/hm²，成穗率70.5%，穗长17.0cm，每穗总粒数123.5粒，结实率91.2%，千粒重26.1g。

**品质特性**：整精米率65.3%，糙米长宽比1.9，垩白粒率100%，垩白度24.0%，透明度3级，胶稠度39mm，直链淀粉含量25.4%。

**抗性**：中感稻瘟病，感白叶枯病，高感褐稻虱和白背飞虱。苗期耐寒，后期较耐高温。

**产量及适宜地区**：2008年、2009年浙江省早籼稻区试，平均产量分别为7.12t/hm²、7.51t/hm²，比对照嘉育293分别增产8.3%（极显著）、4.9%（显著）。2009年生产试验平均产量7.65t/hm²，比对照嘉育293增产3.9%。2009年、2010年参加长江中下游早籼早中熟组区试，平均产量分别为7.62t/hm²、6.87t/hm²，比对照株两优819分别增产2.0%、4.4%。2011年生产试验，平均产量7.86t/hm²，比对照株两优819增产6.1%。适宜在江西、湖南、湖北、浙江及安徽长江以南白叶枯病轻发区的双季稻区作为早稻种植。2011年至今累计推广82.3万hm²。

**栽培技术要点**：①播前种子消毒，适时育秧。塑料软盘育秧3月20～25日播种，地膜湿润育秧3月下旬至4月初播种，秧田播种量600kg/hm²左右。②手工栽插，株行距16.7cm×20cm，每穴5～6苗；插足基本苗150万苗/hm²。③施足基肥，早施追肥，施肥量纯氮150～180kg/hm²，氮、磷、钾肥比例为1：0.5：1。④浅水分蘖，适时晒田，多露轻晒，有水抽穗，干湿壮籽，成熟收割前4～6d断水，忌断水过早。

# 中早4号（Zhongzao 4）

**品种来源**：中国水稻研究所于1989年从早籼稻中86-44的变异株中选得优良单株，1990年经单本种植鉴定而入选。1997年5月通过浙江省农作物品种审定委员会审定。

**形态特征和生物学特性**：属籼型常规迟熟早稻。全生育期116d，熟期适中，感温性较弱，基本营养生长期相对稳定。株高80cm左右，叶片淡绿色，主茎叶片数12～13张，剑叶挺笃，耐肥性强，较抗倒伏，灌浆速度快，后期转色好，青秆黄熟。分蘖力较强，有效穗数373万穗/hm²。穗型中等，每穗总粒数90.9粒，实粒数76.1粒，结实率83.7%，千粒重22.7g。谷粒椭圆形，种皮棕红色。

**品质特性**：糙米率79.2%，精米率71.3%，垩白度6.2，碱消值5级，胶稠度51mm，直链淀粉含量25.2%。米质中上等。

**抗性**：中抗稻瘟病，中感白叶枯病。苗期耐寒性好，后期较耐高温，不易穗发芽。

**产量及适宜地区**：1994年、1995年参加浙江省早稻品种区试，平均单产分别为6.44t/hm²、5.76t/hm²，比对照浙733分别增产4.9%、5.8%；1996年浙江省生产试验平均单产6.31t/hm²，比对照浙733增产3.04%。大田种植一般单产6.30～6.75t/hm²，高产田块在7.50t/hm²以上。1997年义乌全市种植1 400hm²，平均产量7.13t/hm²，比对照浙733增产5.73%；乐清市七里港镇盈盛农场直播1hm²，平均产量7.67t/hm²；乐清市全市种植1 400hm²，平均产量6.68t/hm²。适宜在浙江省中部和南部作为早稻栽培，此外，还可在湖南、福建等省种植。

**栽培技术要点**：①适时稀播育壮秧。绿肥田3月底4月初播种，春花田4月上中旬播种。秧田播种量绿肥田不超过525kg/hm²，春花田450kg/hm²。秧龄一般掌握在30～32d，绿肥田不超过36d。②少苗密植，插足落田苗。以匀株密植宽窄行插种为宜，行株距20.0cm×16.7cm，落田苗18万～20万苗/hm²。③科学运筹肥水。一般施标准肥37.5～41.3 t/hm²，强调配施有机肥和磷钾肥。施肥方法上采用前促、中稳、后补的平稳法。水分管理上，应及时搁田，防群体过大。生育后期干干湿湿，防断水过早。④防病治虫保丰收。加强对螟虫等病虫害的防治。

# 中组1号 （Zhongzu 1）

**品种来源**：中国水稻研究所用Basmati 370的成熟胚组培产生愈伤组织，然后再用 $^{137}Cs\gamma$ 射线照射，选择优良变异株培育而成。分别通过江西省（1998）、浙江省（1999）和国家（2000）农作物品种审定委员会审定。

**形态特征和生物学特性**：属籼型常规中熟早稻。全生育期110d。株高80～85cm，株型紧凑，茎秆粗壮，抗倒伏力强，幼苗叶片稍披，后期叶挺，不早衰。分蘖力中等偏弱，有效穗数345万～405万穗/hm²，穗形中等偏大，着粒中等。穗长19.0cm，每穗总粒数100.7粒，结实率76.8%，千粒重26.4g。谷粒椭圆形，颖壳、护颖和稃尖呈秆黄色。

**品质特性**：糙米率80.4%，精米率71.0%，整精米率42.2%，糙米粒长5.7mm，糙米长宽比2.1，垩白度35%，透明度4级，碱消值5.0级，胶稠度50mm，直链淀粉含量22.6%，粗蛋白含量11.8%，米质中等。

**抗性**：感稻瘟病、白叶枯病和恶苗病。苗期耐寒性强，后期耐高温。

**产量及适宜地区**：1996年、1997年浙江省金华市早稻区试，平均产量分别为6.81t/hm²、7.46t/hm²，比对照浙852分别增产3.1%、8.3%；1997年生产试验平均产量7.27t/hm²，比对照浙852增产8.6%。1998年参加全国南方籼早中熟组区试，平均产量7.26t/hm²，比对照浙852增产17.3%，1999年续试平均产量6.57t/hm²，分别比对照浙852和浙733增产15.82%和4.7%；1999年生产试验平均产量6.40t/hm²，比对照浙733增产7.53%。适宜在江西、浙江、湖南、湖北省稻瘟病轻病区作为双季早稻种植。1999—2008年累计推广10.13万hm²。

**栽培技术要点**：①适时播种。绿肥田4月初播种，5月初移栽；大麦、油菜三熟制茬口

在4月10日左右播种，5月10日移栽，稀播壮秧，大田用种量75～90kg/hm²。②合理密植。该品种分蘖力较弱，移栽密度16.7cm×20.0cm为宜，每穴4～5苗，基本苗150万～180万苗/hm²。③水肥管理。肥料管理上要施足基肥，早施追肥。分蘖盛期及时晒田控蘖，后期采用湿润灌溉，保证充分结实灌浆。④病虫防治。播种前种子用药剂浸种24～36h，以防治恶苗病，6月中下旬喷井冈霉素防治纹枯病。

# 中组3号（Zhongzu 3）

**品种来源**：中国水稻研究所以金早47为亲本，经组织培养和体细胞无性变异选育，于2001年夏在杭州定型。2005年通过江西省农作物品种审定委员会审定。

**形态特征和生物学特性**：属籼型常规中熟早稻。全生育期107.1d，比对照浙733早熟1.4d。株高78.4cm，株型适中整齐，茎秆粗壮，耐肥，抗倒伏，后期转色好。剑叶宽挺，叶色浓绿，分蘖力弱，有效穗少，穗粒数多，结实率高。有效穗数319.5万穗/hm²，每穗总粒数112.7粒，每穗实粒数89.7粒，结实率79.6%，千粒重25.2g。

**品质特性**：糙米率81.6%，精米率67.8%，整精米率42.7%，粒长5.3mm，糙米长宽比2.1，透明度3级，垩白粒率85%，垩白度12.8%，胶稠度30mm，碱消值5级，直链淀粉含量22.1%。

**抗性**：稻瘟病抗性自然诱发鉴定：苗瘟0级，叶瘟3级，穗瘟0级。

**产量及适宜地区**：2002年参加品比试验，平均单产7.08t/hm²，比对照浙733增产8.94%，达极显著。2003—2004年参加江西省水稻区试，平均产量分别为46.53t/hm²、6.86t/hm²，比对照浙733分别减产1.53%、2.29%。适宜在江西省赣中北地区种植。2006—2012年累计推广4.6万hm²。

**栽培技术要点**：①适时播种。3月底4月初播种，秧田播种量450～525kg/hm²，大田用种量75kg/hm²，秧龄28～30d。②合理密植。大田移栽插30万穴/hm²，穴插5～7苗，基本苗180万～195万苗/hm²，或插45万穴/hm²，穴插4苗。直播播量控制在60～75kg/hm²为宜，争取有效穗360万～375万穗/hm²。③施足基肥，早施追肥。中等肥力田块，施纯氮210kg/hm²为宜，掌握前促、中稳、后补的高产施肥技术，基肥和追肥比例为8∶2或7∶3，基肥在施足有机肥的基础上，一般配施过磷酸钙450～750kg/hm²、氯化钾150～225kg/hm²。④水分管理浅水勤灌，直播稻四叶期前采取轻露田，在达穗苗的80%～90%时开始搁田。湿润育秧栽插大田在达到等穗苗时及时搁田。后期干湿交替。

# 舟903（Zhou 903）

**品种来源**：浙江省舟山市农业科学研究所以红突80为母本、电412为父本配组杂交，于1989年选育而成。分别通过浙江省（1994）、安徽省（1997）、湖北省（2000）和国家（2001）农作物品种审定委员会审定。

**形态特征和生物学特性**：属籼型常规迟熟早稻。全生育期106～110d。株高75～80cm，株型紧凑，根系发达，叶色淡绿，叶窄挺直，剑叶角度小，苗期较耐寒，后期转色好，青秆黄熟，耐肥，抗倒伏。分蘖力强，成穗率高，有效穗数570万～600万穗/hm²。穗长21cm，每穗总粒数85.6粒，结实率85%～92%，千粒重24g。谷粒细长，稃尖淡黄色。

**品质特性**：糙米率80.7%～81.0%，精米率72.8%～73.2%，整精米率38%～42%，糙米粒长7.1cm，糙米长宽比3.4，透明度1级，垩白度5.9%～9.2%，胶稠度66～86mm，碱消值6.6～7.0级，直链淀粉含量16.4%，蛋白质含量9.0%。米饭柔软，咀嚼有弹性，冷饭不回硬，米质较好。

**抗性**：对稻瘟病抗性因各地稻瘟病生理小种不同而表现各异，在浙江省表现中感至高感，在湖北省表现中感，在安徽省表现中抗；高感白叶枯病；较耐纹枯病。后期耐高温，较耐涝、耐盐碱。

**产量及适宜地区**：1992年、1993年浙江省早籼稻品种区试，平均产量6.19t/hm²，比对照广陆矮4号增产7.9%；1998年、1999年湖北省区试，两年平均产量5.48t/hm²，比对照减产1.6%。浙江、湖北省生产试验一般产量6.00t/hm²左右。适宜在浙江、安徽、湖北省稻瘟病、白叶枯病轻发区作为双季早稻种植。1992—2008年累计推广126万hm²。

**栽培技术要点**：① 适时播种，稀播培秧。4月上旬播种，秧田播种量为600kg/hm²，大田用种量60～75kg/hm²，秧本比1：8。②适龄移栽。秧龄控制在35d以内，叶龄5.5叶。③ 合理密植。基本苗150万～180万苗/hm²，有效穗525万穗/hm²左右。④足肥早施，适施氮肥，增施磷钾肥。⑤搁田控苗，齐穗后间歇灌水，干干湿湿活水到老，切勿断水过早。

# 竹菲10号 (Zhufei 10)

**品种来源**：浙江省农业科学院水稻研究所于1972年以竹莲矮为母本、菲改选为父本杂交，经3年6代选择，于1975年夏定型。1985年通过浙江省农作物品种审定委员会审定（浙品审字第022号）。

**形态特征和生物学特性**：属籼型常规迟熟早稻。全生育期119.9d，比对照广陆矮4号迟0.5d，感温性强。株高75～80cm，茎态直立，集散适度。分蘖力偏弱，成穗率高，有效穗数480万～570万穗/hm²。每穗总粒数65～70粒，结实率80%～85%，千粒重29g左右。谷粒长、宽和厚分别为9.90mm、2.85mm和2.28mm。

**品质特性**：糙米率81%～82%，精米率74.2%，整精米率59.4%，垩白1级，直链淀粉含量20.6%。米饭较柔软。

**抗性**：抗稻瘟病多个生理小种。中抗白叶枯病。纹枯病的感染较轻。苗期耐寒性弱。

**产量及适宜地区**：一般产量7.50t/hm²。1979年、1980年浙江省区试平均产量分别为6.92t/hm²、6.46t/hm²，1981年、1982年南方稻区区试平均产量分别为6.37t/hm²、6.10t/hm²。适宜在季节较宽的温州平原、台州南部沿海等地区推广种植。1983—1988年累计推广19.33万hm²。

**栽培技术要点**：①二熟制早稻3月底前后播种，秧龄35d；三熟制早稻4月上旬至4月10日播种，秧龄35～40d。②株行距可采用15cm×10cm、16.7cm×10.0cm或16.7cm×13.3cm，绿肥田早稻每穴5～6苗，270万～300万苗/hm²。③需标准肥45.0～53.5t/hm²。追肥中的80%以上要在第一、第二次耘田时施用，20%以下的追肥用作二次枝梗分化期的穗肥和花粉母细胞减数分裂期的保花肥。④插后深水护苗，浅水发棵，分蘖末期轻搁轻烤，后期间歇灌溉，活水到成熟。施肥不足的田块不宜长期淹灌。⑤因叶色较深，容易诱致纵卷叶螟等危害，株型偏于紧束，又多在重肥、高密度和常灌水的条件下栽培，易引发纹枯病、稻瘟病、白叶枯病等病虫害发生，应及早进行防治。

# 竹科2号（Zhuke 2）

**品种来源**：浙江省舟山市农业科学研究所于1972年以竹莲矮为母本、科矮13为父本配组杂交，1975年定型。1983年通过浙江省农作物品种审定委员会认定。

**形态特征和生物学特性**：属籼型常规迟熟早稻。全生育期120d，感温性强。株高65～70cm，株型紧散适中，根系发达，对肥料反应较敏感。主茎13～14张叶，叶片短而窄，叶挺，叶色青绿，剑叶角度中等。分蘖力中等，单株有效穗数9.5个，有效穗数584万穗/hm²。穗长19.7cm，每穗总粒数70.8粒，结实率84.0%，千粒重30.0g。谷粒近长形，无芒，稃尖秆黄色。

**品质特性**：糙米率79.3%，精米率70.7%，整精米率44.9%，糙米长宽比2.6，垩白粒率87%，垩白度8.7%，胶稠度58mm，直链淀粉含量24.9%。

**抗性**：中抗稻瘟病，感白叶枯病，高感褐稻虱和白背飞虱。耐盐性极弱。

**产量及适宜地区**：一般产量6.00～6.75t/hm²。1976—1980年舟山地区农业科学研究所连续5年对比试验，平均单产7.09t/hm²，比对照广陆矮4号增产7.5%。1976年在舟山地区13个点的试验，有12个点增产，平均产量7.11t/hm²，比对照广陆矮4号增产7.8%；1977年在浙南沿海10个点的联合试验，9个点增产，平均产量6.55t/hm²，比对照广陆矮4号增产7.0%；1978年全省9个点大区对比试验，平均产量6.31t/hm²，比对照广陆矮4号增产6.3%。适宜浙江南部沿海地区作为连作早稻栽培。1978年多点试种，1979年浙江省种植7 000hm²，1985年最大种植面积7.5万hm²，1982—1991年累计推广34万hm²。

**栽培技术要点**：①稀播壮秧，适龄移栽。春花田秧田播种量1 200～1 350kg/hm²，绿肥田早稻不宜超过1 500kg/hm²。作为绿肥田早稻栽培，秧龄30～35d；作为春花田早稻栽培，秧龄35～40d。②小株密植，保穗增粒。行株距16.7cm×10.0cm，每穴5苗。③基肥足，苗肥早。施标准肥22.5t/hm²，基追肥的比例以3：1为宜。追肥一般在移栽后10d内一次施入，宜早不宜迟。

# 第二节　杂交籼稻

# Ⅱ优023（Ⅱ you 023）

**品种来源**：杭州市农业科学研究院和杭州市良种引进公司合作，以Ⅱ-32A为母本、杭恢023为父本杂交而成。2009年通过浙江省农作物品种审定委员会审定（浙审稻2009025）。

**形态特征和生物学特性**：属三系杂交籼稻品种。全生育期134.7d，比对照汕优63长5.1d。株高118.6cm，株型集散适中，剑叶较挺，叶色绿。穗大粒多，着粒较密，落粒性中等。有效穗数250.5万穗/hm²，成穗率59.1%，穗长24.1cm，每穗总粒数174.8粒，每穗实粒数143.1粒，结实率81.9%，千粒重25.5g。谷粒中长，稃尖无色，无芒。

**品质特性**：糙米长宽比2.4，整精米率63.8%，垩白粒率58.5%，垩白度9.8%，透明度1.5级，胶稠度69.5mm，直链淀粉含量21.7%，两年区试米质指标分别达到部颁四级和二级食用稻品种品质。

**抗性**：叶瘟0级，穗瘟5级，穗瘟损失率9.9%，白叶枯病7.9级，褐飞虱9级。

**产量及适宜地区**：2006年、2007年参加杭州市单季杂交晚籼稻区试，两年区试平均产量7.94t/hm²，比对照汕优63增产7.6%。2008年生产试验，平均产量7.94t/hm²，比对照汕优63增产8.4%。适宜在杭州地区作为单季稻种植。

**栽培技术要点**：①适时播种，培育壮秧。单季种植5月底前播种，山区适当提前。可采用旱育和半旱育秧。旱育秧：大田需秧板田90m²/hm²，用种量6kg/hm²，播种前秧板施三元复合肥4.5kg/hm²，过磷酸钙4.5kg/hm²作为基面肥。种子播前浸种，浸后洗净催芽至露白。覆盖小拱棚地膜保温，晴天白天要揭膜通风，拔秧前3d完全揭膜炼苗。秧龄10～15d。半旱育秧：大田需秧板田300～450m²/hm²，用种量7.5kg/hm²，秧龄12～15d。②宽行密株。单本稀植插秧密度30cm×20cm，每畦插10行，16.5万穴/hm²。③合理施肥。要求施足有机肥，8月上旬幼穗分化至孕穗期施穗肥。破口至齐穗期喷叶面肥。④科学水分管理。大田水分管理实行沟水浅栽、薄水护苗、浅水施肥、湿润分蘖、浅水养穗、干湿灌溉的技术措施。⑤控制纹枯病、稻曲病、白叶枯病、稻纵卷叶螟、三化螟、稻飞虱等病虫害的发生和危害。

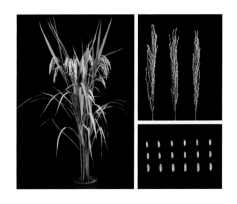

# II优0514（II you 0514）

**品种来源**：II优0514是浙江省农业科学院作物与核技术利用研究所用不育系II-32A和自选恢复系浙恢0514组配的杂交水稻新组合。2009年通过浙江省农作物品种审定委员会审定（浙审稻2009028）。

**形态特征和生物学特性**：属三系杂交籼稻品种。生育期适中，全生育期137.3d，比对照汕优63迟3.2d。株高113.9cm，株型较紧凑，分蘖力中等。剑叶较挺，叶色浅绿。穗型较大，结实率较高，后期转色较好。有效穗数198.0万穗/hm$^2$，成穗率56.2%，穗长24.1cm，每穗总粒数172.7粒，每穗实粒数143.5粒，结实率83.3%，千粒重27.8g。谷粒椭圆形。

**品质特性**：糙米长宽比2.5，整精米率62.3%，垩白粒率42.0%，垩白度8.8%，透明度2级，胶稠度71.5mm，直链淀粉含量22.0%。两年区试米质指标分别达到部颁三级和四级食用稻品种品质。

**抗性**：叶瘟1.3级，穗瘟4.5级，穗瘟损失率7.3%，白叶枯病7级，褐飞虱7级。

**产量及适宜地区**：2006—2007年参加温州市单季杂交晚籼稻区试，两年平均产量7.54t/hm$^2$，比对照汕优63增产6.2%。2008年生产试验，平均产量8.15t/hm$^2$，比对照汕优63增产8.4%。适宜在温州地区作为单季稻种植。

**栽培技术要点**：①适时播种，培育壮秧。单晚种植5月15～25日播种，播前种子用灭菌剂浸种杀菌，秧龄以25～30d为宜。②合理密植，单季种植。适宜栽插密度16.6cm×26.0cm或13.3cm×30.0cm，插足落压苗60万～75万苗/hm$^2$，力争有效穗达到225.0万穗/hm$^2$。③促控结合，管好肥水。施足基肥，早施分蘖肥，适施穗肥，重视氮、磷、钾配套。追肥采用前促、中控、后补的方法，注意增施磷、钾肥。栽后6d施尿素1 575kg/hm$^2$；

在80%主叶露尖时，施尿素900kg/hm$^2$；始穗至齐穗期结合施药，喷施叶面肥。在水分管理上，总的原则是"浅灌勤灌，干干湿湿"，要求浅水插秧，深水返青，返青后浅水勤灌促分蘖，后期干湿交替防早衰，收割前5～8d断水。④做好种子处理和病虫防治工作。播前种子消毒，秧田期防治稻蓟马，分蘖至抽穗期防治稻瘟病、二化螟、三化螟等病虫害，后期注意白叶枯病和褐飞虱防治。

# II优2070（II you 2070）

**品种来源**：中国水稻研究所以II-32A为母本、T2070为父本，于1994年春在海南采用三系法配组，1996年参加浙江省单季稻区域试验并定名。1999年通过浙江省农作物品种审定委员会审定。

**形态特征和生物学特性**：属籼型三系杂交迟熟中稻。全生育期142d，对温度不敏感，生育期较稳定。作为单季晚稻栽培株高111cm，作为连作晚稻株高96.1cm。株型紧凑，叶片窄而短，受光姿态好，茎秆粗壮，耐肥，抗倒伏。分蘖力强，起发快，成穗率高，有效穗数262万穗/hm²。穗大粒多，作为单季晚稻穗长24.8cm，每穗总粒数137.2粒，结实率91.8%；作为连作晚稻穗长21.8cm，每穗总粒数133.2粒，结实率87.3%。千粒重29g。

**品质特性**：糙米率71%，精米率75.3%，整精米粒率64.2%，垩白粒率65%，垩白度15.7，米粒半透明，心腹白较小。

**抗性**：中抗稻瘟病和白叶枯病。

**产量及适宜地区**：1996年、1997年和1998年浙江省单季稻区试，平均产量分别为8.17t/hm²、6.94t/hm²和7.10t/hm²，比对照汕优63分别增产3.9%、4.9%和减产1.9%。1998年生产试验平均产量7.73t/hm²，比对照汕优63增产13.5%。适宜浙江全省中、低海拔地区作为单季稻种植。已累计推广4.33万hm²。

**栽培技术要点**：①适时播种，培育壮秧。单季种植一般在5月中、下旬播种，播种量105～120kg/hm²，秧龄25～30d；作为连作晚稻宜在6月10日前播种，播种量120～150kg/hm²，稀播、匀播。育秧期早施断奶肥。②合理密植，插足落田苗。一般采用13cm×30cm（宽行窄株）或25cm×18cm，插足18万～22.5万穴/hm²和落田苗90万～120万/hm²。③施足基肥，增施磷钾肥。采用"前攻、中稳、后补"的施肥原则。灌浆期可喷施磷酸二氢钾1～2次，以提高叶片光合作用，增加粒重。④适时防病治虫。高湿多雾、日照时数少的地区，特别要注意对稻瘟病的防治工作。种子经晒种后，浸种时消毒处理，并注意防治白叶枯病和细菌性条斑病。

# II优218（II you 218）

**品种来源**：中国水稻研究所以 II-32A 为母本，中恢 218 为父本，采用三系法配组而成。分别通过江西省（2003）和浙江省（2005）农作物品种审定委员会审定。

**形态特征和生物学特性**：属籼型三系杂交迟熟中稻。全生育期 132.9d，比对照汕优 63 长 1.6d。株高 102.1cm，株型适中，剑叶较长，茎秆粗壮，耐肥性较好，分蘖力一般，后期青秆黄熟。有效穗数 240 万穗/hm²，每穗总粒数 123.4 粒，结实率 90.7%，千粒重 29.6g。

**品质特性**：糙米率 78.6%，平均整精米粒率 58.4%，糙米粒长 6.8mm，糙米长宽比 2.8，垩白粒率 80%，垩白度 30.2%，透明度 2.5 级，胶稠度 54.3mm，直链淀粉含量 22.2%。

**抗性**：中抗稻瘟病，感白叶枯病和褐稻虱。

**产量及适宜地区**：2002 年、2003 年浙江省单季杂交籼稻区试，平均产量分别为 7.62t/hm²、7.50t/hm²，比对照汕优 63 分别增产 5.1%、4.6%，未达显著水平。2004 年省生产试验平均产量 7.39t/hm²，比对照汕优 63 增产 0.6%。适宜在浙江全省作为单季晚稻种植。

**栽培技术要点**：①播种前进行种子消毒，催芽后播种。②播种期低海拔地区于 6 月底前，中海拔地区于 6 月 25 日前播种，秧田播种量 112.5～150kg/hm²，大田用种量 11.25kg/hm²。下足秧田基肥，复合肥 375kg/hm²，早施分蘖肥，施好送嫁肥。③严格控制秧龄。一般为 20～25d，不得超过 30d。④及时抢插、合理密植。在 7 月底前移栽结束，确保栽植 24 万穴/hm² 以上，规格 23cm×20cm 为宜，每穴插 2 苗，插足基本苗 105 万～120 万苗/hm²。⑤科学肥水管理。即重施基肥、早施分蘖肥、巧施酌施穗粒肥。水分管理做到浅水插秧、深水扶苗、薄水发棵，视土质、水源、苗情适当搁田；灌浆期干干湿湿，促进幼穗分化，抽穗扬花期保持深水，直到收获前 7～10d 排水。⑥及时防治螟虫、稻纵卷叶螟、稻飞虱、稻瘟病和纹枯病等。

# Ⅱ优3027（Ⅱ you 3027）

**品种来源**：浙江大学原子核农业科学研究所和浙江省金华市种子公司，以不育系Ⅱ-32A为母本，与恢复系R3027杂交选育而成。2000年通过浙江省农作物品种审定委员会审定（浙品审字第214号）。

**形态特征和生物学特性**：属三系杂交籼稻品种。生育期与汕优10号相近，平均全生育期134.8d。株高90～95cm，株型紧凑，分蘖力中等偏强。剑叶长度中等而上挺，叶色较深，青秆黄熟，不早衰。穗长23～24cm，每穗总粒数125～150粒，每穗实粒数115～125粒，结实率80%以上，千粒重26～27g。

**品质特性**：糙米率、精米率、整精米率、碱消值、胶稠度、蛋白质含量等6项达一级标准；粒型、糙米长宽比、透明度、直链淀粉含量等4项指标达二级标准。整精米率68.2%，透明度2级（对照协优46为3级），垩白粒率和垩白度也明显比对照要小。

**抗性**：中抗稻瘟病，中感白叶枯病，感细条病、褐飞虱和白背飞虱。耐肥性好，抗倒伏性好，有较好的耐淹和耐旱能力。

**产量及适宜地区**：浙江省金华市籼型杂交晚稻区试，平均产量6.64t/hm²，比对照协优46增4.42%；生产试验，平均产量6.34t/hm²，比对照汕优10号增产7.93%。适宜浙江北部、浙西、浙南山区作为单季种植；也可在浙中、浙南等低海拔地区和浙南沿海作为连晚栽培。2000年至今累计推广35.2万hm²。

**栽培技术要点**：①适时播种，浙江连作晚稻种植，6月10～12日播种，山区略早，单季晚稻种植，参照汕优63。采取湿润育秧，稀播匀播，播量150kg/hm²。二叶一心时喷施多效唑200～300mg/kg，控长促蘖。②适当密植，采用13cm×30cm的窄株宽行种植，插足基本苗120.0万～150.0万苗/hm²，争取有效穗数300.0万穗/hm²。③肥水管理。施足基肥，增施磷钾肥。基肥以有机肥为主，占总量的60%。适当增加磷钾肥，以增强抗逆性，提高结实率，后期防止追肥过多而造成叶片长披。采取浅水插秧，薄水发棵促分蘖，适时适度搁田，足水孕穗抽穗，干湿交替活水到老，切忌断水过早。④注意病虫害防治。重视螟虫、稻虱和纵卷叶螟的防治，白叶枯病重病区要加强喷药防治，确保丰产丰收。

# Ⅱ优598（Ⅱ you 598）

**品种来源**：2005年春由浙江省农业科学学院作物与核技术利用研究所在海南省陵水用Ⅱ-32A与浙恢205配组制种，组合定名Ⅱ优598。2009年通过浙江省农作物品种审定委员会审定（浙审稻2009023）。

**形态特征和生物学特性**：属三系杂交籼稻品种。全生育期129.2d，比对照汕优63长0.7d。株高124.4cm，株型较紧凑，茎秆较粗壮，剑叶挺直，叶色浅绿，繁茂性好。结实率较高，后期转色好。有效穗数225.0万穗/hm²，成穗率60.9%，穗长24.1cm，每穗总粒数173.1粒，每穗实粒数141.4粒，结实率82.0%，千粒重27.0g。谷粒圆粒偏长型，稃尖紫色。

**品质特性**：糙米长宽比2.5，整精米率58.5%，垩白粒率67.5%，垩白度14.3%，透明度3级，胶稠度74mm，直链淀粉含量22.8%，两年米质指标分别达部颁五级和二级食用稻品质。

**抗性**：叶瘟1.8级，穗瘟4.5级，穗瘟损失率10.7%；白叶枯病7级；褐飞虱8级。

**产量及适宜地区**：2006年、2007年参加衢州市单季杂交晚籼稻区试，两年平均产量7.85t/hm²，比对照汕优63增产3.7%。2008年生产试验，平均产量8.33t/hm²，比对照汕优63增产6.7%。适宜在衢州地区作为单季晚稻种植。

**栽培技术要点**：①适时播种，培育壮秧。浙江衢州地区单季稻栽培5月中下旬播种，大田用种量12～15kg/hm²，秧龄25～30d，培育带蘖壮秧。②适当密植，协调群体。基本苗18.0万～22.5万穴/hm²，株行距18cm×25cm，插足落田苗60万～75万苗/hm²。③科学施肥，湿润灌溉。适当控制中、后期的氮肥施用量，避免氮肥施用偏重偏迟，造成剑叶过长过披。施肥原则要求"施足基肥，早施追肥，适施保花肥"，基肥、追肥、保花肥比例5：4：1，注意增施磷钾肥。基肥要求增有机肥，移栽后6～7d施分蘖肥，孕穗前后看苗

适施氮肥，以利形成大穗。田块施肥量纯氮150～180kg/hm²、过磷酸钙300～450kg/hm²、氯化钾112.5～150.0kg/hm²。后期适当控制氮肥用量。水分管理上，要求浅水插秧，寸水护苗，薄水分蘖，适时搁田，灌水孕穗，有水扬花，生育后期干湿交替防早衰。在成熟收割前5～8d断水，切忌断水过早。④加强病虫害防治。播前用药剂进行种子处理；秧田期做好稻蓟马、稻飞虱防治工作；重视大田稻纵卷叶螟、二化螟、稻飞虱的防治，关注当地水稻病虫预测情报。

# Ⅱ优6216 (Ⅱ you 6216)

**品种来源**：浙江省杂交水稻开发联合体以Ⅱ-32A为母本、丽恢6216为父本，采用三系法于1989年配组杂交并定名。1995年通过浙江省农作物品种审定委员会审定。

**形态特征和生物学特性**：属籼型三系杂交迟熟中稻。对温度和光周期反应迟钝，营养生长期中长。作为单季晚稻栽培，全生育期150d左右，作为连作晚稻栽培，全生育期135d。株高95cm，主茎叶16～17张，茎秆粗壮，抗倒伏性好，叶色浓绿，株叶形态适中，剑叶挺立，穗层整齐，后期转色好。苗期较耐寒，后期耐热性好。分蘖力强，有效穗多，单季晚稻210万～240万穗/hm²，连作晚稻270万～300万穗/hm²。穗长27cm，每穗粒数190粒，结实率85%，千粒重29g。谷粒黄亮，易脱粒。

**品质特性**：糙米率81.4%，精米率73.3%，整精米粒率55.9%，糙米粒长6.3mm、宽2.6mm，糙米长宽比2.4，垩白粒率58%，垩白度14.5%，透明度2级，碱消值6.5级，胶稠度40mm，直链淀粉含量21.8%。

**抗性**：中抗稻瘟病，感白叶枯病。耐旱性较强。

**产量及适宜地区**：在1992年和1993年浙江省杂交晚稻区域试验中，平均产量分别为6.16t/hm²和6.49t/hm²，比对照汕优10号分别增产2.5%和0.6%；1994年生产试验6.22t/hm²，比对照汕优10号减产4.9%。适宜在浙中、浙南杂交稻区种植。已累计推广9.33万hm²。

**栽培技术要点**：①适时播种，培育壮秧。在平原稻区作为连作晚稻种植，播种期一般掌握在6月10～12日为宜。大田用种量7.5～11.3kg/hm²；秧田播种量75-112.5kg/hm²。②适时移栽，合理密植。作为连作晚稻种植秧龄在40d以内，如秧龄超过40d应采用两段育秧。栽22.5万～27万穴/hm²，基本苗150万苗/hm²左右，有效穗数270万穗/hm²左右。③用好肥水，提高成穗率。掌握"施足基面肥，早施分蘖肥，重施穗肥，配施磷钾肥"的原则，施标准肥41.25t/hm²，基肥、分蘖肥、穗肥的比例为6：2：2。分蘖数达375万蘖/hm²时搁田控苗，灌浆成熟期以干湿交替为主。④注意病虫害防治。苗期防稻蓟马，孕穗至齐穗期注意防治螟虫，见穗期则以稻飞虱和稻曲病防治为重点。

# II 优 7954 ( II you 7954)

**品种来源**：浙江省农业科学院作物与核技术利用研究所以 II -32A 为母本、浙恢 7954 为父本，采用三系法配组杂交而成。分别通过浙江省（2002，浙品审字第 378 号）和国家（2004，国审稻 2004019）农作物品种审定委员会审定。

**形态特征和生物学特性**：属籼型三系杂交迟熟中稻。国家区试全生育期 136.3d，比对照汕优 63 迟熟 3d。株高 118.9cm，株型适中，群体整齐，叶色浓绿，剑叶直立，长势茂盛。穗大粒多，后期转色中等。有效穗数 235.5 万穗 /hm²，穗长 23.9cm，每穗总粒数 174.1 粒，结实率 78.3%，千粒重 27.3g。团粒型籽粒。

**品质特性**：糙米率 80.3%，精米率 73.6%，整精米率 64.9%，精米长 5.6mm，糙米长宽比 2.3，垩白粒率 47%，垩白度 9.3%，透明度 2 级，碱消值 6.6 级，胶稠度 47mm，直链淀粉含量 25.2%。

**抗性**：感稻瘟病，中感白叶枯病，高感褐稻虱。

**产量及适宜地区**：2000—2001 年参加温州市杂交晚稻区域试验和杭州市单晚区域试验，平均产量为 7.18t/hm² 和 8.07t/hm²。2002—2003 年参加全国南方稻区长江中下游区域试验，平均产量 8.57t/hm²。2004 年生产试验产量 7.72t/hm²，比对照汕优 63 增产 9.1%。适宜长江流域及四川、重庆、云南、广西、贵州的中、低海拔稻区（武陵山区除外）以及海南作为一季中稻种植。

**栽培技术要点**：①适时播种、培育壮秧。单晚种植，5 月 15 ～ 25 日播种，秧龄 25 ～ 30d；连晚种植，播种期比汕优 10 号早 4d，秧龄控制在 35d 以内，若超过 35d 需采用二段秧。②合理密植。单季种植密度 16.6cm×26cm 或 13.3cm×30cm（窄株宽行），种足落田苗 60 万 ～ 75 万苗 /hm²，力争有效穗达到 255.0 万 /hm²；连晚种植可适当提高密度和基本苗。③促控结合，管好肥水。基肥和分蘖肥占 80% 以上，重肥争早发，适当施用穗粒肥。氮、磷、钾比例 1：0.5：0.8。浅水勤灌促分蘖，剑叶抽出前适施穗肥保大穗，后期干湿交替防早衰。④做好种子处理和病虫防治工作。播种种子消毒，大田注意加强螟虫、稻瘟病、稻曲病等病虫防治。

# Ⅱ优8006（Ⅱ you 8006）

**品种来源**：中国水稻研究所以Ⅱ-32A为母本、中恢8006为父本，采用三系法配组杂交而成。2005年通过浙江省农作物品种审定委员会审定。

**形态特征和生物学特性**：属籼型三系杂交迟熟中稻。作为单季晚稻栽培，平均全生育期131.1d，比对照汕优63长2.9d。株高125cm，株型较紧凑，茎秆粗壮，倒数第二节间较短，主茎16叶左右，叶色淡绿，后期熟色好。分蘖力中等，有效穗数238.5万穗/hm²。穗型较大，每穗总粒数140.8粒，每穗实粒数117.3粒，结实率83.3%，千粒重27.1g。

**品质特性**：整精米率58.7%，糙米长宽比2.6，垩白粒率80.0%，垩白度17.6%，透明度3级，胶稠度76.0mm，直链淀粉含量24.7%。

**抗性**：中抗稻瘟病和褐稻虱，感白叶枯病。

**产量及适宜地区**：2002年、2003年参加杭州市单季杂交籼稻区试，平均产量分别为7.02t/hm²、6.64t/hm²，比对照汕优63分别增产5.4%、4.9%，均未达显著水平。2003年、2004年杭州市单季杂交稻生产试验，平均产量7.17t/hm²、7.39t/hm²，比对照汕优63分别增产2.1%、8.6%。适宜在浙江省杭州市及同类生态区作为单季晚稻种植。2005年至今累计推广11.27万hm²。

**栽培技术要点**：①适时播种。根据当地种植习惯与汕优63同期播种，播种量225～285kg/hm²，秧龄30～35d。②合理密植。株行距17.67cm×（20.00～23.33）cm，栽播25万～28万穴/hm²，每穴1～2苗，最高苗控制在300万苗/hm²以内，有效穗数控制在285万～340万穗/hm²。③合理施肥。围绕"前促蘖、中壮苗、后攻粒"的原则，施足基肥，增施促蘖肥，三施穗粒肥，氮肥分配比例一般基肥：分蘖肥：穗粒肥为5：2：3。④科学用水。采用浅水栽秧，寸水活棵，薄水分蘖，够苗烤田。拔节长穗期浅水间歇灌溉，孕穗至抽穗扬花期保持浅水层，切忌断水受旱，灌浆结实期应采用浅水、湿润灌溉，在水稻收割前7d断水为宜。⑤病虫害防治。注意做好稻蓟马、稻飞虱、螟虫、稻纵卷叶螟、稻瘟病、水稻纹枯病等病虫害防治工作，重点抓好秧田期的稻蓟马以及本田期的螟虫、稻纵卷叶螟和稻飞虱等虫害的防治。

# Ⅱ优92（Ⅱ you 92）

**品种来源**：浙江省杂交水稻开发联合体和金华市农业科学研究所合作，以Ⅱ-32A为母本、恢复系20964为父本杂交而成，原名Ⅱ优20964。分别通过浙江省（1994，浙品审字第107号）、安徽省（1998，皖品审98010232）和国家（1999，GS990019）农作物品种审定委员会审定。

**形态特征和生物学特性**：属三系杂交籼稻品种。生育期122～125d，比对照汕优10号短6d，比对照汕优64长3d。株高90cm，株型紧凑，茎秆粗韧，叶姿挺拔，叶色翠绿。分蘖力中等偏强，成穗率较高，有效穗数365.9万穗/hm²，穗长22.5cm，每穗总粒120.4粒，结实率80.4%。千粒重24.7g，谷粒稍呈细长，无芒，释尖紫色，谷壳黄亮。

**品质特性**：糙米率、精米率和整精米率较高，尤其是整精米率高达67%，显著高于对照汕优64，加工品质等3项指标达部颁一级优质米标准。糙米粒长、糙米长宽比、透明度等3项指标达部颁二级优质米标准，但垩白粒率和垩白大小未达部颁优质米标准。除胶稠度外，其他2个蒸煮品质指标达部颁二级优质米标准。米饭较软，有光泽，适口性好。

**抗性**：叶瘟2.2级，穗瘟2.6级，达中抗至抗水平；白叶枯病7.3级；褐飞虱抗性与汕优64相仿。

**产量及适宜地区**：1991年、1992年浙江省杂交晚稻区试，平均产量分别为7.26t/hm²、6.39t/hm²，比对照汕优64分别增产6.4%、8.4%（显著）；1993年生产试验，平均产量6.62t/hm²，比对照汕优64分别增产10.9%。适宜在浙江省季节较紧、肥力水平中下等地区推广应用。1994年至今累计推广17.1万hm²。

**栽培技术要点**：①在金、衢地区的河谷平原、低丘、半山区6月20～23日播种，秧田播种量120～150kg/hm²，育秧宜采用小苗二段秧为好，在二叶一心期抛秧，种植密度6cm×8cm，秧龄35d。采用一段大秧，秧龄控制在32d以内。②连晚栽培，移栽密度以20cm×20cm为宜，插足基本苗135万～150万苗/hm²。③巧管肥水，控促结合。施纯氮172.5～187.5kg/hm²。以有机肥为主，增施磷钾肥；施足基肥，早施分蘖肥，酌施保花肥。浅水勤灌；后期间歇灌溉，谨防断水过早。

# 八两优100（Baliangyou 100）

**品种来源**：湖南省安江农校以安农810S为母本、D100为父本，采用两系法配组杂交而成，1998年通过湖南省农作物品种审定委员会审定。浙江省武义县种子公司、武义县粮油技术推广站于1997年引入，并于2001年通过浙江省农作物品种审定委员会审定。

**形态特征和生物学特性**：属籼型两系杂交迟熟早稻。全生育期111d，弱感光，中感温，短日高温生育期长。株高83cm，株型较紧凑，剑叶窄小、挺直，叶片较厚，叶色深绿，叶鞘绿色。分蘖力中等，成穗率高，后期青秆黄熟，较耐肥。一般有效穗数350万穗/hm²左右。半叶上禾，穗型中等，着粒密，每穗总粒数118粒左右，结实率80%以上，千粒重26g左右。谷粒椭圆形，色金黄。

**品质特性**：糙米率81%，精米率69.5%，整精米率42%，糙米长6.5mm、宽2.4mm，糙米长宽比2.7，垩白粒率80%，垩白大小16%。米饭软硬适中，食味好，米质较好。

**抗性**：中感稻瘟病，感白叶枯病。抗寒，耐旱。

**产量及适宜地区**：1998—1999年浙江省杂交早稻品种区试，平均产量6.61t/hm²，比对照汕优48-2增产7.35%，比对照浙733增产10.59%；2000年生产试验，平均产量6.28t/hm²，比对照汕优48-2增产1.72%。适宜浙江省中部、南部稻区作为早稻种植。2001年至今累计推广16.67万hm²。

**栽培技术要点**：①旱育秧3月18～20日、半旱育秧3月25日，直播4月6～8日播种，大田用种量26.25～30kg/hm²。②5叶前移栽，密度13.3cm×16.6cm或13.3cm×20.0cm，双本插植，绿肥田基本苗插足150万～180万苗/hm²。③大田施纯氮150kg/hm²、五氧化二磷75～100kg/hm²、氧化钾120kg/hm²。以有机肥为主，无机肥为辅，氮、磷、钾合理搭配。施肥时以基肥为主，占总量的75%以上，追肥早，栽插后约5d追尿素150kg/hm²，中、后期酌情补施。④科学水分管理。前期浅水勤灌促分蘖，中期适度晒田壮秆防倒伏，后期干湿交替争结实率和粒重。⑤综合防治稻瘟病等病虫害。

# 丰优9339（Fengyou 9339）

**品种来源**：中国水稻研究所以粤丰A为母本、中恢9339为父本，采用三系法于2004年配组杂交而成。2009年通过浙江省农作物品种审定委员会审定。

**形态特征和生物学特性**：属籼型三系杂交迟熟中稻。平均全生育期144.9d，比对照汕优63迟熟9.6d，弱感光性。株高117.2cm，株型紧凑，剑叶直立，叶片细窄，叶色浓绿，抗倒伏性较强，后期青秆黄熟。分蘖力中等，长势繁茂，有效穗数213万穗/hm²，成穗率61.6%。穗长24.4cm，每穗总粒数175.4粒，实粒数146.6粒，结实率83.6%，千粒重25.8g。谷粒长，落粒性中等。

**品质特性**：整精米率53.8%，糙米长宽比2.8，垩白粒率42.5%，垩白度5.3%，透明度2级，胶稠度71.5mm，直链淀粉含量16.2%。

**抗性**：中抗稻瘟病，感白叶枯病，中感褐稻虱。

**产量及适宜地区**：2005年参加浙江省温州市单季杂交晚籼稻区域试验，平均产量7.64t/hm²，比对照汕优63增产7.4%，达极显著水平。2006年继续参加温州市区域试验，平均产量7.80t/hm²，比对照汕优63增产9.3%，达极显著水平。两年区域试验平均产量7.72t/hm²，比对照汕优63增产8.4%。2006年温州市生产试验，平均产量7.08t/hm²，比对照品种汕优63增产13.9%。适宜在浙江省温州地区作为单季稻种植。

**栽培技术要点**：①适期播种。作为单季晚稻种植，在平原5月底播种，在山区5月中旬播种。②培育壮秧。稀播，播种量112.5kg/hm²。③合理肥水管理。一般施纯氮150～210kg/hm²。要求前期重施基肥，保证早发；中期及时追肥，配施磷钾肥；后期轻施穗肥。做到前期浅水、湿润促分蘖；中期够苗即烤田，促进根系深扎；后期浅水抽穗灌浆，湿润管理到成熟。④综合防治病虫害。根据田间观察和病虫预报，及时防治稻蓟马、稻纵卷叶螟、稻瘟病等。后期注意稻飞虱的防治。

# 旱优2号 （Hanyou 2）

**品种来源**：上海市农业生物基因中心以沪旱1A为母本、旱恢2号为父本杂交育成，又名沪优2号。分别通过上海市（2006）和国家（2010）农作物品种审定委员会审定。

**形态特征和生物学特性**：属籼型三系杂交中熟中稻，旱稻，全生育期114.6d。株高120.4cm，茎秆粗壮，叶色淡绿，熟期转色好。分蘖力中等，有效穗数231万穗/hm²。穗长23.7cm，每穗总粒数142.4粒，结实率82.7%，千粒重32.0g。

**品质特性**：整精米率45.4%，糙米长宽比3.0，垩白粒率29%，垩白度4.3%，胶稠度59mm，直链淀粉含量15.6%。

**抗性**：高感稻瘟病，感白叶枯病，高感褐稻虱。抗旱性强。

**产量及适宜地区**：2008年、2009年参加长江中下游晚籼中迟熟组品种区试，平均产量分别为7.54t/hm²、7.68t/hm²，比对照油优46分别增产5.1%、5.0%（均极显著）。2009年生产试验，平均产量7.62t/hm²，比对照油优46增产11.6%。适宜在广西桂中和桂北稻作区、广东粤北稻作区、福建中北部、江西中南部、湖南中南部、浙江南部的稻瘟病轻发的双季稻区作为晚稻种植。

**栽培技术要点**：①单季栽培以6月1～6日，连晚栽培以6月10～12日播种为宜，山区应提前5～7d播种。秧田播种量120～150kg/hm²，大田播种量7.5～11.25kg/hm²，秧龄25～30d。②适时移栽，合理密植。单季稻栽培在6月底至7月初移栽，作为西瓜田连作栽培的，在7月1～10日移栽，秧龄控制在30d以内。确保基本苗105万～120万苗/hm²。③施足基肥，早施追肥。应施足基肥，要求翻耕时占总施肥量60%～70%的肥料作为基肥，全层深施；在移栽后5d左右，施分蘖肥，用量占总肥量20%左右，并结合施用除草剂进行化学除草；施穗肥，用量占总施肥量的10%～20%。④确保插秧后和抽穗扬花期的水层。⑤做好病虫害防治。

# 旱优3号 (Hanyou 3)

**品种来源**：上海市农业生物基因中心以沪旱1A为母本、旱恢3号为父本杂交育成。2006年分别通过上海市、广西壮族自治区农作物品种审定委员会审（认）定。

**形态特征和生物学特性**：属籼型三系杂交中熟中稻，旱稻。在上海地区作为单季晚稻种植，5月25日播种，全生育期122d。株高120cm左右，株型适中，茎秆粗壮，弹性好，剑叶挺拔，生长旺盛，根系发达，后期青秆黄熟，转色极好，耐肥，抗倒伏性强。分蘖力中等，有效穗数277.5万穗/hm²，穗粒数128.3粒，结实率90.44%，千粒重28.03g。

**品质特性**：糙米率79.5%，精米率69.2%，整精米率52.0%，垩白粒率2%，垩白度0.1%，胶稠度72mm，糙米粒长7.3mm，糙米长宽比3.3，透明度1级，碱消值5级，直链淀粉含量15%。

**抗性**：高感稻瘟病，抗旱性强。

**产量及适宜地区**：2005年参加国家旱稻长江中下游组试验，柳州试点产量6.30t/hm²，比对照中旱3号增产23.5%，比对照汕优63增产16.7%；2006年早造，南宁、柳州进行品比试验，平均产量6.76t/hm²，比对照中旱3号增产32.3%；晚造南宁点续试，产量6.53t/hm²，比对照中旱3号增产38.9%；2006年南宁、柳州、融安、兴宾等地进行生产试种，一般产量6.00t/hm²左右。适宜在上海市及周边地区，以及广西桂南稻作区作为早、晚稻，桂中稻作区作为单季早稻或习惯种植旱稻的地区种植。

**栽培技术要点**：①单季栽培以6月1～6日，连晚栽培以6月10～12日播种为宜，山区应提前5～7d播种。秧田播种量为120～150kg/hm²，大田播种量为7.5～11.25kg/hm²，秧龄25～30d。②作为单季稻栽培在6月底至7月初移栽，作为西瓜田连作栽培的，在7月1～10日移栽，秧龄控制在30d以内。确保基本苗105万～120万苗/hm²。③应施足基肥，要求翻耕时施占总施肥量60%～70%的肥料作为基肥，全层深施；在移栽后5d左右施分蘖肥，用量占总肥量20%，并结合施用除草剂进行化学除草；施穗肥，用量占总施肥量的10%～20%。④确保插秧后和抽穗扬花期的水层。

# 国稻1号（Guodao 1）

**品种来源**：中国水稻研究所以中9A为母本、中恢8006为父本杂交育成，又名中9优6号、中优6号。分别通过江西省（2004）、国家（2004）、广东省（2006）农作物品种审定委员会审定，陕西省（2007）农作物品种审定委员会认定。

**形态特征和生物学特性**：属籼型三系杂交迟熟中稻，作为双季晚稻种植全生育期120.6d，感温型。株高107.8cm，茎秆粗壮，株型适中，长势繁茂，剑叶较披。分蘖力中等，有效穗数267万穗/hm²，穗长25.6cm，每穗总粒数142.0粒，结实率73.5%，千粒重27.9g。

**品质特性**：糙米率78.7%，整精米率55.9%，糙米粒长7.0mm，糙米长宽比3.4，垩白粒率21%，垩白度3.4%，胶稠度64mm，直链淀粉含量21.2%。

**抗性**：高感稻瘟病和褐稻虱，感白叶枯病。后期耐寒性中等。

**产量及适宜地区**：2002年、2003年参加长江中下游晚籼中迟熟优质组区试，平均产量分别为6.70kg/hm²、7.05t/hm²，比对照汕优46分别增产3.77%（极显著）、减产0.92%（不显著）。2003年生产试验平均产量6.50t/hm²，比对照汕优46增产1.76%。适宜在广东省各地晚造和粤北以外稻作区早造种植，以及陕西、广西中北部、福建中北部、江西中南部、湖南中南部和浙江南部的稻瘟病、白叶枯病轻发区作为双季晚稻种植。2004年至今累计推广59.9万hm²。

**栽培技术要点**：①作为单季杂交稻，播种期为5月20～25日；作为连晚栽培播种期为6月20～25日。秧田播种量90kg/hm²，大田用种9kg/hm²，稀播匀播，秧龄掌握在30d内，移栽时带蘖3～5个。②要求穴数在19.5万穴/hm²以上，落田苗数达90万～105万苗/hm²。③科学施肥。原则是增施有机肥，重施基肥，早施追肥，巧施穗肥。基肥用水稻专用肥750kg/hm²，追肥在移栽后10d内，施尿素112.5kg/hm²。④水分管理。原则上做到深水返青，浅水促蘖，及时搁田，多次轻搁，浅水养胎，保水养花，湿润灌溉，切忌断水过早，防止早衰。⑤病虫防治。主要防治螟虫、稻飞虱、卷叶虫。

# 国稻 6 号（Guodao 6）

**品种来源**：中国水稻研究所以内香 2A 为母本、中恢 8006 为父本，采用三系法配组杂交育成，又名内 2 优 6 号。2006 年通过国家农作物品种审定委员会审定。

**形态特征和生物学特性**：属籼型三系杂交迟熟中稻。在长江中下游作为一季中稻种植，全生育期平均 137.8d，比对照汕优 63 迟熟 3.2d。株高 114.2cm，株型紧凑，茎秆粗壮，倒数第二节间较短，抗倒伏性强。单株有效穗 10.8 个，长势繁茂，有效穗数 247.5 万穗 /hm²。穗大粒多，穗长 26.1cm，每穗总粒数 159.7 粒，结实率 73.3%，千粒重 31.5g。

**品质特性**：整精米率 64.4%，糙米长宽比 3.2，垩白粒率 29%，垩白度 3.9%，胶稠度 68mm，直链淀粉含量 15.1%。

**抗性**：高感稻瘟病和白叶枯病，感褐稻虱。

**产量及适宜地区**：2004 年参加长江中下游中籼迟熟组品种区试，平均产量 8.87t/hm²，比对照汕优 63 增产 4.86%（极显著）；2005 年续试，平均产量 8.50t/hm²，比对照汕优 63 增产 5.93%（极显著）；两年区试平均产量 8.68t/hm²，比对照汕优 63 增产 5.38%。2005 年生产试验，平均产量 7.89t/hm²，比对照汕优 63 增产 4.14%。适宜在福建、江西、湖南、湖北、安徽、浙江、江苏的长江流域稻区（武陵山区除外）以及河南南部稻区的稻瘟病、白叶枯病轻发区作为一季中稻种植。

**栽培技术要点**：①育秧。根据各地中籼生产季节适时播种，秧田播种量 112.5kg/hm²，大田用种量 11.25kg/hm²，稀播匀播培育带蘖壮秧，秧龄控制在 30d 内、6 ～ 7 叶。②移栽。合理密植，栽插规格 20cm×26.7cm 左右，插足 19.5 万穴 /hm² 以上、基本苗 90 万～ 105 万苗 /hm²。

③肥水管理。一般施纯氮 150kg/hm² 左右，氮、磷、钾比例为 1：0.5：1。施足基肥，施过磷酸钙 600 ～ 750kg/hm²，适量施农家肥作为基肥；早施追肥，移栽后 5 ～ 7d 施总肥量的 70%，移栽后 15d 内施完其余的 30%；后期视苗情适施磷钾肥。水分管理上做到深水返青，浅水促蘖，够苗搁田，保水养花，灌浆成熟期干湿交替，不过早断水。④病虫防治。注意及时防治稻瘟病、白叶枯病等病虫害。

# 金优987 （Jinyou 987）

**品种来源**：浙江省金华市婺城区三才农业技术研究所以金23A为母本、恢987为父本杂交育成，原名金23A/SC辐1、禾优8号。2005年通过国家农作物品种审定委员会审定。

**形态特征和生物学特性**：属籼型三系杂交迟熟中稻。作为单季晚稻栽培，全生育期136d；作为连作晚稻栽培，全生育期128d。植株较高，株高104cm，株型较紧凑，剑叶上挺，受光姿态好，青秆黄熟，丰产性较好。分蘖力中等，有效穗数247.5万穗/hm²。穗大粒多，穗长23.0cm，每穗实粒数124.4粒，结实率78.0%，千粒重27.0g。

**品质特性**：糙米率82.0%，精米率73.9%，整精米率62.5%，粒长6.8mm，糙米长宽比2.8，垩白粒率59.0%，垩白度12.3%，透明度1.0级，碱消值7.0级，胶稠度52.0mm，直链淀粉含量26.6%，蛋白质含量9.5%。

**抗性**：中感稻瘟病，中抗白叶枯病，中抗褐稻虱。耐肥性中等。

**产量及适宜地区**：2002年金华市杂交晚籼区试平均产量7.24t/hm²，比对照协优46增产6.4%，达极显著水平；2003年金华市杂交晚籼区域试验平均产量7.68t/hm²，比对照协优46增产6.4%，达极显著水平；两年平均产量7.46t/hm²，比对照协优46增产6.4%。2004年金华市杂交晚籼生产试验，平均产量7.49t/hm²，比对照协优46增产12.8%。适宜在浙江省金华地区及同类生态区作为连作晚稻种植。

**栽培技术要点**：①适时播种，培育壮秧。作为单季稻种植6月初播种，秧龄30d左右；作为连作晚稻种植，秧龄不超过35d，使用多效唑控苗促蘖，培育壮秧。②合理密植，插足基本苗。作为单季种植密度一般以26.4cm×26.4cm为宜，争取有效穗数达到270万穗/hm²左右。作为连作晚稻种植密度以23.1cm×23.1cm为宜。③肥水管理。施足基肥，早施追肥，增施磷钾肥，促进分蘖，提高茎秆硬度；中等肥力田块基肥施有机肥7.5～11.25t/hm²，复合肥450kg/hm²，移栽后5～7d施追肥尿素75kg/hm²、氯化钾75kg/hm²，酌情施穗肥，切忌氮肥过量。在水分管理上采取深水活棵、浅水分蘖，中期适时晒田，抽穗扬花后干湿交替，后期保持干干湿湿。④病虫害防治。重视稻瘟病、纹枯病、螟虫、稻飞虱和稻纵卷叶螟等病虫害的防治。

# 内2优111 (Nei 2 You 111)

**品种来源**：中国水稻研究所以内香2A为母本、中恢111为父本杂交育成，又名内2优J111。分别通过浙江省（2008）和国家（2012）农作物品种审定委员会审定。

**形态特征和生物学特性**：属籼型三系杂交迟熟中稻。作为一季中稻种植，全生育期134.8d；作为双季晚稻种植，全生育期120.7d。株高115.2cm，株型适中，剑叶稍宽，叶厚较挺，叶色淡绿，长势繁茂，熟期转色好。分蘖力较强，有效穗数227.3万穗/hm²。穗型大，穗长26.5cm，每穗总粒数164.9粒，结实率79.1%，千粒重31.3g。谷粒黄色，稃尖紫色、无芒。

**品质特性**：整精米率57.7%，糙米长宽比2.9，垩白粒率43.3%，垩白度8.9%，透明度2级，胶稠度75mm，直链淀粉含量14.3%。

**抗性**：高感稻瘟病，感白叶枯病和褐稻虱。抽穗期耐热性一般、耐冷性弱。

**产量及适宜地区**：2006年、2007年参加长江中下游中迟熟晚籼组品种区试，平均产量分别为7.12t/hm²、7.71t/hm²，比对照汕优46分别增产1.11%（不显著）、5.71%（极显著）。2008年生产试验，平均7.43t/hm²，比对照汕优46增产2.31%。2009年、2010年参加长江中下游中籼迟熟组区试，平均产量分别为8.63t/hm²、8.55t/hm²，比对照Ⅱ优838分别增产3.8%、6.3%。2011年生产试验，平均8.65t/hm²，比对照Ⅱ优838增产3.9%。适宜在江西、湖南（武陵山区除外）、湖北（武陵山区除外）、安徽、浙江、江苏的长江流域稻区、福建北部、河南南部稻区的稻瘟病、白叶枯病轻发区作为一季中稻种植；还适宜在广西中北部、福建中北部、江西中南部、湖南中南部、浙江南部的稻瘟病、白叶枯病轻发的双季稻区作为晚稻种植。

**栽培技术要点**：①适时播种，稀播，3～4叶龄施"断奶肥"，移栽前5d施"起身肥"，培育带蘖壮秧。②秧龄在25～28d移栽，栽插密度20cm×25cm。③肥水管理。施足基肥，以复合肥为好，栽插后5～7d追第一次肥，栽插后15d看苗补施磷钾肥，孕穗前施少量钾肥。灌水做到深水返青，浅水促蘖，及时搁田，多次轻搁，浅水养胎，保水养花，不宜过早断水。④及时防治螟虫、纹枯病、稻瘟病、白叶枯病、稻飞虱等病虫害。

# 内5优8015 (Nei 5 You 8015)

**品种来源**：中国水稻研究所、浙江农科种业有限公司以内香5A为母本、中恢8015为父本，采用三系法配组杂交育成，原名国稻7号。2010年通过国家农作物品种审定委员会审定。

**形态特征和生物学特性**：属籼型三系杂交迟熟中稻。在长江中下游作为一季中稻种植，全生育期平均133.1d，比对照Ⅱ优838短1.6d，熟期适中。株高122.2cm，株型适中，茎秆粗壮，熟期转色好，稃尖无色无芒，有二次灌浆现象。有效穗数241.5万穗/hm²，穗长26.8cm，每穗总粒数157.0粒，结实率80.8%，千粒重32.0g。

**品质特性**：糙米率81.4%，精米率72.4%，整精米率52.2%，糙米长宽比3.0，垩白粒率30%，垩白度4.4%，透明度1级，碱消值6.8级，胶稠度76mm，直链淀粉含量15.8%，蛋白质含量9.5%。

**抗性**：高感稻瘟病、白叶枯病和褐稻虱。

**产量及适宜地区**：2007年、2008年参加长江中下游中籼迟熟组品种区试，平均产量分别为8.81t/hm²、8.92t/hm²，比对照Ⅱ优838分别增产2.7%、3.9%（均极显著）。2009年生产试验，平均产量8.87t/hm²，比对照Ⅱ优838增产8.8%。适宜在江西、湖南、湖北、安徽、浙江、江苏的长江流域稻区（武陵山区除外）以及福建北部、河南南部稻区的稻瘟病、白叶枯病轻发区作为一季中稻种植。已累计推广1.8万hm²。

**栽培技术要点**：①育秧。适时播种，大田用种量11.25kg/hm²，稀播匀播，培育带蘖壮秧。②移栽。秧龄掌握在30d内，适时移栽，插足19.5万穴/hm²以上，基本苗达到90万～105万苗/hm²。③肥水管理。一般施纯氮150kg/hm²左右，氮、磷、钾比例为1：0.5：1。施足基肥，移栽前大田适当施农家肥作为基肥，施9～11.2t/hm²过磷酸钙；早施追肥，移栽后5～7d施总肥量的70%促分蘖，移栽后15d内施完其余的30%；后期看苗补施磷钾肥。水分管理上做到深水返青，浅水促蘖，及时晒田，后期湿润灌溉，防止断水过早。④注意及时防治稻瘟病、白叶枯病、纹枯病、螟虫、稻飞虱等病虫害。

# 培两优 2859 (Peiliangyou 2859)

**品种来源**：浙江省嘉兴市农业科学研究院、嘉兴市秀洲区农业科学研究所、浙江大学原子核农业科学研究所和杭州市种子公司以培矮64S为母本、JG2859（R2859）为父本，采用两系法配组杂交而成。2006年通过浙江省农作物品种审定委员会审定。

**形态特征和生物学特性**：属籼型两系杂交迟熟中稻。作为单季晚稻栽培全生育期139d。比对照两优培九迟熟5d。株高109.2cm，根系发达，剑叶挺窄，生长清秀，后期熟相好，田间穗层整齐，灌浆期较长。分蘖较强，有效穗数233.2万穗/hm²，成穗率62.9%。穗长21.4cm，每穗总粒数176.8粒，每穗实粒数143.6粒，结实率81.2%，千粒重25.2g。

**品质特性**：糙米率82.1%，整精米率69.3%，糙米长宽比2.2，垩白粒率64.5%，垩白度13.4%，透明度2.5级，胶稠度76mm，直链淀粉含量18.0%，食味分89分。

**抗性**：高抗稻瘟病，中抗白叶枯病，感褐稻虱。耐寒，抗倒伏。

**产量及适宜地区**：2002年参加浙江省亚种间杂交组合协作组"8812"单季杂交中籼组联合品种比较试验，平均产量7.89t/hm²，比对照汕优63增产9.17%，达极显著。2003年浙江省单季杂交中籼组区试，平均产量产7.19t/hm²，比对照汕优63增产0.3%，未达显著水平。2004年，浙江省单季杂交中籼组第二年区试，平均产量7.34t/hm²，较对照汕优63减0.5%，未达显著水平。2005年，浙江省单季杂交中籼组生产试验，平均产量8.24t/hm²，比对照汕优63增产6.9%。适宜在浙江省作为单季稻种植。

**栽培技术要点**：①培育适龄壮秧。秧龄控制在35d以内，播种量300kg/hm²左右，秧本田比1：（20～25），移栽时叶龄不超过7～7.5叶。②适当加大基本苗量，插30万穴/hm²左右，落田苗达120万～150万苗/hm²。③施足基肥，早施、足施苗肥，并配施磷钾肥。总用肥量尿素600kg/hm²左右。④后期切忌断水过早，一般齐穗后50d以上收获为宜。

# 培两优8007 (Peiliangyou 8007)

**品种来源**：中国水稻研究所以培矮64S为母本、R8007为父本，采用两系法配组杂交而成，原名培两优R8007。2007年通过浙江省农作物品种审定委员会审定。

**形态特征和生物学特性**：属籼型两系杂交中熟晚稻。平均全生育期121.6d，比对照汕优10号短0.8d，生育期较短。株高113.7cm，株型适中，剑叶较长、挺直、内卷。分蘖力中等，平均有效穗数268.5万穗/hm²，成穗率65.3%。穗大粒多，穗长22.2cm，每穗总粒数157.8粒，实粒数130.6粒，结实率82.8%，千粒重25.7g。秆尖褐色，无芒。

**品质特性**：整精米率60.9%，糙米长宽比2.9，垩白粒率49.8%，垩白度8.0%，透明度2级，胶稠度65.5mm，直链淀粉含量22.2%。

**抗性**：抗稻瘟病，感白叶枯病，高感褐稻虱。耐肥性中等。

**产量及适宜地区**：2004年参加浙江省杂交晚籼稻区试，平均产量7.63t/hm²，比对照汕优10号增产4.1%，未达显著水平；2005年浙江省杂交晚籼稻区试续试，平均产量6.85t/hm²，比对照汕优10号增产1.4%，未达显著水平；两年浙江省区试平均产量7.24t/hm²，比对照汕优10号增产2.8%。2006年生产试验平均产量6.80t/hm²，比对照汕优10号减产1.3%。适宜在浙江省籼稻区作为连作晚稻种植。

**栽培技术要点**：①适期播种，培育壮秧。秧田播种量150～187.5kg/hm²，秧龄30d。②合理密植，插足基本苗。上等肥力田块22.5万～25.5万穴/hm²，中等肥力田块22.5万～28.5万穴/hm²为宜，基本苗达105万苗/hm²左右。③增施有机肥，促控结合。产量指标为9.00t/hm²，氮、磷、钾的总施用量分别为纯氮210～240kg/hm²、磷肥105～120kg/hm²、钾肥120～150kg/hm²。基肥以有机肥为主，氮肥中基肥占60%～70%，蘖穗肥占30%～40%。磷肥全部作为基肥，钾肥为基肥和穗肥各占50%，缺锌土壤补施锌肥15～30kg/hm²。④浅湿间歇灌溉，养根保叶。分蘖前期（栽后20d左右）浅水湿润交替，总茎蘖数达到240万/hm²左右时开始分次烤田，拔节后到抽穗期间歇灌溉，灌浆期干湿交替，养根保叶，活熟到老。⑤重视病虫测报，确保高效。注意防治螟虫、稻飞虱和稻曲病，兼顾稻瘟病和纹枯病。

# 钱优0501 （Qianyou 0501）

**品种来源**：浙江省农业科学院作物与核技术利用研究所、浙江农科种业有限公司和建德市种子管理站合作，以钱江1号A为母本、浙恢0501为父本杂交而成。2008年通过浙江省农作物品种审定委员会审定（浙审稻2008012）。

**形态特征和生物学特性**：属三系杂交籼稻品种。全生育期131.5d，比对照汕优63短0.7d。株高112.9cm，叶色浅绿，叶片较挺。有效穗数268.5万穗/hm²，成穗率61.6%，穗长24.6cm，每穗总粒数177.9粒，每穗实粒数143.2粒，结实率80.8%，千粒重25.5g。稃尖紫色。

**品质特性**：糙米长宽比2.8，整精米率50.5%，垩白粒率48.5%，垩白度9.1%，透明度2级，胶稠度80mm，直链淀粉含量20.0%，两年区试米质指标分别达到部颁四级和二级食用稻品种品质。

**抗性**：叶瘟1.0级，穗瘟6.0级，穗瘟损失率15.3%；白叶枯病8级，褐飞虱6级。

**产量及适宜地区**：2005—2006年参加杭州市单季杂交籼稻区试，两年区试平均产量8.09t/hm²，比对照汕优63增产6.5%。2007年生产试验，平均产量7.83t/hm²，比对照汕优63增产6.9%。适宜在杭州地区作为单季稻种植。

**栽培技术要点**：①适时播种。单季种植5月15～25日播种，秧龄25～30d。②合理密植。单季种植密度16cm×26cm或13cm×30cm（窄株宽行），种足落田苗60万～75万苗/hm²，力争有效穗225万穗/hm²。③合理施肥。一般田块基肥占总施肥量55%～60%，分蘖肥占20%～25%，强调穗肥施用和穗期补钾。④科学水分管理。浅水勤灌促分蘖，后期干湿交替防早衰。⑤做好种子处理和病虫防治。播前药剂浸种，秧田防治蝼蛄、稻虱和稻蓟马；大田防治稻纵卷叶螟、二化螟、稻飞虱和纹枯病。

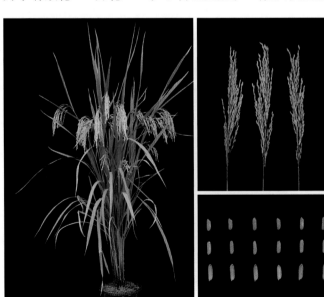

# 钱优0506 （Qianyou 0506）

**品种来源**：浙江省农业科学院作物与核技术利用研究所，以钱江1号A为母本、浙恢0506为父本杂交而成。2009年分别通过浙江省（浙审稻2009006）和国家（国审稻2009034）农作物品种审定委员会审定。

**形态特征和生物学特性**：属三系杂交籼稻品种，全生育期122.5d。株高106.9cm，株型松散，分蘖力强，茎秆粗壮。剑叶宽、略披，叶色淡绿。有效穗数280.5万穗/hm²，成穗率72.2%，穗长23.9cm，每穗总粒数159.6粒，结实率75.5%，千粒重25.7g。谷粒长，稃尖紫色。

**品质特性**：糙米长宽比2.9，整精米率64.3%，垩白粒率22.3%，垩白度3.2%，透明度1级，胶稠度67mm，直链淀粉含量15.2%，两年米质指标分别达到部颁三级和四级食用稻品种品质。

**抗性**：叶瘟0级，穗瘟4.8级，穗瘟损失率13.3%，白叶枯病7级，褐飞虱7级。

**产量及适宜地区**：2006—2007年参加浙江省连作杂交晚籼稻区试，两年区试平均产量7.12t/hm²，比对照汕优10号增产6.0%。2008年生产试验，平均产量7.36t/hm²，比对照汕优10号增产9.1%。适宜在浙江省籼稻区作为连作晚稻种植。

**栽培技术要点**：①适时播种。6月中旬播种，采用半旱育秧，秧龄35d大田用种量12kg/hm²，播前种子药剂消毒。拔秧前5d用尿素112.50kg/hm²作为起身肥。②合理密植。种植密度16.7cm×26cm或13.3cm×30cm，每穴1～2苗，落田苗60万～75万苗/hm²。③合理施肥。基肥占总施肥量55%，分蘖肥占25%，追肥占20%，穗肥看后期长势酌情施用。④科学水分管理。插秧时留好丰产沟，每畦宽3.3m留1条丰产沟，便于排水和植株生长。搁好田，当苗数达到有效穗数85%～90%时，开始搁田，搁田2～3次，以控制苗峰及防止倒伏。除施肥、防治病虫害及抽穗扬花期保持5～7cm浅水层外，其他时期浅水勤灌、薄露灌溉。⑤病害防治。防治稻纵卷叶螟、二化螟、稻飞虱、纹枯病、稻瘟病、稻曲病。

# 钱优0508 (Qianyou 0508)

**品种来源**：浙江省农业科学院作物与核技术利用研究所，以钱江1号A为母本、浙恢0508为父本杂交育成。分别通过浙江省（2009，浙审稻2009013）和湖南省（2011，湘审稻2011022）农作物品种审定委员会审定。

**形态特征和生物学特性**：属三系杂交籼稻品种。全生育期131.3d，比对照汕优63短1.7d。株高114.9cm，株高适中，株型较紧凑。叶色淡绿，剑叶挺直。有效穗数255.0万穗/hm²，成穗率69.3%，穗长23.8cm，每穗总粒数158.6粒，每穗实粒数135.7粒，结实率85.5%，千粒重26.2g。谷粒长，偶有短芒。

**品质特性**：糙米长宽比3.0，整精米率58.5%，垩白粒率32.3%，垩白度6.2%，透明度2级，胶稠度72mm，直链淀粉含量14.4%，两年区试米质指标均达到部颁食用稻品种品质四等。

**抗性**：叶瘟0级，穗瘟3.8级，穗瘟损失率4.1%，白叶枯病7.0级，褐飞虱6.0级。

**产量及适宜地区**：2006—2007年参加浙江省单季杂交晚籼稻区试，两年区试平均产量8.34t/hm²，比对照汕优63增产5.3%。2008年生产试验，平均产量8.29t/hm²，比对照汕优63增产8.1%。适宜在浙江省籼稻区作为单季稻种植。

**栽培技术要点**：①适时播种。作为单季晚稻种植，5月15～25日播种，秧龄25～30d。播前药剂浸种消毒，防鼠及秧田虫害。可采用旱育秧，播种量360.2kg/hm²。②合理稀植。采用宽行窄株单本稀植，种植密度16.6cm×26cm或13.3cm×30cm，种足落田苗60万～75万苗/hm²，力争有效穗数255.0万穗/hm²。③合理施肥。基肥占总施肥量50%～55%，

分蘖肥占20%～25%，追肥占20%～25%。④科学水分管理。营养生长期浅湿灌溉为主；拔节期叶色变深后到幼穗分化前，进行1次落干晒田，适当重晒，控蘖壮秆防倒；生殖生长期，保持薄水层灌溉；灌浆后期干湿交替收获前6～7d开始断水，严防断水过早。⑤杂草和病害防治。移栽后防治杂草；营养生长期和扬花期以防治稻纵卷叶螟、二化螟为主；灌浆期以防治稻虱、纹枯病、二化螟、稻纵卷叶螟、稻曲病为主。

# 钱优0612 (Qianyou 0612)

**品种来源**：浙江省农业科学院作物与核技术利用研究所，以钱江1号A为母本、浙恢0612为父本杂交配组而成。2009年通过浙江省农作物品种审定委员会审定（浙审稻2009024）。

**形态特征和生物学特性**：属三系杂交籼稻品种。全生育期127.6d，比对照汕优63短2.1d。株高112.2cm，株型集散适中，剑叶较挺，叶色绿。穗大粒多，着粒较密，结实率较好，落粒性中等。有效穗数265.5万穗/hm²，成穗率61.5%，穗长23.0cm，每穗总粒数165.7粒，每穗实粒数138.2粒，结实率83.4%，千粒重26.5g。谷粒中长，稃尖紫色，偶有顶芒。

**品质特性**：糙米长宽比2.5，整精米率57.0%，垩白粒率65.0%，垩白度11.2%，透明度2级，胶稠度66.5mm，直链淀粉含量23.1%，两年区域试验米质指标分别达到部颁五级和二级食用稻品种品质。

**抗性**：叶瘟0级，穗瘟5.5级，穗瘟损失率11.4%，白叶枯病6级，褐飞虱9级。

**产量及适宜地区**：2006—2007年参加杭州市单季杂交籼稻区试，两年区试平均产量8.35t/hm²，比对照汕优63增产13.2%。2008年生产试验，平均产量8.35t/hm²，比对照汕优63增产14.1%。适宜在杭州地区作为单季稻种植。

**栽培技术要点**：①适播壮秧。单晚种植，5月15～25日播种，秧龄25～30d。播前药剂浸种消毒，后催芽露白即播种。可采用旱育秧，播种量360.2kg/hm²。秧田施足基肥，拔秧时灌深水，以免损伤茎叶和根系，促进插秧后返青成活。秧龄25～30d。②合理密植。单季种植密度16.6cm×26cm或13.3cm×30cm（窄株宽行），种足落田苗60万～75万苗/hm²，力争有效穗数240万穗/hm²。③合理施肥。其中基肥占总施肥量50%～55%，分蘖肥占20%～25%，强调穗肥施用和穗期补钾，分促花肥和保花肥两次施用。④水分管理。拔节期叶色变深后到幼穗分化前落干晒田，适当重晒；进入长穗期深水保胎，保持4～6cm水层，不可断水。出穗扬花期，田间保持一定水层；籽粒灌浆的前中期，干干湿湿，以湿为主；进入蜡熟阶段即可断水。⑤病虫防治。及时防治纹枯病、稻瘟病、白叶枯病、稻飞虱、稻纵卷叶螟和螟虫等病虫害。

# 钱优0618 (Qianyou 0618)

**品种来源**：浙江省农业科学院作物与核技术利用研究所，以钱江1号A为母本、浙恢0618为父本杂交配组而成。2009年通过浙江省农作物品种审定委员会审定（浙审稻2009009）。

**形态特征和生物学特性**：属三系杂交籼稻品种。全生育期126.3d，比对照汕优10号长1.2d。株高101cm，株型适中，生长整齐，分蘖力中等。剑叶较短、较挺，叶色浅绿。穗大粒多，落粒性中等，后期转色较好。有效穗数228.0万穗/hm²，成穗率69.7%，穗长22.9cm，每穗总粒数167.9粒，每穗实粒数127.7粒，结实率76.1%，千粒重25.2g。谷粒长，颖尖呈紫红色。

**品质特性**：糙米长宽比3.0，整精米率65.3%，垩白粒率12.0%，垩白度2.7%，透明度1级，胶稠度61mm，直链淀粉含量20.4%，两年区试米质指标分别达到部颁一级和三级食用稻品种品质。

**抗性**：叶瘟1.1级，穗瘟5.3级，穗瘟损失率8.3%，白叶枯病8级，褐飞虱9级。

**产量及适宜地区**：2006—2007年参加温州市连作晚籼稻区试，两年区试平均产量6.45t/hm²，与对照汕优10号相仿。2008年生产试验，平均产量7.23t/hm²，比对照汕优10号增产5.6%。适宜在温州地区作为连作晚稻种植。

**栽培技术要点**：①适时播种。浙南地区晚稻种植6月中旬播种，秧田播种量150kg/hm²，施足基肥，看苗追肥，培育多蘖壮秧，秧龄控制在30d内，超过30d的提倡两段育秧。②合理稀植。栽插密度16.7cm×26.0cm或13.3cm×30.0cm，插足落田苗60万～75万苗/hm²。

③科学肥水管理。适当减少基肥中的氮肥用量，早施分蘖肥，适当提高穗粒肥中氮肥的施用量，尽量坚持"氮肥后移"的施肥原则，重视氮、磷、钾配套施用。水分管理上，按"沟水浅栽、浅水施肥、湿润分蘖、浅水养穗、干湿灌溉"原则进行。④防治病虫。播种前药剂浸种消毒，秧田期注意防治蓟马，本田期注意防治螟虫、稻飞虱等。

# 钱优0724 (Qianyou 0724)

**品种来源**：浙江省农业科学院作物与核技术利用研究所、杭州市良种引进公司和浙江可得丰种业有限公司合作，以钱江1号A为母本、浙恢0274为父本配组而成。2011年通过浙江省农作物品种审定委员会审定（浙审稻2011014）。

**形态特征和生物学特性**：属三系杂交籼稻品种。全生育期123.2d，比对照汕优10号长1.2d。株高113.5cm，适中，株型较紧凑，分蘖力中等。剑叶较挺，叶色淡绿。穗大粒多，有效穗数256.5万穗/hm²，成穗率71.5%，穗长23.2cm，每穗总粒数185.1粒，每穗实粒数134.7粒，结实率72.7%，千粒重25.3g。谷壳黄亮，谷粒长，颖尖紫色。

**品质特性**：糙米长宽比2.7，整精米率62.4%，垩白粒率28.0%，垩白度3.9%，透明度2级，胶稠度45mm，直链淀粉含量21.6%，两年区试米质指标均达到部颁二级食用稻品种品质。

**抗性**：叶瘟1.8级，穗瘟4.5级，穗瘟损失率15.1%，综合指数5.2；白叶枯病6.5级；褐飞虱7.0级。

**产量及适宜地区**：2008—2009年参加浙江省连作杂交晚籼稻区试，两年区试平均产量7.81t/hm²，比对照汕优10号增产7.7%。2010年生产试验，平均产量7.20t/hm²，比对照汕优10号增产7.9%。适宜在浙江省作为连作晚稻种植。

**栽培技术要点**：①适时播种。浙江省连作晚稻栽培，6月中旬播种，秧田播种量150kg/hm²，播种前秧田施足基肥，看苗追肥，培育多蘖壮秧，秧龄控制在35d内。②移栽密度。钱优0724起发性较好，连作晚稻可适当密植。③科学施肥。基肥占总施肥量60%，分蘖肥占30%，后期看田间长相和大田肥力酌情增施穗肥。其中穗肥以钾肥为主。④科学水分管理。总体按"浅水勤灌促分蘖，分蘖盛期适时搁田控蘖壮秆，后期干湿交替防早衰"原则进行。⑤做好病虫防治。播前药剂浸种防治恶苗病，大田重点防治一、二代三化螟及三、四代稻纵卷叶螟、飞虱等，后期加强纹枯病的防治。山区重点做好稻瘟病防治。

# 钱优1号 （Qianyou 1）

**品种来源**：浙江省农业科学院作物与核技术利用研究所和浙江农科种业有限公司合作，以钱江1号A为母本与恢复系浙恢7954杂交而成。分别通过江西省（2007，赣审稻2007018）、浙江省（2007，浙审稻2007015）、国家（2008，GS2009014）和广西壮族自治区（2009，桂审稻2009015号）农作物品种审定委员会审定。

**形态特征和生物学特性**：属三系杂交籼稻品种。全生育期132.3d。株高117.9cm，茎秆细韧，叶姿挺直，剑叶短，叶片绿色。有效穗数261.0万穗/hm²，成穗率63.7%，穗长22.8cm，每穗总粒数167.2粒，结实率81.9%，千粒重26.6g。谷粒长粒型，颖尖紫色，偶有芒。

**品质特性**：整精米率58.0%，糙米长宽比2.8，垩白粒率55.5%，垩白度10.0%，透明度2级，胶稠度60.0mm，直链淀粉含量22.0%，两年区试米质指标均达到部颁四级食用稻品种品质。

**抗性**：叶瘟1.5级，穗瘟6.0级，穗瘟损失率13.6%；白叶枯病7级；褐飞虱8级。

**产量及适宜地区**：2005—2006年参加浙江省单季杂交晚籼稻区域试验，两年平均产量8.01t/hm²，比对照汕优63增产12.1%。2006年生产试验平均产量7.76t/hm²，比对照汕优63增产4.0%。适宜在浙江省稻瘟病轻发籼稻区作为单季晚稻种植。

**栽培技术要点**：①适时播种。中稻4月下旬至5月上中旬播种，双晚6月10日前播种。播种量150kg/hm²，稀播匀播。②适时移栽。中稻栽培秧龄25～30d，种植密度17cm×26cm或13.3cm×30.0cm，落田苗插足60万～75万苗/hm²；连晚种植秧龄30d，种植密度17cm×26cm或20cm×20cm，插足基本苗75.0万～105.0万苗/hm²。③合理施肥。基肥以氮、磷为主，占总施肥量50%～60%，追肥以氮、钾肥为主，占总施肥量的30%。中等肥力田块，施纯氮150kg/hm²、五氧化二磷450kg/hm²、氧化钾300kg/hm²。强调穗肥和穗期补钾，分促花肥和保花肥2次施用，切忌后期氮肥过量，以防倒伏。④科学水分管理。浅水插秧，深水返青，返青后浅水勤灌促分蘖。烤田以田间出现龟裂纹为准，中后期做到干湿交替。⑤及时做好稻瘟病、纹枯病、稻飞虱、卷叶螟、二化螟等病虫害防治工作。

# 钱优100 (Qianyou 100)

**品种来源**：浙江省农业科学研究院作物与核技术利用研究所、浙江农科种业有限公司和浙江省嘉兴市农业科学研究院合作，以钱江1号A为母本与嘉99杂交为父本而成。2008年通过浙江省农作物品种审定委员会审定（浙审稻2008017）。

**形态特征和生物学特性**：属三系杂交籼稻品种，全生育期130.6d。株高94.5cm，株型紧凑，分蘖力强，剑叶宽而挺。穗型中等，整齐，有效穗数283.5万穗/hm²，成穗率70.5%，穗长21.3cm，每穗总粒数137.2粒，结实率84.7%，千粒重23.7g。谷粒较小，稃尖紫，稍有短芒。

**品质特性**：糙米长宽比3.0，整精米率53.6%，垩白粒率18.5%，垩白度1.7%，透明度1.5级，胶稠度52mm，直链淀粉含量14.7%，两年区试米质指标分别达到部颁三级和四级食用稻品种品质。

**抗性**：叶瘟0.4级，穗瘟2.5级，穗瘟损失率3.4%；白叶枯病6级，褐飞虱8级。

**产量及适宜地区**：2005—2006年参加温州市连作晚籼稻区试，两年区试平均产量6.98t/hm²，比对照汕优10号增产4.2%。2006年生产试验，平均产量7.26t/hm²，比对照汕优10号增产9.2%。适宜在温州地区作为连作晚稻种植。

**栽培技术要点**：①适时播种。浙南地区晚稻种植，6月中旬播种。秧田播种量150kg/hm²，施足基肥，用水稻专用肥525kg/hm²，看苗追肥。秧龄控制在30d内，超过30d的采用两段育秧。②合理稀植。种植密度16cm×26cm或13cm×30cm，种足落田苗600万～900万苗/hm²。③合理施肥，科学用水。适当早施分蘖肥，中等肥力田块移栽前3～4d施水稻专用肥600kg/hm²作为基肥，栽后5d施水稻专用肥1 121kg/hm²，分蘖盛期施尿素75kg/hm²、氯化钾150kg/hm²作为追肥。水分管理上，重点抓好寸水返青，浅水勤灌促分蘖，适时烤搁田，抽穗到成熟浅水灌溉，后期切勿断水过早。④防治病虫。播前药剂浸种。注意防治稻纵卷叶螟、二化螟、纹枯病和稻飞虱。

# 钱优2号 (Qianyou 2)

**品种来源**：浙江省农业科学院作物与核技术利用研究所和浙江可得丰种业有限公司合作，以钱江1号A为母本与恢复系浙恢0702杂交而成，原名钱优0702。2010年通过浙江省农作物品种审定委员会审定（浙审稻2010009）。

**形态特征和生物学特性**：属三系杂交籼稻品种。全生育期122.9d，比对照汕优10号长0.9d。株高116.8cm，株型较紧凑，剑叶较挺，叶色浅绿，茎秆较粗，分蘖力、落粒性中等。有效穗数244.5万穗/hm²，成穗率70.9%，穗型较大，穗长23.4cm，每穗总粒数187.4粒，结实率72.7%。谷粒椭圆形，无芒，颖尖紫色，千粒重25.2g。

**品质特性**：整精米率62.1%，糙米长宽比2.7，垩白粒率18.5%，垩白度3.3%，透明度2级，胶稠度47mm，直链淀粉含量20.5%，两年区试米质各项指标均达到部颁二级食用稻品种品质。

**抗性**：叶瘟1.5级，穗瘟5.5级，穗瘟损失率16.0%，综合指数分别为5.3和5.5；白叶枯病7.0级，褐飞虱7.0级。

**产量及适宜地区**：2008—2009年参加浙江省双季杂交晚籼稻区域试验，两年平均产量7.82t/hm²，比对照汕优10号增产7.9%。2009年生产试验，平均产量7.48t/hm²，比对照汕优10号增产6.3%。适宜在浙江省籼稻区作为连作稻种植。

**栽培技术要点**：①适时播种。播前药剂浸种，播种期6月20日，旱育秧，大田用种量11.25kg/hm²，秧田播种量180kg/hm²为宜；秧田基施尿素150kg/hm²。播后浇透水，覆盖适宜厚度的土层，化防除杂草。②适时移栽，加强肥水管理。秧龄不应超过35d，7月25日前移栽；栽插密度20cm×25cm，插足19.5万穴/hm²，以东西行向栽插为宜。大田施肥量纯氮150～180kg/hm²、五氧化二磷112.5～150.0kg/hm²、氧化钾180kg/hm²；施足基肥，施饼肥

375kg/hm²、碳酸氢铵或尿素180kg/hm²、过磷酸钙525kg/hm²或尿素187.5kg/hm²、三元复合肥375kg/hm²。追肥按照分蘖宜早、穗肥宜巧、穗期补钾、后期控氮的原则。栽后5～7d，追施尿素和氯化钾各187.5kg/hm²；后期根据苗情酌施穗粒肥，注重补钾肥。水分管理上，坚持浅水插秧、深水护苗、湿润分蘖促早发、干湿交替、适时搁田的原则。收获前5～7d断水。③及时防治病虫草鸟害。重点防治纹枯病、稻瘟病、稻曲病、稻纵卷叶螟、螟虫、稻飞虱等。

# 钱优911 (Qianyou 911)

**品种来源**: 浙江省农业科学院作物与核技术利用研究所、浙江勿忘农种业股份有限公司合作,以钱江1号A为母本、浙恢9111为父本杂交配组选育而成。2014年通过浙江省农作物品种审定委员会审定(浙审稻2014013)。

**形态特征和生物学特性**: 属三系杂交晚籼稻品种,全生育期132.3d,比对照两优培九长1.5d。株高127.9cm,株高适中,株型较紧凑,分蘖力中等。叶色淡绿,剑叶较挺。穗大粒多,结实率较高。有效穗数214.5万穗/hm²,成穗率64.9%,穗长24.5cm,每穗总粒数198.9粒,结实率85.1%,千粒重24.4g。谷壳黄亮,颖尖紫色,谷粒长粒形,偶有短芒。

**品质特性**: 糙米长宽比3.0,整精米率64.0%,垩白粒率15%,垩白度2.9%,透明度2级,胶稠度80mm,直链淀粉含量15.7%,米质各项指标均达到部颁三级食用稻品种品质。

**抗性**: 叶瘟0级,穗瘟2.5级,穗瘟损失率3.2%,综合指数1.5,抗稻瘟病;白叶枯病7.7级,褐飞虱9级。抗倒伏性较强。

**产量及适宜地区**: 2011—2012年参加浙江省单季杂交晚籼稻区域试验,两年区试平均产量8.52t/hm²,比对照两优培九增产4.0%。2013年生产试验平均产量8.98t/hm²,比对照两优培九增产6.3%。适宜浙江省作为单季稻种植。

**栽培技术要点**: ①适时播种。单晚种植5月15～25日播种。②合理密植。单季种植密度16.6cm×26cm或13.3cm×30cm(窄株宽行),种足落田苗60万～75万/hm²,力争有效穗240万穗/hm²。③合理施肥。基肥占总施肥量50%～55%,分蘖肥占20%～25%,强调穗肥施用和穗期补钾,分促花肥和保花肥2次施用。④科学水分管理。要求浅水勤灌促分蘖,后期干湿交替防早衰。拔节期叶色变深后到幼穗分化前进行1次落干晒田,并适当重晒;长穗期保持4～6cm水层不可断水;籽粒灌浆的前、中期,采取干干湿湿,以湿为主的灌水办法。⑤病虫防治。播种前种子消毒,大田做好主要病虫害防治。

# 钱优930（Qianyou 930）

**品种来源**：浙江省农业科学院作物与核技术利用研究所与福建六三种业有限责任公司合作，以钱江3号A为母本、浙恢930为父本杂交配组选育而成。2013年通过浙江省品种审定委员会审定（浙审稻2013018）。

**形态特征和生物学特性**：属三系杂交籼稻品种。全生育期132.1d，比对照两优培九短2.7d。株高129.3cm，株型适中，分蘖力中等，茎秆粗壮。剑叶较挺、略内卷，叶色绿。穗形大，着粒较密，有效穗数220.5万穗/hm²，成穗率68.6%，穗长24.7cm，每穗总粒数212.2粒，每穗实粒数181.2粒，结实率85.4%，千粒重24.6g。谷色黄亮，无芒，谷粒椭圆型，稃尖紫色。

**品质特性**：糙米长宽比2.5，整精米率62.6%，垩白粒率28%，垩白度5.7%，透明度3级，胶稠度70mm，直链淀粉含量15.9%，米质各项指标均达到部颁四级食用稻品种品质。

**抗性**：叶瘟0级，穗瘟3级，穗瘟损失率2.1%，综合指数1.2；白叶枯病6.5级；褐飞虱9级。

**产量及适宜地区**：2010—2011年参加浙江省单季杂交籼稻区域试验，两年区试平均产量8.90t/hm²，比对照两优培九增产6.2%。2012年生产试验平均产量8.36t/hm²，比对照两优培九增产6.0%。适宜浙江省作为单季稻种植。

**栽培技术要点**：①适时播种。培育多蘖壮秧。浙南地区晚稻种植6月中旬播种，秧田播种量150kg/hm²，施足基肥，看苗追肥，培育多蘖壮秧，秧龄控制在30d内。②合理密植。单季种植密度16.6cm×26cm或13.3cm×30cm（窄株宽行），插足落田苗60万～75万苗/hm²。③科学肥水管理。适当减少基肥中的氮肥用量，早施分蘖肥，适当提高穗粒肥中氮肥的施用量，重视氮、磷、钾配套施用。中等肥力田块施纯氮180kg/hm²、五氧化二磷90kg/hm²、氧化钾180kg/hm²；肥料在基肥、追肥、穗肥上施用的比例：纯氮1：2：1，五氧化二磷6：1：3，氧化钾3：4：3。水分管理上，按"沟水浅栽、浅水施肥、湿润分蘖、浅水养穗、干湿灌溉"原则进行。④防治病虫。播种前药剂浸种消毒，秧田期注意防治蓟马，本田期注意防治螟虫、稻飞虱等。

# 钱优97（Qianyou 97）

**品种来源**：浙江省农业科学院作物与核技术利用研究所，以自育的不育系钱江3号A为母本与自育的恢复系浙恢907为父本杂交而成，原名钱优907。2013年通过浙江省农作物品种审定委员会审定（浙审稻2013014）。

**形态特征和生物学特性**：属三系连作杂交晚籼稻品种。全生育期127.7d。株高116.6cm，适中，茎秆较粗壮，分蘖中等，剑叶挺立，穗型中等，有效穗数228万穗/hm²，成穗率70.2%，穗长22.7cm，每穗总粒数173.6粒，结实率74.9%，千粒重27.8g。谷壳黄亮，谷粒长，稃尖紫色。

**品质特性**：糙米率82.3%，精米率74.1%，整精米率54.1%，糙米粒长7.0mm，糙米长宽比2.9，垩白粒率50%，垩白度9.2%，透明度2级，碱消值4.2级，胶稠度81mm，直链淀粉含量18.2%，蛋白质含量10.0%，米饭口感佳。

**抗性**：叶瘟1.6级，穗瘟4.5级，穗瘟损失率7.6%，综合指数3.5；白叶枯病7级；褐飞虱9级，抗性与对照汕优10号相仿。

**产量及适宜地区**：2010年、2011年浙江省杂交晚籼稻区试，平均产量分别为7.93t/hm²、8.11t/hm²，比对照汕优10号分别增产7.0%、3.5%。2012年生产试验，平均产量8.71t/hm²，比对照汕优10号增产11.0%。适宜浙江省作为连作晚稻种植。

**栽培技术要点**：①适时播种。连晚栽培6月中旬播种，播种量150kg/hm²。秧田用碳酸氢铵225kg/hm²和过磷酸钙225kg/hm²作为基肥。2叶1心施尿素75kg/hm²和氯化钾75kg/hm²。拔秧前3d施尿素75kg/hm²作为起身肥。②合理密植。种植密度16.7cm×26cm或13.3cm×30cm，每穴1～2苗，种足落田苗60万～75万苗/hm²。③合理施肥，严格控制后期氮肥施用量。一般肥力田块插秧前施15-15-15复合肥225kg/hm²作为耙面肥。插后7d施尿素120kg/hm²作为返青肥，同时配合施用除草剂；插后20d施尿素60kg/hm²、氯化钾150kg/hm²作为分蘖肥。④科学水分管理。苗数达到有效穗数85%～90%时进行一次落干晒田，并适当重晒，此后以灌跑马水为主；抽穗扬花期大田保持一定水层；籽粒灌浆期，采取浅水勤灌；蜡熟期再行断水。⑤做好病虫害防治。做好一、二代三化螟，及三、四代稻纵卷叶螟的防治，后期适当加强稻飞虱、稻瘟病和纹枯病的防治。

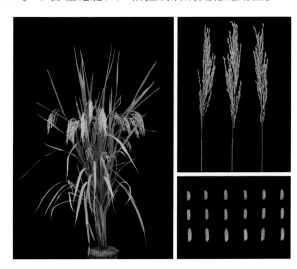

# 钱优M15 （Qianyou M 15）

**品种来源**：浙江省农业科学院作物与核技术利用研究所以钱江1号A为母本、父本浙恢M15配组选育而成。2009年通过浙江省农作物品种审定委员会审定（浙审稻2009007）。

**形态特征和生物学特性**：属三系杂交籼稻品种。平均全生育期124.1d，比对照汕优10号长1.5d。株高112.6cm，株型较紧凑，茎秆粗壮，分蘖力较强。叶片青绿，剑叶较挺。穗大粒多，结实率较高。有效穗数261.0万穗/hm²，成穗率69.7%，穗长23.4cm，每穗总粒数164.9粒，每穗实粒数121.9粒，结实率74.0%，千粒重25.7g。长粒型，谷壳淡黄色，秤尖紫色。

**品质特性**：糙米长宽比2.9，整精米率60.7%，垩白粒率19.3%，垩白度3.2%，透明度1级，胶稠度65mm，直链淀粉含量17.2%，两年区试米质指标分别达到部颁二级和三级食用稻品种品质。

**抗性**：叶瘟0.2级，穗瘟4.3级，穗瘟损失率6.6%，白叶枯病7级，褐飞虱8级。

**产量及适宜地区**：2006—2007年参加浙江省连作杂交晚籼稻区试，两年区试平均产量6.76t/hm²，比对照汕优10号增产0.5%。2008年生产试验，平均产量7.30t/hm²，比对照汕优10号增产9.9%。适宜在浙江省籼稻区作为连作晚稻种植。

**栽培技术要点**：①适时播种。晚稻栽培6月中旬播种，秧田播种量150kg/hm²，秧龄控制在30d内，超过30d的提倡两段育秧。②合理密植。种植密度16.7cm×26cm或13.3cm×30cm，每穴1～2苗，种足落田苗60万～75万苗/hm²。③合理施肥。后期控制氮肥施用量，以防倒伏。基肥占总施肥量50%～55%，分蘖肥占20%～25%，穗肥看后期田块肥力和大田长势酌情施用。④要求薄水插秧，浅水促蘖，结合治虫防病及施肥各阶段间歇灌水露田，促进分蘖早发。全田苗数达到穗数苗80%时及时搁田；进入孕穗期复水，抽穗扬花期保持浅水层，灌浆成熟期干湿交替，养根保叶，收割前6～7d断水。⑤病虫防治。秧田主要防稻蓟马，大田营养生长期重点抓好稻纵卷叶螟、二化螟、纹枯病和稻飞虱的防治。

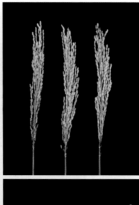

# 汕优10号 (Shanyou 10)

**品种来源**：中国水稻研究所、浙江省台州地区农业科学研究所以珍汕97A为母本、密阳46为父本，采用三系法配组杂交而成，又名汕优46、汕优T28。分别通过浙江省（1989）和国家（1991）农作物品种审定委员会审定，湖南省（1993）和广东省韶关市（2004）农作物品种审定委员会认定。该组合的选育获1993年度国家科技进步一等奖。

**形态特征和生物学特性**：属籼型三系杂交中熟中稻。作为连作晚稻栽培，生育期127～130d，比对照汕优6号早熟2～3d，感温性强。株高88～95cm，株型紧凑，茎秆坚韧，根系发达，主茎叶片数15～16片，剑叶短窄而挺直，叶色深绿，叶鞘紫色，抽穗整齐，后期熟色好，耐肥，抗倒伏。分蘖力中等，有效穗数322万穗/hm²。穗型较大，穗长21.0cm，每穗总粒数115～125粒，结实率85%～88%，千粒重27～28.5g。谷粒椭圆形，谷壳黄色，稃尖紫色，无芒。

**品质特性**：糙米率80.4%，精米率71.9%，整精米率53.5%，碱消值6.3级，胶稠度32mm，直链淀粉含量22.7%。

**抗性**：高抗稻瘟病，中抗褐稻虱，中感白叶枯病和纹枯病。耐肥，耐旱，后期较耐寒。

**产量及适宜地区**：1986—1988年在浙江省双季杂交晚稻区试中，3年产量匀居首位，平均7.25t/hm²，较对照汕优6号增产10%。在大面积生产中，一般双晚稻产量6.75～7.50t/hm²，中稻为7.50～9.00t/hm²，最高达9.75t/hm²以上。适宜在浙江、江西、湖南、湖北、广东等地种植。1989年至今累计推广615万hm²。

**栽培技术要点**：①培育壮秧，合理密植。秧田播种量150kg/hm²左右，移栽密度20cm×16.5cm，插基本苗120万～150万苗/hm²。②施足基肥，早施重施分蘖肥，增施磷钾肥，中期控氮。一般总用肥量为氮素195～225kg/hm²、磷素75～105kg/hm²、钾素105～135kg/hm²。③浅水回青，薄水分蘖，适时搁田，控制无效分蘖，后期湿润为主，防止断水过早。④做好病虫害防治工作，尤其是白叶枯病的预防工作。

# 天优2180（Tianyou 2180）

**品种来源**：中国水稻研究所和广东省农业科学院水稻研究所以天丰A为母本、中恢218为父本，采用三系法配组杂交而成，原名天优218。2011年通过浙江省农作物品种审定委员会审定。

**形态特征和生物学特性**：属籼型三系杂交中熟中稻。作为连作晚稻栽培，平均全生育期121.2d；作为一季中稻栽培，全生育期126d左右，不感光，对温度不敏感。株高112.4cm，株型较紧凑，剑叶短挺，叶色淡绿，茎秆粗壮。分蘖力中等偏弱，有效穗数235.5万穗/hm$^2$，成穗率69.8％。穗长22.8cm，每穗总粒数150.0粒，实粒数122.1粒，结实率81.4％，千粒重30.5g。谷粒长，谷壳黄亮、无芒，颖尖紫色。

**品质特性**：整精米率55.5％，糙米长宽比2.7，垩白粒率33.0％，垩白度7.4％，透明度2级，胶稠度45mm，直链淀粉含量21.8％。

**抗性**：中抗稻瘟病，中感白叶枯病，感褐稻虱。

**产量及适宜地区**：2008年参加浙江省连作杂交晚籼稻区试，平均产量7.66t/hm$^2$，比对照汕优10号增产7.0％，未达显著水平；2009年续试，平均产量7.55t/hm$^2$，比对照汕优10号增产6.8％，达极显著水平；两年省区试平均产量7.60t/hm$^2$，比对照汕优10号增产6.9％。2010年浙江省生产试验平均产量7.16t/hm$^2$，比对照汕优10号增产7.0％。适宜在浙江省作为连作晚稻种植。

**栽培技术要点**：①稀播育壮秧。作为连作晚稻栽培，一般6月中下旬播种；作一季中稻栽培，5月中下旬播种。大田用种量10.5kg/hm$^2$，秧田播种量150kg/hm$^2$。②适时移栽，插足基本苗。连作晚稻秧龄30d，一季中稻秧龄25d以内。插22.5万穴/hm$^2$、基本苗120万苗/hm$^2$左右，行株距20cm×23cm。③重施基肥，早施追肥。施腐熟农家肥12～15t/hm$^2$作基肥，移栽时施尿素112.5kg/hm$^2$、磷肥750kg/hm$^2$做叶面肥，返青后用尿素105～150kg/hm$^2$进行第一次追肥，第二次补施氮肥时追施适量钾肥。④水分管理。浅水回青，薄水分蘖，够苗及早露晒田，控制无效分蘖，后期湿润为主，防止断水过早。⑤综合防治病虫害。重点做好纹枯病、螟虫、稻飞虱的防治。

# 天优8019 (Tianyou 8019)

**品种来源**：中国水稻研究所和广东省农业科学院水稻研究所以天丰A为母本、中恢8019为父本，采用三系法配组杂交而成。2012年通过浙江省农作物品种审定委员会审定。

**形态特征和生物学特性**：属籼型三系杂交中熟中稻。作连作晚稻栽培，平均全生育期123.6d。株高111.1cm，株高适中，株型较紧凑，剑叶短挺，叶姿挺拔，叶色浅绿。分蘖力中等，有效穗数228万穗/hm²，成穗率67.7%。穗型较大，穗长23.3cm，每穗总粒数156.4粒，实粒数126.8粒，结实率81.1%，千粒重30.7g。谷粒长，黄亮，颖尖紫色。

**品质特性**：糙米率81.5%，精米率72.7%，整精米率56.2%，糙米粒长7.1mm，糙米长宽比2.8，垩白粒率36.0%，垩白度7.5%，透明度2级，碱消值6.3级，胶稠度56mm，直链淀粉含量21.8%，蛋白质含量11.3%。

**抗性**：中抗稻瘟病，高感白叶枯病，感褐稻虱。

**产量及适宜地区**：2009年浙江省双季杂交晚籼稻区试，平均产量7.54t/hm²，比对照汕优10号增产6.8%，达极显著水平；2010年续试，平均产量7.89t/hm²，比对照汕优10号增产6.5%，达显著水平；两年浙江省区试平均产量7.71t/hm²，比对照汕优10号增产6.6%。2011年浙江省生产试验平均产量7.89t/hm²，比对照汕优10号增产4.7%。适宜在浙江省作连作晚稻种植。

**栽培技术要点**：①适时播种，培育壮秧。作为连作晚稻栽培，一般6月15～25日播种；大田用种量10.5～12kg/hm²，秧田播种量150kg/hm²。②适时移栽，宽行窄株，合理密植。手插秧，秧龄25～30d，行株距26.6cm×20cm，插18.75万穴/hm²，基本苗75万～105万苗/hm²。机插秧，每盘播种80～100g，行株距15cm×30cm，机插270～300盘/hm²。③适氮增钾，科学施肥。原则为增施有机肥，施足基肥，巧施穗肥，有机肥在翻耕前施入，磷肥全部作为基肥。④水分管理。浅水回青，薄水分蘖，够苗及早露晒田，控制无效分蘖，后期湿润为主，防止断水过早。⑤病虫防治。做好纹枯病、稻瘟病、螟虫、稻飞虱的防治。

# 天优华占 （Tianyouhuazhan）

**品种来源**：中国水稻研究所、中国科学院遗传与发育生物学研究所、广东省农业科学院水稻研究所以天丰A为母本、华占为父本，采用三系法配组杂交而成。2008年通过国家农作物品种审定委员会审定（晚籼），分别通过广东省（2011）、湖北省（2011）、国家（中籼，2011）、贵州省（2012）和国家（华南早稻，2012）农作物品种审定委员会审定。

**形态特征和生物学特性**：属籼型三系杂交中熟中稻。作为一季中稻种植，全生育期平均131.0d。株高109.6cm，较矮，株型适中，群体整齐，剑叶挺直，叶鞘内壁紫色，熟期转色好，有两段灌浆现象。分蘖力较强，有效穗数274.5万穗/hm²。中等偏大穗，穗长23.3cm，每穗总粒数174.5粒，结实率82.7%，千粒重24.9g。谷粒中长，颖尖紫色，谷粒有短顶芒。

**品质特性**：糙米率79.7%，整精米率59.6%，糙米长宽比3.0，垩白粒率34.7%，垩白度9.0%，胶稠度62mm，直链淀粉含量22.2%。

**抗性**：中感稻瘟病，感白叶枯病，高感褐飞虱。耐热性较弱。

**产量及适宜地区**：2009年、2010年参加长江中下游中籼迟熟组品种区试，平均产量分别为9.03t/hm²、8.69t/hm²，比对照Ⅱ优838分别增产8.1%、6.7%（均极显著）。2010年生产试验，平均产量8.58t/hm²，比对照Ⅱ优838增产6.5%。适宜陕西南部以南白叶枯病轻发稻区种植。2008年至今累计推广150.1万hm²。

**栽培技术要点**：①育秧。做好种子消毒处理，大田用种量15kg/hm²，秧田播种量90kg/hm²。②移栽。适龄移栽，插足基本苗，采取宽行窄株为宜，栽插株行距13.3cm×30cm或16.7cm×26.7cm，每穴栽插2苗。③肥水管理。适宜中等肥力田块种植，生产上应注意水肥控制，防止倒伏。配方施肥，多施有机肥，适当配施磷钾肥。水分管理做到浅水插秧活棵；薄水发根促蘖；够苗排水晒田；孕穗至齐穗期田间有水层；齐穗后应间歇灌溉，湿润管理，成熟收获前5～6d断水。④病虫防治。注意及时防治纹枯病、稻瘟病、白叶枯病、稻曲病、螟虫、稻飞虱等病虫害。

# 协优413 （Xieyou 413）

**品种来源**：中国水稻研究所以协青早A为母本、广亲和恢复系中413为父本，采用三系法配组而成。分别通过浙江省（1995）和陕西省（1999）农作物品种审定委员会审定。

**形态特征和生物学特性**：属籼型三系杂交迟熟中稻。作为单季晚稻种植，全生育期142d，比汕优63短3d；作为连作晚稻栽培，全生育期132d，比对照汕优10号长4d。株高95～110cm，株型较紧凑，生长势前期较慢而中后期较快，茎秆粗壮，基部节间短，叶色青绿，分蘖力强，成穗率高，穗大粒多，耐肥抗倒。作为单季稻，有效穗数294万穗/hm²，穗长22.2cm，每穗总粒数160.5，结实率71.5%，千粒重27.5g。

**品质特性**：糙米率83.4%，精米率75.7%，整精米率67.3%，垩白度39.5%，垩白粒率38.3%，透明度4级，碱消值6.4级，胶稠度56mm，直链淀粉含量24.2%，蛋白质含量12.73%。

**抗性**：抗稻瘟病，中抗白叶枯病，抗褐稻虱和细菌性条斑病。

**产量及适宜地区**：参加1993年和1994年浙江省区试，平均产量6.77t/hm²，比对照汕优10号增产1.5%；1994年生产试验产量6.22t/hm²，比对照汕优10号减产5%。在全省单季稻大区对比中，平均产量8.65t/hm²，比对照汕优63增产11.23%。适宜浙江、陕西稻区作为单季稻种植，浙南地区也可作为连作晚稻搭配种植。1990年至今累计推广2万hm²。

**栽培技术要点**：①培育带蘖壮秧。作为单季晚稻栽培，一般于5月20～30日播种，秧龄30d左右；采用稀播一段育秧法，播种量150～225kg/hm²。②宽行窄株，合理密植。移栽规格单季稻宜30cm×13.3cm，栽23.7万～25.7万穴/hm²，落田苗90万/hm²，保证有效穗275万穗/hm²以上。③巧施肥料。掌握重施基苗肥、控施拔节肥、适施穗粒肥的原则，用肥量为氮198kg/hm²、五氧化二磷61.8kg/hm²、氧化钾153.5kg/hm²。④合理灌水。浅水移栽、寸水护苗，返青后浅水勤灌，达预期苗数的80%时排水搁田，控制无效分蘖，灌浆中后期保持干干湿湿，切忌断水过早。⑤综合防治病虫草害。注意防治白叶枯病、纹枯病、细菌性条斑病、螟虫、稻飞虱以及杂草的危害。

# 协优46 (Xieyou 46)

**品种来源**：中国水稻研究所和浙江省开发杂交水稻组合联合体以协青早A为母本、密阳46为父本，采用三系法于1983年配组而成，原名协优10号。分别通过浙江省（1990）和国家（1991）农作物品种审定委员会审定。

**形态特征和生物学特性**：属籼型三系杂交中熟中稻。作为双季晚稻栽培，全生育期125～130d，与对照汕优10号相仿。株高90～95cm，株型适中，茎秆粗壮，主茎叶片15.4张，叶色较浓，剑叶较短和挺直，冠层叶片较挺直，后期不早衰，耐肥性强，抗倒伏性好，青秆黄熟。分蘖力强，成穗率高，有效穗数315万～345万穗/hm²。穗型偏小，结实率高，穗长20cm，每穗总粒数110～120粒，结实率90%左右，千粒重28.3g。

**品质特性**：糙米率81.9%，精米率73.8%，整精米率56.7%，透明度1.5级，碱消值6.1级，胶稠度60mm，直链淀粉含量21.2%。

**抗性**：高抗稻瘟病和白背飞虱，中抗白叶枯病和细条病。后期较耐低温。

**产量及适宜地区**：1987—1989年参加浙江省双季杂交晚稻区试，平均产量7.10t/hm²，名列首位，比对照汕优10号增产8.12%，差异极显著；1987—1988年参加全国双季杂交晚稻区试，平均产量6.51t/hm²，比对照汕优10号增产9.84%，差异极显著。在生产上大面积种植，一般产量6.75～7.50t/hm²。适宜长江中下游地区作为双季晚稻或一季中稻种植。累计推广275万 hm²。

**栽培技术要点**：①适时播种。作为单季晚稻栽培，山区于5月上中旬播种，平原在5月中下旬播种；作为连作晚稻栽培，6月15日左右播种。秧龄控制在35d内。②合理密植。移栽规格单季稻20cm×（16～18）cm，连晚16cm×18cm，保证有效穗数345万穗/hm²以上。③加强肥水管理。标准肥41.25～45t/hm²，施肥技术上掌握"基肥足，苗肥早，保花肥，施得巧"的原则，适当增施磷钾肥，后期切勿断水过早。④注意防治病虫。苗期及时防治螟虫、叶蝉、卷叶螟等为害，中后期注意防治白叶枯病和稻飞虱危害。

# 协优7954 (Xieyou 7954)

**品种来源**：浙江省农业科学院以不育系协青早A为母本、恢复系浙恢7954为父本杂交而成，又名德农2000。分别通过浙江省（2001）和国家（2003）农作物品种审定委员会审定。

**形态特征和生物学特性**：属籼型三系杂交水稻品种。全生育期在长江上游中稻种植151.2d，长江中下游中稻种植141.1d，比对照汕优63迟熟0.9d。株高110cm，分蘖力较强，有效穗数276.0万穗/hm²，穗长22.3cm，每穗总粒数148粒，结实率78.2%，千粒重30g。

**品质特性**：糙米粒长6.7mm，糙米长宽比2.6，糙米率83.6%，精米率74.6%，整精米率47.6%，垩白度17.1%，透明度2级，碱消值7.0级，胶稠度65mm，直链淀粉含量26.0%。粒长、糙米率、精米率、碱消值、胶稠度等达一级优质米标准，糙米长宽比、透明度达二级优质米标准。

**抗性**：中抗稻瘟病、白叶枯病，对白背飞虱和细菌性条斑病抗性优于汕优63。耐寒性强。

**产量及适宜地区**：1999年、2000年浙江省单季杂交稻区试，平均产量分别为8.16t/hm²、8.86t/hm²，比对照汕优63分别增产9.3%、9.63%；2000年生产试验，平均产量8.40t/hm²，比对照汕优63增产11.0%。2000年浙江省杂交晚稻区试，平均产量8.03t/hm²，比对照汕优63增产12.2%。2001年、2002年国家中籼迟熟组区试，平均产量分别为8.80t/hm²、9.74t/hm²，比对照汕优63分别增产6.98%、8.86%；2002年生产试验，平均产量8.65t/hm²，比对照汕优63增产16.1%。适宜四川、湖北、湖南、江西、福建、安徽、浙江、江苏的长江流域和重庆、云南、贵州的中低海拔稻区及陕西汉中、河南信阳地区稻瘟病轻发区作为一季中稻种植。

**栽培技术要点**：①适时播种。秧田播种量120～150kg/hm²，秧龄30～35d。②合理密植。栽插规格16.6cm×26cm，插足落田苗60万～75万苗/hm²。③促控结合，管好肥水。基肥和分蘖肥占80%以上，力争足肥早发，剑叶抽出前适施穗肥保大穗。水分管理浅水插秧，深水返青，浅水勤灌；后期干湿交替。④防治病虫。防治稻瘟病、白叶枯病、稻飞虱等病虫害。

# 协优982 （Xieyou 982）

**品种来源**：浙江省金华市农业科学研究所以协青早A为母本、金恢982为父本，采用三系法于1997年配组而成。2002年通过浙江省农作物品种审定委员会审定。

**形态特征和生物学特性**：属籼型三系杂交中熟中稻，感温性强。作为连作晚稻栽培，全生育期130d。株高85～95cm，株型适中，茎秆粗壮，弹性好，主茎总叶片数16片，叶色浓绿，叶片较厚，后期青秆黄熟，转色好。分蘖力中等偏强，有效穗数300万穗/hm²以上，成穗率68.5%。剑叶长约25cm，宽0.8cm左右，穗长20.2cm，每穗总粒数106.5粒，实粒数90.8粒，结实85.3%，千粒重28.5g。穗颈节较粗，谷粒细长，稃尖紫色，有少量顶芒。

**品质特性**：糙米率82.0%，精米率73.6%，整精米率31.8%，糙米粒长6.9mm，糙米长宽比3.0，垩白粒率66%，垩白度11.9%，透明度2级，碱消值5.1级，胶稠度31mm，直链淀粉含量20.3%。

**抗性**：感稻瘟病、白叶枯病、细条病、白背飞虱和褐稻虱。

**产量及适宜地区**：参加1998年浙江省"8812"联品试验，平均产量7.88t/hm²，比对照汕优10号增产10.9%，差异极显著。1999—2000年参加浙江省区试，平均产量7.37t/hm²，比对照汕优10号增产9.05%，差异极显著。2000年生产试验，平均产量7.10t/hm²，比对照汕优10号增产9.00%。适宜浙江省作为连作晚稻或单季晚稻种植。

**栽培技术要点**：①适时播种，培育壮秧。作为连作晚稻栽培，6月13～15日播种，秧龄控制在35d内。作为单季晚稻栽培秧龄控制在30d内。②适时移栽，合理密植。移栽规格以23.3cm×20cm或20cm×20cm为宜，每穴单苗，争取有效穗350万穗/hm²左右。③科学用肥，合理灌水。基肥和分蘖肥占80%，穗粒肥占20%。一般基肥施有机肥500～750kg/hm²、碳酸氢铵375～450kg/hm²、过磷酸钙255kg/hm²、氯化钾75kg/hm²。苗肥施尿素112.5kg/hm²、氯化钾37.5kg/hm²。抽穗后酌施穗粒肥。水分管理做到浅水插秧、薄水促蘖、后期干湿交替。④病虫防治。及时做好稻瘟病、白叶枯病、细条病、稻飞虱等的防治工作。

# 协优中1号 （Xieyouzhong 1）

**品种来源**：中国水稻研究所和浙江省金华市农业科学研究院以协青早A为母本、中组14为父本，采用三系法于2006年配组而成，原名协优612。2010年通过浙江省农作物品种审定委员会审定。

**形态特征和生物学特性**：属籼型三系杂交早熟晚稻。平均全生育期119.8d，比对照汕优10号短2.2d。株高105.5cm，适中，株型较紧凑，剑叶挺直，叶色中绿，后期转色好。分蘖力较强，有效穗多，有效穗数271.5万穗/hm²，成穗率70.9%。穗型中等，结实率高，穗长22.0cm，每穗总粒数145.3粒，实粒数118.8粒，结实率81.8%，千粒重26.4g。谷粒长，谷壳黄亮，颖尖紫色。

**品质特性**：糙米率81.6%，精米率73.4%，整精米率64.1%，糙米长宽比3.0，垩白粒率40.0%，垩白度7.3%，透明度2级，碱消值6.3级，胶稠度46mm，直链淀粉含量21.5%，蛋白质含量11.3%。

**抗性**：抗稻瘟病，中感白叶枯病，感褐稻虱。

**产量及适宜地区**：2008年参加浙江省双季杂交晚籼稻区试，平均产量8.36t/hm²，比对照汕优10号增产15.5%，达极显著水平；2009年浙江省双季杂交晚籼稻区试，平均产量7.81t/hm²，比对照汕优10号增产7.4%，达极显著水平；两年浙江省区试平均产量8.08t/hm²，比对照增产11.4%。2009年浙江省生产试验平均产量7.65t/hm²，比对照增产8.7%。适宜浙江省籼稻区作为连作稻种植。

**栽培技术要点**：①适时播种，培育壮秧。作为连作晚稻栽培，6月中下旬播种，秧龄控制在35d内。②适时移栽，合理密植。移栽规格以16.5cm×30cm或20cm×20cm为宜，基本苗80万～120万苗/hm²，争取有效穗数270万～300万穗/hm²。③促控结合，管好肥水。基肥和分蘖肥占90%，穗粒肥占10%。纯氮138～165kg/hm²，氮、磷、钾比例为10：5：8。水分管理做到浅水插秧、薄水促蘖、后期干湿交替。④做好种子处理和病虫防治。播种前用药剂浸种，大田及时做好螟虫、稻飞虱、稻瘟病、白叶枯病等的防治。

# 研优1号（Yanyou 1）

**品种来源**：中国水稻研究所和浙江勿忘农种业集团有限公司以中1A为母本、2070F为父本，采用三系法配组而成。2005年通过浙江省农作物品种审定委员会审定。

**形态特征和生物学特性**：属籼型三系杂交迟熟中稻。作为单季晚稻栽培，全生育期135～140d，比对照汕优63长5～8d。株高115～120cm，株型紧凑，叶挺色绿，茎秆粗壮、耐肥、抗倒伏性较好，后期转色好。分蘖能力较强，成穗率较高，有效穗数255万穗/hm²。穗型较大，每穗总粒数140粒左右，结实率一般在85%～90%，千粒重25.6g。

**品质特性**：糙米率83.0%，精米率73.9%，整精米率32.0%，糙米粒长6.6mm，糙米长宽比3.0，垩白粒率45.0%，垩白度7.2%，透明度2级，碱消值5.1级，胶稠度88mm，直链淀粉含量14.1%，蛋白质含量11.1%。

**抗性**：中感稻瘟病，感白叶枯病，高感褐稻虱。

**产量及适宜地区**：2002年、2003年参加杭州市单季杂交籼稻区试，平均产量分别为7.75t/hm²、7.37t/hm²，比对照汕优63分别增产16.45%、16.40%，均达显著水平。2004年参加杭州市生产试验，平均产量8.21t/hm²，比对照汕优63增产20.53%。2004年在建德市梅城镇示范，平均产量8.03t/hm²，比对照汕优63增产5.94%；在临安市於潜镇示范，平均产量8.25t/hm²。适宜浙江省杭州地区及同类生态区作为单晚种植。

**栽培技术要点**：①适时播种。5月中下旬播种，秧龄25～30d。大田用种量7.5～11.25kg/hm²。山区应根据当地实际进行试种后确定最佳播种期。②宽行窄株，合理密植。种植密度18cm×26cm，插18万～22.5万穴/hm²，最高450万苗/hm²。③合理施肥。一般施纯氮187.5～225kg/hm²。施肥上要施足基肥，早施重施苗肥和分蘖肥，适施穗肥，增施有机肥和磷钾肥。后期施用氮肥切忌过迟过多。在水分管理上要求浅水插秧，深水返青，浅灌勤灌促分蘖，分次搁田，搁田要透；后期干湿交替灌溉。④病虫害防治。播种前药剂处理，做好稻蓟马、稻飞虱、二化螟、三化螟、稻纵卷叶螟、稻瘟病、纹枯病等的防治，在大风大雨后还应做好白叶枯病的防治。

# 中9优288 (Zhong 9 You 288)

**品种来源**：中国水稻研究所和广东农作物杂种优势开发利用中心以中9A为母本、恢288为父本，采用三系法配组而成，又名中优288。2004年先后通过湖北省和国家农作物品种审定委员会审定。

**形态特征和生物学特性**：属籼型三系杂交迟熟中稻。在长江中下游作为双季晚稻种植，全生育期平均115.5d，比对照汕优64迟熟2.4d。株高103.4cm，株型适中，群体整齐，抗倒伏性较强，熟期转色好。分蘖力中等，有效穗数303万穗/hm²。穗大粒多，穗长23.8cm，每穗总粒数131.1粒，结实率80.0%，千粒重25.4g。谷粒有顶芒。

**品质特性**：糙米率80.6%，整精米率55.2%，糙米长宽比3.2，垩白粒率32%，垩白度7.2%，胶稠度70mm，直链淀粉含量22.3%。

**抗性**：高感稻瘟病，中感白叶枯病，感褐稻虱。

**产量及适宜地区**：2002年参加长江中下游晚籼稻早熟优质组区试，平均产量7.13t/hm²，比对照汕优64增产8.04%（极显著）；2003年续试，平均产量7.60t/hm²，比对照汕优64增产8.09%（极显著）；两年区试平均产量7.37t/hm²，比对照汕优64增产8.06%。2003年生产试验，平均产量6.77t/hm²，比对照汕优64增产3.39%。适宜江西省、湖南省、浙江省中北部以及湖北省、安徽省稻瘟病轻发区作为双季晚稻种植。2004年至今累计推广52.27万hm²。

**栽培技术要点**：①培育壮秧。根据当地种植习惯与汕优64同期播种，秧龄不超过30d。②移栽。插足基本苗150万苗/hm²。③肥水管理。施纯氮165~187.5kg/hm²，磷82.5kg/hm²，钾132~150kg/hm²，采用前重中稳的施肥方式，速效氮肥应在插秧后15d内施完。水分管理上，应前期浅水促分蘖，苗数达到330万苗/hm²抓紧晒田，后期干干湿湿，不可断水过早。④病虫害防治。特别注意防治稻瘟病，注意防治白叶枯病。

# 中9优8012 (Zhong 9 You 8012)

**品种来源**：中国水稻研究所以中9A为母本、中恢8012为父本，采用三系法配组而成。2009年通过国家农作物品种审定委员会审定。

**形态特征和生物学特性**：属籼型三系杂交中熟中稻。在长江中下游作为一季中稻种植，全生育期平均133.1d，比对照Ⅱ优838早熟0.1d。株高125cm，株型适中，茎秆粗壮，剑叶宽而长，叶色淡绿，熟期转色好。有效穗数234万穗/hm²，穗长26.0cm，每穗总粒数184.5粒，结实率79.9%，千粒重26.6g。稃尖无色，无芒。

**品质特性**：整精米率55.5%，糙米长宽比3.1，垩白粒率31%，垩白度6.3%，胶稠度69mm，直链淀粉含量25.6%。

**抗性**：高感稻瘟病，感白叶枯病，高感褐飞虱。

**产量及适宜地区**：2006年参加长江中下游迟熟中籼组品种区试，平均产量8.35t/hm²，比对照Ⅱ优838增产3.74%（极显著）；2007年续试，平均产量8.67t/hm²，比对照Ⅱ优838增产2.33%（极显著）；两年区试平均产量8.51t/hm²，比对照Ⅱ优838增产3.02%，增产点比例76.2%；2008年生产试验，平均产量8.38t/hm²，比对照Ⅱ优838增产5.31%。适宜江西、湖南、湖北、安徽、浙江、江苏的长江流域稻区（武陵山区除外）以及福建北部、河南南部稻区的稻瘟病、白叶枯病轻发区作为一季中稻种植。已累计推广4.6万hm²。

**栽培技术要点**：①育秧。适时播种，秧田播种量90kg/hm²，稀播匀播，适施秧田肥，及时防病治虫，培育带蘖壮秧。②移栽。秧龄20～25d移栽，栽插15万～19.5万穴/hm²，基本苗45万～75万苗/hm²。③肥水管理。增施有机肥，重施基肥，早施追肥，巧施穗肥。基肥用水稻专用肥750kg/hm²，追肥在移栽后10d内施尿素112.5kg/hm²。水分管理上，做到深水返青，浅水促蘖，及时搁田，多次轻搁，浅水养胎，保水养花，湿润灌溉，不过早断水。④病虫害防治。注意及时防治纹枯病、稻瘟病、白叶枯病、螟虫、稻飞虱等病虫害。

# 中9优974 (Zhong 9 You 974)

**品种来源**：中国水稻研究所以中9A为母本、To974为父本，采用三系法配组而成，又名中优974、国丰4号、德农早6号。分别通过江西省（2001）、广西壮族自治区（2001）和浙江省（2002）农作物品种审定委员会审定。

**形态特征和生物学特性**：属籼型三系杂交迟熟早稻。全生育期112.9d，与对照汕优48-2相仿。株高89.1cm，株型适中，茎秆粗壮，耐肥，抗倒伏。叶色较深，根系发达、活力强，后期落色好，灌浆时间较长。分蘖力中等，有效穗数334.5万穗/hm²，成穗率71.2%。穗长18.7cm，每穗总粒数110.9粒，结实率82%，千粒重26.1g。谷粒细长，稃尖秆黄色。

**品质特性**：糙米率82.9%，精米率74.3%，整精米率48.1%，糙米粒长7.2mm，糙米长宽比3.3，垩白粒率35%，垩白度6.1%，透明度1级，碱消值4.9级，胶稠度40mm，直链淀粉含量20.9%，蛋白质含量11.2%。

**抗性**：抗稻瘟病，中抗白叶枯病。

**产量**：1999年参加浙江省杂交早稻新组合联合比较试验，平均产量5.71t/hm²，比对照汕优48-2增产5.9%，位居9个参试组合的第一位。2000年参加浙江省早杂区试，平均产量6.54t/hm²，比对照汕优48-2增产8.17%，达极显著水平，列第一名。2001年至今累计推广29.53万hm²。

**栽培技术要点**：①根据当地生产实际播种，秧龄控制在30d左右。②肥力水平中等，要求早施追肥，促早发，速效氮肥在插秧后5～7d施入总量的70%以上，其余在插秧后15d内施完，插秧18d不可再施氮肥，以防后期披叶，后期可施一次速效性钾肥。③基本苗插足90万～105万苗/hm²，插秧后24～25d开始晒田，控制有效穗数在300万穗/hm²上下；后期干干湿湿至成熟收获。④注意对钻心虫、稻纵卷叶螟、黑粉病等的防治。

# 中优1176 (Zhongyou 1176)

**品种来源**：中国水稻研究所以中9A为母本、R1176为父本，采用三系法配组而成。2007年通过浙江省农作物品种审定委员会审定。

**形态特征和生物学特性**：属籼型三系杂交迟熟中稻。平均全生育期142.4d，比对照汕优63迟熟9d，生育期偏长。株高134cm，植株高大，株型适中，茎秆粗壮，剑叶挺长、角度小，叶色深绿。分蘖力中等，有效穗数225万穗/hm²，成穗率61.0%。穗大粒多，穗长26.1cm，每穗总粒数183.5粒、实粒数144.1粒，结实率79.0%，千粒重26.7g。谷粒细长。

**品质特性**：整精米率62.1%，糙米长宽比3.0，垩白粒率33.8%，垩白度4.8%，透明度2级，胶稠度60.0mm，直链淀粉含量21.4%。

**抗性**：中感稻瘟病，感白叶枯病，感褐稻虱。

**产量及适宜地区**：2003年浙江省杂交晚籼稻区试平均产量77.8t/hm²，比对照汕优10号增产3.7%，未达显著水平；2004年浙江省杂交晚籼稻区试平均产量7.58t/hm²，比对照汕优10号增产3.4%，未达显著水平；两年浙江省区试平均产量7.68t/hm²，比对照汕优10号增产3.6%。2005年浙江省生产试验，平均产量6.64t/hm²，比对照汕优10号增产5.9%。适宜浙江省籼稻区作为连作晚稻种植。

**栽培技术要点**：①育秧。适时播种，秧田播种量150kg/hm²。②移栽。秧龄35～45d，栽插基本苗120万～150万苗/hm²。③肥水管理。施纯氮150kg/hm²，氮、磷、钾比例1：0.5：0.7，重施基肥，早施追肥，基肥以农家肥为主。在水分管理上，做到深水返青，浅水促蘖，及时搁田，多次轻搁，浅水养胎，保水养花，湿润灌溉，不过早断水。④病虫害防治。注意防治白叶枯病、褐稻虱等病虫害。

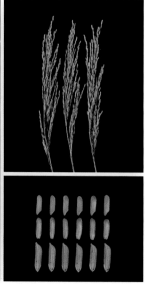

# 中优177（Zhongyou 177）

**品种来源**：四川省农业科学院作物研究所和中国水稻研究所以中9A为母本、成恢177为父本，采用三系法配组而成。2003年通过国家农作物品种审定委员会审定，2007年通过贵州省农作物品种审定委员会认定。

**形态特征和生物学特性**：属籼型三系杂交迟熟中稻。在长江上游作为中稻种植，全生育期平均151.2d，比对照汕优63早熟2.1d。株高108.1cm，株型适中，株叶形态好，后期转色较好，耐寒性强。分蘖力偏弱，成穗率较高，有效穗数259.5万穗/hm²。穗粒重协调，穗长25.3cm，每穗总粒数157.9粒，结实率81.7%，千粒重27.3g。

**品质特性**：整精米率57.5%，糙米长宽比3.1，垩白粒率23%，垩白度2.9%，胶稠度50mm，直链淀粉含量22.2%。

**抗性**：感稻瘟病、白叶枯病和褐稻虱。耐寒性较强。

**产量及适宜地区**：2001年参加长江上游中籼稻迟熟优质组区试，平均产量8.88t/hm²，比对照汕优63增产1.59%（不显著）；2002年续试，平均产量8.85t/hm²，比对照汕优63增产9.03%（极显著）。2002年生产试验，产量8.18t/hm²，比对照汕优63增产16.95%。适宜贵州、云南、重庆中低海拔稻区（武陵山区除外），四川平坝稻区，以及陕西省的汉中地区作为一季中稻种植。已累计推广15.87万hm²。

**栽培技术要点**：①适时播种。一般在3月下旬至4月上旬播种，秧田播种量150～225kg/hm²。②合理密植。一般栽插24万～30万穴/hm²，基本苗150万～180万苗/hm²为宜。③施肥。一般施纯氮120～150kg/hm²，磷肥375～450kg/hm²，钾肥225～300kg/hm²。④科学管水。做到深水返青，浅水促蘖，及时搁田，多次轻搁，浅水养胎，保水养花，湿润灌溉，不过早断水。⑤病虫害防治。注意防治稻瘟病、白叶枯病和褐飞虱等病虫害。

# 中优218（Zhongyou 218）

**品种来源**：中国水稻研究所、合肥丰乐种业股份有限公司以中9A为母本、中恢218-51为父本，采用三系法配组而成，又名国稻2号、国丰2号、中9优218。分别通过江西省（2003）和国家（2004）农作物品种审定委员会审定。

**形态特征和生物学特性**：属籼型三系杂交早熟中稻。长江中下游作为连作晚稻种植，全生育期114～120d，比对照汕优10号早熟1～3d；作为一季中稻一般125d左右，比对照汕优63早熟5～6d。株高108.5cm，株型适中，群体整齐，剑叶较披，长势繁茂，熟期转色好。有效穗数259.5万穗/hm²，穗长25.5cm，每穗总粒数128.1粒，结实率79.0%，千粒重30.0g。

**品质特性**：整精米率52.4%，糙米长宽比3.1，垩白粒率27%，垩白度6.4%，胶稠度67mm，直链淀粉含量22.0%。

**抗性**：高感稻瘟病和褐稻虱，中抗白叶枯病。

**产量及适宜地区**：2002年、2003年参加长江中下游晚籼稻中迟熟优质组区试，平均产量分别为6.68t/hm²、7.20t/hm²，比对照汕优46分别增产3.56%（显著）、1.20%（不显著）。2003年生产试验，平均产量6.98t/hm²，比对照汕优46增产10.03%。适宜广西中北部、福建中北部、江西中南部、湖南中南部以及浙江南部稻瘟病轻发区作为双季晚稻种植。2003年至今累计推广6.47万hm²。

**栽培技术要点**：①适时播种，培育带蘖矮壮秧。作为连作晚稻，播种期一般在6月中下旬播种，作为一季中稻一般在5月中下旬播种，秧龄控制在30d以内。两段育秧，秧龄最长不超过45d。

②合理密植，插足基本苗。作为中稻株行距20cm×（23.3～27.3）cm，栽插18万～21万穴/hm²；作为连作晚稻株行距以20cm×20cm或17.3cm×20cm为宜，栽插24万～30万穴/hm²。③肥水管理。基肥为主，追肥为辅。最后一次追肥应在栽秧后18d以内完成，抽穗后不可再施氮肥。采取深水活棵、浅水分蘖、中期适时晒田、抽穗扬花后干湿交替的水分管理办法。④病虫害防治。根据当地病虫测报站的预测预报，搞好穗颈瘟、纹枯病、螟虫等病虫害的综合防治。

# 中优448 （Zhongyou 448）

**品种来源**：四川省农业科学院作物研究所和中国水稻研究所以中9A为母本、成恢448为父本，采用三系法配组而成。2003年通过国家农作物品种审定委员会审定。

**形态特征和生物学特性**：属籼型三系杂交迟熟中稻。在长江流域作为双季晚稻种植，全生育期平均114.2d，与对照汕优64相仿。株高97cm，株叶形态好，群体整齐，剑叶挺直，穗型较大，易感纹枯病，不抗倒伏。有效穗数292.5万穗/hm²，穗长23.9cm，每穗总粒数119.9粒，结实率83.4%，千粒重27.6g。

**品质特性**：整精米率55.7%，糙米长宽比3.3，垩白粒率24%，垩白度3%，胶稠度50mm，直链淀粉含量21.8%。

**抗性**：中感稻瘟病、白叶枯病和褐稻虱。

**产量及适宜地区**：2001年参加南方稻区晚籼稻早熟优质组区试，平均产量7.52t/hm²，比对照汕优64增产0.57%（不显著）；2002年续试，平均产量6.80t/hm²，比对照汕优64增产3.08%（极显著）。2002年生产试验，平均产量6.95t/hm²，比对照汕优64减产2.20%。适宜江西、湖南、湖北、安徽、浙江的双季稻区作为晚稻种植。

**栽培技术要点**：①适时播种。一般在6月中下旬播种，播种量150～180kg/hm²。②合理密植。一般每公顷栽24万～30万穴，每穴栽插2苗，基本苗150万～180万苗/hm²。③肥水管理。施足基肥，早施追肥，适当施部分农家肥作为基肥。一般每公顷施纯氮120～150kg、磷肥375～450kg、钾肥225～300kg；科学管水，做到深水返青，浅水促蘖，及时搁田，多次轻搁，浅水养胎，保水养花，湿润灌溉，不过早断水，注意防止倒伏。④病虫害防治。注意防治稻瘟病、白叶枯病和褐飞虱等病虫害。

# 中优838选（Zhongyou 838 Xuan）

**品种来源**：中国水稻研究所和合肥丰乐种业股份有限公司以中9A为母本、838选为父本，采用三系法配组而成，又名中9优838选、国丰1号。分别通过广西壮族自治区（2000）、江西省（2001）、国家（2001）、安徽省（2003）和湖北省（2005）农作物品种审定委员会审定，贵州省（2004）和陕西省（2007）农作物品种审定委员会认定。

**形态特征和生物学特性**：属籼型三系杂交早熟中稻。全生育期平均121d左右。株高99cm，植株生长整齐，株叶形态好，叶鞘紫色，叶片宽厚清秀，剑叶稍长、直立，秆硬不倒伏，生长繁茂，分蘖力中等，成穗率较高，平均穗长22.8cm，每穗总粒数105粒，结实率78.8%，千粒重27.5g。谷粒长椭圆形，稃尖紫色，无芒。

**品质特性**：糙米率80.2%，精米率73.4%，整精米率51.0%，糙米长宽比3.1，垩白粒率42%，垩白度7.1%，透明度2级，胶稠度47mm，直链淀粉含量22.2%。

**抗性**：抗稻瘟病，中抗白叶枯病。

**产量及适宜地区**：1998年、1999年参加江西省杂交晚稻早熟组区试，平均产量分别为6.82t/hm²、6.69t/hm²；1999年参加广西早造迟熟组筛选试验，平均产量7.79t/hm²，比对照汕优桂99增产2.9%。适宜江西作为晚稻，广西作为早稻，安徽作为早熟中籼，贵州贵阳、安顺、遵义、铜仁、黔南（平塘县、惠水县、长顺县、罗甸县除外）、黔东南、毕节海拔1 300m以下作为迟熟中籼，湖北恩施海拔1 000m以下稻瘟病无病区或轻病区种植。2000年至今累计种植98.33万hm²。

**栽培技术要点**：①适时播种，培育带蘖壮秧。②合理密植，插足基本苗。③施足基肥，早施追肥。插秧前适当施部分农家肥和600～750kg/hm²过磷酸钙作为基肥，插秧后5～7d内施总肥量的70%，插秧后15d内施完其余的30%。④科学用水。秧苗返青后浅水灌溉，20d后应注意搁田，复水后一直保持干干湿湿。⑤病虫害防治。注意防治稻纵卷叶螟、螟虫、稻飞虱，要对黑粉病、稻曲病进行专门防治。

# 中优85 （Zhongyou 85）

**品种来源**：四川省种子公司、中国水稻研究所和四川省蒲江县种子公司以中9A为母本、蒲恢85为父本，采用三系法配组而成，又名中9优85。分别通过贵州省（2003）、云南省（2004）和国家（2005）农作物品种审定委员会审定。

**形态特征和生物学特性**：属籼型三系杂交迟熟中稻。长江中下游作为一季中稻种植，全生育期平均132.3d，比对照汕优63早熟0.4d。株高125.8cm，株型适中，后期转色好。分蘖力中等，有效穗数243万穗/hm²。穗大粒多，千粒重高，穗长27.7cm，每穗总粒数170.2粒，结实率76.8%，千粒重28.5g。

**品质特性**：糙米率81.0%，精米率70.8%，整精米率58.5%，糙米粒长7.0mm，糙米长宽比3.4，垩白粒率17%，垩白度3.4%，透明度2级，碱消值5.2级，胶稠度76mm，直链淀粉含量23.1%，蛋白质含量9.1%。

**抗性**：高感稻瘟病和褐稻虱，感白叶枯病。耐寒性较强。

**产量及适宜地区**：①长江上游。2003年、2004年参加中籼迟熟优质A组区试，平均产量分别为9.23t/hm²、9.27t/hm²，比对照汕优63分别增产6.76%、7.10%（均极显著）。2004年生产试验，平均产量8.21t/hm²，比对照汕优63增产3.52%。②长江中下游。2003年、2004年参加中籼迟熟优质C组区试，平均产量分别为7.65t/hm²、9.11t/hm²，比对照汕优63分别增产4.14%、8.95%（均极显著）。2004年生产试验，平均产量7.75t/hm²，比对照汕优63增产7.11%。适宜云南、贵州、重庆的中低海拔稻区（武陵山区除外），四川平坝丘陵稻区，陕西南部稻瘟病轻发区，以及福建、江西、湖南、湖北、安徽、浙江、江苏的长江中下游流域稻区（武陵山区除外）及河南南部稻瘟病、白叶枯病轻发区种植。2003年累计推广29.67万hm²。

**栽培技术要点**：①育秧。适时播种，秧田播种量150kg/hm²。②移栽。秧龄35～45d，栽插基本苗120万～150万苗/hm²。③肥水管理。施纯氮150kg/hm²，氮、磷、钾比例1：0.5：0.7，重施基肥，早施追肥，基肥以农家有机肥为主。在水分管理上，做到干湿交替，适时适度晒田。④病虫害防治。及时防治稻瘟病、白叶枯病、纹枯病及螟虫、稻苞虫、稻飞虱等病虫害。

# 中优904（Zhongyou 904）

**品种来源**：中国水稻研究所和浙江国稻高科技种业有限公司以中9A为母本、R904为父本，采用三系法配组而成。2009年通过浙江省农作物品种审定委员会审定。

**形态特征和生物学特性**：属籼型三系杂交中熟中稻。作为连作晚稻栽培，平均全生育期123.9d。株高114.5cm，株高适中，剑叶直立、开角小，叶色绿，生长整齐，倒数第二节间较短，抗倒伏能力较强，后期青秆黄熟。分蘖力强，成穗率高，有效穗数271.5万穗/hm²，成穗率64.5%。穗大粒多，丰产性较好，穗长24.4cm，每穗总粒数160.6粒、实粒数134.7粒，结实率83.9%，千粒重23.9g。谷粒长，释尖无色，无芒，落粒性中等。

**品质特性**：整精米率59.9%，糙米长宽比3.2，垩白粒率19.2%，垩白度3.3%，透明度1级，胶稠度79.0mm，直链淀粉含量25.5%。

**抗性**：中抗稻瘟病，感白叶枯病和褐稻虱。

**产量及适宜地区**：2005年浙江省单季杂交晚籼稻区试，平均产量7.28t/hm²，比对照汕优63增产2.0%，未达显著水平；2006年浙江省单季杂交晚籼稻区试，平均产量8.00t/hm²，比对照汕优63增产4.9%，未达显著水平；两年浙江省区试平均产量7.64t/hm²，比对照汕优63增产3.5%。2007年浙江省生产试验，平均产量7.13t/hm²，比对照汕优63增产4.8%。适宜浙江平原籼稻区作为单季稻种植。

**栽培技术要点**：①育秧。适时播种，秧田播种量90kg/hm²，稀播匀播，适施秧田肥，及时防病治虫，培育带蘖壮秧。②移栽。秧龄20～25d移栽，栽插15万～19.5万穴/hm²，基本苗45万～75万苗/hm²。③肥水管理。增施有机肥，重施基肥，早施追肥，巧施穗肥。基肥用水稻专用肥750kg/hm²，追肥在移栽后10d内施尿素112.5kg/hm²，控制后期氮肥用量。水分管理上，做到深水返青，浅水促蘖，及时搁田，多次轻搁，浅水养胎，保水养花，湿润灌溉，不过早断水。④病虫害防治。注意及时防治纹枯病、稻瘟病、白叶枯病、螟虫、稻飞虱等病虫害。

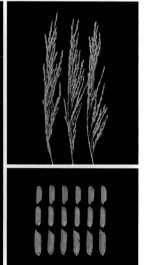

# 中优9号 (Zhongyou 9)

**品种来源**：中国水稻研究所以中9A为母本、中恢9332为父本，采用三系法配组而成，原名中优9332。2008年通过浙江省农作物品种审定委员会审定。

**形态特征和生物学特性**：属籼型三系杂交中熟中稻。作为连作晚稻栽培，平均全生育期127.7d，比对照汕优10号迟熟3.5d，生育期适中。株高108cm，株型适中，剑叶较长而挺，叶色淡绿，茎秆坚韧，抗倒伏性较强，后期转色好，丰产性较好。分蘖力中等，长势较繁茂，有效穗数211.5万穗/hm²，成穗率69.5%。穗大粒多，谷粒长，穗长23.8cm，每穗总粒数166.4粒、实粒数144.8粒，结实率87.0%，千粒重25.9g。

**品质特性**：整精米率60.7%，糙米长宽比3.4，垩白粒率16.5%，垩白度1.4%，透明度1.5级，胶稠度69mm，直链淀粉含量22.6%。

**抗性**：中抗稻瘟病，感白叶枯病和褐稻虱。

**产量及适宜地区**：2005年浙江省温州市连作晚籼稻区试，平均产量6.44t/hm²，比对照汕优10号增产3.3%，达显著水平；2006年温州市连作晚籼稻区试，平均产量7.50t/hm²，比对照汕优10号增产4.8%，达极显著水平。两年温州市区试平均产量6.97t/hm²，比对照汕优10号增产4.1%。2007年温州市生产试验，平均产量6.49t/hm²，比对照汕优10号增产11.0%。适宜浙江省温州地区作为连作晚稻种植。

**栽培技术要点**：①适时播种，培育多蘖壮秧。浙南地区晚稻种植6月中旬播种，秧田播种量150kg/hm²，施足基肥，看苗追肥，培育多蘖壮秧，秧龄控制在30d内。②合理密植。单季种植株行距16.6cm×26cm或13.3cm×30cm（窄株宽行），插足基本苗75万～90万苗/hm²。③科学肥水管理。增施有机肥，重施基肥，早施追肥，巧施穗肥，重视氮、磷、钾肥配套施用。中等肥力田块施纯氮（N）180kg/hm²、纯磷（$P_2O_5$）90kg/hm²、纯钾（$K_2O$）180kg/hm²。水分管理上，按"沟水浅栽、浅水施肥、湿润分蘖、浅水养穗、干湿灌溉"原则进行。④病虫害防治。注意白叶枯病和褐稻虱防治。

# 中浙优1号（Zhongzheyou 1）

**品种来源**：中国水稻研究所和浙江勿忘农种业股份有限公司以中浙A为母本、航恢507为父本，采用三系法于1999年配组而成。分别通过浙江省（2004）、广西壮族自治区（2006）、江西省（2006）、湖南省（2008）、安徽省（2008）、贵州省（2011）和海南省（2012）农作物品种审定委员会审定，福建省（2012）农作物品种审定委员会认定。

**形态特征和生物学特性**：属籼型三系杂交迟熟中稻。全生育期135d左右，感温。株高115～120cm，株型挺拔，长势旺，叶色深绿，剑叶挺直，青秆黄熟，适应广。分蘖强，有效穗数225万～240万穗/hm²，成穗率70%左右。穗大粒多，结实率高，穗长25～28cm，每穗总粒数150～200粒，结实率85%～90%，千粒重27～28g。

**品质特性**：糙米率81.0%，精米率69.7%，整精米率55.7%，糙米粒长7mm，糙米长宽比3.2，垩白粒率12%，垩白度1.6%，透明度1级，碱消值4.8级，胶稠度75mm，直链淀粉含量13.9%，蛋白质含量7.8%。

**抗性**：高感稻瘟病和纹枯病，中感白叶枯病。抗寒性弱，抗高温性弱。

**产量及适宜地区**：浙江省8812联品平均产量7.50t/hm²，与对照汕优63产量持平。2002年参加浙江省单季稻区试，平均产量8.03t/hm²，比对照汕优63增产10.7%，达极显著水平；浙江省多点示范点统计，一般平均产量7.50～8.25t/hm²，高产田块可达9.75t/hm²。适宜长江中下游区域作为单季稻种植，以及海南、广西作为晚稻种植。2004年至今累计推广154.6万hm²。

**栽培技术要点**：①适时播种、适龄移栽。单季种植浙北一般要求5月25日前，浙中5月25～30日，浙南6月15日前播种。山区播种可根据当地实际情况相应提前。播种量112.5～150kg/hm²，秧龄控制在25d左右。②合理密植。每公顷插18万～22.5万穴，行株距30cm×16.7cm或26.6cm×（16.7～20）cm，最高苗控制在375万～420万苗/hm²。③科学施肥。施足基肥，早施追肥，增施磷钾肥，以健根壮秆、青秆黄熟。④病虫害防治。注意对稻瘟病、白叶枯病、纹枯病等病害的防治；对螟虫、卷叶虫和飞虱的防治要掌握时机，加大水量，提高防治效果。

# 中浙优8号（Zhongzheyou 8）

**品种来源**：中国水稻研究所和浙江勿忘农种业股份有限公司以中浙A为母本、T-8为父本，采用三系法配组而成。先通过浙江省（2006）农作物品种审定委员会审定，后又分别通过湖南省（2008）、广西壮族自治区（2009）、江西省（2009）和福建省（2013）农作物品种审定委员会认定。

**形态特征和生物学特性**：属籼型三系杂交迟熟中稻。全生育期137.2d。株高120.4cm，株型挺拔，叶色深绿，生长清秀，后期熟相较好，耐肥，抗倒伏。分蘖力较强，有效穗数23.3万穗/hm²，成穗率57.0%。穗大粒多，结实率高，穗长25.7cm，每穗总粒数165.8粒、实粒数144.5粒，结实率87.2%，千粒重25.4g。

**品质特性**：整精米率56.6%，糙米长宽比3.2，垩白粒率16.3%，垩白度3.6%，透明度1.5级，胶稠度69.5mm，直链淀粉含量14.3%。

**抗性**：中抗稻瘟病，感白叶枯病，高感褐稻虱。

**产量及适宜地区**：2003年、2004年浙江省杂交晚籼稻区试，平均产量分别为7.10t/hm²、7.77t/hm²，比对照汕优63分别增产0.9%、5.4%，均未达显著水平。2005年浙江省生产试验，平均产量8.05t/hm²，比对照汕优63增产4.4%。适宜浙江、广西、江西、湖南、福建等地区种植。2006年至今累计推广69.9万hm²。

**栽培技术要点**：①适时播种、适龄移栽。平原地区作为单季种植，浙中5月15日前播种，浙南6月15日前播种，山区播种可视实际情况相应提前，播种量112.5kg/hm²，播种前浸种消毒，秧龄控制在25～30d。②合理密植。每公顷插18.8万～21.8万穴，株行距（16～17）cm×（25～26）cm，最高苗360万～420万苗/hm²。③合理用肥。早施分蘖肥，控制穗期氮肥，增施磷钾肥和有机肥，基肥、蘖肥、穗肥的比例58：35：7，促蘖肥在插秧后7d进行。④病虫害综合防治。根据各地病虫预测预报，防治好螟虫、稻飞虱、纹枯病等病虫害，尤其是第三代螟虫。⑤加强水分管理。分蘖期浅水勤灌，够苗及时搁田，抽穗扬花期保水层，灌浆乳熟期干干湿湿交替灌溉，收获前7d断水。

# 中浙优86 (Zhongzheyou 86)

**品种来源**：中国水稻研究所和浙江勿忘农种业股份有限公司以中浙A为母本、T-86为父本，采用三系法配组而成。2007年通过浙江省农作物品种审定委员会审定。

**形态特征和生物学特性**：属籼型三系杂交中熟中稻。平均全生育期126.2d，比对照品种汕优10号迟熟3.8d。株高114.4cm，株型适中，叶色浅绿，剑叶大小适中、挺直，抗倒伏性较好。分蘖力强，田间长势繁茂，有效穗数270万穗/hm²，成穗率57.7%。穗长24.4cm，每穗总粒数142.7粒、实粒数111.6粒，结实率78.2%，千粒重26.4g。长粒，稃尖无色。

**品质特性**：整精米率59.0%，糙米长宽比3.1，垩白粒率39.5%，垩白度6.0%，透明度2级，胶稠度72.5mm，直链淀粉含量15.6%。

**抗性**：中抗稻瘟病，高感白叶枯病和褐稻虱。

**产量及适宜地区**：2004年浙江省杂交晚籼稻区试，平均产量7.67t/hm²，比对照汕优10号增产4.7%，未达显著水平；2005年浙江省杂交晚籼稻区试，平均产量6.78t/hm²，比对照汕优10号增产0.3%，未达显著水平；两年浙江省区试平均产量7.22t/hm²，比对照汕优10号增产2.6%。2006年浙江省生产试验，平均产量7.12t/hm²，比对照汕优10号增产3.4%。适宜浙江省籼稻区作为连作晚稻种植。

**栽培技术要点**：①育秧。适当早播，稀播匀种，做好种子消毒处理，培育多蘖壮秧。②移栽。秧龄25～30d移栽，栽插株行距16.7cm×26cm或13.3cm×30cm，基本苗插足75万～105万苗/hm²。③肥水管理。中等肥力田块，一般每公顷施纯氮150kg、磷肥450kg、钾肥300kg。应控制氮肥施用量，施足基肥，早施分蘖肥，适施穗肥。在水分管理上，做到浅水插秧，深水返青，返青后浅水勤灌促分蘖，每公顷达到345万～360万苗时开始搁田控制分蘖，后期干湿交替防早衰。④病虫害防治。注意防治白叶枯病和褐稻虱。

# 株两优06 (Zhuliangyou 06)

**品种来源**：浙江省农业科学院作物与核技术利用研究所和株洲市农业科学研究所、浙江省嘉兴市农业科学研究院合作，以株1S为母本、06EZ11为父本杂交配组而成。2010年通过湖南省农作物品种审定委员会审定（湘审稻2010006）。

**形态特征和生物学特性**：属籼型两系杂交中熟早稻。全生育期107.7d，株高84.5cm，株型紧散适中，茎秆较粗，抗倒伏力强，分蘖力较强，剑叶较短且直立。成穗率高，穗型中等，着粒较密。有效穗数352.5万穗/hm²，每穗总粒数109.9粒，结实率76.6%，千粒重29.4g。谷粒长，颖尖无色、无芒。

**品质特性**：糙米粒长7.0mm，糙米长宽比3.0，糙米率75.6%，精米率67.4%，整精米率50.9%，垩白粒率84%，垩白度22%，透明度2级，碱消值6.4级，胶稠度79mm，直链淀粉含量26.8%。

**抗性**：叶瘟5.0级，穗瘟8.0级，稻瘟病综合抗性指数4.7级；白叶枯病5级。

**产量及适宜地区**：2008年、2009年参加湖南省区试，两年区试平均产量7.83t/hm²，比对照株两优819增产3.18%。适宜湖南省稻瘟病轻发区作为早稻种植。

**栽培技术要点**：①适时播种，培育带蘖壮秧。3月25日左右播种，大田用种量30～37.5kg/hm²，秧田播种量225kg/hm²，浸种时进行种子消毒。秧龄25～30d，软盘抛秧3.1～3.5叶、旱育秧3.5～4.0叶、水育秧4.5叶左右移栽。②合理密植。种植株行距16.5cm×20cm，每穴栽插2～3苗。③加强田间管理，注意病虫害防治。施足基肥，早施分蘖肥，适施穗肥。在水分管理上，做到浅水插秧，深水返青，返青后浅水勤灌促分蘖，后期干湿交替防早衰。注意防治稻瘟病。

# 株两优609 (Zhuliangyou 609)

**品种来源**：浙江省农业科学院作物与核技术利用研究所和株洲市农业科学研究所合作，以株1S为母本、06EZ09为父本配组而成。2011年通过浙江省农作物品种审定委员会审定（浙审稻2011005）。

**形态特征和生物学特性**：属籼型两系杂交中熟早籼稻品种。全生育期109.8d，比对照嘉育293迟熟0.6d。株高92.0cm，株型适中，分蘖力中等。叶色较绿，剑叶短挺。穗型较大，有效穗数334.5万穗/hm²，成穗率73.3%，穗长20.1cm，每穗总粒数111.3粒，每穗实粒数95.8粒，结实率86.1%，千粒重27.5g。谷粒长，稃尖无色、无芒。

**品质特性**：糙米长宽比3.0，整精米率58.5%，垩白粒率74.5%，垩白度18.1%，透明度2.5级，胶稠度44.0mm，直链淀粉含量22.3%，两年区试米质指标均达到部颁5级食用稻品种品质。

**抗性**：叶瘟0.5级，穗瘟0.8级，穗瘟损失率0.8%，综合指数0.5；白叶枯病4.5级。

**产量及适宜地区**：2008年、2009年参加浙江省早籼稻区试，两年区试平均产量7.42t/hm²，比对照嘉育293增产9.0%。2010年浙江省生产试验，平均产量5.97t/hm²，比对照嘉育293增产8.1%。适宜浙江、江西省作为早稻种植。

**栽培技术要点**：①适当增加基本苗，高肥地区注意防倒。②金华市农业科学研究院试验表明，该品种基本苗和最高苗均随着播种量的增加而增加；有效穗和产量均随着播种量的增加先上升后下降，播种量22.50kg/hm²时有效穗达到最大值368.07万穗/hm²，播种量18.75kg/hm²时产量达到最大值7 999kg/hm²；播量以18.75～22.50kg/hm²为宜。③在水分管理上，做到浅水插秧，深水返青，返青后浅水勤灌促分蘖，后期干湿交替防早衰。④注意防治稻瘟病。

# 株两优813（Zhuliangyou 813）

**品种来源**：浙江省农业科学院作物与核技术利用研究所、株洲市农业科学研究所和浙江农科种业有限公司合作，以株1S为母本、08EZ13为父本杂交配组选育而成。2013年通过浙江省农作物品种审定委员会审定（浙审稻2013004）。

**形态特征和生物学特性**：属两系杂交中熟早稻品种。全生育期114.5d，比对照嘉育293迟熟1.3d。株高86.5cm，株型较松散，分蘖力中等，茎秆粗壮，生长整齐。剑叶短，叶色绿，稍有露节。穗型较大，着粒较密，有效穗数337.5万穗/hm²，成穗率73.5%，穗长18.3cm，每穗总粒数124.3粒，每穗实粒数103.0粒，结实率83.3%，千粒重24.8g。谷壳黄亮，稃尖无色、无芒，谷粒椭圆形。

**品质特性**：糙米长宽比2.4，整精米率63.4%，垩白粒率97.5%，垩白度23.1%，透明度4级，胶稠度65mm，直链淀粉含量25.9%，两年区试米质指标分别达到食用稻品种品质部颁5等和6等。

**抗性**：叶瘟1.9级，穗瘟1.5级，穗瘟损失率2.4%，综合指数1.8级；白叶枯病5.5级。

**产量及适宜地区**：2010年、2011年参加浙江省早籼稻区试，两年区试平均产量6.94t/hm²，比对照嘉育293增产10.8%。2012年生产试验，平均产量6.99t/hm²，比对照嘉育293增产7.6%。适宜浙江和江西省作为早稻种植。

**栽培技术要点**：①适时播种，培育带蘖壮秧。3月25日左右播种，大田用种量30～37.5kg/hm²，秧田播种量225kg/hm²，浸种时进行种子消毒。秧龄25～30d，软盘抛秧3.1～3.5叶、旱育秧3.5～4.0叶、水育秧4.5叶左右移栽。②合理密植。种植株行距16.5cm×20cm，每穴栽插2苗。③加强田间管理，注意病虫害的防治。施足基肥，早施分蘖肥，注意控制后期氮肥用量。在水分管理上，做到浅水插秧，深水返青，返青后浅水勤灌促分蘖，后期干湿交替防早衰。注意及时防治病虫害。

# 第三节　常规粳稻

## 矮粳23（Aigeng 23）

**品种来源**：浙江省农业科学院作物研究所以矮粳22/桂花黄为母本、农红73为父本杂交配组选育而成，原名74-23。先分别通过浙江省（1983）和湖南省（1984）农业主管部门认定，后又通过国家（1985）农作物品种审定委员会审定。

**形态特征和生物学特性**：属常规迟熟晚粳稻品种。全生育期167d，比对照农虎6号迟熟2d。株高92cm，株型紧凑，茎秆坚硬，分蘖力略弱于对照农虎6号。叶片短窄上举，前期叶色深绿。穗大粒多，着粒紧密。单株有效穗数10.2穗，穗长18.0cm，每穗总粒数92.5粒，结实率89.6%，千粒重26.4g。护颖淡红色。

**抗性**：抗白叶枯病，耐稻瘟病。耐寒性较强，耐肥，抗倒伏。

**产量及适宜地区**：1976年浙江省区试，26个试验点平均产量5.58t/hm²。1977年浙江省嘉兴、绍兴和诸暨共13个点的大田示范试验，平均产量为5.98t/hm²。适宜长江中下游地区推广种植。1983—1988年累计推广38.13万hm²。

**栽培技术要点**：①培育壮秧。②小株密植，插足基本苗375.0万～450.0万苗/hm²。③增施肥料。需肥量比农虎6号略高，施标准肥28 875kg/hm²，产量5.86t/hm²；施标准肥39 375kg/hm²，产量6.38t/hm²，比施标准肥27 875kg/hm²增产8.85%。在培育壮秧的基础上，还需做到早施追肥。④防杂提纯，要注意做好防杂提纯工作。

# 矮糯21 （Ainuo 21）

**品种来源**：浙江省绍兴市农业科学研究所以矮双2号为母本、测21为父本杂交配组选育而成，原名矮21糯。1987年通过浙江省农作物品种审定委员会审定（浙品审字第032号）。

**形态特征和生物学特性**：属常规迟熟晚粳糯稻品种。全生育期140d，齐穗期比对照秀水48迟熟2～3d，成熟期与对照秀水48相仿或略迟。株高80cm，株型紧凑，分蘖力较强。叶色淡绿，剑叶较短，角度小。穗数较多，齐穗后上举，穗型中等，青秆黄熟，易落粒，不带小枝梗，结实率较高。主穗长18～20cm，每10cm着粒59.3粒。有效穗数405.0万～450.0万穗/hm²，每穗总粒数63～73粒，每穗实粒数60粒，千粒重25～26g。谷粒椭圆形，有顶芒或短芒，颖壳、颖尖黄色。

**品质特性**：糙米长7.4mm，糙米长宽比1.94，米粒长4.9mm、宽2.8mm、长宽比1.75，整精米率60.3%，直链淀粉含量0%，胶稠度94.6mm，碱消值7级。糯性优良，食味较好。

**抗性**：抗稻瘟病强，中感白叶枯病。减数分裂期具有比对照更新农虎6号更强的耐冷特性，花期耐冷性两年区试分别为2级和1级，比对照更新农虎6号、秀水48强。

**产量及适宜地区**：浙江省晚稻品种区试，1985年平均产量4.82t/hm²，比对照双糯4号增产19.4%，极显著；1986年平均产量5.54t/hm²；1986年生产试验，平均产量5.63t/hm²，比对照双糯4号增产8.3%。适宜钱塘江以南绍兴和金华市早、中熟茬口作为晚稻种植。

**栽培技术要点**：①矮糯21感光性较强，全生育期较长，连作晚稻栽培的播种期比秀水48提早2～5d，浙北可在6月20日前播种，浙中、浙南于6月25日播种，秧龄以40d内为宜，秧田播种量450.0kg/hm²，大田用种量75.0kg/hm²。适当早栽，有利早生快发，以少苗密植为好，7月底以后移栽，减少秧田播种量，适当增加插秧苗数至每穴5苗。②本田施肥量比秀水48多施37.5～75.0kg/hm²。③搁田宜轻，后期灌溉宜干干湿湿，以湿为主，不宜断水过早，以保持粒重和优良米质。④秧田期和分蘖、孕穗期注意抓好对白叶枯病的防治。

# 矮双2号 （Aishuang 2）

**品种来源**：原浙江省永康县农业科学研究所以矮黄种为母本、矮皮糯为父本杂交配组，于1980年选育而成。

**形态特征和生物学特性**：属常规中熟晚粳稻品种。全生育期138d。株高88cm，分蘖力中等，中等穗长，千粒重25.5g。

**产量及适宜地区**：一般产量5.25t/hm²。适宜浙江省金衢盆地连作晚稻区种植，累计推广5.5万hm²。

# 宝农12 （Baonong 12）

**品种来源**：上海市宝山区农业良种繁育场以82-2/秀水06（82-2系鄂丰/新秀的后代）优良单株为母本、紫金糯为父本配组复交，经多代定向选择选育而成。分别通过上海市（1998）、国家（1999）和湖北省（2001）农作物品种审定委员会审定。

**形态特征和生物学特性**：属粳型常规中熟偏迟晚稻。全生育期单季162.8d、双季133.1d，比对照秀水11早熟1～2d。株高单季110.4cm、双季89.6cm。茎秆粗壮坚韧，有6～7个伸长节间，总叶片数17叶，叶片挺，叶色偏深，株型集散适中，田间长势清秀，繁茂性好。分蘖力偏弱，一般有效穗数315万穗/hm²左右。穗型偏大，每穗总粒数100～115粒，每穗实粒数95～105粒，千粒重26～27g。谷粒长圆，稃色淡黄，脱粒性好。

**品质特性**：糙米率84.1%，精米率76.3%，整精米率75.1%，垩白粒率21%，垩白度2%，透明度1级，碱消值7.8级，胶稠度60mm，直链淀粉含量18.4%，蛋白质含量7.7%，米质较好。

**抗性**：高感穗颈稻瘟病，感白叶枯病，纹枯病中等。

**产量及适宜地区**：1996年参加全国南方稻区单季晚粳组区试，平均产量8.73t/hm²，比对照秀水11增产10.9%；1997年参加全国南方稻区单季晚粳组区试，平均产量7.71t/hm²，比对照秀水11增产10.4%。1998年生产试验，平均产量7.29t/hm²，比对照秀水11增产6.4%。表现出较好的丰产稳产性，适应性较广。适宜长江流域粳稻区稻瘟病轻的地区种植。已累计推广5.13万hm²。

**栽培技术要点**：①适时播种、移栽。上海地区的播种适期：大苗移栽5月15～20日，抛秧稻5月25日～30日，直播宜在6月5日前。大苗秧龄30d，单株带蘖1.5～2蘖；抛秧15～18d秧龄，茎基宽0.3cm，叶龄3.5叶。②合理密植。移栽采用23cm×13.2cm的行株距。移栽稻基本苗控制在120万～150万苗/hm²，高峰苗450万～525万苗/hm²，保证有效穗数330万～375万穗/hm²。③施足基肥。全生育期每公顷约需纯氮300kg、五氧化二磷90～120kg、氧化钾150kg。基蘖肥、长粗肥和穗肥三者比例以6：1：3为宜，磷、钾肥于基肥和长粗肥中使用，叶龄余数3～3.5叶时促花肥，叶龄余数1.2叶时巧施保花肥。④注意稻瘟病的防治工作。

# 宝农14（Baonong 14）

**品种来源**：上海市宝山区农业良种繁育场以寒丰为母本、口香红为父本配组杂交，经多代定向选择选育而成。2002年通过上海市农作物品种审定委员会审定。

**形态特征和生物学特性**：属粳型常规中熟晚稻。全生育期单季150～151d，比对照秀水63早熟1d左右。株高96.4～100.2cm，叶色深，株型略散，分蘖力偏弱，成穗率较高。剑叶夹角前期较大，后期转挺。抽穗整齐，种性稳定。生长清秀，繁茂性强，茎秆韧性好。一般有效穗数300万穗/hm²左右，每穗总粒数124粒左右，每穗实粒数110粒左右，千粒重26.2～27.2g。谷粒略长圆，近橙色，有少量花斑，脱粒性中等。

**品质特性**：糙米率85.0%，精米率77.4%，整精米率69.4%，透明度2级，碱消值7.0级，直链淀粉含量18.4%，蛋白质含量9.4%。米质外观好，腹白少而小，蒸煮胀性差，米饭软，冷后不硬，口感好。

**抗性**：抗病性一般。较耐低温，抗倒伏性强。

**产量及适宜地区**：1998年、1999年参加上海市新品种区试，平均产量分别为8.93t/hm²、8.27t/hm²，比对照秀水63分别减产3.6%、3.1%。适宜上海地区种植。

**栽培技术要点**：①栽培策略。常规与直播、抛秧栽培均可，要获取9.00t/hm²的产量水平，关键是提高成穗率，保证足够穗数，主攻大穗，增加结实率和千粒重。②适时播栽。

大苗5月20日左右播种，6月20日左右移栽；直播稻6月5日前播种。③适宜密度。常规稻行株距21cm×12cm，栽插30万穴/hm²以上，基本苗120万苗/hm²左右；抛秧和直播的基本苗150万～180万苗/hm²。④肥料运筹。纯氮总施用量262.5kg/hm²，基蘖肥、长粗肥和穗肥三者以6：1：3比例为宜，重视磷、钾肥的搭配使用。⑤水分管理。浅水促早发，达穗数苗时开始轻搁，拔节长粗肥注意带肥轻搁。后期干湿交替，养根保叶。⑥病虫害防治。抓好种子处理和常规病虫害防治。

# 宝农2号 (Baonong 2)

**品种来源**：上海市宝山区农业良种繁育场于1982年配组82-2/秀水06，1983年以（82-2/秀水06）F₁为父本与紫金糯杂交，经6年6代定向选择，于1988年冬季定型南繁。1993年通过上海市农作物品种审定委员会审定。

**形态特征和生物学特性**：属粳型常规中熟晚稻。全生育期155d左右，比对照秀水04迟熟1d。株高105cm左右，主茎叶片数17～18叶，苗期起发快，繁茂性好，叶色较深，叶片挺直。茎秆粗壮，分蘖中等。成穗率较高，一般高峰苗450万苗/hm²左右，有效穗数330万穗/hm²左右。穗型较大，每穗总粒数100粒以上，结实率90%左右，穗长17cm，穗半月形。穗顶部谷粒偶有短芒。谷粒椭圆形，颖壳、颖尖秆黄色。千粒重27g。

**品质特性**：糙米率84.7%，精米率78.9%，整精米率73.1%，垩白粒率90%，碱消值7级，胶稠度80mm，直链淀粉含量18.7%，蛋白质含量10.05%。

**抗性**：感稻瘟病和褐飞虱，中抗白叶枯病。耐肥中等，抗倒伏性略差于对照秀水04。

**产量及适宜地区**：1990年、1991年上海市单季稻区试，平均产量分别为7.81t/hm²、8.81t/hm²，比对照秀水04分别增产6.6%（显著）、7.6%（极显著）。1992年上海市单季晚稻生产试验，平均产量7.81t/hm²，比对照秀水04增产14.5%（极显著）。适宜上海地区作为单季晚稻种植。

**栽培技术要点**：①适时稀播育壮秧。单季稻5月16～25日播种，秧田播种量450～600kg/hm²。秧龄30～35d，叶龄6.5叶左右，苗高约22cm，茎粗0.5cm，单株带蘖0.5蘖以上，叶片挺而清秀，根系发达，无病虫。②合理密植。宽行窄株，小株栽播，高肥水田块行株距(20～23)cm×(12～14)cm，一般肥力田块行株距20cm×(12～14)cm，基本苗150万～180万苗/hm²。③科学用肥。掌握前重、中稳、后补的施肥原则。④综合防治病虫害。生长前期和中期要注意防治稻纵卷叶螟和纹枯病，中后期注意防治螟虫、稻曲病。

# 宝农34（Baonong 34）

**品种来源**：上海市宝山区农业良种繁育场于1991年以寒丰为母本、口香红糯为父本配组杂交，1993年F$_2$代花药培养，花粉植株经6代自交，于1999年选育而成，品系号99-34。2003年通过上海市农作物品种审定委员会审定并定名。

**形态特征和生物学特性**：属粳型常规中熟晚稻。全生育期155d左右，比对照秀水110早熟2～3d。株高95～100cm，株型集散适中，叶色浓绿，叶片略长，剑叶挺，生长清秀，分蘖力偏弱。种性稳定。抽穗整齐。有效穗数300万～375万穗/hm$^2$，每穗总粒数120～135粒，实粒数110～120粒，千粒重27g。谷粒黄色，略长圆，稃尖淡紫色，脱粒性中等。后期青秆黄熟，适宜机械化收割。

**品质特性**：糙米率85.2%，精米率76.5%，整精米率72.9%，垩白粒率27%，垩白度4.9，透明度2级，碱消值7.0级，胶稠度62mm，直链淀粉含量16.3%，蛋白质含量8.2%。

**抗性**：较抗水稻条纹叶枯病。抗倒伏性强。

**产量及适宜地区**：一般产量7.50～9.00t/hm$^2$。2001年上海市区试，平均产量7.85t/hm$^2$，比对照武育粳7号减产13.5%；2002年上海市区试，平均产量8.75t/hm$^2$，比对照秀水110减产9.3%。2002年上海市生产试验，平均产量7.71t/hm$^2$，比对照秀水110减产6.1%。适宜上海地区种植。

**栽培技术要点**：①适时早播。常规栽培5月15～26日播种，小苗移栽5月25～30日播种，直播稻6月5日前播种。②合理密植。常规种植基本苗120万～150万苗/hm$^2$，高峰苗450万～525万苗/hm$^2$，有效穗数300万～345万穗/hm$^2$。轻型栽培基本苗150万～180万苗/hm$^2$，高峰苗570万苗/hm$^2$，穗数375万～420万穗/hm$^2$。宽窄行栽插。③合理肥水运筹。施肥原则前重、中稳、后补，配合增施磷、钾肥。④水分管理。灌水孕穗，抽穗后需水敏感，保持干干湿湿，后期应防断水过早。⑤防病治虫。注意稻曲病及螟虫防治。

# 春江063 (Chunjiang 063)

**品种来源**：中国水稻研究所于2002年秋以嘉花1号为母本、甬粳18为父本配组杂交，经6代定向选择，于2005年秋育成。2010年通过浙江省农作物品种审定委员会审定。

**形态特征和生物学特性**：属粳型常规中熟偏迟晚稻。全生育期137.5d，比对照秀水63长3.6d，感光性强。株高82.5cm，生长整齐，植株较矮，株型较紧凑，剑叶较短、挺直，叶色中绿，茎秆粗壮。分蘖力中等，有效穗数324万穗/hm²，成穗率72.6%。穗长14.4cm，穗型较大，着粒较密，每穗总粒数120.0粒，实粒数103.1粒，结实率85.9%，千粒重24.6g。谷粒椭圆形，无芒，颖尖无色，落粒性中等。

**品质特性**：糙米率83.0%，精米率74.1%，整精米率70.6%，糙米长宽比1.8，垩白粒率54.3%，垩白度9.8%，透明度3级，胶稠度70.0mm，直链淀粉含量17.9%。

**抗性**：抗稻瘟病，抗白叶枯病，感褐稻虱，高感条纹叶枯病。

**产量及适宜地区**：2007年、2008年浙江省双季常规晚粳稻区试，平均产量分别为7.02t/hm²、7.40t/hm²，比对照秀水63分别增产7.3%（显著）、4.8%（不显著）。2009年浙江省生产试验，平均产量7.26t/hm²，比对照秀水63增产1.2%。适宜浙江省种植。

**栽培技术要点**：①适时稀薄育壮秧。浙中地区连作晚稻栽培6月20日左右播种，浙南地区适当推迟，秧田播种量450～525kg/hm²，本田用种量75～90kg/hm²。②适当密植攻大穗。大田株行距16.7cm×16.7cm或16.7cm×20.0cm，每穴栽插4～5苗，插足30.0万～37.5万穴/hm²。③加强肥水管理。纯氮用量180kg/hm²，同时配施磷、钾肥；施足基肥，早施追肥；后期断水不宜过早。④病虫害防治。播前药剂浸种；秧田期防治灰飞虱和稻蓟马，预防条纹叶枯病；中后期防治褐稻虱、二化螟、三化螟、稻纵卷叶螟、纹枯病等病虫害。

# 春江11 (Chunjiang 11)

**品种来源**：中国水稻研究所以嘉45为母本、秀水1067为父本配组杂交，经连续5代浙江杭州和海南的选育，于1994年培育而成。2000年通过浙江省农作物品种审定委员会审定。

**形态特征和生物学特性**：属粳型常规中熟晚稻。作为连作晚稻全生育期134.3d，熟期适中。株高85cm，苗期植株矮壮，移栽后不易败苗，株型较紧凑，叶色较淡，抽穗整齐，剑叶上挺，成熟期熟色好，抗倒伏能力强，落粒性好。分蘖力中等，有效穗数375万～420万穗/hm²，每穗总粒数80～85粒，结实率90%以上，千粒重28～29g。

**品质特性**：糙米率82.4%，精米率74.2%，整精米率62.8%，糙米粒长5.2mm，糙米长宽比1.7，垩白粒率56%，垩白度7.8%，透明度2级，碱消值7.0级，胶稠度52mm，直链淀粉含量16.9%。米饭较软，有光泽，适口性好。

**抗性**：叶瘟两年平均级为1.3级，穗瘟为5.9级，稻瘟病抗性优于对照秀水11，白叶枯病、细菌性条斑病、褐稻虱和白背飞虱的抗性与对照秀水11基本相仿。

**产量及适宜地区**：1997年和1998年参加浙江省晚粳（糯）稻区试，平均产量分别为6.23t/hm²和6.76t/hm²，比对照秀水11分别增产6.66%（显著）和4.93%（极显著）。1999年浙江省晚粳生产试验，平均产量5.76t/hm²，比对照秀水11增产4.46%。适宜浙江省中部稻区种植。1999—2000年已累计种植2.87万hm²。

**栽培技术要点**：①适时稀播，培育壮秧。浙北地区单季晚稻栽培6月初播种，浙中南地区连作晚稻栽培6月25日左右播种，一般播375～450kg/hm²，本田用种量45～75kg/hm²。②适当密植。连作晚稻插足基本苗37.5万穴/hm²，每穴栽插4～5苗；单季晚稻基本苗33.0万穴/hm²左右，每穴栽插3～4苗。③肥水管理。每公顷施41.25～45t担标准肥，配施磷、钾肥，后期断水不宜过早。④病虫害防治。播前药剂浸种，破口期和齐穗期用三环唑预防稻瘟病，防治好白叶枯病、褐稻虱和纹枯病。

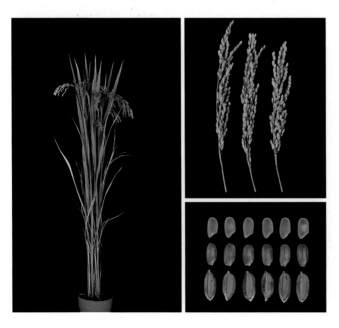

# 春江15 (Chunjiang 15)

**品种来源**：中国水稻研究所以B20为母本、H89012为父本杂交选育而成。2000年4月通过浙江省农作物品种审定委员会审定。

**形态特征和生物学特性**：属粳型常规中迟熟晚稻。全生育期135.1d，株高85cm，分蘖力强，移栽后发棵快，叶色较淡，抽穗整齐，剑叶挺，后期青秆黄熟，抗倒伏能力强，有效穗多，作为连作晚稻一般有效穗数450万穗/hm²左右，每穗总粒数65～70粒，结实率90%左右，千粒重28～29g。

**品质特性**：糙米率82.6%，精米率74.2%，整精米率66.4%，糙米粒长5.4mm，糙米长宽比1.8，垩白粒率65%，垩白度11%，透明度3级，碱消值7.0级，胶稠度55mm，直链淀粉含量17.5%。米饭软，有光泽，适口性好。

**抗性**：抗稻瘟病，中抗白叶枯病，感白背稻虱和褐稻虱。

**产量及适宜地区**：1997年、1998年在浙江省晚粳（糯）区试中，平均产量分别为6.26t/hm²和6.71t/hm²，比对照秀水11分别增产6.99%和4.14%。1999年参加浙江省晚粳生产试验，平均产量5.78t/hm²，比对照秀水11增产4.9%。一般大田产量6.75t/hm²左右，高产田块可达7.50t/hm²以上。1998年，嵊州市良种场试种1.683hm²，平均产量6.88t/hm²，富阳市大源镇种植1.02hm²单季稻，平均产量高达8.23t/hm²。适宜浙江省稻区作为双季稻种植。

**栽培技术要点**：①适时稀播，培育壮秧。浙中地区作为连作晚稻栽培可在6月22日左右播种，浙南地区可适当推迟，本田用种量75kg/hm²左右。②适当密植，主攻多穗。一般每公顷插基本苗37.5万穴，每穴栽插4～5苗。③肥水管理。宜施足基肥，早施追肥，充分发挥其分蘖早而快的优良特性，争多穗，防止用肥过多、过迟，后期断水不宜过早，以发挥粒重的增产作用。④病虫害防治。除了播种前种子用药剂处理外，在秧田3叶期和拔秧前用叶青双预防白叶枯病，并根据天气预报，在台风到来之前，预防白叶枯病，另外也要做好对纹枯病的防治工作。

# 春江糯 （Chunjiangnuo）

**品种来源**：中国水稻研究所以秀水11为母本、T82-25为父本配组杂交，经连续5代的选育，于1989年秋培育而成，原代号春江03、春江03糯。分别通过浙江省（1993）和国家（1995）农作物品种审定委员会审定。

**形态特征和生物学特性**：属粳型常规中熟晚糯稻。全生育期130d左右，株高82～87cm。苗期植株较矮，叶片长短适中，秧苗粗壮，秧龄弹性大。移栽后返青快，分蘖期生长旺盛，分蘖力强。抽穗集中，穗层整齐，穗大小均匀，叶色较淡，株型紧凑，成熟期熟色好，青秆黄熟，易脱粒。有效穗数450万～525万穗/hm$^2$，每穗总粒数65～75粒，结实率90%以上，千粒重26g左右。

**品质特性**：糙米率82.3%，精米率74.8%，整精米率73.5%，胶稠度100mm，碱消值7.0级，直链淀粉含量1.2%，米质优，糯性好。

**抗性**：中抗稻瘟病和白叶枯病。

**产量及适宜地区**：一般产量6.00t/hm$^2$。1990年参加浙江省联品试验，产量6.20t/hm$^2$；1991年、1992年在浙江省晚粳（糯）区试中，平均产量分别为7.57t/hm$^2$和5.82t/hm$^2$，比对照秀水11分别增产3.02%和6.82%。1992年参加浙江省晚粳生产试验，平均产量5.72t/hm$^2$，比对照秀水11增产4.00%。适宜长江中下游粳糯稻区作为连作晚稻或单季中晚稻种植。1996—2000年累计种植2.67万hm$^2$。

**栽培技术要点**：①适时稀播，培育壮秧。作为连作晚稻栽培，一般6月20～25日播种，播种量450kg/hm$^2$左右，本田用种量60～75kg/hm$^2$。②适当密植，主攻多穗。

基本苗45万～52.5万穴/hm$^2$，每穴栽插4～5苗。③肥水管理。一般每公顷施标准肥41.25t，配施磷、钾肥，施足基肥，早施追肥，充分发挥其分蘖早而快的优良特性，争多穗，防止用肥过多、过迟。后期断水不宜过早，以发挥粒重的增产作用。④注意病虫害的综合防治。除了播种前种子用药剂处理外，在秧田3叶期和拔秧前用叶青双预防白叶枯病，并根据天气预报，在台风到来之前，预防白叶枯病。在孕穗期和破口期各防治稻瘟病一次，并要注意对稻飞虱和纹枯病的防治。

# 春江糯2号 （Chunjiangnuo 2）

**品种来源**：中国水稻研究所以丙92-124为母本、春江糯为父本，于1996年培育而成。2002年通过浙江省农作物品种审定委员会审定。

**形态特征和生物学特性**：属粳型常规中熟晚糯稻。连作晚稻全生育期130d左右，株高80～85cm；单季晚稻143～146d，株高100～105cm。苗期植株矮壮，移栽后不易败苗，分蘖较强，属丛生快长型品种，抽穗集中，穗层整齐，密穗型，株型较紧凑，剑叶角度小，叶色较淡，成熟期转色好，抗倒伏能力强，脱粒性好。有效穗数420万穗/hm²，每穗总粒数70～80粒；有效穗数330万～360万穗/hm²，每穗总粒数95～105粒，结实率90%以上，千粒重26g左右。

**品质特性**：糙米率83.6%，精米率73.5%，整精米率70.4%，糙米粒长4.7mm，糙米长宽比1.6，碱消值7.0级，胶稠度100mm，直链淀粉含量1.2%，蛋白质含量9.2%。糯性好。

**抗性**：抗稻瘟病，中抗白叶枯病。

**产量及适宜地区**：金华市1998年和1999年两年晚粳糯稻区试，平均产量为6.93t/hm²，比对照祥湖84增产12.35%。2000年生产试验，平均产量6.90t/hm²，比对照祥湖84增产14.6%。适宜浙江省金华、宁波及类似地区种植。2000年累计种植0.73万hm²。

**栽培技术要点**：①适时稀播，培育壮秧。浙北地区单季晚稻栽培6月初播种，浙中南地区连作晚稻栽培6月20～25日播种，播种量375～450kg/hm²，本田用种量45～75kg/hm²。②适当密植。连作晚稻插足33万～37.5万穴/hm²，每穴栽插4～5苗，单季晚稻插足30万穴/hm²左右，每穴栽插3～4苗。③肥水管理。一般每公顷施41.25～45t标准肥，同时要配施磷、钾肥，施足基肥，早施追肥，后期断水不宜过早。④病虫害防治。播前药剂浸种，破口期和齐穗期用三环唑预防稻瘟病，大田生长期沿海地区注意预防白叶枯病，防治好褐稻虱和纹枯病。

# 光明粳1号（Guangminggeng 1）

**品种来源**：光明种业有限公司以关东175/T009为母本、吴98-3为父本，杂交培育而成。2012年通过上海市农作物品种审定委员会审定。

**形态特征和生物学特性**：属粳型常规早熟晚稻。移栽稻全生育期150d左右，直播稻全生育期138～145d，感光性中等偏强。株高移栽稻90～95cm、直播稻90cm左右。叶色淡绿，叶片夹角适中，长相清秀。移栽稻茎粗0.4cm，穗长18.6cm，总叶片数17片，有效穗数278.8万穗/hm²，每穗总粒数165粒，结实率93.0%，千粒重25.5g。直播稻茎粗0.4cm，穗长17.2cm，总叶片数15～16片，有效穗数343.4万穗/hm²，每穗总粒数126.9粒，结实率91.7%，千粒重26.1g。

**品质特性**：糙米率86.3%，精米率77.8%，整精米率75.8%，糙米粒长4.9mm，糙米长宽比1.7，垩白粒率16%，垩白度2.2%，透明度1级，碱消值7.0级，胶稠度81mm，直链淀粉含量18.4%，蛋白质含量8.3%。

**抗性**：高抗稻瘟病和条纹叶枯病，中抗纹枯病。

**产量及适宜地区**：2009年、2010年平均产量分别为8.66t/hm²、9.35t/hm²，比对照秀水128分别增产7.0%、7.6%（均极显著）。2011年生产试验，平均产量9.35t/hm²，比对照秀水128增产11.1%。适宜上海市及类似地区种植。

**栽培技术要点**：每公顷需纯氮（N）240kg左右，纯磷（P₂O₅）97.5kg左右，纯钾（K₂O）97.5kg左右。氮肥前后比例移栽稻6∶4、直播稻5∶5。磷、钾肥50%做基蘖肥，50%做拔节平衡肥和促花肥。机插秧插后上足水，排干等发根。浅水促分蘖，够苗后轻搁田，拔节前后搁硬田。孕穗期建水层，破口时间歇灌水。灌浆后保湿润，收割前看天气排干水。直播稻撒谷后干立苗，地干灌跑马水。浅水促分蘖。够苗后脱水轻搁，肥控调水限高峰，后期水分管理与移栽稻类似。

# 寒丰 (Hanfeng)

**品种来源**：上海市农业科学院作物育种栽培研究所以垦桂/科情3号为母本、黎明为父本杂交配组，于1976年育成，原名6366。1983年通过上海市农作物品种审定委员会审定。

**形态特征和生物学特性**：属粳型常规中熟晚稻。全生育期137d。总茎叶片数15片，株高75.7cm，节间短，植株矮。株型紧凑，叶片颜色较浅，叶片宽而短，叶片着生角度小，光合势强，耐肥，抗倒伏。分蘖力中等，成穗率高，有效穗数450万穗/hm²左右。穗型较小，穗长17.7cm，每穗总粒数59.8粒，实粒数51.4粒，结实率86.0%，千粒重24.0g。

**品质特性**：糙米率82%，米质优。

**抗性**：高感稻瘟病。花期、灌浆期耐寒性强。

**产量及适宜地区**：1978年试种0.12hm²，平均产量6.68t/hm²。1979年试种0.85hm²，平均产量6.45t/hm²。1980年、1981年参加上海市晚稻区试，两年平均产量5.12t/hm²，比对照双丰1号增产13.8%，产量均居第一。1981年生产试验，平均产量4.17t/hm²，比对照双丰1号增产6.3%。1982年生产试验，平均产量5.79t/hm²，比对照双丰1号增产19.5%。适宜上海地区作为连作晚稻种植。

**栽培技术要点**：①适时播种，力争早栽。播种期宜在6月20日左右，播种量750～825kg/hm²，秧龄35～45d。迟栽田应适当增加基本苗。②插足基本苗。一般应插67.5万～75万穴/hm²，早茬田基本苗375万苗/hm²，晚茬田420万苗/hm²以上。③协调肥水。总施肥量每公顷施纯氮225～262.5kg/hm²。追肥可分两次施用。低温年份酌情减少用量，以免贪青迟熟。④水分管理。移栽后间歇灌溉，促进根系生长；适时搁田，但不宜搁田过硬；后期干干湿湿，延长根系寿命。⑤做好防病治虫工作。

# 湖251（Hu 251）

**品种来源**：浙江省湖州市农业科学院1993年以嘉48为母本、丙1067为父本杂交选育而成，原名HZ97-251、HZ251。2006年通过浙江省农作物品种审定委员会审定（浙审稻2006016）。

**形态特征和生物学特性**：属常规中熟偏早晚粳稻品种。全生育期152.5d，比对照秀水63早熟3.5d。单季种植株高100cm，连作晚稻种植株高85cm。茎秆粗壮，抗倒伏性好，分蘖力中等，田间整齐度好。穗型中等，结实率和千粒重高，有效穗数349.5万穗/hm²，成穗率73.7%，每穗总粒数97.9粒，每穗实粒数92.6粒，结实率94.6%，千粒重28.0g。

**品质特性**：糙米粒长5.0mm，糙米长宽比1.7，糙米率82.7%，精米率73.4%，整精米率69.7%，透明度1级，垩白粒率24%，垩白度2.2%，碱消值6.5级，胶稠度64mm，直链淀粉含量15.8%，蛋白质含量10.4%，符合二级食用粳稻品种品质规定要求。

**抗性**：中感稻瘟病，中抗白叶枯病，高感褐飞虱。

**产量及适宜地区**：2002年、2003年参加湖州市单季晚粳稻区试，两年区试平均产量8.33t/hm²，比对照秀水63增产3.5%。2005年生产试验，平均产量8.31t/hm²，比对照秀水63增产5.7%。2003年绍兴市单季晚稻区试，平均产量5.03t/hm²。适宜湖州市作为单季晚稻种植。

**栽培技术要点**：①湖州、绍兴单季种植，5月中下旬播种，6月中下旬移栽，秧田播种量不超过450kg/hm²，秧龄30d。②单季晚稻栽培30.0万～37.5万穴/hm²，穴栽插2～3苗。施足基肥，早施追肥，基肥用量占总用肥量的50%，适当增加磷、钾肥的用量。适期适量施用穗粒肥。③重视对纹枯病、白叶枯病和各类害虫的防治，在稻瘟病重发区注意对穗颈瘟的防治。

# 湖43（Hu 43）

**品种来源**：浙江省湖州市农业科学研究所以抗稻瘟病强、丰产性好、成熟迟的中间材料T8的优良单株为母本，抗白叶枯病、成熟早的H8624优良单株为父本杂交配组，1990年定型，原名湖90-29。1998年通过浙江省农作物品种审定委员会审定（浙品审字第174号）。

**形态特征和生物学特性**：属常规中熟偏早晚粳稻品种。连作晚稻栽培，全生育期131d，比对照秀水11早熟4～5d；单季晚稻栽培，全生育期148d。株高84cm，田间生长整齐，剑叶长25.4cm、宽1.1cm，主茎总叶片数15.8叶。穗长16cm，有效穗数400.5万～418.5万穗/hm$^2$，每穗实粒数73～76粒，结实率89%～93%，千粒重25g。

**品质特性**：糙米率82.2%，精米率73.5%，整精米率70.1%，碱消值6.5级，胶稠度76mm，直链淀粉含量17.1%。

**抗性**：稻瘟病3.8级，白叶枯病5.8级，抗稻瘟病、白叶枯病，纹枯病轻，田间抗性优于对照秀水11。苗期抗逆性强。

**产量及适宜地区**：湖州市1991年、1992年及1996年连作晚稻区试，平均产量分别为6.88t/hm$^2$、6.43t/hm$^2$和7.22t/hm$^2$，比对照秀水11分别减产1.2%、增产4.7%（显著）和增产6.9%（极显著），1994年湖州市生产试验，产量6.25t/hm$^2$，比对照秀水11增产7.5%。适宜湖州市及其他类似地区连作晚稻种植。

**栽培技术要点**：①稀播培育带蘖壮秧。播种量225～300kg/hm$^2$，秧本比1：6，6月20～25日播种，1叶1心期控高促蘖，培育带蘖壮秧。②合理密植，插足基本苗。连作晚稻行株距15cm×13cm或16.7cm×10cm，每穴3～4苗，基本苗150万～180万苗/hm$^2$。③施足基肥，早施追肥。中等肥力下施纯氮165～195kg/hm$^2$。基肥用量占总肥量的50%，追肥在8月20日前结束；适施穗粒肥，注意磷、钾肥的配合施用，钾肥用量112.5～150kg/hm$^2$。④加强管理，确保丰产丰收。前期以湿为主，后期防止断水过早。及时防治白叶枯病、螟虫、稻虱。

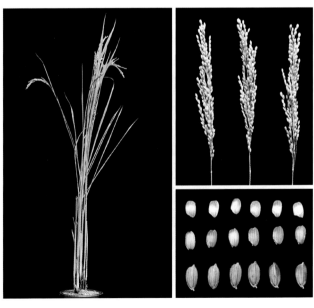

# 沪粳1号（Hugeng 1）

**品种来源**：上海市农业科学院作物育种栽培研究所2001年以寒丰为母本、007986为父本杂交，经连续8代并结合抗条纹叶枯病基因分子标记辅助选择，选育出新品系沪1528，2011年通过上海市农作物品种审定委员会审定并定名。

**形态特征和生物学特性**：属粳型常规中熟晚稻。全生育期155d左右，一生出叶16～17片，株型紧凑，茎秆坚韧，叶片挺直，叶色稍淡，熟期转色好。分蘖力中等，一般有效穗数300万穗/hm²左右，穗型中等，半直立穗，穗长17.9cm，每穗总粒数135粒，结实率92%以上，千粒重24.8g。谷粒椭圆形。

**品质特性**：糙米率82.2%，精米率73.5%，整精米率69.9%，垩白粒率23.5%，垩白度4.1%，碱消值7.0级，胶稠度72mm，直链淀粉含量17.4%，粗蛋白质含量9.6%。

**抗性**：田间稻瘟病、条纹叶枯病抗性较好。

**产量及适宜地区**：2008年、2009年上海市晚粳区试，平均产量8.73t/hm²，比对照秀水128平均增产5.5%，增产显著；2010年上海市晚粳生产试验，平均产量7.91t/hm²，比对照秀水128增产3.0%。适宜上海地区及同类生态区种植。

**栽培技术要点**：①适时播种，培育壮苗。直播稻宜在5月下旬至6月上旬播种；小苗机插栽培宜在5月中下旬播种，6月20日前移栽，株距不宜超过13cm，确保27万穴/hm²，每穴移栽3～4苗，基本苗105万苗/hm²左右。②合理肥料运筹，适量增施穗肥，提高磷、钾肥比重。肥料运筹采用前重、中稳、后补的策略，并掌握稳氮、增磷、补钾的原则，纯氮用量300kg/hm²左右，基蘖肥和穗肥之比，直播稻为7∶3，小苗机插为6.5∶3.5，氮、磷、钾比例为1∶0.5∶0.6。③加强水分管理，防止断水过早。晴天灌拦腰水，晚上脱水促活棵，雨天开缺排水。活棵后短期脱水促根生长，进入分蘖期浅水勤灌，待水自然落干后再上新水，当达到80%左右高峰苗时，多次轻搁田直至搁透。搁田后以湿为主，以气养根间歇灌溉，干干湿湿，促根护叶，切忌断水过早。

# 沪粳抗（Hugengkang）

**品种来源**：上海市农业科学院植物保护所和上海市川沙县农技推广中心于1978年始，采用多亲本杂交、回交和复交手段，经8年选育而成，原代号P339，1988年通过上海市农作物品种审定委员会审定并正式定名，又名沪抗1号、沪粳抗1号。

**形态特征和生物学特性**：属粳型常规中熟晚稻。单季稻种植，全生育期155d。株高105cm左右，株型紧凑，叶片稍短，剑叶短挺，叶色稍深，主茎总叶片17～19片，穗颈较硬，着粒密，略有顶芒，分蘖强，有效穗数375万穗/hm²左右，每穗总粒数90粒左右，结实率85%上下，千粒重26g左右。南方稻区作为双季晚稻种植，平均株高82.8cm，平均全生育期131.6d，有效穗数452万穗/hm²，每穗总粒数68.3粒，结实率84.8%，千粒重25.2g。

**品质特性**：糙米率83%，碱消值7级，胶稠度86mm，直链淀粉含量6.58%，米质中上。

**抗性**：抗稻瘟病、白叶枯病和褐稻虱。

**产量及适宜地区**：1985年试种0.42hm²，平均产量7.52t/hm²。1986年扩大试种26.33hm²，平均产量8.51t/hm²。1987年共种植300hm²，产量达8.88t/hm²。1986年、1987年参加上海市单季晚稻区试，平均产量分别为7.91t/hm²和7.79t/hm²，比对照寒丰增产8.6%和9.0%，两年均呈显著差异。1988年参加南方稻区双季晚稻区试，平均产量6.25t/hm²，在南方稻区9省份19个点中，有6个点产量居首位，两个点产量居第二位。适宜上海地区及同类生态区种植。

**栽培技术要点**：①适时播种，力争早栽。播种期宜在6月20日左右，播种量750～825kg/hm²，秧龄35～45d。迟栽田应适当增加基本苗。②插足基本苗。移栽行株距16.7cm×16.7cm，一般应栽插67.5万～75万穴/hm²，早茬田基本苗375万苗/hm²，晚茬田420万苗/hm²以上。③协调肥水。基肥要施足，总施肥量每公顷施纯氮225～262.5kg/hm²。追肥可分两次施用。低温年份酌情减少用量，以免贪青迟熟。④水分管理。移栽后间歇灌溉，促进根系生长；适时搁田，但不宜搁田过硬；后期干干湿湿，延长根系寿命。⑤做好防病治虫工作。

# 沪旱3号 （Huhan 3）

**品种来源**：上海市农业生物基因中心以麻晚糯为母本、IRAT109/P77为父本配组复交选育而成。2004年通过国家农作物品种审定委员会审定。

**形态特征和生物学特性**：属粳型常规迟熟中稻，旱稻。在长江中下游中稻区旱作种植全生育期平均113.8d，比对照IAPAR9迟熟4.3d。株高99.3cm，苗期长势旺，株叶型一般，叶色浓绿，有效穗数269万穗/hm²，穗长19.4cm，每穗总粒数101.6粒，结实率71.0%，千粒重26.2g。

**品质特性**：整精米率60.3%，糙米长宽比2.0，垩白粒率88.0%，垩白度15.8%，胶稠度84.5mm，直链淀粉含量16.3%。

**抗性**：高抗稻瘟病，高感白叶枯病。抗旱性强。

**产量及适宜地区**：2002年、2003年长江中下游组旱稻区试，平均产量分别为4.21t/hm²、3.82t/hm²，比对照巴西陆稻（IAPAR9）分别增产8.82%、8.84%（均极显著）。2003年生产试验，平均产量2.99t/hm²，比对照巴西陆稻（IAPAR9）增产。适宜江西、浙江、上海、湖北、江苏中南部、安徽中南部的白叶枯病轻发区作为中稻旱作种植。

**栽培技术要点**：①育秧。适时播种，秧田播种量525～600kg/hm²，本田用种量60～67.5kg/hm²，施足基肥，早施断奶肥，培育带蘖壮秧。直播田用种量75～90kg/hm²。②移栽。秧龄25～30d移栽，一般栽插行株距20cm×16.7cm或20cm×20cm，每穴栽插4～5苗，基本苗120万～150万苗/hm²。③肥水管理。施足基肥，早施追肥，看苗酌情施穗粒肥。该品种耐肥力中等，需总纯氮量150～180kg/hm²，基肥占70%～80%，合理搭配磷、钾肥。水分管理采取薄露灌溉法。④病虫害防治。注意及时防治稻瘟病、白叶枯病、纹枯病、螟虫、稻飞虱等病虫害。

# 花培528（Huapei 528）

**品种来源**：上海市农业科学院作物育种栽培研究所用花寒早/96319的杂种一代的花药培育植株，于1987年选育而成，原代号98528。1989年通过上海市农作物品种审定委员会审定。

**形态特征和生物学特性**：属粳型常规中熟中稻。全生育期125 ～ 126d，对光周期不敏感。株高88cm，株型较紧凑，生长整齐，叶色清淡，剑叶稍长而挺，转色好，穗软呈叶下禾。有效穗数300万穗/hm$^2$左右，穗长18 ～ 20cm，每穗120粒左右，结实率88%以上，千粒重27 ～ 28g。

**品质特性**：糙米率84%，精米率72% ～ 74%。

**抗性**：抗稻瘟病，感白叶枯病。

**产量及适宜地区**：1986年、1987年品比试验，产量分别为6.43t/hm$^2$和6.71t/hm$^2$。1987年朱桥乡3.33hm$^2$生产试验，平均产量5.63t/hm$^2$。适宜上海郊区作为稻后直播油菜或麦后直播稻等轻型栽培茬口种植。

**栽培技术要点**：①培育适龄壮秧。秧龄掌握在25 ～ 27d，播种量675 ～ 750kg/hm$^2$。②适当密植。移栽行株距16.7cm×16.7cm，每公顷37.5万 ～ 45万穴，确保基本苗180万苗/hm$^2$。③科学用肥。基肥要施足，移栽后7 ～ 10d施80%的追肥。④水分管理。移栽后间歇灌溉，促进根系生长；适时搁田，但不宜搁田过硬；后期干干湿湿，延长根系寿命。⑤做好防病治虫工作。

# 嘉991（Jia 991）

**品种来源**：浙江省嘉兴市农业科学研究院1997年以武运粳7号为母本、SGY9为父本杂交配组选育而成，原名嘉99-11、苏引201。分别通过浙江省（2003）和江苏省（2005）农作物品种审定委员会审定。

**形态特征和生物学特性**：属常规中熟晚粳稻品种。生育期适中，浙江省区试全生育期163d，比对照秀水63迟熟2～3d；江苏省区试全生育期158.5d，与对照秀水63相同。株高105cm，株型适中，分蘖力中等。叶色深，叶姿挺，群体整齐度好。密穗，穗型较大，成穗率高。有效穗数349.5万穗/hm²，每穗总粒108.9粒，结实率89.3%，千粒重26.8g。

**品质特性**：整精米率70.5%，垩白粒率15.0%，垩白度1.2%，胶稠度75.0mm，直链淀粉含量17.4%，达国家二级优质稻谷标准。米质较优。

**抗性**：叶瘟平均1.0级、最高7.4级，穗瘟平均6.3级、最高7.0级。中抗稻瘟病和白叶枯病，感细菌性条斑病、褐飞虱和白背飞虱，稻瘟病抗性优于对照秀水63。抗倒伏性强。

**产量及适宜地区**：2000年、2001年嘉兴市单季晚粳稻区试，两年平均产量8.26t/hm²，比对照秀水63减产0.60%。2002年生产试验，平均产量8.45t/hm²，比对照秀水63增产2.33%。2002年、2003年江苏省晚粳稻区试，两年平均产量8.85t/hm²，比对照武运粳7号减产2.5%。2004年生产试验，平均产量9.03t/hm²，比对照增产2.5%。2001年，湖州市生产试验，平均产量9.36t/hm²，比对照秀水63增产4.6%。适宜江苏太湖地区、浙江北部地区种植。2003—2011年累计推广40.8万hm²。

**栽培技术要点**：①适期播种，培育壮秧。5月中旬播种，播前药剂浸种并催芽，2叶1心期施好断奶肥，移栽前7d施起身肥。②适时移栽，合理密植。6月中旬移栽，秧龄30～35d，栽27.0万～30.0万穴/hm²，基本苗120.0万苗/hm²左右。③科学肥水管理。施肥前促、中稳、后补，前后期施氮比例6：4；移栽后深水护苗2～3d，浅水发棵，够苗后适时搁田，中后期干湿交替，断水不能过早。④病虫草害防治。防治灰飞虱、螟虫、稻纵卷叶虫和纹枯病、稻瘟病。

# 嘉粳3694（Jiageng 3694）

**品种来源**：浙江省嘉兴市秀洲区农业科学研究所1999年用本所选育的高抗稻瘟病品系嘉粳2335为母本、秀水110为父本杂交选育而成。2007年通过浙江省农作物品种审定委员会审定。

**形态特征和生物学特性**：属常规中熟晚粳稻品种。全生育期161.0d，比对照秀水63迟熟2.0d。株高100.1cm，株型较紧凑，分蘖力强，茎秆粗壮。叶色绿，叶姿挺，剑叶上举，生长整齐，长势好。着粒较密，穗大粒多，结实率高，千粒重中等，穗直立。有效穗数331.5万穗/hm²，成穗率65.4%，穗长16.0cm，每穗总粒数138.1粒，每穗实粒数117.4粒，结实率85.0%，千粒重24.6g。谷粒短、椭圆形，谷色黄，颖尖无芒。

**品质特性**：糙米长宽比1.8，整精米率72.7%，垩白粒率38.5%，垩白度5.0%，透明度2级，胶稠度72.5mm，直链淀粉含量16.7%。

**抗性**：叶瘟3.4级，穗瘟4.5级，穗瘟损失率16.2%；白叶枯病6.0级；褐飞虱6.0级。中抗稻瘟病，中感白叶枯病和褐飞虱。

**产量及适宜地区**：2004年、2005年嘉兴市单季晚粳稻区试，两年平均产量8.68t/hm²，比对照秀水63增产8.2%。2006年生产试验，平均产量8.99t/hm²，比对照秀水63增产7.5%。2004年、2005年宁波市单季晚粳稻区试，两年平均产量8.20t/hm²，比对照甬粳18增产6.5%。适宜嘉兴和宁波地区种植。

**栽培技术要点**：①适时播种，培育壮秧。杭嘉湖地区单季晚稻栽培，5月20～25日播种，秧田播种量450.0kg/hm²，秧龄25～30d。直播栽培，6月1～10日播种。秧田施好基肥，早施苗肥，以培育带蘖壮秧。②合理密植。行株距21.5cm×16.5cm或23.3cm×13.3cm，栽插30.0万穴/hm²，每穴栽插2～3苗。③科学用肥。总用肥量控制在纯氮225.0kg/hm²，配施钾肥和磷肥。施好基肥、分蘖肥和长粗肥的基础上，看苗适施穗肥。④水分管理。浅水灌溉，苗数达到有效穗数标准时，及时搁田控制，抽穗后干湿交替。⑤及时防治病虫害，尤其要重视条纹叶枯病、纹枯病、二化螟、稻纵卷叶螟、褐飞虱的防治工作。

# 嘉花1号 （Jiahua 1）

**品种来源**：浙江省嘉兴市农业科学研究院1999年以秀水11为母本、秀水344为父本杂交配组选育而成，原名花育1号。分别通过上海市（2003）和浙江省（2004）农作物品种审定委员会审定。

**形态特征和生物学特性**：属常规中熟偏早晚粳稻品种。平均生育期158d，比对照秀水63早熟2d。株高90cm，株型紧凑，分蘖力中等，茎秆粗壮。叶色青淡，株叶挺，矮秆包节，耐肥，抗倒伏。穗数适宜，穗大粒多，千粒重中等，平均有效穗数331.5万穗/hm²，每穗总粒数124粒，结实率92.5%，千粒重25.8g。

**品质特性**：糙米率83.5%，精米率76.0%，整精米率74.9%，糙米粒长4.9mm，糙米长宽比1.8，垩白粒率6%，垩白度0.8%，透明度2级，碱消值7级，胶稠度72mm，直链淀粉含量16.6%，蛋白质含量8.6%。

**抗性**：叶瘟5.4级，穗瘟3级，穗瘟损失率3.5%；白叶枯病4.3级；褐飞虱9级；中抗稻瘟病和白叶枯病，感褐飞虱。稻瘟病抗性优于对照秀水63。抗倒伏性好。

**产量及适宜地区**：嘉兴市单季晚稻品种区试，2001年、2002年平均产量8.79t/hm²，比对照秀水63增产4.37%；2003年生产试验，平均产量7.86t/hm²，比对照秀水63增产6.31%。上海市单季晚稻区试，2002年平均产量9.48t/hm²，比对照秀水110减产1.7%，减产不显著。适宜嘉兴、上海及苏南地区种植。2002—2010年累计推广44.67万hm²。

**栽培技术要点**：①单季晚稻移栽种植，5月20～25日播种，6月20～25日移栽，用种量450～600kg/hm²，秧本比1∶10；单季晚稻直播种植，5月底至6月10日播种，播种量52.5kg/hm²。②移栽田行株距23cm×13cm，栽30万穴/hm²，每穴栽插3苗，基本苗90.0万苗/hm²。③单季晚稻种植，基肥、苗肥、分蘖肥、穗肥施用比例以3∶3∶2∶2为宜，增施有机肥及配施钾肥。④栽时防败苗，浅水促早发，中后期湿润灌溉促健壮。在病虫害防治上，前期注意做好苗期稻蓟马、大田纹枯病、稻纵卷叶螟、螟虫和褐飞虱的防治，后期防治好稻曲病。

# 金丰 (Jinfeng)

**品种来源**：上海市农业科学院作物育种栽培研究所以优质亲本92冬繁2为母本、抗病亲本92冬繁1为父本杂交，经过连续7代选育而成，原品系号97冬繁13。2001年通过上海市农作物品种审定委员会审定。

**形态特征和生物学特性**：属粳型常规中熟晚稻。全生育期155d，直播稻仅145d左右。株高105cm，一生出叶17片，株型紧凑，茎秆粗壮坚韧，耐肥，抗倒伏，叶片厚挺，剑叶挺直，叶色深绿。分蘖力中等，成穗率高，平均有效穗数270万穗/hm²。穗大粒多，穗长20cm，每穗总粒数140～150粒，结实率90%以上，千粒重26g。谷粒椭圆形，颖壳与稃尖均为秆黄色，穗顶谷粒有顶芒。

**品质特性**：糙米率83.6%，精米率75.0%，整精米率74.0%，糙米粒长5.1mm，糙米长宽比1.9，碱消值7级，胶稠度74mm，直链淀粉含量15.4%，蛋白质含量9.7%。

**抗性**：抗稻瘟病。

**产量及适宜地区**：1998年在上海市农业科学院作物育种栽培研究所晚粳新品系比较试验中，产量10.2t/hm²，比对照秀水63增产6%。1999年水稻品比试验9.53t/hm²，比对照秀水63秀水128增产9.1%，同年参加上海市区试预备试验，产量9.05t/hm²，名列第一。适宜上海、浙江、江苏等地种植，已累计种植1.87万hm²。

**栽培技术要点**：①适时播种、抛栽。直播稻，5月底至6月10日前播种，播量75kg/hm²，基本苗150万苗/hm²左右；抛秧稻栽培5月25日至6月初播种，15～18d秧龄，基本苗105万～120万苗/hm²。②合理运筹肥料。采取前期促早发，中期保稳长，后期攻大穗策略。③加强水分管理。浅水促分蘖，分次轻搁，前轻后重，不迟搁，也不搁过头。后期干干湿湿，切忌断水过早。④及时防治病虫草害。播前药剂浸种。在水稻生育期间各地可根据当地病虫预报进行及时防治。

# 宁67 (Ning 67)

**品种来源**：浙江省宁波市农业科学研究所于1986年用晚粳品种甬粳29为母本、秀水04为父本杂交，经单株选育和海南加代，于1989年秋季F₅代初步定型。分别通过浙江省宁波市（1992）和浙江省（1993）农作物品种审定委员会审定。

**形态特征和生物学特性**：属粳型常规中熟晚稻。全生育期137.3d，主茎叶片数15～16片，感光性强。株高80cm左右，株型紧凑，剑叶挺直，茎秆坚韧，叶鞘包节，基部节短，抗倒伏力强。前期叶色较淡，后期转色清秀，功能叶寿命长，灌浆速度快，成熟一致，谷粒饱满，青秆黄熟。分蘖力较弱，有效穗数400万穗/hm²左右。穗大粒多，穗长17.0cm，每穗总粒数77.3粒、实粒数69.5粒，结实率89.9%，千粒重27.7g。

**品质特性**：糙米率85%，精米率76.9%，透明度1级，碱消值7级，胶稠度63mm，直链淀粉含量17.7%。

**抗性**：中抗稻瘟病和白叶枯病，中感细菌性条斑病。

**产量及适宜地区**：1990年参加浙江省联合品比和宁波市区试，省联合品比试验平均产量6.26t/hm²，比对照秀水48增产12.25%，达极显著水平；宁波市区试平均产量6.42t/hm²，比对照秀水11增产6.23%，达显著水平。1991年宁波市区试，平均产量7.45t/hm²，比对照秀水11增产5.29%。适宜浙江省宁波地区种植。1992—2000年累计种植41.53万hm²。

**栽培技术要点**：①适期稀播，培育壮秧。连作晚稻栽培适宜播期6月20～25日，本田用种量45～60kg/hm²，秧田播种量300～450kg/hm²。②少本密植，插足苗数。插栽密度37.5万～45万穴/hm²，保证基本苗120万～180万苗/hm²。③施足基肥，早施追肥，配施磷、钾肥。④加强田间水分管理，及时防治病虫害。前期浅灌勤灌，适时轻搁；中期活水勤灌，湿润为主；后期间歇灌溉，干湿交替，防断水过早。播前种子消毒；3叶期及孕穗期预防白叶枯病；防治好纹枯病、螟虫、褐稻虱等其他病虫害。

# 宁81 （Ning 81）

**品种来源**：浙江省宁波市农业科学研究院于2001年春季在海南以晚粳品种甬单6号为母本、秀水110为父本杂交配组，经4年6代连续系统选育而成，原名宁04-81。2008年通过浙江省农作物品种审定委员会审定。

**形态特征和生物学特性**：属粳型常规中熟晚稻。全生育期137.9d，比对照秀水63迟熟2.0d。株高92.7cm，株型紧凑，株高适中，剑叶挺直，夹角小，叶片较窄、淡绿色。分蘖力中等，有效穗数321万穗/hm²，成穗率75.3%，穗长14.9cm，每穗总粒数122.4粒、实粒数106.7粒，结实率87.2%，千粒重25.2g。半弯穗，谷粒椭圆形，无芒，易脱粒。

**品质特性**：糙米率83.7%，精米率75.6%，整精米率73.8%，糙米长宽比1.9，垩白粒率29.5%，垩白度7.0%，透明度2级，胶稠度63mm，直链淀粉含量15.6%。

**抗性**：抗稻瘟病，中感白叶枯病，高感褐稻虱。

**产量及适宜地区**：2006年、2007年浙江省连作晚粳稻新品种区试，平均产量分别为7.67t/hm²、7.31t/hm²，比对照秀水63分别增产8.5%、11.7%（均显著）。2007年浙江省生产试验，平均产量7.05t/hm²，比对照秀水63增产12.8%。适宜浙江省粳稻区种植。2009—2015年累计种植7.13万hm²。

**栽培技术要点**：①适时播种，适龄移栽。播前晒种、药剂浸种。单季晚稻，播种期6月5～10日，用种量37.5～45kg/hm²，秧田播种量450kg/hm²。连作晚稻，播种期6月25～30日，用种量45kg/hm²，秧田播种量375～450kg/hm²。②匀株密植，插足苗数。单季晚稻栽培，27万～30万穴/hm²，株行距16.7cm×23.3cm，基本苗75万～90万苗/hm²。连作晚稻栽培，30万～36万穴/hm²，株行距16.7cm×20.0cm，基本苗120万～150万苗/hm²。③施足基肥，早施追肥，适施穗肥。④适时搁田，科学水分管理。插后返青浅水勤灌，适时搁田控苗，抽穗后干湿交替，活秆到老。⑤及时防治病虫害。秧田期注意防治稻蓟马，本田期前期、中期注意防治螟虫和纹枯病，破口期前5d和齐穗期注意防治稻曲病，后期注意防治灰稻虱、蚜虫。遇台风及时防治白叶枯病。

# 农虎6号 (Nonghu 6)

**品种来源**：浙江省嘉兴市农业科学研究所以农垦58为母本、平湖老虎稻为父本杂交配组选育而成。1983年通过安徽省品种审定委员会审定，1984年通过湖南省农业主管部门认定[湘品审（认）第13号]，1985年通过全国农作物品种审定委员会审定（GS01017—1984）。

农虎6号是晚粳育种的主要亲本之一。

**形态特征和生物学特性**：属常规迟熟晚粳稻品种。全生育期165d，株高100cm。株型紧凑，茎秆坚韧，分蘖力中等。剑叶角度小，叶色浓绿。成穗率高，穗型较紧，着力密。单株有效穗数11.2穗，穗长19.0cm，每穗粒数106.8粒，结实率90.0%，千粒重26.4g。

**抗性**：抗稻瘟病、白叶枯病和小球菌核病。耐肥，抗倒伏。

**品质特性**：糙米率81.6%，精米率72.8%，整精米率70.2%，糙米长宽比1.6，垩白粒率57%，垩白度8.3%，透明度3级，碱消值7.0级，胶稠度76mm，直链淀粉含量16.5%，蛋白质含量7.4%，米质好。

**产量及适宜地区**：一般单产为4.50 ~ 5.50t/hm²，高的可达7.50t/hm²以上，比对照农垦58增产10%，稳产性好。适宜上海、安徽、浙江、江苏、华南等省（直辖市）栽培。1983—1985年累计推广6.47万hm²。

**栽培技术要点**：①播期适时偏早，一般浙北平原地区可在6月20 ~ 25日播种。浙北山区相应提早。②插足基本苗。应比农垦58适当密植，行株距一般14.8cm×11.6cm，每穴栽插6 ~ 7苗为好，插足60万穴/hm²左右。对迟种田、肥料缺、土质差的田更要注意合理密植。大田用种量15kg/hm²左右。③最好每公顷用75t以上羊栏河泥（羊栏肥与河泥1：10）或11 250 ~ 13 500kg猪羊栏打底，并用187.5kg左右氨水打耙面，如果基肥不足，只要追肥恰当，同样可获得一定的产量。④9月上旬和中旬注意防治纹枯病，破口期要注意防治稻瘟病，不能认为抗病就麻痹轻敌。

# 青角10号 (Qingjiao 10)

**品种来源**：上海市青浦区农业技术推广服务中心于2000年从秀水110中选到的叶色略淡、熟相好、弯穗、米质好的变异单株系统选育而成，原名繁10。2005年通过上海市农作物品种审定委员会审定。

**形态特征和生物学特性**：属粳型常规中熟晚稻。全生育期155d，对日照反应较敏感。株高95～100cm，茎秆坚韧，主茎6个节间，叶17片左右。叶色中绿，叶片较挺，叶片与茎秆夹角较小。分蘖力较强，繁茂性好，成穗率中等，有效穗数345万穗/hm$^2$。穗型中等偏大，穗部籽粒排列密度中等，脱粒性中等，穗下弯，呈半月状，穗长16cm左右，每穗总粒数120粒左右，结实率90％以上。谷粒饱满，椭圆形，颖尖、护颖均秆黄色，长宽比为1.8：1，千粒重24～25g。

**品质特性**：糙米率84.3％，整精米率72.6％，垩白粒率8％，垩白度1.0％，胶稠度84mm，直链淀粉含量17.3％。

**抗性**：田间表现抗逆性较强，纹枯病较轻，抗穗颈瘟。

**产量及适宜地区**：2004年上海市宝山区农业良种场试点，产量8.39t/hm$^2$，比对照秀水110增产12.87％；奉贤区种子公司试点，产量8.22t/hm$^2$，比对照秀水110减产1.67％；金山区种子站试点，产量8.21t/hm$^2$，比对照秀水110减产3.96％。适宜上海地区作为移栽稻或直播单季晚稻种植。

**栽培技术要点**：①适时稀播。移栽在5月中下旬播种。25～30d秧龄，秧田播种量600kg/hm$^2$左右。直播稻5月15日至6月初播种为好，用种量60kg/hm$^2$。②密度适宜。移栽稻掌握宽行窄株，行距21cm，株距12～13.5cm，30万穴/hm$^2$左右，基本苗105万～120万苗/hm$^2$。直播稻90万～120万苗/hm$^2$为宜。③肥料运筹。以前促中控后足为宜，即前期基蘖肥占75％左右，一般在7月下半月控制速效氮肥，立秋前后看苗追施穗肥（占25％左右）。④水分管理。抓住早搁田，一般田间总苗数达预期穗数苗的80％～90％时脱水轻搁，分次搁田，立秋前后搁田结束，成熟前防止断水过早。⑤加强病虫害防治。

# 青角301 （Qingjiao 301）

**品种来源**：上海市青浦区农业技术推广服务中心从99-98中系统选育而成，原名早香301。2008年通过上海市农作物品种审定委员会审定。

**形态特征和生物学特性**：属粳型常规早熟中稻。5月上旬播种，全生育期140d左右；6月上旬播种，全生育期125d左右，对光照不敏感。株高90cm，生长整齐，株型适中，叶色绿，熟期转色好。分蘖力较强，成穗率中等，穗型偏小，结实率中等，粒型中等。移栽稻栽培，一般有效穗数360万穗/hm²左右，穗长18.0cm，每穗总粒数100粒，结实率90%，千粒重26g。

**品质特性**：整精米率高，垩白粒率及垩白度低，稻米有较浓的清香味。

**抗性**：田间表现抗逆性较强。

**产量及适宜地区**：2004年、2005年、2007年青浦区品比试验，平均产量分别为8.33t/hm²、7.13t/tm²、7.12t/tm²，比对照苏沪香粳分别增产14.5%、10.9%、18.6%；适宜上海郊区种植。

**栽培技术要点**：①适时播种。通常在5月下旬至6月上旬播种；后期稻最迟可在7月上旬播种。②用种量。大田净用种75～90kg/hm²（干谷）。③基本苗150万～180万苗/hm²。④肥料运筹。纯氮210kg/hm²，其中前期肥（基面肥加分蘖肥）占总量的80%～90%，穗肥占10%～20%。⑤水分管理。3叶期前湿润管理，以干为主；有效分蘖期浅水干湿交替，切忌灌深水；达到穗数苗时脱水轻搁田，多次轻搁田。拔节孕穗期采用间歇灌溉方法，至剑叶出齐前后建立水层。抽穗前轻搁田一次，抽穗后干湿交替，至成熟前7d左右断水。

# 青角307 (Qingjiao 307)

**品种来源**：上海市青浦区农业技术推广服务中心从江苏武进引进的99-98中系统选育而成，原名香粳307。2009年通过上海市农作物品种审定委员会审定。

**形态特征和生物学特性**：属粳型常规中熟晚稻。全生育期155d左右，比对照秀水128早熟4d。株高95cm左右，株型紧凑，伸长节间6个，叶鞘包节，茎秆坚韧。叶片挺举，主茎叶片17片左右，呈微内卷状，叶色青绿，剑叶与茎秆夹角小。分蘖力较强，繁茂性好，成穗率较高，穗层较整齐，有效穗数345万～375万穗/hm²。穗型中等，籽粒排列密度中等，灌浆速度快，穗长15.6cm，每穗总粒数120粒，结实率92%，千粒重24～25g。谷粒饱满呈椭圆形，脱粒性较好。

**品质特性**：糙米率84.8%，整精米率76.1%，垩白粒率9%，垩白度0.5%，胶稠度75mm，直链淀粉含量16.7%。米粒晶亮，米饭柔软，具有较浓的清香味。

**抗性**：田间病害较轻。抗倒伏性强。

**产量及适宜地区**：2005—2007年青浦区水稻品比试验，平均产量8.38t/hm²，比对照嘉花1号增产3.2%。2005—2008年示范对比试种40.27hm²，平均产量8.12t/hm²，比对照嘉花1号增产1.72%。适宜上海郊区种植。

**栽培技术要点**：①适时稀播。机插稻在5月中下旬播种，秧龄20d左右。直播稻5月底至6月上旬播种，用种量52.5～60.0kg/hm²。②适度密植。一般大田基本苗90万～120万苗/hm²。③适量用肥。全生育期需纯氮270kg/hm²左右，并适当增施磷、钾肥，肥料运筹以前促中控后补为宜。④浅水勤灌。前期浅水促分蘖，适时脱水轻搁控苗，由轻到重分次搁至团中不陷脚，叶色褪淡即可。立秋前复水，之后湿润灌溉，灌浆期间歇灌溉，成熟收割前防止断水过早。⑤防好病虫草害。按当地植保部门对晚稻防治意见进行。

# 秋丰（Qiufeng）

**品种来源**：上海市农业科学院作物育种栽培研究所于1986年秋以丰产性突出、抗稻瘟病能力强、米质优的中间材料847957为母本，与丰产性好、适应性广、株叶形态好的8204（秀水04）配组杂交，经12代选育，于1992年冬季定型，原品系号92冬繁1。1996年通过上海市农作物品种审定委员会审定。

**形态特征和生物学特性**：属粳型常规中熟晚稻。全生育期155～157d。株高100cm左右，株型紧凑，茎秆粗壮坚韧，耐肥，抗倒伏。叶与茎秆夹角较小，通风透光性好，叶挺、色较深，后期熟相好。分蘖力中等，一般有效穗数330万穗/hm²左右，穗长14～16cm，每穗总粒数100～115粒，结实率90%以上，千粒重27g。谷粒阔卵形，颖壳秆黄色，护颖乳白色，穗顶部谷粒偶有顶芒，不易脱粒，小枝梗较多。

**品质特性**：糙米率80%～83%及以上，精米率77.2%，整精米率66.2%，糙米长宽比1.7，垩白度8.0%，碱消值6.3级，胶稠度97mm，直链淀粉含量19.8%。

**抗性**：中抗稻瘟病，抗谱广。

**产量及适宜地区**：1994年、1995年上海市区试，平均产量分别为9.25t/hm²和8.44t/hm²，分别较对照秀水122、秀水17增产13.6%和5.4%。适宜上海市郊区及邻近地区种植，已累计推广0.73万hm²。

**栽培技术要点**：①适时播种，培育适龄壮秧，加强种子消毒。5月20日左右播种，播净谷52.5～60kg/hm²。②适时栽插，合理密植。6月20日左右移栽，行株距20cm×14cm或23cm×12cm，栽37.5万穴/hm²，基本苗150万苗/hm²。③施足基肥，用好追肥。④合理灌溉，搁好田。浅水插秧，深水活棵，浅水勤灌分蘖，7月18日左右轻搁田，7月下旬重搁田，以干湿交替浇灌，且以湿为主，收获前7d断水。⑤认真防病治虫。

# 上农香糯 （Shangnongxiangnuo）

**品种来源**：上海农学院从青浦香粳糯中系统选育而成。1987年通过上海市农作物品种审定委员会审定。

**形态特征和生物学特性**：属粳型常规中熟晚稻，香糯。全生育期150d。株高90cm左右，伸长节间5个，总叶数15～16叶。叶片挺，色浓绿，株型紧凑，剑叶与穗颈夹角小，耐肥抗倒伏性较强，成熟时秆青谷黄。分蘖较弱，成穗率高，一般有效穗数270万～330万穗/hm²。穗大，排粒较密，每穗总粒数110粒左右，结实率85%以上，千粒重26g左右。谷粒阔卵形，颖尖与颖壳均为秆黄色，护颖灰白色，穗顶部谷粒偶有顶芒。

**品质特性**：米质优，香味浓，色泽好。

**抗性**：高感穗颈瘟，高感褐稻虱。

**产量及适宜地区**：经上海市种子公司组织区试，生产试验和作为单季晚稻试种，一般产量6.00～6.75t/hm²，高产田块可达7.50t/hm²，比对照青浦香粳糯增产30%～40%，较对照寒丰减产7%左右。适宜上海市郊区及邻近地区种植。

**栽培技术要点**：①作为单季晚稻掌握5月底播种，25～30d秧龄为宜。②适当密植。因分蘖较弱，叶挺，宜适当密植提高穗数，栽种规格一般以株行距10cm×20cm为好。③施肥上掌握总肥量折纯氮150～180kg/hm²，并掌握前重、中轻、后补足的施肥方法。④合理灌溉，搁好田。浅水插秧，深水活棵，浅水勤灌分蘖，田间总苗数达到预期穗数苗的90%时，即开始脱水轻搁控苗，由轻到重分次搁至田中不陷脚，叶色褪淡即可。后期以干湿交替浇灌，且以湿为主，收获前7d断水。⑤重视穗颈瘟和飞虱的防治。

# 绍糯119（Shaonuo 119）

**品种来源**：浙江省绍兴市农业科学研究所于1988年秋以绍糯43（秀水11//单209矮/掼煞糯）为母本、中间材料绍粳66/秀水11为父本配组杂交，经2次南繁加代，于1990年秋季定型育成，原名绍糯90-119。1995年通过浙江省农作物品种审定委员会审定。

**形态特征和生物学特性**：属粳型常规中熟晚糯稻。全生育期131.4d，熟期适中。株高80～85cm，株型紧凑，剑叶挺直，叶色淡绿，叶鞘包节，叶下禾，为半矮生型品种。生育后期茎叶褪色好，表现青秆黄熟。分蘖中等偏强，有效穗数384万穗/hm²。穗长16.5cm左右，每穗粒数74.1粒，结实率87.6%。谷粒椭圆形，无芒，颖壳、颖尖秆黄色，谷粒长约7.83mm、宽3.69mm、长宽比约2.12。千粒重27.3g。

**品质特性**：糙米率80.6%，精米率72.3%，整精米率61.0%，碱消值7.0级，胶稠度100mm，直链淀粉含量1.1%。

**抗性**：中抗稻瘟病和细菌性条斑病，中感白叶枯病。

**产量及适宜地区**：1991年参加浙江省联合品种比较试验，平均产量7.49t/hm²，比对照秀水11增产5.02%（显著）；1992年、1993年参加浙江省品种区试，平均产量分别为5.48t/hm²和6.43t/hm²，比对照秀水11分别增产0.5%和3.3%；1994年参加浙江省水稻新品种生产试验，平均产量5.82t/hm²，比对照秀水11增产0.7%。适宜浙江晚粳稻区种植。自1995年以来。1996—2002年累计种植18.8万hm²。

**栽培技术要点**：①连作晚稻栽培。浙北适宜在6月20～25日播种；钱塘江以南地区于6月25～30日播种。秧田播种量控制在600kg/hm²以内。在秧苗1叶1心期喷施多效唑，以培育矮壮多蘖秧苗。②插足180万苗/hm²左右的落田苗，如在8月5日以后移栽的，还需适当增加每穴苗数。③一般施标准肥37.5～41.3t/hm²，并适当增加磷、钾肥的用量。田间灌水宜浅不宜深，分蘖后期搁田宜轻不宜重；孕穗至抽穗扬花期应浅水灌溉，生育后期宜干干湿湿。④病虫害防治。秧田期须加强对白叶枯病的防治，本田期注意纹枯病、白叶枯病及各类害虫的防治。

# 绍糯9714（Shaonuo 9714）

**品种来源**：浙江省绍兴市农业科学研究所于1994年秋以绍紫9012/绍糯45//绍间9的$F_1$为母本、绍糯119为父本杂交，经多代选育和南繁加代，于1997年育成。分别通过浙江省（2002）和国家（2004）农作物品种审定委员会审定。

**形态特征和生物学特性**：属粳型常规中熟晚糯稻，对光周期反应较为敏感。连作晚稻栽培，全生育期平均为132.3d，较对照粳稻秀水63迟熟1.0d，在长江中下游作为单季晚稻种植全生育期平均147.7d，比对照秀水63迟熟2.1d。株高96cm，株型适中，植株较矮，群体整齐，剑叶挺直，长势繁茂，后期熟色清秀，功能叶和根系活力强，耐肥，抗倒伏性好。有效穗数295.5万穗/$hm^2$，穗长19.4cm，每穗总粒数113粒，结实率90.1%，千粒重27.7g。谷粒椭圆形，颖尖秆黄色。

**品质特性**：糙米率82.9%，精米率75.1%，整精米率71.4%，糙米粒长5.0mm，糙米长宽比1.7，碱消值7.0级，胶稠度100mm，直链淀粉含量1.8%。

**抗性**：感稻瘟病，抗白叶枯病，高感白背飞虱和褐稻虱。

**产量及适宜地区**：2001年、2002年长江中下游单季晚粳组区试，平均产量分别为7.91t/$hm^2$、8.28t/$hm^2$，比对照秀水63分别减产4.18%（极显著）、3.21%（显著）。2003年生产试验平均产量7.87t/$hm^2$，比对照秀水63减产2.52%。适宜浙江、上海、江苏、湖北、安徽稻瘟病轻发区种植。自2002年以来，已累计种植26.13万$hm^2$。

**栽培技术要点**：①培育壮秧。连作晚稻播种期6月25日左右，秧田播种量在600kg/$hm^2$以内，适宜秧龄30d左右。单季晚稻5月下旬至6月初播种，秧田管理以培育矮壮多蘖秧苗为重点。适宜秧龄28d左右。②移栽。大田移栽时宽行窄株种植，2万穴/$hm^2$，每穴栽插2～3苗，基本苗75万苗/$hm^2$左右。③肥水管理。氮肥施用量262.5kg/$hm^2$，基肥、分蘖肥、穗肥比例为4：3：3。田间灌水宜浅不宜深，分蘖前期自然落干；分蘖后期，搁田宜轻不宜重，多次轻搁，孕穗至抽穗期保持浅水灌溉；生育后期宜干湿交替。④加强病虫害防治。

# 双糯4号（Shuangnuo 4）

**品种来源**：浙江省嘉兴县双桥农场以京引7号为母本、桂花黄为父本杂交配组，1975年选育而成。1983年通过浙江省农业主管部门认定（浙品认字第011号）。

**形态特征和生物学特性**：属常规迟熟晚粳糯稻品种。穗大粒多，长势旺盛，易于栽培。

**品质特性**：糯性优。

**抗性**：稻瘟病抗性中等。

**产量及适宜地区**：1977年浙江省晚粳（糯）区域性品比试验，被列为糯稻推广品种，当年浙江省约种植333.3hm²。1981年种植面积达11.9万hm²，占全省糯稻种植面积的79%，发挥了抗病增产的作用。种植面积不断扩大，逐步取代了当时大面积种植而发病较重的糯稻京引15。适宜浙江北部平原、中部丘陵地区种植，1982年种植20.5万hm²，累计推广29万hm²。

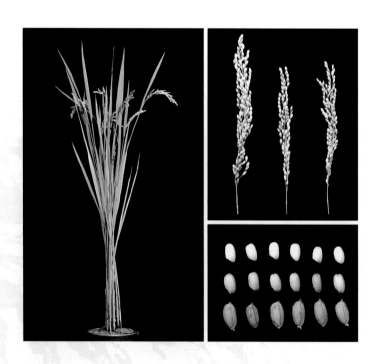

# 苏沪香粳（Suhuxianggeng）

**品种来源**：江苏省农业科学院粮食作物研究所以武香粳3号/金陵香糯为母本、中粳315为父本复交，经多年定向选择，于1999年定型育成。2002年通过上海市农作物品种审定委员会审定。

**形态特征和生物学特性**：属粳型常规中熟中稻。全生育期120～130d，熟期适中，株高85～95cm。幼苗叶色淡绿，芽鞘无色，叶片较挺，苗较矮、敦实，分蘖性较强。株型松散适中，茎秆弹性较好，上部叶片较挺，耐高温性较强，熟相较好。有效穗数446.7万穗/hm²。穗长15～17cm，总粒数100粒左右，结实率在90%以上，谷粒椭圆形，颖壳较薄、金黄色有顶芒，千粒重26～27g。

**品质特性**：糙米率86%，精米率76.2%，整精米率74.2%，垩白度2%，透明度2级，碱消值7级，胶稠度78mm，直链淀粉含量14.8%，蛋白质含量8.2%。

**抗性**：白叶枯病抗中KS6-6、PX079、TS49-6、浙173四个菌株。稻瘟病抗中B5、中C15、中E3小种，不抗中F1、中D1、中C1小种。

**产量及适宜地区**：1997年、1998年多品种试种试验，产量分别为9.14t/hm²和9.19t/hm²，两年平均产量9.16t/hm²，比对照增产1.46%。1999—2001年多点试种，平均产量7.50～8.25t/hm²，产量水平接近当地常规稻品种。适宜上海地区种植。

**栽培技术要点**：①适时播种，合理密植。单季稻5月15日播种，大田用种量90kg/hm²，移栽期6月15日，密度30万～33万穴/hm²，基本苗105万～120万苗/hm²。直播稻5月底前播种，用种量60～75kg/hm²，保证成苗10万苗/hm²左右。②施肥管理。重肥促分蘖，早施穗肥。注意氮、磷、钾肥的配合施用。③水分管理。适时排水轻搁2～3d，之后浅水3～5d，以后干湿交替至孕穗，孕穗扬花期保持浅水层。齐穗后干湿交替，收割前7d排水。④病虫害防治。稻瘟病因各地生理小种不同，应重点防治（破口至齐穗期药剂防治2次）。

# 台202（Tai 202）

**品种来源**：浙江省台州市农业科学研究院于1986年春季以秀水11为母本、76-27/农垦58为父本配组复交，经病区多代筛选、人工接种鉴定和南繁加代，于1988年定型育成。1993年通过浙江省农作物品种审定委员会审定。

**形态特征和生物学特性**：属粳型常规中迟熟晚稻。全生育期，浙江省晚稻区试两年平均135.8d，比对照秀水11迟熟1.4d；南方稻区晚稻区试两年平均为135.4d，比对照鄂宜105迟熟5.2d，比对照祥湖84迟熟3.8d。株高88cm，株型紧凑，叶片挺笃而略卷，叶色偏深，分蘖力偏弱，有效穗数375万穗/hm²，穗长17.6cm，每穗总粒数77.3粒，结实率92.3%，千粒重28.8g。谷粒椭圆形，谷壳薄，落粒性适中。

**品质特性**：糙米率84.9%，精米率76.6%，垩白粒率27%，垩白度3.0%，透明度1级，碱消值7.0级，胶稠度61mm，直链淀粉含量18.2%。

**抗性**：中抗稻瘟病和白叶枯病，高感白背飞虱和褐稻虱。

**产量及适宜地区**：1989年参加浙江省联合品比试验，产量为6.51t/hm²，比对照秀水48增产4.8%。1990年和1991年参加浙江省区试，平均产量分别为6.40t/hm²和7.56t/hm²，比对照秀水11分别增产2.87%和2.90%。1992年参加浙江省生产试验，平均产量5.68t/hm²，比对照秀水11增产3.20%。适宜浙江省钱塘江以南地区推广种植。1993—2000年累计种植11.6万hm²。

**栽培技术要点**：①适时播种，培育壮秧。在台州地区以6月28日至7月1日播种为宜，秧龄30d左右。秧田播种量300～375kg/hm²，本田用种量37.5kg/hm²，施足基肥，早施断奶肥，培育带蘖壮秧。直播田用种量75～90kg/hm²。②匀株密植，插足基本苗。栽插株行距16.5cm×16.5cm，基本苗165万～180万苗/hm²，争取最高苗525万苗/hm²以上，有效穗数375万～405万穗/hm²，争大穗，夺高产。③合理施肥，忌断水过早。掌握施足基肥，早施、足施苗肥，增施穗肥的原则。后期田间管理做到干湿灌溉，干干湿湿到黄熟，谨防断水过早。④注意病虫害防治。播种前种子用402农药消毒，以防恶苗病发生。

# 台537（Tai 537）

**品种来源**：浙江省台州市农业科学研究院1989年以台202为母本、嘉25为父本配组杂交，经3年5代连续选择，南繁加代，于1991年秋季定型。1998年通过浙江省农作物品种审定委员会审定。

**形态特征和生物学特性**：属粳型常规中熟晚稻。连作晚稻栽培全生育期平均为132d，比对照秀水11迟熟0.4d。株高80～85cm，株型较紧凑，叶片挺笃，叶色偏深，分蘖力中等，叶下禾，穗大粒多。有效穗数358.4万穗/hm²，穗长17.7cm，每穗总粒数80～90粒、实粒数75～80粒，结实率89.0%，千粒重28～29g。谷粒椭圆形，谷壳薄，落粒性适中。

**品质特性**：糙米率80.5%，精米率72.5%，整精米率69.2%，糙米长宽比1.8，垩白度2.8%，透明度2级，碱消值7.0级，胶稠度73mm，直链淀粉含量17.7%。

**抗性**：中抗稻瘟病；对白叶枯病、细菌性条斑病、褐飞虱和白背飞虱的抗性与秀水11相仿。

**产量及适宜地区**：1994年和1995年参加浙江省水稻晚粳（糯）新品种区试，平均产量分别为6.27t/hm²和6.51t/hm²，比对照秀水11分别增产1.9%和8.1%。1996年生产试验平均产量为6.78t/hm²，比对照秀水11增产4.5%。大面积试种，一般产量可达6.75t/hm²。适宜浙江省宁波、绍兴、台州地区作为晚粳稻推广种植。

**栽培技术要点**：①适时播种，培育壮秧。连作晚稻栽培，浙南地区6月底前播种，秧龄30～35d。秧田播种量400kg/hm²，本田用种量60kg/hm²，施足基肥，早施断奶肥，培育带蘖壮秧。②匀株密植，插足基本苗。插秧密度36万穴/hm²，基本苗不低于180万苗/hm²。③合理施肥，忌断水过早。总施肥量一般为纯氮187.5kg/hm²，氯化钾112.5～150kg/hm²，过磷酸钙225～300kg/hm²，掌握前足、中控、增施穗肥的原则。后期干干湿湿到黄熟。④注意病虫害防治。播种前种子用402农药消毒以防恶苗病发生。大田应注意对蚜虫、稻飞虱等病虫害的防治。

# 铁桂丰（Tieguifeng）

**品种来源**：原上海市宝山县罗泾公社种子场农民技术员张近林以65-25（老来青/铁秆糯）为母本、桂花黄为父本配组杂交，经多代选择于1980年秋季育成。1985年通过上海市农作物品种审定委员会审定并定名。

**形态特征和生物学特性**：属粳型常规中熟晚稻。连作晚稻栽培全生育期平均为135d，株高85cm，株型较紧凑，叶片挺笃，叶色偏深，分蘖中等，每穗粒数较少，千粒重24～25g。谷粒椭圆形，谷壳薄，落粒性适中。

**品质特性**：米质中上。

**抗性**：高抗白叶枯病。耐低温。

**产量及适宜地区**：一般产量5.25～6.00t/hm²。1984年在上海市沿江平原推广种植0.69万hm²。适宜上海地区作为连作晚稻种植。

**栽培技术要点**：①适时播种，力争早栽。播种期宜在6月20日左右，播种量750～825kg/hm²，秧龄35～45d。迟栽田应适当增加基本苗。②插足基本苗。一般应插67.5万～75万穴/hm²，早茬田基本苗375万苗/hm²，晚茬田420万苗/hm²以上。③合理用肥。总施肥量每公顷纯氮225～262.5kg/hm²。追肥可分两次施用。低温年份酌情减少用量，以免贪青迟熟。④水分管理。移栽后间歇灌溉，促进根系生长；适时搁田，但不宜搁田过硬；后期干干湿湿，延长根系寿命。⑤做好防病治虫工作。

# 香糯4号 （Xiangnuo 4）

**品种来源**：中国水稻研究所与浙江省农业科学院合作，以矮粳1号为主体亲本，与云南地方品种晚香糯、江苏晚粳桂花黄和浙江晚粳品种4001等多亲本杂交（4001/晚香糯///矮粳1号/桂花黄//农红73辐射）于1983年育成。1985年11月通过浙江省农作物品种审定委员会审定。

**形态特征和生物学特性**：属粳型常规迟熟晚稻，芳香型糯稻。全生育期135d左右，熟期偏迟，感光性强。植株偏高，株高100cm左右。分蘖力中等，穗较大，千粒重24g左右。颖壳秆黄色，无芒，谷粒阔卵形，颖尖秆黄色。

**品质特性**：碾米品质良好，外观品质好，米饭润软可口，适口性好，是酿制绍兴酒的特佳原料。据绍兴酒厂试验测定，酒的糖分特高，为3.55%（对照祥湖47为1.63%）；出酒率高，为166.3%（对照祥湖47为145.5%）。

**抗性**：稻瘟病田间抗性较强。耐盐性极弱。

**产量及适宜地区**：一般产量5.25～6.00t/hm²。1986年，绍兴县农业局对香糯4号进行验收，0.33hm²平均产量5.56t/hm²；绍兴县统计0.63hm²，平均产量5.90t/hm²。

**栽培技术要点**：①连作晚稻栽培。浙北适宜在6月20～25日播种；钱塘江以南地区于6月25～30日播种。秧田播种量控制在600kg/hm²以内。②插足180万苗/hm²左右的落田苗，如在8月5日以后移栽的，还需适当增加每穴苗数。③一般施标准肥37.5～41.3t/hm²，并适当增加磷、钾肥的用量。田间灌水宜浅不宜深，分蘖后期搁田宜轻不宜重；孕穗至抽穗扬花期应浅水灌溉，生育后期宜干干湿湿。④病虫害防治。秧田期需加强对白叶枯病的防治，本田期注意纹枯病、稻瘟病、白叶枯病以及各类害虫的防治。

# 湘虎25（Xianghu 25）

**品种来源**：浙江农业大学和浙江省诸暨县农业科学研究所以湘粳8号为母本、农虎6号为父本杂交，经多代选择于1976年育成。1983年通过浙江省农作物品种审定委员会审定。

**形态特征和生物学特性**：属粳型常规迟熟晚稻。感光性较强，抽穗期比较稳定。株型紧凑挺拔，根系发达，穗大粒多，着粒紧密，分蘖力中等，后期青秆黄熟，叶挺，剑叶角度小。

**品质特性**：米质较好。

**抗性**：稻瘟病、白叶枯病田间抗性较好。

**产量及适宜地区**：参加1978年、1979年两年浙江省区试，平均产量分别为5.95t/hm$^2$和6.18t/hm$^2$，与对照农虎6号相仿。适宜浙江省嘉兴、宁波、绍兴肥力中等地区搭配种植。

**栽培技术要点**：①适期播种，培育壮秧，为大穗打好基础。杭嘉湖地区6月22～25日、宁绍地区6月25～28日、浙南地区7月1～5日播种，播种量600.0～675.0kg/hm$^2$，移栽时带分蘖，本田用种量112.5kg/hm$^2$以下，插秧最迟不过立秋关。②小株密植，促使个体与群体协调发展，保大穗，争多穗。插60.0万穴/hm$^2$，每穴栽插4～5苗，基本苗240.0万～300.0万苗/hm$^2$，有效穗数330.0万～375.0万穗/hm$^2$；拔秧前3～4d施起身肥。秧田采用播后至3叶前，仅沟灌水，促齐苗，2叶1心后灌浅水，保证拔秧时秧板软糊，秧苗健壮清秀，使之既不会断根伤茎折叶，又不使秧老化，插后不败苗，转青发棵快。③合理施肥，科学用水，防治病虫害。重基早追，巧施穗肥，配施磷、钾肥，总用肥量掌握标准肥37.5t/hm$^2$，严防后期用肥偏迟，控制氮肥用量。生育中期及时搁田，齐穗灌浆后进行湿润灌溉，切忌搁田不当和断水过早。药剂浸种防治小球菌核病和根基腐败病，本田期注意及时防治稻瘟病、白叶枯病、稻飞虱等病虫害。

# 祥湖13（Xianghu 13）

**品种来源**：浙江省嘉兴市农业科学研究院以丙97408L/R9941的选株为母本、繁20/丙9408L//繁20/丙9734的选株为父本杂交配组选育而成，原名丙04-13。2008年通过浙江省农作物品种审定委员会审定（浙审稻2008005）。

**形态特征和生物学特性**：属常规中熟晚粳糯稻品种。全生育期160.5d，比对照秀水63迟熟0.5d。株高103.3cm，株型较紧凑，茎秆粗壮，分蘖力中等。叶色青绿，叶姿挺，剑叶略长。着粒较密，穗半直立，穗型大。有效穗数292.5万穗/hm²，成穗率67.8%，穗长16.3cm，每穗总粒数151.2粒，每穗实粒数131.8粒，结实率87.2%，千粒重23.3g。谷粒短圆，谷色淡黄，颖尖无芒。

**品质特性**：整精米率72.5%，糙米长宽比1.7，阴糯米率1%，白度2级，胶稠度100mm，直链淀粉含量1.7%，两年区试米质指标均达到部颁二级食用粳糯稻品种品质。

**抗性**：叶瘟0级，穗瘟2.5级，穗瘟损失率3.5%，白叶枯病3.9级，褐飞虱7.0级。

**产量及适宜地区**：2005—2006年参加嘉兴市单季晚粳稻区试，两年区试平均产量8.20t/hm²，比对照秀水63增产3.4%。2007年生产试验，平均产量7.55t/hm²，比对照秀水63增产3.6%。湖州市单季晚粳稻区试，2006年平均产量8.85t/hm²，比对照秀水63增产4.1%；2007年平均产量8.24t/hm²，比对照秀水63减产0.7%。适宜嘉兴、湖州地区作为单季稻种植。

**栽培技术要点**：适当增加基本苗，控制后期氮肥施用，注意褐飞虱防治。

# 祥湖171 (Xianghu 171)

**品种来源**：浙江省嘉兴市农业科学研究院以R2071糯为母本、凡20/9408糯的选株为父本杂交配组选育而成，原名丙03-171。2007年通过浙江省农作物品种审定委员会审定（浙审稻2007007）。

**形态特征和生物学特性**：属常规特早熟晚粳糯稻品种。全生育期121.3d，比对照秀水390早熟0.4d。株高78.7cm，株型集散适中，茎秆粗壮，分蘖力中等，生长整齐。叶色中绿，叶姿较挺，剑叶上举。着粒较密，穗型较大，千粒重高，结实率好。有效穗数313.5万穗/hm²，成穗率67.0%，穗长14.3cm，每穗总粒数103.5粒，每穗实粒数91.4粒，结实率88.3%，千粒重26.4g。谷粒短圆，颖尖淡褐色，颖壳黄色。

**品质特性**：糙米长宽比1.8，整精米率68.9%，白度1级，阴糯米率2%，胶稠度100mm，直链淀粉含量1.5%，两年区试米质指标分别达到部颁食用稻品种品质三等和二等。糯米品质优。

**抗性**：叶瘟0.2级，穗瘟1.0级，穗瘟损失率1.8%，白叶枯病4.3级，2005年褐飞虱9级。抗稻瘟病，中抗白叶枯病，感褐飞虱。

**产量及适宜地区**：2004年、2005年参加浙江省特早熟晚粳稻区试，两年区试平均产量7.22t/hm²，比对照秀水390增产5.9%。2006年生产试验，平均产量6.25t/hm²，比对照秀水390增产3.8%。适宜在浙江省粳稻区作为连作晚稻种植。

**栽培技术要点**：根据茬口适期播种，秧龄控制在20~25d；嘉兴地区最迟播种期7月10日前，注意褐飞虱的防治。

# 祥湖25（Xianghu 25）

**品种来源**：嘉兴市农业科学研究所以矮粳23/祥湖14的选株为母本、测21/矮粳23的选株为父本杂交配组选育而成，1983年定型，原名C83-15。分别通过浙江省（1988，浙品审字第041号）、上海市[1988，沪农品审（1988）第005号]和国家（1991，GS01008—1990）农作物品种审定委员会审定。

**形态特征和生物学特性**：属常规中熟晚粳糯稻品种。全生育期133～135d，比对照秀水48早熟3～4d。株高80cm，株型较紧凑，分蘖中等偏强。叶挺，剑叶角度小，叶色中绿。穗偏短，穗颈较硬，着粒较密，后期青秆黄熟，成穗率较低，穗数偏少，穗型中等偏大，结实率较高。有效穗数435.0万～465.0万穗/hm²，每穗粒数70～75粒，千粒重25～26g。颖壳秆黄，颖尖黄色，乳熟及蜡熟淡褐色，无芒，谷粒饱满、较圆，谷壳较厚。

**品质特性**：糙米率82%，直链淀粉含量0%，米粒腹白少，色泽白，糯性较好。

**抗性**：稻瘟病0级，白叶枯病1.5级，穗颈瘟发病率8.1%，病情指数2；纹枯病发病较轻。抗倒伏性中等，不易早衰。

**产量及适宜地区**：浙江省晚粳糯稻区试，1986年平均产量6.37t/hm²，1987年平均产量6.23t/hm²，比对照秀水48增产7.5%（显著）。上海市单季糯稻、香稻组区试，1986年、1987年平均产量分别为8.10t/hm²、7.76t/hm²，比对照寒丰分别增产12.8%（极显著）、10.3%（显著）；1987年生产试验，平均产量7.12t/hm²，比对照寒丰增产9.7%。适宜浙江、上海和江苏部分地区种植。1987—2000年累计推广27.1万hm²。

**栽培技术要点**：①适时播种，适龄移栽。6月25日前后播种，移栽秧龄35d以内。②稀播壮秧、合理密植。秧田播种量600kg/hm²，大田种植行株距16.7cm×13.3cm，插基本苗180.0万～225.0万苗/hm²。③重基早追，巧施肥料。以基肥足、追肥早、配施磷钾肥、巧施穗肥为宜。④科学用水，防治病害。及时搁田，齐穗灌浆后湿润灌溉，切忌搁田不当和断水过早。药剂浸种防治小球菌核病和根基腐败病，在3叶期和移栽前各喷一次叶青双，防治白叶枯病。

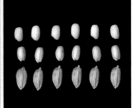

# 祥湖301（Xianghu 301）

**品种来源**：浙江省嘉兴市农业科学研究院以LRC为母本、嘉花1号为父本杂交配组选育而成，原名丙03-01。2008年通过浙江省农作物品种审定委员会审定（浙审稻2008006）。

**形态特征和生物学特性**：属常规中熟晚粳糯稻品种。全生育期146.8d，比对照秀水63早熟2.0d，株高90.8cm。株型较紧凑，矮秆包节，茎秆粗壮，分蘖力中等。叶色中绿，叶姿挺，剑叶直立。穗型大，穗直立，着粒较密，易落粒。有效穗数292.5万穗/hm²，成穗率81.4%，穗长15.7cm，每穗总粒数145.4粒，每穗实粒数134.9粒，结实率92.8%，千粒重22.9g。籽粒较小，谷粒短、扁圆，谷色淡黄，颖尖无色。

**品质特性**：整精米率67.7%，糙米长宽比1.8，白度1级，阴糯米率1.0%，碱消值6.9级，胶稠度100.0mm，直链淀粉含量1.8%，两年区试米质指标分别达到部颁四级和二级食用稻品种品质。

**抗性**：叶瘟0级，穗瘟2级，穗瘟损失率1.4%，白叶枯病4级，褐飞虱9级。

**产量及适宜地区**：2005年、2006年参加浙江省单季晚粳稻区试，两年区试平均产量8.13t/hm²，比对照秀水63增产0.6%。2007年生产试验，平均产量8.12t/hm²，比对照秀水63增产10.0%。适宜浙江省粳稻区作为单季稻种植。

**栽培技术要点**：适当密植，注意褐飞虱防治。

# 祥湖47（Xianghu 47）

**品种来源**：浙江省嘉兴市农业科学研究所以辐农709/京引154的选株为母本、鉴3/嘉湖4号的选株为父本杂交配组选育而成，原名C81-47。1985年通过嘉兴市农作物品种审定委员会审定。

**形态特征和生物学特性**：属常规早熟晚粳糯稻品种。全生育期125d，比对照双糯4号早熟5d。株高80～85cm，比对照双糯4号矮5～10cm。植株较矮，茎秆细韧，分蘖力较强，叶窄而厚，叶色深，剑叶角度略大。着粒稍稀，灌浆速度快，结实率高。千粒重28～30g。粒粗而饱满。

**品质特性**：糯性较差。

**抗性**：中抗稻瘟病、白叶枯病。

**产量及适宜地区**：一般产量5.25t/hm²，与对照晚粳品种更新农虎相仿。浙江省晚粳稻区试，1983年平均产量4.40t/hm²，比对照双糯4号增产13.9%；1984年平均产量5.78t/hm²，比对照双糯4号增产3.9%。适宜浙江省钱塘江两岸等地作为连作晚稻栽培，搭配早中茬口更能发挥增产潜力。1983—1988年累计推广22万hm²。

**栽培技术要点**：①适时播种，培育壮秧。浙北播种期6月25～30日。秧田播种量750kg/hm²，防止因短秧龄而播种过密的现象，确保秧苗素质。②适龄移栽，适当密植。插秧宜早，以安排早、中茬口移栽较好，早种可少苗密植，迟栽插足基本苗，争取一定的穗数。③合理施肥。施足基面肥，早施追肥，促早发争多穗。祥湖47较耐肥，总用肥量可掌握在30～37.5t/hm²标准肥。④采取综合措施，及时防治病虫害，祥湖47对纹枯病较易感病，注意防治。

# 祥湖84（Xianghu 84）

**品种来源**：浙江省嘉兴市农业科学研究所1982年春季在海南以C81-45为母本、C82-04（测21///辐农709//辐农709/单209）为父本杂交配组，1984年春季在海南初步定型选育而成，原名C84-84。1988年通过浙江省农作物品种审定委员会审定（浙品审字第042号）。

**形态特征和生物学特性**：属常规早熟晚粳糯稻品种。全生育期127～132d，比对照秀水48早熟7～9d。株高75～80cm，半矮生型，分蘖力中等，茎秆细韧，生长繁茂。剑叶小而挺，抽穗后叶上举，呈叶下禾。穗型中等，后期转色好。有效穗数420.0万～450.0万穗/hm²，每穗总粒数70粒，结实率90%，千粒重25.5～26.5g。谷粒椭圆形，无芒。

**品质特性**：糙米率79.9%，精米率72.2%，整精米率70.1%，糙米长宽比1.6，垩白粒率100%，白度1级，碱消值7.0级，胶稠度98mm，直链淀粉含量1.7%，蛋白质含量91.1%。糯性较好。

**抗性**：抗稻瘟病，中抗白叶枯病。生育后期耐寒性较好。

**产量及适宜地区**：一般产量6.00t/hm²。国家南方稻区连作晚稻区试，1988年、1989年平均产量分别为6.26t/hm²、5.80t/hm²。浙江省晚粳稻区试，1986年、1987年平均产量分别为6.20t/hm²、6.12t/hm²。嘉兴市晚粳稻区试，1985年、1986年平均产量分别为5.87t/hm²、6.53t/hm²。适宜浙江省杭嘉湖、宁绍地区作为早熟品种当连作晚稻种植，苏南及上海瓜后稻或单季稻种植，也可在江西、安徽、湖北、湖南等省连作晚稻种植。1987—2000年累计推广48万hm²。

**栽培技术要点**：①适时播种，适当稀播。以6月底前后播种为宜，秧龄掌握30～35d。秧田播种量450.0～600.0kg/hm²。②及时移栽，合理密植。7月底8月初移栽。种植行株距16.7cm×13.3cm，基本苗150.0万～180.0万苗/hm²。③合理施用氮肥，配施磷、钾肥。施足基面肥，早施追肥。④注意水分管理和病虫害防治。及时搁田，后期断水不能过早，灌好跑马水，以湿为主。对病虫害，重点防治好白叶枯病、纹枯病和后期第五代稻虱。

# 祥湖914（Xianghu 914）

**品种来源**：浙江省嘉兴市农业科学研究院以秀水42为母本、丙9302为父本杂交配组选育而成，原名丙99-14。2005年通过浙江省农作物品种审定委员会审定（浙审稻2005022）。

**形态特征和生物学特性**：属常规中熟晚粳糯稻品种。全生育期159d，比对照秀水63迟熟1d。平均株高105cm左右，茎秆较韧，分蘖力强。叶色青绿，稻叶细挺。密穗，穗数较多，穗型中等，穗粒兼顾穗，结实率高，灌浆速度快，充实度好，千粒重中等，后期熟相清秀。平均有效穗数402.0万穗/hm²，每穗总粒数94.9粒，结实率92.1%，千粒重24.0g。谷粒稍短，色泽黄亮。

**品质特性**：糙米率83.6%，精米率73.7%，整精米率72.3%，糙米粒长4.8mm，糙米长宽比1.7，碱消值7级，胶稠度100.0mm，直链淀粉含量1.7%，蛋白质含量8.7%。

**抗性**：叶瘟0.5级，穗瘟3.0级，穗瘟损失率2.3%，白叶枯病5.0级，褐飞虱9.0级。抗稻瘟病，中抗白叶枯病，感褐飞虱，纹枯病轻。

**产量及适宜地区**：2000年、2001年嘉兴市单季晚粳稻区试，两年平均产量8.27t/hm²，比对照秀水63减产0.5%。2004年生产试验，平均产量8.48t/hm²，比对照秀水63减产1.8%。适宜嘉兴及同类生态区种植。2003—2007年累计推广2.6万hm²。

**栽培技术要点**：①单季晚稻5月20日前后播种，秧龄30d，秧田播种量375～450kg/hm²，大田用种量37.5～45kg/hm²。连作晚稻种植，6月25日前后播种，播种量750kg/hm²。②单季晚稻种植，行株距23.3cm×13.3cm，种植密度30万穴/hm²，基本苗60万～90万苗/hm²。连作晚稻种植，行株距16.7cm×13.3cm，种植密度45万穴/hm²，基本苗180万苗/hm²。③增施有机肥和钾肥，适当控制氮肥用量。④栽时防败苗，浅水促早发，适时适度搁田，孕穗、抽穗期干湿交替，灌浆期湿润灌水养老稻。⑤秧苗期防治稻蓟马，大田期防治纵卷叶螟、二化螟、三化螟、褐飞虱、蚜虫、纹枯病，抽穗期防治稻曲病，注意防除杂草。

# 秀水03 (Xiushui 03)

　　**品种来源**：浙江省嘉兴市农业科学研究院1999年秋季以晚粳秀水110为母本、嘉粳2717为父本杂交配组选育而成，原名丙02-03。2005年通过浙江省农作物品种审定委员会审定（浙审稻2005016）。

　　**形态特征和生物学特性**：属常规特早熟晚粳稻品种。浙北地区单季晚稻种植，全生育期153d，比对照秀水63齐穗期早7d、成熟期早3～4d，株高95～98cm；连作晚稻种植，全生育期120～125d，株高78～80cm。茎秆粗壮，分蘖力较强。叶色偏淡，株叶挺。穗数较多，穗型中等。单季晚稻种植，有效穗数330万～360万穗/hm²，每穗总粒数105～115粒，结实率93%，千粒重25～26g；连作晚稻种植，有效穗数360万～390万穗/hm²，每穗总粒数85～95粒，结实率90%以上，千粒重25g。

　　**品质特性**：糙米率84.2%，精米率75.6%，整精米率74.9%，糙米粒长4.8mm，糙米长宽比1.7，垩白粒率19.0%，垩白度1.9%，透明度1级，碱消值7.0级，胶稠度82.0mm，直链淀粉含量17.8%，蛋白质含量8.7%。外观米质透明晶亮，蒸煮食味较好。

　　**抗性**：叶瘟1.0级，穗瘟5.0级，穗瘟损失率6.8%，白叶枯病3.6级，稻褐虱9级。中抗稻瘟病和白叶枯病，感褐飞虱。

　　**产量及适宜地区**：2002年、2003年嘉兴市连作晚粳稻区试，两年平均产量6.83t/hm²。2004年嘉兴市连作晚稻生产试验，平均产量7.43t/hm²；嘉兴市单季晚稻生产试验，平均产量8.94t/hm²。2003年湖州市单季晚稻区试，平均产量7.96t/hm²。适宜嘉兴及同类生态区作为晚稻种植。2004—2013年累计推广11.67万hm²。

　　**栽培技术要点**：①浙北地区单季晚稻种植，5月20日前后播种。②不宜过度密植。③科学施肥。重视有机肥和钾肥，控制氮肥的施用。④栽时防败苗，浅水促早发，适时搁田，抽穗灌浆期湿润灌水养老稻。⑤做好秧苗期稻蓟马，大田期稻纵卷叶螟、二化螟、三化螟、褐飞虱、灰飞虱和纹枯病，抽穗期稻曲病的防治工作，注意防除田间杂草。

# 秀水04 (Xiushui 04)

**品种来源**：浙江省嘉兴市农业科学研究所以测21为母本、辐农709/单209的选株为父本杂交配组选育而成，原名C82-04。分别通过嘉兴市（1985）、江苏省（1987，苏种审字第89号）、上海市[1987，沪农品审（1987）第002号]和国家（1991，GS01009—1990）农作物品种审定委员会审定，浙江省（1987，浙品认字第067号）农业主管部门认定。

**形态特征和生物学特性**：属常规中熟晚粳稻品种。全生育期嘉兴市单季晚稻种植150d，连晚种植130～135d。连晚种植株高80cm，单季种植株高95～100cm。茎秆较矮而硬，分蘖力强。叶片短而挺，叶色偏淡。密穗型，穗短，着粒较密，直立型。成穗率高，有效穗多，结实率高，生育期较短。抽穗期较稳定，秧龄弹性较大。连作晚稻种植每穗粒数65～70粒，单季稻种植每穗粒数100粒，结实率90%，千粒重26g。谷壳薄无芒。

**品质特性**：糙米率83%～84%，米粒腹白小，米质优，食味好。碱消值7级，胶稠度63mm，直链淀粉含量18.1%。

**抗性**：穗瘟病抗谱较广，纹枯病较轻，感白叶枯病。耐寒性较强。

**产量及适宜地区**：嘉兴市晚粳稻区试，1984年、1985年平均产量分别为6.47t/hm²、5.66t/hm²。上海及市属各县共7组连作晚稻区试，平均产量6.64t/hm²，较寒丰增产10.8%；江苏省单季稻区试，平均产量7.72t/hm²，比对照紫金糯增产5.1%；上海市单季稻区试，平均产量6.95t/hm²，比对照寒丰增产8.9%。适宜浙江北部、上海、江苏南部种植。1985—1993年累计推广180万hm²。

**栽培技术要点**：①适期播种，培育壮秧。浙北地区，连作晚稻6月25日播种，单季稻5月底至6月初播种。播种量750～900kg/hm²。②合理密植，穗粒兼顾。基本苗270.0万苗/hm²，争取600.0万苗/hm²以上的最高苗。单季稻适当稀植，少插苗。③合理施肥，分次搁田。④注意防治病虫害，力争丰产。用叶青双防治白叶枯病，效果良好。

# 秀水05 (Xiushui 05)

**品种来源**：浙江省嘉兴市农业科学研究院以秀水128为母本、秀水123为父本杂交配组，经6代系统选育而成，原名丙07-05。2011年通过浙江农作物品种审定委员会审定（浙审稻2011009）。

**形态特征和生物学特性**：属常规中熟晚粳稻品种。全生育期151.6d，比对照秀水09早熟1.8d。株高95.8cm，株型适中，茎秆粗壮，分蘖力中等。剑叶短挺，叶色中绿。穗型较大，着粒较密。有效穗数280.5万穗/hm²，成穗率76.4%，穗长16.6cm，每穗总粒数136.0粒、实粒数118.8粒，结实率87.5%，千粒重26.2g。颖尖无色、无芒，谷粒椭圆形。

**品质特性**：整精米率71.9%，糙米长宽比1.8，垩白粒率35.5%，垩白度6.1%，透明度3级，胶稠度69mm，直链淀粉含量14.7%。

**抗性**：叶瘟0级，穗瘟4.0级，穗瘟损失率2.7%，综合指数1.6；白叶枯病3.5级；褐飞虱7级；条纹叶枯病3.5级。抗稻瘟病，中感白叶枯病和条纹叶枯病，感褐飞虱。

**产量及适宜地区**：2009年、2010年浙江省单季常规晚粳稻区试，两年平均产量8.61t/hm²，比对照秀水09增产5.5%。2010年生产试验，平均产量8.92t/hm²，比对照秀水09增产6.0%。适宜浙江省粳稻区作为单季晚稻种植。

**栽培技术要点**：①播前准备。播前翻耕使田面平整。药剂浸种催芽。②化学除草。采用一封、二杀的化学除草技术。③科学施肥。施好分蘖肥、促花肥、保花肥。④水分管理。播种后至出苗期保持田面无水而土壤湿润，分蘖初期浅水勤灌，适时断水搁田，多次轻搁至倒4叶露尖时复水；薄露灌溉至抽穗期再轻搁田2～3d。齐穗后灌满水，扬花后干干湿湿养稻到老。⑤病虫害防治。主要病虫有纹枯病、稻纵卷叶螟、稻飞虱、蚜虫。

# 秀水06（Xiushui 06）

**品种来源**：浙江省嘉兴市农业科学研究所以辐农709为母本、辐农709/单209为父本杂交配组，于1981年选育而成，原名C8006。1984年通过浙江省嘉兴市农作物品种审定委员会审定。

**形态特征和生物学特性**：属常规中熟晚粳稻品种。全生育期在嘉兴市为134d。株高、株型、叶形似农虎品种，茎秆粗壮，剑叶较宽长，叶色深绿。穗颈较粗，穗型较大，结实率高，主茎总叶龄14.5～15叶，幼穗分化叶龄11.5叶。每穗粒数60～70粒，千粒重27～28g。谷粒粗大、椭圆形，无芒、颖尖、护颖呈秆黄色。

**品质特性**：糙米率84%，米质中等。

**抗性**：稻瘟病较更新农虎轻，但不及对照秀水48抗病。感白叶枯病，也较易发生稻曲病和穗枯病，插秧后容易败苗，在秧田肥沃、秧苗徒长时更严重。

**产量及适宜地区**：一般产量5.25～5.63t/hm²，接近对照秀水48的水平。嘉兴地区晚粳稻区试，1982年平均产量6.16t/hm²，比对照更新农虎增产2.7%；1983年平均产量5.03t/hm²，比对照秀水48仅减产3.9%。适宜嘉兴市作为中熟晚粳栽培，在邻近湖州、杭州等市可试种，不宜在白叶枯病较重地区种植。1984—1988年累计推广11.8万hm²。

**栽培技术要点**：①培育适龄壮秧，提高移栽技术，减轻败苗。适时播种，嘉兴6月25日为适期。早、中稻栽培时秧田播种量900kg/hm²，迟栽的秧田播种量600kg/hm²。提高拔秧、插秧质量，15∶00之后移栽较好，可以减轻败苗。②合理密植，增苗增穗。宜插210.0万穴/hm²，每穴栽插4～5苗，基本苗255.0万～270.0万苗/hm²，争取600.0万苗/hm²以上最高苗，达到420.0万～450.0万穗/hm²有效穗，可获得产量4.50t/hm²。③适施肥料，前重后补。施37.5～41.25t/hm²标准肥，化肥折合碳酸氢铵750kg/hm²。重施基面肥，早施苗肥，促使早返青、早分蘖。④注意防治病虫害，后期不宜断水过早。加强后期水分管理，保持田间湿润。

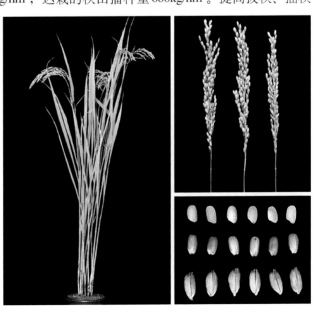

# 秀水08（Xiushui 08）

**品种来源**：浙江省嘉兴市农业科学研究院以甬单6号为母本、秀水110/秀水994的选株为父本杂交配组选育而成，原名丙04-08。2009年通过浙江农作物品种审定委员会审定（浙审稻2009002）。

**形态特征和生物学特性**：属常规中熟晚粳稻品种。全生育期152.6d，比对照秀水63迟熟2.4d。株高97.8cm，株型较紧凑，茎秆较粗壮，分蘖力中等。剑叶小挺略卷，叶色浓绿，叶鞘包节。成穗率中等，穗直立，穗型较大，着粒较密，穗大粒多。有效穗数267.0万穗/hm²，成穗率73.0%，穗长16.8cm，每穗总粒数155.7粒，每穗实粒数137.1粒，结实率88.1%，千粒重24.7g。谷壳略带褐斑，无芒，稃尖无色，谷粒短圆，后期转色较好。

**品质特性**：整精米率72.0%，糙米长宽比2.0，垩白粒率43.3%，垩白度9.2%，透明度3级，胶稠度72mm，直链淀粉含量16.4%，两年区试米质指标分别达到部颁三级和六级食用稻品种品质。

**抗性**：叶瘟0级，穗瘟0.6级，穗瘟损失率0.6%，白叶枯病3级，褐飞虱9级。抗稻瘟病，中抗白叶枯病，感褐飞虱。

**产量及适宜地区**：2006年、2007年参加浙江省单季晚粳稻区试，两年区试平均产量8.02t/hm²，比对照秀水63增产3.5%；2008年生产试验，平均产量8.21t/hm²，比对照秀水63增产5.3%。适宜浙江省粳稻区作为单季稻种植。

**栽培技术要点**：适时早播，控制后期氮肥用量，灌浆期遇强冷空气及时灌水防青枯，注意褐飞虱防治。

# 秀水09 (Xiushui 09)

**品种来源**：浙江省嘉兴市农业科学研究院以秀水110/嘉粳2717的选株为母本，秀水110为父本杂交配组选育而成，原名丙02-09。分别通过浙江省（2005，浙审稻2005015）、上海市[2005，沪农品审稻（2005）第003号]和国家（2008，国审稻2008021）农作物品种审定委员会审定。

**形态特征和生物学特性**：属常规中熟晚粳稻品种。全生育期148.4d，比对照秀水63迟熟0.8d。株高92.5cm，株型紧凑，叶片短小直挺，长相清秀，熟期转色好。有效穗数304.5万穗/hm²，穗长15.9cm，每穗总粒数127.1粒，结实率89.0%，千粒重25.9g。

**品质特性**：整精米率75.2%，糙米长宽比1.8，垩白粒率4%，垩白度0.2%，胶稠度71mm，直链淀粉含量16.3%，达到国家优质稻谷一级标准。

**抗性**：稻瘟病综合指数3.4级，穗瘟损失率最高9级，抗性频率100%；白叶枯病平均2级，最高3级。

**产量及适宜地区**：2005年、2006年长江中下游单季晚粳组区试，两年平均产量8.28t/hm²。2007年生产试验，平均产量8.13t/hm²。嘉兴市单季晚粳稻区试，2002年、2003年平均产量分别为8.99t/hm²、8.40t/hm²，比对照秀水63分别增产4.78%、8.0%（均极显著）。浙江省晚粳稻区试，2004年平均产量8.18t/hm²，比对照秀水63增产5.4%。上海市单季晚粳稻区试，2003年、2004年平均产量分别为8.62t/hm²、8.80t/hm²，比对照秀水110分别增产2.7%、1.5%。适宜浙江、上海、江苏南部、湖北南部、安徽南部的稻瘟病轻发晚粳稻区作为单季晚稻种植。2004年至今累计推广58.67万hm²。

**栽培技术要点**：①适时播种，秧田播种量375kg/hm²，大田用种量45kg/hm²，培育壮秧。②秧龄30d内移栽，栽插行株距20cm×16.7cm或23.3cm×13.3cm，每穴栽插2～3苗。直播稻用种量45kg/hm²，要求催短芽播种。③根据当地生产习惯科学施肥。及时分次搁田，齐穗后干湿交替。④及时防治条纹叶枯病、纹枯病、稻曲病、稻瘟病、灰飞虱、蚜虫等病虫害。

# 秀水103（Xiushui 103）

**品种来源**：浙江省嘉兴市农业科学研究院以苏9522/丙9610//丙0001的选株为母本、RHK13为父本杂交配组选育而成，原名丙04103。2009年通过浙江省农作物品种审定委员会审定（浙审稻2009001）。

**形态特征和生物学特性**：属常规中熟晚粳稻品种。全生育期135.5d，比对照秀水63早熟0.4d。株高90.4cm，株型紧凑，分蘖力中等。剑叶挺举，叶片较窄，叶色中绿。穗型较大，穗直立，着粒较密，有效穗数339.0万穗/hm²，成穗率78.5%，穗长14.6cm，每穗总粒数104.9粒，每穗实粒数94.2粒，结实率89.8%，千粒重25.9g。谷粒短圆，护颖、稃尖均无色，无芒，落粒性中等。

**品质特性**：整精米率74.8%，糙米长宽比1.8，垩白粒率27.0%，垩白度6.0%，透明度2级，胶稠度65mm，直链淀粉含量16.5%，两年区试米质指标分别达到部颁一级和五级食用稻品种品质。

**抗性**：叶瘟0级，穗瘟4.4级，穗瘟损失率9.2%，白叶枯病3.4级，褐飞虱9级。中抗稻瘟病、白叶枯病，感褐飞虱。

**产量及适宜地区**：2006年、2007年参加浙江省连作晚粳稻区试，两年区试平均产量7.21t/hm²，比对照秀水63增产5.8%。2008年生产试验，平均产量7.50t/hm²，比对照秀水63增产3.8%。适宜浙江省粳稻区作为连作晚稻种植。

**栽培技术要点**：适期播种，插足基本苗，注意褐飞虱的防治。秧田期注意稻蓟马防治，分蘖期及时防治螟虫、稻纵卷叶螟和稻飞虱，单季晚稻注意防治纹枯病；抽穗前5～7d，用井冈霉素预防稻曲病，抽穗后及时防治蚜虫危害。

# 秀水1067 (Xiushui 1067)

**品种来源**：浙江省嘉兴市农业科学研究院以测21/湘虎25的选株为母本、秀水40/4/秀水46/3/秀水11//测212/P104/5/祥湖84/秀水620的选株为父本杂交配组选育而成，1990年定型，原名丙1067。1996年通过浙江省农作物品种审定委员会审定（浙品审字第140号）。

**形态特征和生物学特性**：属常规中熟偏迟晚粳稻品种。连作晚稻种植，全生育期140d，与对照秀水11相仿，株高80cm；单季晚稻种植，株高90～95cm。茎秆粗壮，生长繁茂。剑叶挺，长宽适中、色淡，叶鞘包节。连作晚稻种植，有效穗数420.0万～450.0万穗/hm²，每穗粒数65～70粒；单季晚稻种植，有效穗数375.0万～420.0万穗/hm²，每穗粒数75～80粒，千粒重28～30g，结实率90%。谷粒卵圆形，谷壳、护颖为秆黄色，无芒。

**品质特性**：直链淀粉含量17.1%，碱消值7.0级，胶稠度65mm。食味较好，与秀水11相仿。

**抗性**：中感稻瘟病、白叶枯病、白背稻虱，感褐飞虱。

**产量及适宜地区**：1992年浙江省晚粳协作组联合品种比较试验，平均产量6.72t/hm²，比对照秀水11增产8.31%。浙江省晚粳稻区试，1993年平均产量6.32t/hm²，比对照秀水11增产1.5%；1994年平均产量6.40t/hm²，比对照秀水11增产4.1%。1995年生产试验，平均产量6.11t/hm²，比对照秀水11增产6.24%。适宜浙江省作为单季晚稻和连作晚稻种植。1993—2000年累计推广26.5万hm²。

**栽培技术要点**：①连作晚稻种植6月20～25日播种，秧田播种量450.0～600.0kg/hm²；单季晚稻种植5月25～31日播种，播种量375～450kg/hm²。②培育壮秧，少插苗。连作晚稻行株距16.7cm×10.0cm或15.0cm×11.7cm，每穴栽插3～4苗；单季晚稻行株距20.0cm×13.3cm，每穴栽插双苗。③总用肥量45t/hm²标准肥，配施钾肥，早种的连作晚稻和单季晚稻施好穗肥。④及时分次搁田，齐穗后干湿交替。⑤防治白叶枯病、纹枯病及稻蓟马、稻纵卷叶螟、螟虫等病虫害。

# 秀水11（Xiushui 11）

**品种来源**：浙江省嘉兴市农业科学研究所院1980年秋季以本单位育成的高产半矮生品系测21为母本、抗白叶枯病的推广品种湘虎25为父本杂交配组，1983年秋季定型，原名C84-11。1988年通过浙江省农作物品种审定委员会审定（浙品审字第040号）。

**形态特征和生物学特性**：属常规中熟晚粳稻品种。全生育期134.4d，比对照秀水48早熟3.7d。株高75cm，株型紧凑，分蘖力较强。叶鞘包节，剑叶挺直。有效穗数450.0万～495.0万穗/hm²，每穗总粒数55～60粒，结实率95%，千粒重28～29g。谷壳薄，谷色黄亮。

**品质特性**：精米率74%～75%，整精米率71%～72%，透明度1级，碱消值7级，胶稠度89mm，直链淀粉含量21%。色泽光亮，米质优良。

**抗性**：白叶枯病与秀水48相仿。较抗稻瘟病。遇到早秋寒年份易发生包颈、叶片焦黄等现象。

**产量及适宜地区**：一般产量6.00～6.38t/hm²。浙江省晚粳稻区试，1986年、1987年平均产量分别为6.38t/hm²、6.43t/hm²，比对照秀水48分别增产6.6%（显著）、11%（极显著）。适宜浙江省肥力水平较高的田块连作晚稻早、中茬口或平原地区单季晚稻栽培。1989—2001年累计推广105.8万hm²。

**栽培技术要点**：①适时播种，稀播育秧。连作晚稻6月20～25日播种，秧龄35～40d。播种量450～525kg/hm²。②少株密植，争多穗。插60万穴/hm²，基本苗150万～225万苗/hm²。③科学用肥，配施钾肥。基肥占总用量的60%～70%，追肥30%，穗粒肥5%～10%，迟插田基肥占总用量的80%以上，施氯化钾75～112.5kg/hm²。④加强水分管理。搁田宜分次轻搁，落干为主，足苗排水搁田，待泥土沉实尚未开裂时即可上水。抽穗灌浆期保持干干湿湿，以湿为主，活水到老，严防断水过早。⑤搞好种子处理，注意防治病虫害。播前药剂浸种消毒。用叶青双防治白叶枯病。重视防治其他病虫害。

# 秀水110（Xiushui 110）

**品种来源**：浙江省嘉兴市农业科学研究院以嘉59天然杂种为母本、丙95-13为父本杂交配组，1998年定型选育而成，原名98-110。分别通过上海市（2001）和浙江省（2002）农作物品种审定委员会审定。

**形态特征和生物学特性**：属常规中熟晚粳稻品种。全生育期156d，株高100cm，感光性较强，株型紧凑，茎秆粗壮，分蘖力中等，耐肥，抗倒伏。叶色稍深，叶片稍宽，剑叶直立，叶鞘包节。穗颈较硬，着粒密度较高，穗数略少，穗型较大，枝梗多且着粒均匀，结实率高，灌浆充实度好，千粒重中等，熟相清秀。有效穗数315.0万~360.0万穗/hm$^2$，每穗粒数110~120粒，结实率90%~95%，千粒重25~26g，谷粒长短适度，色泽黄亮。

**品质特性**：糙米率84.3%，精米率75.3%，整精米率72.9%，糙米粒长4.8mm，糙米长宽比1.7，垩白粒率31.2%，垩白度3.6%，透明度1.8级，碱消值7.0级，胶稠度84.2mm，直链淀粉含量17.8%，蛋白质含量8.8%。外观晶亮透明，蒸煮食味较好。

**抗性**：抗倒伏性强。叶瘟0.1级，穗瘟2.0级，白叶枯病5.5级。抗稻瘟病，中感白叶枯病，感细菌性条斑病、褐飞虱和白背稻虱。

**产量及适宜地区**：①嘉兴市单季晚稻区试，1999年、2000年平均产量分别为8.39t/hm$^2$、8.39t/hm$^2$，比对照秀水63均增产4.04%。2001年生产试验，平均产量8.87t/hm$^2$，比对照秀水63增产5.72%。②上海市单季晚稻区试，2000年平均产量8.95t/hm$^2$，比对照95-22增产7.4%，达极显著水平。适宜浙江北部、上海地区推广种植。2000—2008年累计推广62.93万hm$^2$。

**栽培技术要点**：①适期早播，基本苗适宜。播前药剂浸种。直播、抛秧稻播期以5月中旬为宜，播种量净种52.5~60.0kg/hm$^2$，基本苗控制在105.0万~120.0万苗/hm$^2$。②优化肥料结构，协调前后比例。需纯氮270~300kg/hm$^2$，氮：磷：钾约1：0.4：0.4，氮肥前、中、后比例（6.5~7.5）：0.5：（2~3），基蘖肥以氮肥为主，搭配磷、钾肥；长粗肥控制氮肥，以钾肥为主；穗肥以氮肥为主，搭配高效复合肥。③水分管理。适时搁田，防止断水过早。

# 秀水113 (Xiushui 113)

**品种来源**：浙江省嘉兴市农业科学研究院以嘉粳2717为母本、秀水110为父本杂交配组，再以秀水110为父本回交选育而成，原名丙01-113。2006年通过浙江省农作物品种审定委员会审定（浙审稻2006012）。

**形态特征和生物学特性**：属常规中熟晚粳稻品种。全生育期150.4d，比对照秀水63早熟0.8d。株高84.4cm，生长整齐，株型紧凑，分蘖力中等，叶片较挺，耐肥，抗倒伏性强，适宜直播。成穗率高，穗型中等，密穗，结实率和千粒重高。有效穗数304.5万穗/hm²，成穗率69.9%，穗长15.9cm，每穗总粒数111.9粒，每穗实粒数103.2粒，结实率92.2%，千粒重27.2g。

**品质特性**：整精米率59.8%，糙米长宽比1.8，垩白粒率61.5%，垩白度14.2%，透明度3.0级，胶稠度67.5mm，直链淀粉含量15.0%。米质较优。

**抗性**：叶瘟0级，穗瘟2.0级，穗瘟损失率1.6%，白叶枯病4.3级，褐飞虱9.0级。抗稻瘟病，中抗白叶枯病，高感褐飞虱。

**产量及适宜地区**：2003年、2004年参加浙江省单季晚粳稻区试，两年平均产量7.86t/hm²，比对照秀水63减产1.3%。2005年浙江省生产试验平均产量8.00t/hm²，比对照秀水63增产7.9%。适宜浙江省晚粳稻地区作为单季晚稻种植。

**栽培技术要点**：①5月下旬至6月上旬播种。②大田净用种量45.0～60.0kg/hm²。③基本苗120.0万苗/hm²。④氮肥折合纯氮225.0～300.0kg/hm²，其中前期肥（基面肥加分蘖肥）占总量的80%～85%，穗肥占15%～20%。⑤3叶前湿润管理，以干为主；有效分蘖期浅水干湿交替，切忌灌深水；当达到穗数苗的80%时开始脱水轻搁田，抽穗期、灌浆期湿润养稻；防止断水过早，保持根系活力，确保秆青籽黄。⑥及时防治病虫害。

# 秀水114 (Xiushui 114)

**品种来源**：浙江省嘉兴市农业科学研究院2003年秋季用高产优质晚粳品种秀水09为母本、粗秆大穗晚粳品系丙03-123为父本杂交配组，2005年嘉兴正季入鉴定圃进行小区产量鉴定，小区编号丙05-114。2009年通过浙江省（浙审稻2009005）和上海市（沪农品审水稻2009第001号）农作物品种审定委员会审定。

**形态特征和生物学特性**：属常规中熟偏早晚粳稻品种。全生育期159.0d，株高99.1cm，株型较紧凑，茎秆粗壮，分蘖力较强。叶色中绿，叶挺，叶鞘包节。穗型较大，穗直立，着粒较密。有效穗数306.0万穗/hm²，成穗率72.5%，穗长16.3cm，每穗总粒数135.1粒、实粒数120.3粒，结实率89.1%，千粒重26.2g。谷粒短圆，无芒，护颖、颖尖秆黄色，落粒性中等。

**品质特性**：浙江省区试结果，整精米率71.3%，糙米长宽比1.75，垩白粒率12.5%，垩白度2.5%，透明度1.5级，胶稠度61.5mm，直链淀粉含量16.1%。

**抗性**：叶瘟0级，穗瘟2.8级，穗瘟损失率2.0%，白叶枯病4.0级，褐飞虱8.0级。抗稻瘟病，中抗白叶枯病，感褐飞虱。对条纹叶枯病抗性较好。耐肥，抗倒伏。

**产量及适宜地区**：嘉兴市单季晚粳稻区试，2006年、2007年平均产量分别为9.21t/hm²、8.57t/hm²，比对照秀水63分别增产10.6%、14.7%（均极显著）。2008年生产试验，平均产量8.78t/hm²，比对照秀水63增产11.8%。湖州市单季晚稻区试，2007年、2008年平均产量分别为8.69t/hm²、8.34t/hm²。上海市晚稻区试，2007年、2008年平均产量分别为9.02t/hm²、9.64t/hm²，比对照分别增产10.0%、14.2%，均极显著。适宜嘉兴、湖州、上海地区种植。2009年至今累计推广24.13万hm²。

**栽培技术要点**：①5月下旬至6月上旬播种，大田净用种量45.0~60.0kg/hm²，基本苗120.0万苗/hm²。②氮肥用纯氮225.0~300.0kg/hm²，其中前期肥（基面肥加分蘖肥）占总量的80%~85%，穗肥占15%~20%。③3叶前湿润管理，以干为主；有效分蘖期浅水干湿交替，切忌灌深水；适时轻搁田，拔节孕穗期间歇灌溉，至剑叶出齐前后建立水层。

# 秀水12（Xiushui 12）

**品种来源**：浙江省嘉兴市农业科学研究院以秀水09为母本、丙03-123为父本杂交配组选育而成，原名丙05-12。2010年通过浙江省农作物品种审定委员会审定（浙审稻2010004）。

**形态特征和生物学特性**：属常规中熟晚粳稻品种。全生育期154.9d，比对照秀水09迟熟2.7d。株高99.9cm，生长整齐，株型适中，茎秆粗壮坚韧，抗倒伏性好，分蘖力中等。剑叶较短、挺直，叶色中绿。直立穗，穗型较大，着粒较密，有效穗数268.5万穗/hm$^2$，成穗率70.4%，穗长17.7cm，每穗总粒数132.6粒，每穗实粒数126.3粒，结实率95.3%，千粒重26.1g。谷粒椭圆形，无芒，稃尖无色，落粒性中等，后期转色好。

**品质特性**：整精米率73.1%，糙米长宽比1.8，垩白粒率24.5%，垩白度4.7%，透明度2级，胶稠度70.0mm，直链淀粉含量17.8%，两年区试米质指标分别达到部颁四级和三级食用稻品种品质。米质中等。

**抗性**：叶瘟0级，穗瘟2.6级，穗瘟损失率2.4%，综合指数均1.2；白叶枯病2.5级；褐飞虱8.0级。抗稻瘟病，中抗白叶枯病，感褐飞虱。

**产量及适宜地区**：2007年、2008年参加浙江省单季常规晚粳稻区试，两年区试平均产量8.31t/hm$^2$，比对照秀水09增产5.8%。2009年生产试验，平均产量8.43t/hm$^2$，比对照秀水09增产5.4%。适宜浙江省粳稻区作为单季稻种植。

**栽培技术要点**：①在浙江北部连作晚稻6月20日播种。②连作晚稻大田用种90～105kg/hm$^2$，秧田播种600kg/hm$^2$。③施足基面肥的基础上，早施重施分蘖肥，后期适施穗肥。有机肥和氮、磷、钾肥配合施用。④齐穗后干湿交替，改善灌浆质量，降秕增重。⑤病虫害防治。加强对稻飞虱等病虫害的防治。

# 秀水122 (Xiushui 122)

**品种来源**：浙江省嘉兴市农业科学研究所以秀水04/秀水27的选株为母本、秀水620为父本杂交配组选育而成，原名丙88-122。分别通过上海市（1992）和江苏省（1993）农作物品种审定委员会审定。

**形态特征和生物学特性**：属常规中熟晚粳稻品种。全生育期150～155d，比对照秀水04早熟1～2d。株高95cm，株型紧凑，分蘖力中等偏强，茎秆弹性好。叶片上举，叶色偏淡，生长清秀，受光好，成穗率较高，着粒较密，成熟度偏差，结实率、千粒重偏低，不易落粒。高峰苗525.0万苗/hm²，有效穗数390.0万穗/hm²，成穗率70%以上，穗长14cm，每穗粒数100粒，结实率86%，千粒重26.5g。无芒，谷粒椭圆形，颖壳、颖尖秆黄色。

**品质特性**：糙米率81.1%，精米率73.6%，整精米率72.1%，糙米长宽比1.6，垩白粒率11%，垩白度1.2%，透明度2级，碱消值6.0级，胶稠度82mm，直链淀粉含量14.7%，蛋白质含量8.2%。外观品质较好，腹白小，米质中等偏上，优于对照早单八和秀水04。

**抗性**：抗倒伏性较强。抗稻瘟病和白叶枯病，易感条纹叶枯病。

**产量及适宜地区**：①上海市单季晚稻区试，1990年平均产量7.49t/hm²，比对照秀水04增产2.2%，未达显著水平；1991年平均产量8.03t/hm²，比对照秀水04增产4.9%，未达显著水平。1991年生产试验，平均产量8.08t/hm²，比对照秀水04增产6.3%。②江苏省单季晚粳（糯）区试，1990年、1991年两年平均产量8.93t/hm²，比对照秀水04增产4.2%，达显著水平。适宜上海、浙江、江苏推广种植。1991—1997年累计推广49.8万hm²。

**栽培技术要点**：①单季稻5月20～25日播种，秧龄25～30d，秧田播种量450～600kg/hm²。后季稻6月15～20日播种。②移栽密度同秀水04。③施肥掌握"前重、中稳、后补足"的原则，即在总施肥量同秀水04的情况下，适当减少中后期肥料，有利于提高结实率。④注意对纹枯病和稻曲病的防治。

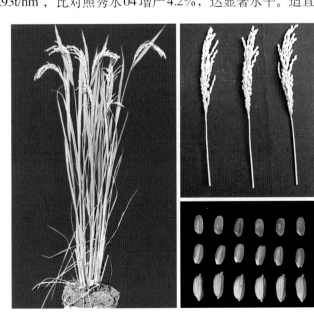

# 秀水123 (Xiushui 123)

**品种来源**：浙江省嘉兴市农业科学研究院以HK21为母本、R9941为父本杂交配组选育而成，原名丙03-123。分别通过上海市（2007）、浙江省（2008）和国家（2011）农作物品种审定委员会审定。

**形态特征和生物学特性**：属常规中熟晚粳稻品种。全生育期151.0d，比对照秀水63迟熟0.8d。株高101.3cm，茎秆粗壮，分蘖力中等，剑叶短，叶较阔。穗型较大，着粒较密，穗直立，结实率高，转色较好，丰产性好。有二次灌浆现象。有效穗数273.0万穗/hm²，成穗率78.4%，穗长17.0cm，每穗总粒数152.7粒，每穗实粒数141.2粒，结实率92.5%，千粒重26.5g。谷粒椭圆形，谷壳黄色偶带少量褐斑，较易落粒，秆尖和谷壳同色，无芒。

**品质特性**：整精米率65.6%，籽粒长宽比1.7，垩白粒率20%，垩白度4.2%，胶稠度74mm，直链淀粉含量15.9%，达到国家三级优质稻标准。

**抗性**：感稻瘟病，中抗白叶枯病，高感褐飞虱，中感条纹叶枯病。浙江省抗性鉴定结果，叶瘟0级，穗瘟1.5级，穗瘟损失率1.0%，白叶枯病3.0级，褐飞虱9.0级。抗稻瘟病，中抗白叶枯病，感褐飞虱。

**产量及适宜地区**：长江中下游单季晚粳稻组品种区试，2008年平均产量8.37t/hm²，比对照常优1号增产4.4%，达极显著水平；2009年平均产量8.39t/hm²，比对照常优1号减产0.2%。2010年生产试验，平均产量9.01t/hm²，比对照常优1号增产1.0%。浙江省单季晚粳稻区试，2006年平均产量8.78t/hm²，比对照秀水63增产11.0%，达极显著水平；2007年平均产量8.89t/hm²，比对照秀水63增产17.4%，达极显著水平。适宜上海、浙江粳稻区作为单季稻种植。2007—2013年累计推广19.4万hm²。

**栽培技术要点**：①大田移栽用种量45.0～52.5kg/hm²，直播用种量37.5～45.0kg/hm²。②秧龄25～28d，栽插行株距23.3cm×10cm或20cm×13.3cm，每穴栽插2～3苗。③大田施纯氮195.0～225.0kg/hm²，配施磷、钾肥。施足基肥，施好分蘖肥，适施穗肥。移栽后深水护苗，返青后浅水分蘖，分次搁田，孕穗期保持浅水层，扬花期、灌浆期干湿交替灌溉，保持田间湿润。④注意稻瘟病、条纹叶枯病、纹枯病、稻曲病、螟虫、稻飞虱等病虫害防治。

# 秀水128（Xiushui 128）

**品种来源**：浙江省嘉兴市农业科学研究院2000年秋季以晚粳中间材料丙98101/R9936的选株为母本与HK21杂交配组选育而成，原名丙03-128。分别通过上海市（2006）和浙江省（2007）农作物品种审定委员会审定。

**形态特征和生物学特性**：属常规中熟晚粳稻品种。浙江省区试，全生育期单季栽培158d、双季栽培140d，比对照秀水110早熟1.7d，株高96.0cm。上海市区试，全生育期156.4d，株高97.0cm。感光性较强。株型较紧凑，茎秆粗壮，分蘖力较强，生长整齐。叶色绿，剑叶上举，矮秆包节。穗大粒多，结实率高，穗略弯，熟色好。浙江省区试，有效穗数324.0万穗/hm²，成穗率72.2%，穗长15.4cm，每穗总粒数130.7粒，每穗实粒数114.2粒，结实率87.4%，千粒重24.7g。上海市区试，有效穗数300.0万穗/hm²，每穗总粒数135~140粒，结实率92%，千粒重25.2g。谷粒短、椭圆形，着粒较密，谷色黄，颖尖无芒。

**品质特性**：整精米率71.5%，糙米长宽比1.9，垩白粒率15.0%，垩白度1.9%，透明度2级，胶稠度72.0mm，直链淀粉含量14.4%。

**抗性**：叶瘟0级，穗瘟1.5级，穗瘟损失率2.9%，白叶枯病4.0级，褐飞虱9.0级。抗稻瘟病和白叶枯病，高感褐飞虱。田间病害轻。耐肥，抗倒伏。

**产量及适宜地区**：嘉兴市单季晚粳稻区试，2004年和2005年平均产量分别为8.87t/hm²和8.31t/hm²；2006年嘉兴市生产试验，平均产量9.07t/hm²。湖州市单季晚粳稻区试，2004年和2005年平均产量分别为8.59t/hm²和7.71t/hm²。上海市两年区试平均产量8.31t/hm²。适宜上海、浙北、苏南种植。2006—2013年累计推广37.27万hm²。

**栽培技术要点**：①播前药剂浸种。单季移栽5月25日播种，秧田播种量375~450kg/hm²，大田用种量45~55kg/hm²，秧龄不宜超过30d；单季直播稻5月下旬至6月上旬播种，用种量37~45kg/hm²。②单季移栽行株距20cm×16cm或23cm×13cm，密度30万穴/hm²，基本苗90万~120万苗/hm²；双季栽培，基本苗150万~210万苗/hm²。③单季稻大田纯氮总用量180~225kg/hm²，基面肥、追肥、长粗肥、穗肥比例3：4：3：2。双季稻适当减少氮肥用量，追肥在移栽后7d一次性施用。适时及时分次搁田。扬花期遇高温或9月遇寒潮及时提前灌深水。④及时防治病虫害。

# 秀水13（Xiushui 13）

**品种来源**：浙江省嘉兴市农业科学研究所以秀水47为母本、秀水31为父本杂交配组选育而成，原名丙95-13。分别通过湖北省（2002）和国家（2003）农作物品种审定委员会审定。

**形态特征和生物学特性**：属常规中熟晚粳稻品种。全生育期134.6d，比对照秀水63迟熟14d。株高86.6cm。株型集散适中，分蘖力强，叶片窄挺、色淡。成穗率高，后期转色佳，易落粒。有效穗数391.5万穗/hm²，穗长14.9cm，每穗总粒数92.6粒，结实率79.9%，千粒重25.4g。颖壳、护颖、颖尖均为秆黄色。

**品质特性**：整精米率64.6%，糙米长宽比1.8，垩白粒率62.5%，垩白度6%，胶稠度80mm，直链淀粉含量15.5%。

**抗性**：叶瘟7.7级，穗瘟9.0级，白叶枯病5.0级，褐飞虱8.0级。

**产量及适宜地区**：①国家区试双季晚粳组，1999年平均产量7.68t/hm²，比对照秀水11和秀水63分别增产9.7%和4.0%，均达极显著水平；2000年平均产量7.31t/hm²，比对照秀水63增产6.27%，达极显著水平。2001年生产试验，平均产量8.81t/hm²，比对照秀水63增产7.06%。②湖北省2000年、2001年晚稻品种区试，两年平均产量7.16t/hm²，比对照鄂宜105增产8.89%。适宜湖北、安徽、浙江、江苏、上海市等长江流域稻瘟病轻发区作为单季稻种植。2003—2010年累计推广4.07万hm²。

**栽培技术要点**：①在浙江北部连作晚稻6月20日播种。②连作晚稻大田用种90～105kg/hm²，秧田播种600kg/hm²。③施足基面肥的基础上，早施重施分蘖肥，后期适施穗肥。有机肥和氮、磷、钾肥配合施用。④齐穗后干湿交替，改善灌浆质量，降秕增重。⑤病虫害防治。加强对稻瘟病、白叶枯病及稻飞虱等病虫害的防治。

# 秀水132 （Xiushui 132）

**品种来源**：浙江省嘉兴市农业科学研究院以秀水09为母本、K11为父本杂交配组选育而成，原名丙04-132。2008年通过浙江省农作物品种审定委员会审定（浙审稻2008004）。

**形态特征和生物学特性**：属常规中熟晚粳稻品种。全生育期156.5d，比对照秀水63早熟3.5d。株高91.6cm，株型较紧凑，矮秆包节，茎秆粗壮，分蘖力中等。叶色青绿，叶姿挺，剑叶较狭上举。穗半直立，穗型较大，着粒中等，千粒重中等，熟色较好，较易落粒。有效穗数325.5万穗/hm²，成穗率67.6%，穗长16.1cm，每穗总粒数132.1粒，每穗实粒数111.4粒，结实率84.4%，千粒重25.1g。穗顶谷有短芒，谷粒短圆，谷色淡黄。

**品质特性**：整精米率69.7%，糙米长宽比1.8，垩白粒率31.0%，垩白度3.4%，透明度2级，胶稠度76mm，直链淀粉含量15.7%，两年区试米质指标分别达到部颁四级和三级食用稻品种品质。

**抗性**：叶瘟0级，穗瘟2.0级，穗瘟损失率3.9%，白叶枯病4.5级，褐飞虱7.0级。抗稻瘟病，中抗白叶枯病，感褐飞虱。

**产量及适宜地区**：2005年、2006年参加嘉兴市单季晚粳稻区试，两年区试平均产量8.45t/hm²，比对照秀水63增产6.5%。2007年生产试验，平均产量8.03t/hm²，比对照秀水63增产10.2%。适宜嘉兴、湖州地区作为单季稻种植。

**栽培技术要点**：适期播栽，适当增加基本苗，注意防治褐飞虱。

# 秀水134（Xiushui 134）

**品种来源**：浙江省嘉兴市农业科学研究院以丙95-59//测212/RH的选株为母本、丙03-123为父本杂交配组选育而成，原名丙06-134。分别通过浙江省（2010）和上海市（2011）农作物品种审定委员会审定。

**形态特征和生物学特性**：属常规中熟晚粳稻品种。全生育期152.2d，株高97.0cm，株型较紧凑，茎秆粗壮，分蘖力中等，生长整齐。剑叶较短挺，叶色中绿，叶鞘包节。穗直立，穗型较大，着粒较密，后期转色好。有效穗数252.0万穗/hm²，成穗率73.8%，穗长16.2cm，每穗总粒数143.9粒、实粒数131.7粒，结实率91.6%，千粒重26.1g。谷壳较黄亮，偶有褐斑，无芒，颖尖无色，谷粒椭圆形。

**品质特性**：整精米率72.5%，糙米长宽比1.7，垩白粒率27.0%，垩白度4.0%，透明度2级，胶稠度70mm，直链淀粉含量16.6%。

**抗性**：叶瘟0级，穗瘟2.1级，穗瘟损失率0.9%，综合指数分别为0.7和1.3；白叶枯病3.0级，褐飞虱8.0级。抗稻瘟病，中抗白叶枯病，中感条纹叶枯病，感褐飞虱。抗倒伏性较强。

**产量及适宜地区**：2008年、2009年浙江省单季常规晚粳稻区试，两年平均产量8.36t/hm²。2009年生产试验，平均产量8.81t/hm²。上海市两年区试，平均产量9.13t/hm²。适宜浙江、上海粳稻区种植。2010年至今累计推广71.33万 hm²。

**栽培技术要点**：①单季移栽5月下旬播种，大田用种量45kg/hm²，秧田播种量450kg/hm²，

秧龄掌握在25～30d，6月下旬移栽；单季直播稻5月底或6月上旬播种，用种量37.5～52.5kg/hm²，控制最高苗450万苗/hm²。②单季晚稻种植，行株距23cm×13cm，插栽30万穴/hm²，基本苗90.0万苗/hm²，直播栽培基本苗90万～120万苗/hm²，秧苗4～5叶期注意疏密补稀；后茬稻种植，密度与基本苗可比单季稻适当提高。③浅水促分蘖，适时分次适度搁田，抽穗期、灌浆期湿润养稻，注意搁田不可过度，齐穗后干湿交替灌溉。④加强病虫草害防治。

# 秀水17 (Xiushui 17)

**品种来源**：浙江省嘉兴市农业科学研究所以丙815为母本、秀水122为父本杂交配组选育而成，1991年定型，原名丙91-17。分别通过上海市（1995）和浙江省（1997）农作物品种审定委员会审定。

**形态特征和生物学特性**：属常规中熟晚粳稻品种。浙北地区全生育期单季稻150～155d，连作晚稻135～138d，与对照秀水122相仿。感光性较强，分蘖力较强，属穗粒兼顾型；株型紧凑，茎秆粗壮，叶挺而窄，叶色淡。单、双季通用。单季种植，株高95～105cm，叶龄16.5～17.5叶，有效穗数375.0万～420.0万穗/hm²，每穗粒数90～105粒；连作晚稻栽培，株高80～85cm，叶龄14～15叶，有效穗数420.0万～480.0万穗/hm²，每穗粒数65～75粒，结实率85%～90%，千粒重25.5～26.5g。

**品质特性**：直链淀粉含量16.8%，碱消值7级，胶稠度75mm。

**抗性**：叶瘟1.8级，穗瘟1.6级，白叶枯病3.6级，对褐飞虱生物Ⅰ型与白背稻虱也有一定抗性。耐肥，抗倒伏。

**产量及适宜地区**：浙江省晚粳稻区试，1994年、1995年平均产量分别为6.46t/hm²、6.04t/hm²，比对照秀水11分别增产5.1%、0.3%。1996年生产试验，平均产量6.35t/hm²，比对照秀水11减产2.1%。上海市单季稻品种区试，1993年、1994年平均产量分别为8.22t/hm²、9.17t/hm²。1994年生产试验，平均产量8.48t/hm²，比对照增产11.8%，达极显著水平。适宜浙江、上海晚稻种植。1994—1998年累计推广21.07万hm²。

**栽培技术要点**：①适时播种。单季稻5月25日前后播种，连作晚稻6月20～25日播种。②培育壮秧。秧田播种量单季稻300～375kg/hm²，连作晚稻525～600kg/hm²。③合理密植。单季稻行株距20.0cm×13.3cm或23.3cm×10.0cm，每穴栽插双苗；连作晚稻行株距15.0cm×13.3cm或16.7cm×11.7cm，基本苗保证180万～210万苗/hm²。④科学用肥。后肥不能过迟、过重，配施钾肥。施足基面肥的前提下，单季稻分次施好分蘖肥、长粗肥和穗肥；连作晚稻早施分蘖肥，适施穗肥。⑤加强水分管理。适时分次搁田，灌浆阶段多灌跑马水，干湿交替。⑥防治病虫害。播前药剂浸种，及时防治纹枯病、稻曲病及稻纵卷叶螟、二化螟、蚜虫等病虫害。

# 秀水209 (Xiushui 209)

**品种来源**：浙江省嘉兴市农业科学研究院以丙93-207为母本、秀水11//宁67/嘉45的选株为父本杂交配组选育而成，原名丙98-209。2003年通过浙江省农作物品种审定委员会审定（浙审稻2003004）。

**形态特征和生物学特性**：属常规中熟晚粳稻品种。全生育期136d，比对照秀水63长2.4d。株型紧凑，分蘖力中等，穗型中等偏大，为穗粒兼顾类型，丰产性较好，有效穗数328.5万穗/hm²，每穗实粒数85.9粒，结实率92.7%，千粒重26.4g。

**品质特性**：糙米率、精米率、整精米率、糙米粒长、糙米长宽比、碱消值、胶稠度、直链淀粉含量符合部颁一级食用优质米标准，垩白度、透明度符合部颁二级食用优质米标准。米质较好。

**抗性**：中抗稻瘟病和白叶枯病，感细菌性条斑病、褐飞虱和白背稻虱。稻瘟病抗性优于秀水63。

**产量及适宜地区**：2000年、2001年参加浙江省晚粳稻区试，两年区试平均产量6.89t/hm²，比对照秀水63增产3.5%。2002年生产试验，平均产量6.53t/hm²，比对照秀水63增产0.22%。适宜浙江全省作为连作晚稻栽培。

**栽培技术要点**：①5月下旬至6月上旬播种。②大田净用种量45.0～60.0kg/hm²。③基本苗120.0万苗/hm²。④氮肥用纯氮225.0～300.0kg/hm²，其中前期肥（基面肥加分蘖肥）占总量的80%～85%，穗肥占15%～20%。⑤3叶前湿润管理，以干为主；有效分蘖期浅水干湿交替，切忌灌深水；当达到穗数苗的80%时开始脱水轻搁田；抽穗期、灌浆期湿润养稻，防止断水过早，确保秆青籽黄。⑥及时防治病虫害。

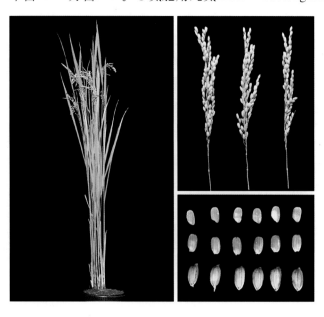

# 秀水217 (Xiushui 217)

**品种来源**：浙江省嘉兴市农业科学研究院以丙94-168/丙95-237的选株为母本、丙89-90/JF81的选株为父本杂交配组选育而成，原名丙98-217。2003年通过浙江省农作物品种审定委员会审定（浙审稻2003005）。

**形态特征和生物学特性**：属常规中熟晚粳稻品种。全生育期136.4d，比对照秀水63迟熟2.8d。株型集散适中，分蘖力偏弱，穗型较大，丰产性好。有效穗数310.5万穗/hm²，每穗实粒数90.8粒，结实率89.9%，千粒重28g。

**品质特性**：糙米率、精米率、整精米率、糙米粒长、糙米长宽比、碱消值、胶稠度、直链淀粉含量符合部颁一级食用优质米标准，垩白度、透明度符合部颁二级食用优质米标准。

**抗性**：中抗稻瘟病、白叶枯病和细菌性条斑病，感褐飞虱和白背稻虱。

**产量及适宜地区**：2000年、2001年浙江省晚粳稻区试，两年平均产量7.04t/hm²。比对照秀水63增产5.28%。2002年生产试验，平均产量6.50t/hm²，比对照秀水63减产0.37%。适宜浙江省作为连作晚稻栽培。2005年累计推广6 700hm²。

**栽培技术要点**：①适时播种，培育壮秧。连作晚稻6月25日播种，秧田播种量525kg/hm²，大田用种量75kg/hm²。秧田施好断奶肥、起身肥，秧龄不超过35d。②合理密植。要求匀栽浅插，随着移栽期的推迟，相应增加基本苗数。行株距16.7cm×（10.0～13.3）cm，每穴栽插3～4苗。③肥水管理。施足基肥，早施分蘖肥的基础上看苗看田适施穗肥，增加有效穗数和每穗粒数。总用肥量41.25～45t/hm²标准肥，配施钾肥。深水护苗，浅水促蘖。齐穗后干湿交替。④病虫害防治。根据各地植保部门病虫情预测预报，注意对纹枯病、稻曲病和螟虫、稻纵卷叶螟、稻虱等病虫害的预防。

# 秀水223 (Xiushui 223)

**品种来源**：浙江省嘉兴市农业科学研究院以264为母本、229/宁1//209的选株为父本杂交配组，2001年春季在海南繁育定型选育而成，原名丙01-223。2006年通过浙江省农作物品种审定委员会审定（浙审稻2006015）。

**形态特征和生物学特性**：属常规中熟晚粳稻品种。全生育期137.8d。株高85cm，感光性强，矮秆包节，根系活力旺盛，剑叶上举，叶窄而挺，叶色中绿，穗长而着粒偏稀，分蘖力、成穗率中等，灌浆一致，有效穗数306.0万穗/hm²，成穗率74.7%，穗长17.5cm，每穗总粒数102.1粒，每穗实粒数93.0粒，结实率91.1%，千粒重26.4g。粒椭圆形，易落粒。

**品质特性**：精米率76.6%，整精米率70.6%，糙米长宽比2.0，垩白粒率6.5%，垩白度0.9%，透明度1.3级，胶稠度68.3mm，直链淀粉含量16.0%。

**抗性**：叶瘟0级，穗瘟0.5级，穗瘟损失率0.5%，白叶枯病3.8级，褐飞虱7.0级。

**产量及适宜地区**：2003年、2004年浙江省双季晚粳稻区试，两年平均产量6.82t/hm²，比对照秀水63减产0.3%。2005年生产试验，平均产量6.25t/hm²，比对照秀水63增产3.0%。适宜浙江省晚粳稻地区作为连作晚稻种植。

**栽培技术要点**：①育好壮秧。连作晚稻栽培，6月25日播种，秧田播种量450.0kg/hm²，大田用种量75.0kg/hm²；适龄移栽，秧龄不超过35d。②合理密植。行株距16.7cm×13.3cm，每穴栽插4苗，基本苗10万苗/hm²。③管好肥水。施好基肥、断奶肥、起身肥；在施足基面肥基础上，早施、重施分蘖肥，看苗适施穗肥，基面肥、分蘖肥、穗肥比6：3：1，配施钾肥。做好深水护苗，浅水促蘖，适时分次搁田；齐穗后干湿交替。④病虫害防治。及时防治稻飞虱、稻蓟马；注意预防纹枯病和螟虫、稻纵卷叶螟、蚜虫等。

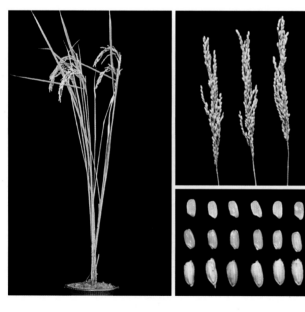

# 秀水24 (Xiushui 24)

**品种来源**：浙江省嘉兴市农业科学研究所以秀水04/湘虎25为母本、秀水04为父本杂交配组选育而成，原名C85-24。1989年通过嘉兴市农作物品种审定委员会审定。

**形态特征和生物学特性**：属常规中熟晚粳稻品种。全生育期132～134d，比对照秀水04早熟2d。株高75～80cm，株型紧凑，茎秆坚韧，茎壁厚，分蘗力强。叶色淡，叶片短厚，挺直，剑叶开角小。穗型大，着粒密。有效穗数465.0万～480.0万穗/hm²，比秀水04多30.0万～45.0万穗/hm²，每穗总粒数65～70粒，每穗实粒数60～65粒，结实率85%～90%，千粒重24g，比对照秀水04低0.5～1.0g。粒型较小，短圆，谷壳呈秆黄色。

**品质特性**：充实饱满，米粒腹白小于对照秀水04，外观品质好。

**抗性**：对稻瘟病、白叶枯病具有较强抗性，纹枯病较轻。耐肥，抗倒伏。

**产量及适宜地区**：一般产量6.00t/hm²，高产田块可超6.75t/hm²。嘉兴市晚粳稻区试，1986年平均产量6.54t/hm²，比对照秀水48增产13.7%；1987年平均产量6.51t/hm²，比对照秀水04减产2%。适宜代替秀水04、秀水48等品种，在嘉兴地区作为连作晚稻栽培。1990—1996年累计推广6.5万hm²。

**栽培技术要点**：①适期播种。浙北地区6月25日播种，9月23日前齐穗。②合理施肥，早施追肥，增施钾肥。在225kg/hm²有机肥基础上，大田氮肥总用量（以碳酸氢铵为标准）825～900kg/hm²，配施氯化钾75～112.5kg/hm²。施肥方法上，前期足，促早发，注意看苗补施穗肥，争取大穗。③科学灌水，分次搁田。秀水24为上位根系，不宜一次全搁，要求分次搁田。后期掌握干干湿湿，以湿为主，保持根系活力。④秀水24虽然较秀水04抗白叶枯病，但田间仍有零星发病情况，要做好秧田防治工作。

# 秀水27（Xiushui 27）

**品种来源**：浙江省嘉兴市农业科学研究所以松金/测21的选株为母本（其中松金为松江老来青/金南风）、辐农709//窄松2/桐青晚朋测21为父本（其中窄松2为家叶青/松台//松台），原名C82-27。1985年通过嘉兴市农作物品种审定委员会审定，同年通过浙江省农业主管部门认定（浙品认字第042号）。

**形态特征和生物学特性**：属常规中熟晚粳稻品种。全生育期浙北单季种植155d，连作晚稻种植140d。株高75～80cm，半矮生型，株型紧凑，茎秆粗壮坚韧，分蘖力中等。苗期叶挺，抽穗后剑叶上举。穗呈叶下禾，成穗率高，穗偏长，着粒偏稀，谷粒大而饱满，落粒容易，不带小枝梗。单株有效穗数9.8穗，穗长22.0cm，每穗粒数94.0粒，千粒重30～33g，结实率90%以上。

**品质特性**：米粒大而圆厚，无心白，腹白小，米粒玉色。糙米率83.4%，精米率78.7%，整精米率75.2%，碱消值7级，胶稠度72mm，直链淀粉含量18.7%（低），米饭食味佳。

**抗性**：抗稻瘟病，中感白叶枯病。耐肥、耐寒力强。

**产量及适宜地区**：浙江省晚粳稻区试，1984年、1985年平均产量分别为6.66t/hm$^2$、5.23t/hm$^2$，比对照秀水48分别增产4.5%、11.6%。钱塘江以北宜作为单季稻种植，可早茬口上作为连作晚稻种植，钱塘江以南地区作为连作晚稻种植。

**栽培技术要点**：①适时早播，培育壮秧。浙北单季稻5月25日播种，秧龄不超过35d，连作晚稻6月20日播种，8月初前移栽。单季晚稻秧田播种量375kg/hm$^2$，连作晚稻播种量450～675kg/hm$^2$。②合理密植，少插苗。单季晚稻行株距16.7cm×13.3cm，每穴栽插1～2苗。连作晚稻每穴栽插2～3苗。③增施肥料，合理施用。单季晚稻平衡促进，适施穗肥，连作晚稻要求施足基肥，早施追肥。④注意水分管理。分次搁田，不宜重搁。灌浆期防止断水过早，保持干干湿湿，以湿为主。⑤病虫害防治。在秧田3叶期和拔秧前3～5d，用叶青双防治白叶枯病等病虫害。

# 秀水33 (Xiushui 33)

**品种来源**：浙江省嘉兴市农业科学研究院以甬单6号/丙98101的选株为母本、秀水994为父本杂交配组选育而成，原名丙03-33。2007年通过浙江省农作物品种审定委员会审定（浙审稻2007001）。

**形态特征和生物学特性**：属常规中熟晚粳稻品种。全生育期150.8d，比对照秀水63迟熟2.0d。株高97.5cm，株型较紧凑，整齐度好，分蘖力较强。剑叶挺，叶色较浅。密穗型，穗型中等，结实率较高，后期转色好，丰产性好。有效穗数313.5万穗/hm²，成穗率78.9%，穗长16.0cm，每穗总粒数132.8粒，每穗实粒数121.7粒，结实率91.6%，千粒重25.4g。籽粒短圆。

**品质特性**：整精米率67.3%，糙米长宽比1.9，垩白粒率38.3%，垩白度7.3%，透明度2级，胶稠度63.3mm，直链淀粉含量14.4%，米质较好。

**抗性**：叶瘟0级，穗瘟1.5级，穗瘟损失率3.2%，白叶枯病3.0级，褐飞虱9.0级。

**产量及适宜地区**：2005年、2006年浙江省单季晚粳稻区试，两年平均产量8.94t/hm²，比对照秀水63增产10.5%。2006年生产试验，平均产量8.86t/hm²，比对照秀水63增产15.0%。适宜浙江省粳稻区作为单季晚稻种植。2008—2009年累计推广1.9万hm²。

**栽培技术要点**：①浙北地区单季晚稻移栽，播种期6月25日，秧田播种量400～450kg/hm²，本田用种量26～30kg/hm²，秧龄25～30d，培育带蘖壮秧。单季晚稻直播，6月5日播种，播种量45kg/hm²。②单季晚稻种植，行株距21cm×13cm，栽插30万穴/hm²，基本苗75万～100万苗/hm²。③总用肥量折纯氮230～250kg/hm²，增施氯化钾180kg/hm²，基肥、苗肥、分蘖肥、穗肥施用比例3：2：3：2。④栽后深水护苗，浅水分蘖促早发。直播田播种后不能灌水，出苗后视天气灌水，2叶后保持浅水。适时分次适度搁田，抽穗灌浆阶段保持干湿交替，后期切勿断水过早。⑤注重条纹叶枯病及稻纵卷叶螟的防治，后期重点做好褐飞虱、稻曲病的防治。

# 秀水37（Xiushui 37）

**品种来源**：浙江省嘉兴市农业科学研究所1983年春季在海南以秀水02（全生育期125d的中粳）为母本、秀水27（全生育期为145d的迟熟晚粳）为父本杂交配组，1986年春季海南加代定型选育而成，原名C86-37。1988年通过嘉兴市农作物品种审定委员会审定，1991年通过浙江省农业主管部门认定（浙品认字第147号）。

**形态特征和生物学特性**：属常规特早熟晚粳稻品种。浙北连作晚稻栽种，全生育期115～118d，比对照秀水48早熟15d。株高70cm，株型集散适中，分蘖力中等偏强。叶色浓绿，叶片短窄，剑叶开角小。穗短，着粒较密，有效穗数525.0万～540.0万穗/hm²，每穗总粒数65～70粒、实粒数60～65粒，结实率85%～90%，千粒重26～27g。谷粒椭圆形，稃尖秆黄色。

**品质特性**：糙米率83.5%，碱消值7级，胶稠度75mm，直链淀粉含量15.8%。米质较优。

**抗性**：1985—1987年人工接种稻瘟病分别为3级、2.5级和2.5级。

**产量及适宜地区**：一般产量6.00t/hm²。嘉兴市晚稻品种区试，1986年平均产量6.46t/hm²，比对照秀水48增产12.36%；1987年平均产量6.68t/hm²，比对照秀水04增产1.5%。适宜浙北等三熟制地区作为连作晚稻种植，长江以北地区作为单季晚稻栽培。1988—1992年累计推广11.1万hm²。

**栽培技术要点**：①浙北可在7月5～8日播种，钱塘江以南7月10日播种。②秧龄20～25d，播种量1 125.0～1 500.0kg/hm²，秧本比1：10～12；秧龄25～30d，播种量900.0～

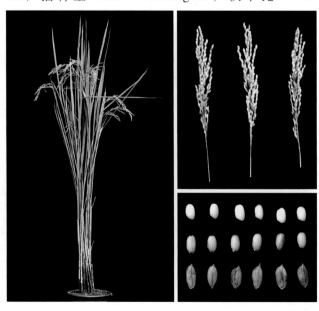

1 125.0kg/hm²，秧本比1：8～10。③播前晒种，室内浸种及薄层催芽；傍晚播种；2叶1心后保持秧板浅层水；及时施好断奶肥、起身肥；移栽前集中喷药治虫。④有效穗数525万穗/hm²，插足52.5万～60.0万穴/hm²，每穴栽插4～5苗。⑤加强肥水管理，促早发，争多穗，保粒数。坚持午后插秧和深水护苗；栽后5d施分蘖肥，配以浅水促早发缺钾田块施用钾肥。看苗适施保花肥，灌浆阶段保持干干湿湿。⑥注意防治螟虫、稻纵卷叶螟、蚜虫危害。

# 秀水390 (Xiushui 390)

**品种来源**：浙江省嘉兴市农业科学研究院以丙98111为母本与丙90289杂交配组选育而成，原名丙93-390。2000年通过浙江省农作物品种审定委员会审定（浙品审字第212号）。

**形态特征和生物学特性**：属常规中熟晚粳稻品种。全生育期130d。株型集散适中，茎秆粗壮，分蘖力强，耐肥，抗倒伏性较好，后期生长清秀，青秆黄熟。密穗型，成穗率高，穗型中等。高产田块有效穗数405.0万～510.0万穗/hm²，每穗实粒数60～75粒，千粒重25～26g，结实率90%。

**品质特性**：谷粒较饱满，整米率高，透明度好，外观米质洁白，米饭清香柔软，冷热均适口。

**抗性**：1998年永丰品种比较试验点抗病性考查，纹枯病发病率8.23%，病情指数2，稻瘟病发病率1.27%，病情指数0.25，基腐病株发病率0.6%，均轻于其他参试品种。抗倒伏。

**产量**：余姚市1996年引进，品比产量7.91t/hm²，比对照甬粳380增产9.3%；余姚市农业局22块田试种4.1hm²，实产验收平均产量8.62t/hm²，有3块田产量超9.00t/hm²，平均产量9.17t/hm²。其中高产示范方14.31hm²，平均产量7.65t/hm²。余姚市1997年示范，品比产量居首位，产量6.59t/hm²，大田产量6.70t/hm²，比当家品种宁670增产6.3%。1996—1997年累计推广2.87万hm²。

**栽培技术要点**：①7月3日播种，7月底前抛栽。用种量75.0kg/hm²，秧本比1 ：（28～29），采用烯效唑浸种和化调控矮技术。②抛栽1 200～1 650盘/hm²，抛后3～5d拔密补稀、整苗、匀苗，确保全田匀株密植。③重基早追增磷、钾，基肥在稻草还田的情况下，施入碳酸氢铵750.0kg/hm²，过磷酸钙375.0kg/hm²，追肥抛后5d结合除草施尿素112.5～150.0kg/hm²，氯化钾112.5kg/hm²，隔4～5d再施尿素2.5～5kg/hm²，有条件的喷粒粒宝根外追肥，达到青秆活熟，粒粒饱满。④始穗期做好稻曲病和蚜虫防治工作。水分管理前期以护苗、立苗、浅灌勤灌促早发为前提，抓好中后期的管理。搁田宜轻、多次，田间开细裂即可；收割前保持田间湿润硬实不陷脚，防止断水过早和割青现象发生。

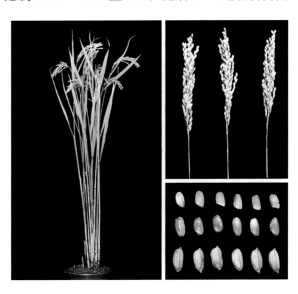

# 秀水40 (Xiushui 40)

**品种来源**: 浙江省嘉兴市农业科学研究所1979年春季在海南岛以测21为母本与南粳35为父本杂交配组选育成,1981年定型,原名C81-40。1985年通过嘉兴市农作物品种审定委员会审定。

**形态特征和生物学特性**: 属常规中熟中粳稻品种。浙北全生育期120d,比典型晚粳全生育期140d早熟20d。株高80～85cm,株型紧凑,茎秆矮壮,分蘖力弱。叶色较深,叶片微内卷,叶鞘包节,剑叶上举。千粒重高,属穗重型品种。穗长,着粒较密,成穗率高。每穗75～90粒,结实率90%。谷粒带褐斑,米粒外形美观,呈琥珀色。

**品质特性**: 碱消值7级,胶稠度77mm,直链淀粉含量17.6%。无心腹白。米饭香软,食味佳,省、市粳稻品质评比,多次名列前茅。

**抗性**: 抗稻瘟病,持有广谱抗稻瘟病基因 $Pi\text{-}ta^2$。中感白叶枯病。耐寒性较好,耐肥、抗倒伏力较强。

**产量及适宜地区**: 一般产量5.25t/hm²。嘉兴市晚粳稻区试,1983年平均产量5.90t/hm²,比对照油优6号增产2.8%;1984年产量5.89t/hm²,比对照秀水48减产9.2%。嘉兴市连作晚稻不同茬口试验,7月27日早茬口移栽,平均产量6.73t/hm²,比对照秀水48增产1.8%。适宜浙北作为二熟制连作晚稻种植,也可作为麦豆稻或西瓜稻的后季稻种植。

**栽培技术要点**: ①适期播种移栽,严格控制秧龄。浙北连作晚稻种植6月30日播种,7月底至8月初移栽,秧龄不超过35d,早种早收。单季稻栽培6月10日播种,秧龄不超过25d。麦豆稻等后季稻视移栽期而确定播种期。②培育壮秧,少苗密植。基本苗插足300万苗/hm²以上,在一定穗数基础上发挥穗重优势。③合理施肥,施足基肥。连作晚稻、单季晚稻种植施肥均要求前期足,促早发,后肥控制用量。重视中后期水分管理,适时适度搁田,不宜重烤;灌浆期以干干湿湿,湿润为主,适应半矮生型品种上层根系分布土表的特点,有利于提高稻米品质。④注意防治白叶枯病。秧田3叶期及移栽前用叶青双药剂预防,有良好的效果。

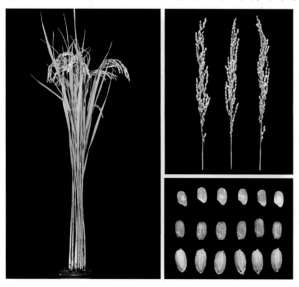

# 秀水414（Xiushui 414）

**品种来源**：浙江省嘉兴市农业科学研究院以秀水09为母本、甬单6号/丙98101//秀水994的选株为父本杂交配组选育而成，原名丙07-414。2011年通过浙江省农作物品种审定委员会审定（浙审稻2011006）。

**形态特征和生物学特性**：属常规中熟晚粳稻品种。全生育期143.0d，比对照秀水63迟熟1.8d。株高91.5cm，感光性较强，生长整齐，茎秆粗壮，分蘖力中等。剑叶短挺，叶色中绿，后期转色好。有效穗较多，穗型较大，着粒较密，有效穗数307.5万穗/hm²，成穗率75.7%，穗长16.2cm，每穗总粒数124.9粒，每穗实粒数101.9粒，结实率80.9%，千粒重24.7g。谷壳淡黄色，颖尖无色，无芒，谷粒椭圆形。

**品质特性**：整精米率70.0%，糙米长宽比1.7，垩白粒率21.5%，垩白度3.6%，透明度2级，胶稠度80mm，直链淀粉含量18.4%，两年区试米质各项指标均达到部颁三级食用稻品种品质。米质较好。

**抗性**：叶瘟0.6级，穗瘟1.0级，穗瘟损失率6.8%，综合指数1.4；白叶枯病3级；褐飞虱5.0级；条纹叶枯病2.0级。抗稻瘟病，中抗白叶枯病、褐飞虱和条纹叶枯病。抗倒性较强。

**产量及适宜地区**：2009年、2010年参加浙江省双季晚粳稻区试，两年区试平均产量7.55t/hm²，比对照秀水63增产7.2%。2010年生产试验，平均产量7.23t/hm²，比对照秀水63增产5.6%。适宜浙江省粳稻区作为连作稻种植。

**栽培技术要点**：栽培上注意后期不宜断水过早。

# 秀水417（Xiushui 417）

**品种来源**：浙江省嘉兴市农业科学研究院以春江17为母本、丙97405为父本杂交配组选育而成，原名丙02-417。2005年通过浙江省农作物品种审定委员会审定（浙审稻2005008）。

**形态特征和生物学特性**：属常规特早熟晚粳稻品种。连作晚稻种植，全生育期117d。有一定的感光性，营养生长期较短，齐穗期相对稳定。株高82.2cm，株叶型较挺，分蘖中等，茎秆较粗壮，叶色青绿，叶片略短宽，剑叶上举。穗颈较硬，穗数较多，穗较大，结实率高，灌浆速度快，充实度好，千粒重较高，后期熟色好。有效穗数351.0万穗/hm²，每穗总粒数93.1粒、实粒数79.8粒，结实率85.3%，千粒重26.5g。谷粒椭圆形，色泽黄亮。

**品质特性**：糙米率84.8%，精米率76.4%，整精米率72.8%，糙米粒长5.1mm，糙米长宽比1.8，垩白粒率21.0%，垩白度2.2%，透明度1.5级，碱消值7级，胶稠度69.0mm，直链淀粉含量18.8%，蛋白质含量7.9%。米质整体优于对照秀水390。

**抗性**：叶瘟0.4级，穗瘟1.0级，穗瘟损失率2.6%，白叶枯病3.8级。

**产量及适宜地区**：2002年、2003年嘉兴市双季晚稻区试，两年平均产量6.53t/hm²，比对照秀水390减产1.0%。浙江省特早熟晚粳稻区试，2004年平均产量6.82t/hm²，比对照秀水390减产4.3%，未达显著水平；2005年生产试验，平均产量6.67t/hm²，比对照秀水390减产6.7%。适宜浙江省作为晚稻救灾补播品种种植。

**栽培技术要点**：①适期播栽。浙北连作晚稻移栽种植或直播，7月10～15日播种。播种量900kg/hm²，大田用种量90kg/hm²，秧龄20d。②合理密植。连作晚稻种植，行株距16.7cm×（13.3～11.7）cm，栽45万～50万穴/hm²，每穴栽插4～5苗。直播栽培播种量75kg/hm²，基本苗180万苗/hm²。③科学肥水管理。采用"前促后稳"的施肥法，不施穗肥（直播栽培相同）。适时搁田。孕穗、抽穗期干湿交替，灌浆期湿润灌水养老稻。中期切勿重烤过度，后期切勿断水过早。④防病治虫。及时防治秧苗期稻蓟马和大田期纹枯病、稻纵卷叶螟、二化螟、褐飞虱等病虫害，注意防除杂草。

# 秀水42 （Xiushui 42）

**品种来源**：浙江省嘉兴市农业科学研究院以秀水61为母本、丙9290为父本杂交配组选育而成，原名丙96-42。2001年通过浙江省农作物品种审定委员会审定（浙品审字第231号）。

**形态特征和生物学特性**：属常规中熟偏早晚粳稻品种。全生育期160d，感光性强，生育期稳定。株高100.2cm，株型紧凑，分蘖力强，耐肥，抗倒伏。苗叶细，叶色青绿，剑叶挺。穗型中等偏大，基本苗152.4万苗/hm²，最高苗616.95万苗/hm²，有效穗数442.5万穗/hm²，成穗率71.7%，穗长13.4cm，每穗总粒数105粒，结实率92.6%，千粒重25.2g。

**品质特性**：糙米率78.9%，精米率71.2%，整精米率68.2%，糙米长宽比1.8，垩白度0.8%，透明度2级，碱消值7.0级，胶稠度76mm，直链淀粉含量14.9%，蛋白质含量8.8%。

**抗性**：中感稻瘟病和白叶枯病，感细菌性条斑病、褐飞虱和白背稻虱。抗倒伏性强于秀水63。抽穗期抗高温能力强。

**产量及适宜地区**：嘉兴市单季稻品种区试，1997—1998年平均产量8.50t/hm²，比对照秀水63增产2.21%。2000年生产试验，平均产量8.79t/hm²，比对照秀水63增产3.26%。适宜浙北地区单季稻种植。1998—2002年累计推广22万hm²。

**栽培技术要点**：①适时早播，适龄移栽。浙江省海盐县单季晚稻适宜播期5月20~25日，秧龄30d，播种量375kg/hm²，秧本比1：7。②增穴减苗，协调群体结构。采用增加穴数、单季晚稻栽培，宽行窄株移栽，密度37.5万~42万穴/hm²，每穴栽插3苗。③施足有机肥，增施氮肥，配施钾肥，补施穗肥。④做好病虫害防治和水分管理工作。重点做好纹枯病、稻曲病、稻纵卷叶螟、二化螟、三化螟及褐飞虱的防治工作。水分管理上，栽后深水护苗和浅水促分蘖，适时及时分次搁田，齐穗后干湿交替，防止断水过早。

# 秀水46（Xiushui 46）

**品种来源**：浙江省嘉兴市农业科学研究所用测21/南粳35的选株为母本、测21/C8046（C8046是嘉兴市农业科学研究所育成的中间材料）的选株为父本杂交配组选育而成，原名C83-46。1985年通过嘉兴市农作物品种审定委员会审定，并通过浙江省农业主管部门认定（浙品认字第040号）。

**形态特征和生物学特性**：属常规中熟晚粳稻品种。全生育期131～138d，平均135d。感光性较强。生育期较稳定。株高80～85cm，分蘖力中等，繁茂性好，较耐肥、抗倒伏。成穗率高，穗较长。每穗粒数65～75粒，千粒重28～30g。谷粒饱满，谷色黄亮。

**品质特性**：品质较优，米粒外形美观，色泽光亮透明，基本无心白，食味好。碱消值7级，胶稠度66mm，直链淀粉含量20.0%。

**抗性**：抗稻瘟病优于对照秀水48，但抗谱窄于测21。感白叶枯病。具有一定的耐寒性。

**产量及适宜地区**：嘉兴市晚粳稻区试，1984年平均产量6.67t/hm²，比对照秀水48增产3.0%；1985年平均产量6.44t/hm²，比对照秀水48增产3.7%。宁波市晚粳稻区试，1984年平均产量6.19t/hm²，比对照秀水48增产1.3%。适宜浙北地区作为连作晚稻种植，也可作为单季晚稻种植。1986—1989年累计推广4.3万hm²。

**栽培技术要点**：①浙北地区连作晚稻种植播种期6月25日，秧龄35d；单季晚稻种植，播种期5月底，秧龄不超过30d。②通过增加穴数来增加基本苗数，促进增穗，在一定的穗数基础上争大穗。③用肥量掌握37.5t/hm²标准肥。连作晚稻种植要求施足基面肥，早施追肥；单季晚稻种植要求平衡促进，强调施用穗肥。④前期要求浅灌勤灌，后期要求干干湿湿，湿润灌浆，确保谷粒饱满，提高粒重。

# 秀水47（Xiushui 47）

**品种来源**：浙江省嘉兴市农业科学研究院1989年以丙851为母本、秀水72/3/秀水02//祥湖47/CP的选株为父本杂交配组选育而成，1991年定型，原名丙91-47。1998年通过浙江省农作物品种审定委员会审定（浙品审字第173号）。

**形态特征和生物学特性**：属常规中熟晚粳稻品种。连作晚稻种植，全生育期浙北138～141d、浙南127～128d，平均133.9d，比对照秀水11迟熟2.3d。连作晚稻种植，株高80～90cm；单季晚稻种植，株高100～105cm。生长繁茂，分蘖力较强，茎秆较粗，茎壁较薄。叶窄、厚、挺，叶色深绿。穗部着粒密，穗型较大，较易落粒。有效穗数405.0万～450.0万穗/hm²，每穗粒数75～85粒，结实率85%，千粒重25～26g。

**品质特性**：糙米率82.8%，整精米率70.7%，碱消值7级，胶稠度76.5mm，直链淀粉含量17.3%。

**抗性**：对稻瘟病、褐飞虱和白背稻虱的抗性优于对照秀水11，白叶枯病的抗性与对照秀水11基本相仿。抗倒伏性偏弱。

**产量及适宜地区**：浙江省晚粳稻区试，1995年、1996年平均产量分别为6.27t/hm²、6.87t/hm²，比对照秀水11分别增产4.15%、4.75%（均显著）。1997年生产试验，平均产量6.39t/hm²，比对照秀水11增产14.89%。适宜浙江省晚粳稻地区搭配种植。1996年累计推广1万hm²。

**栽培技术要点**：①适期播种。浙北6月20日播种，最迟不超过6月25日。②育壮秧，插足基本苗。秧田播种量525～600kg/hm²，本田用种量90～105kg/hm²，插足45.0万～52.5万穴/hm²，基本苗180万苗/hm²。③科学用肥。总用肥量控制标准肥37.5～41.25t/hm²，要求配施钾肥。切忌后肥过迟、过重。④水分管理。注意深水护苗、浅水发棵，及时搁田；齐穗后灌跑马水。⑤做好前期、中期病虫害防治，尤其重视抽穗前2～4d用井冈霉素预防稻曲病和纹枯病，齐穗后根据天气状况防治蚜虫。

# 秀水48 (Xiushui 48)

**品种来源**：浙江省嘉兴市农业科学研究所用晚粳辐农709与对稻瘟病具有一定抗性的糯稻亲本京引154杂交配组，1977年春季F$_3$代的32个株系中，依据稻瘟病田间发病情况及1976年晚秋选种时粳、糯记载，选系、选株，与粳稻单株辐农709为母本回交，B$_1$F$_4$代选得农艺性状基本稳定的株系定型而成，原名测48。1983年通过浙江省农作物品种审定委员会审定（浙品审字第005号）。

**形态特征和生物学特性**：属常规中熟晚粳稻品种。感光性强，全生育期嘉兴138～140d。株高85～90cm，株型紧凑，根系发达，吸肥力强，秧苗期叶片含氮量偏高，生长较快，茎秆细韧，叶窄而厚，色深，剑叶长19～23cm、宽1～1.2cm，连作晚稻栽培总叶数14.5～15.3片。迟栽条件下，总叶片数和生育期都较稳定。分蘖力强，成穗率高，有效穗较多，属穗数型。穗垂头，出颈3～5cm，穗颈较细，每穗总粒数60～65粒，结实率高于90%，千粒重25～26g。谷粒卵圆形，无芒，谷壳、颖尖、护颖均为秆黄色。

**品质特性**：糙米率83.0%～83.5%，胶稠度57mm，碱消值7级，直链淀粉含量17.1%，蛋白质含量8.7%。

**抗性**：抗浙江省当时稻瘟病优势小种F、G群，感B、D、E群中某些致病性强的小种。个别地方有茎基腐病、稻曲病发生。

**产量及适宜地区**：1979年秋季，鉴定圃8个点平均产量6.54t/hm$^2$，较对照更新农虎（6.47t/hm$^2$）略增。1981年，海盐县6个单位生产试验8.34hm$^2$，平均产量4.62t/hm$^2$，较对照更新农虎增产3.2%。1982年，平湖县全塘公社种植晚稻1.59hm$^2$，平均产量8.18t/hm$^2$。绍兴市东湖农场种植晚稻4.31hm$^2$，平均产量6.46t/hm$^2$。适宜浙江省杭嘉湖宁绍平原种植。1983—1992年累计推广126.1万hm$^2$。

**栽培技术要点**：①适时播种，播种量450.0～750.0kg/hm$^2$，迟插田稀播或采用两段育秧，移栽前3d施起身肥。②基本苗插足225.0万～270.0万苗/hm$^2$，适当增加穴数、少株、匀株为好。③施足基肥，早施追肥，看苗看天巧施穗肥。总用肥量750.0～825.0kg/hm$^2$，基肥中有机肥占一定比重，面肥和追肥中搭配施用磷、钾肥。分蘖期追肥。④秧苗期防治稻蓟马、叶蝉等害虫。综合防治稻瘟病、白叶枯病、纹枯病、茎基腐病、稻曲。

# 秀水519 (Xiushui 519)

**品种来源**：浙江省嘉兴市农业科学研究院以苏秀9号为母本、秀水123为父本杂交配组选育而成，原名丙08-519。2012年通过浙江省农作物品种审定委员会审定（浙审稻2012005）。

**形态特征和生物学特性**：属常规特早熟晚粳稻品种。全生育期123.3d，比对照秀水417迟熟0.3d。株高75.1cm，生长整齐，茎秆较粗壮，分蘖力较强。剑叶短挺，叶色中绿。有效穗较多，穗型较小，着粒较密，结实率高。有效穗数441.0万穗/hm²，成穗率67.4%，穗长13.0cm，每穗总粒数103.1粒，每穗实粒数89.4粒，结实率86.6%，千粒重24.2g。颖尖无色无芒，谷粒圆形。

**品质特性**：整精米率71.9%，糙米长宽比1.7，垩白粒率24.5%，垩白度3.0%，透明度2级，胶稠度74mm，直链淀粉含量18.0%，两年区试米质各项指标分别达到部颁二级和三级食用稻品种品质。米质优。

**抗性**：叶瘟0级，穗瘟0.5级，穗瘟损失率0.5%，综合指数0.4。抗稻瘟病。抗倒伏性好。

**产量及适宜地区**：2010年、2011年参加浙江省特早熟晚粳稻区试，两年区试平均产量7.35t/hm²，比对照秀水417增产5.1%；2011年生产试验平均产量8.18t/hm²，比对照秀水417增产8.3%。适宜浙江省粳稻区作为耐迟播连作晚稻种植。

**栽培技术要点**：①施肥。移栽后5～7d（叶龄5叶1心期），施第一次分蘖肥，施尿素112.5kg/hm²，氯化钾150kg/hm²；栽后15d，施尿素和氯化钾各75～112.5kg/hm²；8月初施高浓度复合肥225～262.5kg/hm²，作为促花肥；8月中旬施尿素75～112.5kg/hm²，氯化钾75kg/hm²，硼砂15kg/hm²，作为保花肥。见穗期叶面喷施粒粒宝900g/hm²，磷酸二氢钾1 500g/hm²。②水分管理。实行"沟水浅栽、薄水护苗、湿润分蘖、适时搁田、浅水养穗、干湿灌浆"的技术措施。③防病治虫。根据病虫情报和田间调查情况，适时选用高效农药和适宜方法进行病虫草害防治。

# 秀水52 (Xiushui 52)

**品种来源**：浙江省嘉兴市农业科学研究院以丙9375为母本、秀水63为父本杂交配组选育而成，原名丙96-52。2001年通过浙江省农作物品种审定委员会审定（浙品审字第232号）。

**形态特征和生物学特性**：属常规中熟晚粳稻品种。浙北地区单季晚稻全生育期155d，株高100cm。连作晚稻全生育期135d，株高85cm。株型紧凑，分蘖力强。叶色青淡，叶片细长且挺，剑叶直立。穗数多，穗颈稍硬，着粒密度中等，穗粒兼顾，穗型中等略偏小，灌浆均匀、充实度好。浙北地区单季晚稻种植，有效穗数390万～420万穗/hm²，每穗总粒数95～110粒，结实率90%，千粒重25～26g。连作晚稻种植，有效穗数420万～525万穗/hm²，每穗总粒数85～90粒，千粒重25～26g。谷粒长短适度。

**品质特性**：糙米率84.1%，精米率75.9%，整精米率70.2%，糙米粒长5.1mm，糙米长宽比1.9，垩白粒率35%，垩白度2.8%，透明度2级，碱消值7级，胶稠度78mm，直链淀粉含量16.0%，蛋白质含量9.2%。外观米质晶亮透明，蒸煮食味适口性好。

**抗性**：叶瘟0.1级，穗瘟2.0级，白叶枯病4.9级，对褐飞虱和白背稻虱的抗性与对照秀水11相仿，对细菌性条斑病的抗性差于对照秀水11，纹枯病轻。

**产量及适宜地区**：1997—1998年嘉兴市单季稻品种区试，平均产量8.40t/hm²，比对照秀水63增产0.99%。2000年嘉兴市生产试验，平均产量8.82t/hm²，比对照秀水63增产3.51%。适宜浙北地区作为单、双季晚稻种植。2001—2005年累计推广7.6万hm²。

**栽培技术要点**：①浙北单季稻5月25日前后播种，大田用种量37.5～45.0kg/hm²；连作晚稻6月25日播种，大田用种量90～105kg/hm²。②单季晚稻栽插双苗，连作晚稻栽插3～4苗。③重视增施有机肥和钾肥，适当控制氮肥用量，以"重前轻后法"为宜。及时搁田，齐穗后强调干湿交替。④注意病虫害防治，尤其注意生育后期对稻曲病、蚜虫的防治。

# 秀水59（Xiushui 59）

**品种来源**：浙江省嘉兴市农业科学研究所以秀水63为母本、秀水47//秀水17/秀水122的选株为父本杂交配组选育而成，原名丙97-59。2002年通过上海市农作物品种审定委员会审定[沪农品审稻（2002）第023号]。

**形态特征和生物学特性**：属常规早熟晚粳稻。全生育期150d，比对照秀水17早熟5d。株高100～110cm，分蘖力强，茎秆坚韧抗倒伏，叶挺，叶色较深，后期熟色较好，易落粒。密穗型，有效穗粒375.0万穗/hm²，每穗粒数100粒，结实率90%，千粒重24～25g。

**品质特性**：整精米率72.3%，垩白度2.4%，垩白粒率37%，直链淀粉含量16.0%，胶稠度64mm，非常接近国优三级标准。米质较好。

**抗性**：较抗稻瘟病。

**产量及适宜地区**：上海市早熟晚粳新品系联合鉴定，1998年平均产量9.41t/hm²，名列第一，比对照秀水17增产4.7%。1999年新品种展示0.53hm²，平均产量8.78t/hm²，比对照95-22增产2.3%。2000年上海市晚粳稻区试，平均产量8.18t/hm²，比高产对照95-22减产1.8%。适宜上海、浙江推广种植。1999—2002年累计推广18.1万hm²。

**栽培技术要点**：①适期播种，降低基本苗。直播、抛秧的5月25日至6月初播种，基本苗90.0万～120.0万苗/hm²。②适时搁田，控制高峰苗。当总苗达360.0万苗/hm²时开始轻搁，分次搁成，确保高峰苗不超过555.0万苗/hm²，提高成穗率，争取大穗打基础。③合理肥料运筹。适当减少前期肥、控制中期肥、增加后期穗肥，有利于争取大穗，增加每穗总粒数，提高产量。从高产田资料看，氮肥总量270.0～300.0kg/hm²，前期肥用量70%，不施中期长粗肥，后期穗肥占30%，分两次施用，适当增施磷、钾肥。

# 秀水620 (Xiushui 620)

**品种来源**：浙江省嘉兴市农业科学研究所以秀水04为母本，与秀水02///秀水04//祥湖24/CP[其中CP是抗虫中间亲本，组合测21////中新120///（A14//科3/金蕾440）//（A14//科3/金蕾440）/IR28]的选株杂交配组选育而成，原名丙620。1989年通过嘉兴市品种审定小组审定，1991年通过上海市农作物品种审定委员会审定（沪农品审1991第002号），1993年通过浙江省农业主管部门认定（浙品认字第175号）。

**形态特征和生物学特性**：属常规中熟晚粳稻品种。全生育期128～130d。株高85cm，株型紧凑，分蘖力强，叶色淡绿，叶片开角小，叶片略狭长。穗型中等，着粒偏密。有效穗数525.0万～555.0万穗/hm²，成穗率66.2%～77.1%。每穗总粒数65粒、实粒数60粒，结实率90%，千粒重25～26g。谷粒短圆，籽粒偏小、饱满，颖壳上部成熟时呈褐红色。

**品质特性**：直链淀粉含量17.6%，胶稠度63mm，碱消值7.0级。谷壳薄，糙米率高。

**抗性**：抗稻瘟病A57、A61、B1、B9、D1、E1和F1小种，抗褐飞虱，中抗白背飞虱。

**产量及适宜地区**：嘉兴市晚粳稻区试，1987年平均产量7.32t/hm²，比对照秀水04增产6.3%；1988年平均产量7.32t/hm²，比对照秀水04增产10.3%。上海市单季晚稻区试，1989年平均产量7.41t/hm²，比对照沪粳抗增产4.4%。适宜杭嘉湖地区作为晚稻栽培。1989—1993年累计推广17.5万hm²。

**栽培技术要点**：①适时播种。浙北连作晚稻6月25日播种，秧田播种量750～900kg/hm²，秧本比1：6。②少苗匀株密植。要求插足52.5万穴/hm²以上，每穴实插4～5苗，保证有225.0万苗/hm²以上基本苗，争取达到750.0万苗/hm²最高分蘖苗，525.0万穗/hm²有效穗。③施足基肥，早施追肥，促早发争多穗。施足基面肥，早施追肥，早栽、高肥田块，适当控制用肥。氮肥总用量控制在施用225kg/hm²有机质肥料前提下，碳酸氢铵不超过900kg/hm²。④播前药剂浸种消毒。3叶期和拔秧前，秧苗集中喷施叶青双，预防白叶枯病；同时注意其他病害的防治。

# 秀水63 (Xiushui 63)

**品种来源**：浙江省嘉兴市农业科学研究所以善41抗/秀水61的选株杂交后代为母本与秀水61回交后选育而成，1993年定型，原名丙93-63。分别通过浙江省（1997）和上海市（1998）农作物品种审定委员会审定。

**形态特征和生物学特性**：属常规中熟晚粳稻品种。浙江省区试，单季稻种植全生育期155d。株高95～105cm，总叶龄17.5叶。连作晚稻种植全生育期134～136d，株高85cm，总叶龄14.5叶。感光性强，茎秆坚韧，株型挺，叶窄而色淡，分蘖力较强，穗粒兼顾。单季稻种植结实率85%～90%，千粒重26g，有效穗数375.0万～420.0万穗/hm²，每穗粒数95～105粒。连作晚稻种植有效穗数450.0万～480.0万穗/hm²，每穗粒数70～80粒。上海市区试，全生育期150～154d，株高95～100cm，每穗总粒数90～100粒，结实率90%。

**品质特性**：整精米率71.5%，碱消值7级，胶稠度60mm，直链淀粉含量14.9%。外观垩白度低，米粒具光泽且透明度较高，有较好适口性。

**抗性**：叶瘟3.3级，穗瘟3.3级，白叶枯病3.7级，对稻瘟病、白叶枯病抗性较好。

**产量及适宜地区**：①全国南方稻区连作晚稻区试，1997年、1998年平均产量分别为7.64t/hm²、6.99t/hm²。②嘉兴市单季晚稻区试，1994年、1995年平均产量分别为8.98t/hm²、8.39t/hm²。③嘉兴市连作晚稻区试，1994年、1999年平均产量分别为7.59t/hm²、6.59t/hm²。1996年生产试验，平均产量7.81t/hm²，比对照秀水11增产9.9%。④上海市晚粳稻区试，1992年、1993年比对照秀水分别17分别增产1.6%、减产2.3%，均不显著。适宜浙北、上海种植。1996—2004累计推广86.5万hm²。

**栽培技术要点**：①浙北单季晚稻5月下旬播种，6月下旬移栽，秧田播种量300.0～375.0kg/hm²，大田用种量3～4kg/hm²；连作晚稻6月25日播种，7月底移栽，秧田播种量525.0～600.0kg/hm²，大田用种量90.0～105.0kg/hm²。②单季晚稻行株距20.0cm×13.3cm或23.3cm×10.0cm，每穴栽插双苗；连作晚稻行株距15.0cm×11.7cm或16.7cm×10.0cm，每穴栽插3～4苗。③单季稻根据生育进程和苗势分期施好分蘖肥、长粗肥及穗肥，连作稻早施追肥、适施穗肥，控制总用肥量，切忌后期用肥过迟过重。④坚持移栽后深水护苗和分蘖期浅水发棵。适时及时分次搁田。⑤加强病虫害防治。

# 秀水664 (Xiushui 664)

**品种来源**：浙江省嘉兴市农业科学研究院以秀水02为母本与祥湖47/CP（CP是高抗褐飞虱的中间杂交亲本）的选株杂交配组选育而成，原名丙664。1989年通过嘉兴市品种审定小组审定，1993年通过浙江省农业主管部门认定（浙品认字第176号）。

**形态特征和生物学特性**：属常规早熟晚粳稻品种。全生育期125d，比对照秀水115迟熟2d，比秀水04早熟5~6d。株高80~85cm，株型较紧凑，茎秆稍粗，分蘖强，生长繁茂。叶色偏浓绿，叶厚而窄，剑叶小且挺，与茎秆夹角30°。成穗率高，为穗数型品种，穗型中等，结实率高，着粒较密，后期熟相好，落粒性尚好。有效穗数495.0万穗/hm²。每穗总粒数60~65粒，每穗实粒数55~60粒，结实率90%，千粒重25g。谷粒圆厚、饱满。

**品质特性**：糙米率82.1%，精米率76.4%，整精米率70.6%，垩白粒率28%，垩白度4.3%，透明度2级，碱消值7.0级，胶稠度63.0mm，直链淀粉含量17.6%，达到国家一级优质稻谷标准。米粒外观好，食味佳。

**抗性**：抗稻瘟病、白叶枯病、褐飞虱。茎秆细软，易引起倒伏。

**产量及适宜地区**：嘉兴市晚稻品种鉴定试验，1987年平均产量6.70t/hm²，比对照秀水117增产2.67%。嘉兴市晚粳稻区试，1988年平均产量6.83t/hm²，比对照秀水04增产3%。适宜嘉兴、湖州作为中迟熟茬口种植。1989—2005年累计推广102万hm²。

**栽培技术要点**：①适时稀播，培育壮秧，合理密植，插足基本苗。浙北6月28~30日

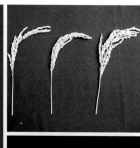
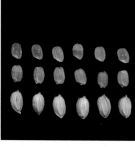

播种，8月初移栽。湖北孝感6月25日前播种，秧龄不超过55d，播种量600.0~675.0kg/hm²，秧田喷施多效唑。秧田要肥，施尿素300.0kg/hm²，增施磷、钾肥，以培育带蘖壮秧。基本苗225.0万~270.0万苗/hm²。②施足基肥，追肥促早发，增施磷、钾肥。总氮肥量在225kg/hm²有机肥基础上，施900.0~975.0kg/hm²碳酸氢铵，氯化钾75.0~112.5kg/hm²，防止氮肥偏多和后肥过重。适时晒田，后期干干湿湿。③防治病虫害，主要是恶苗病、纹枯病、干尖线虫病、稻纵卷叶螟、白背飞虱等。

# 秀水814（Xiushui 814）

**品种来源**：浙江省嘉兴市农业科学研究所以秀水24为母本、秀水620为父本杂交选育而成，原名丙814。1993年通过浙江省农作物品种审定委员会审定（浙品审字第103号）。

**形态特征和生物学特性**：属常规中熟晚粳稻品种。连作晚稻种植，全生育期135～137d。株高82～85cm。单季晚稻种植，株高95～100cm。感光性较强，株型紧凑，茎秆粗壮，分蘖力较强，抗倒伏力强。叶色中等偏淡，叶片窄、厚、挺、微卷。成穗率高，穗部着粒较密，为穗粒兼顾类型。后期转色好，灌浆速度快，较易落粒。穗长14.5～15cm，每穗70～80粒，结实率90%，千粒重25～25.5g。谷粒卵圆偏长，颖壳、颖尖均为秆黄色，穗上部谷粒有少量顶芒。

**品质特性**：碱消值7.0级，胶稠度81mm，直链淀粉含量15.5%。米粒外观和米饭食味均较好。

**抗性**：叶瘟4.0级，穗瘟4.2级，白叶枯病4.3级，褐飞虱3.0级，白背稻虱3.0级。有较强的抗逆力，耐肥，抗倒伏，较耐低钾。生育后期较耐寒。

**产量及适宜地区**：嘉兴市晚粳稻区试，1990年平均产量6.80t/hm²，比对照秀水620增产1.8%；1991年平均产量7.63t/hm²，比对照秀水620增产3.2%。1991年生产试验，平均产量7.05t/hm²，比对照秀水620增产2.1%。适宜嘉兴地区作为连作晚稻和瓜后稻种植。1992—1996年累计推广12.9万hm²。

**栽培技术要点**：①适应性较广，浙北地区连作晚稻或瓜后稻种植。肥力条件中等的地方，也可单季稻种植。②适期播种。连作晚稻种植6月20～25日播种，单季晚稻种植6月25日前后播种。③培育壮秧，合理密植。连作晚稻种植要求少苗匀株密植，保证180万～225万苗/hm²基本苗；单季晚稻种植适当放宽株距，每穴栽插2苗。④科学用肥。连作晚稻种植施足基面肥，早追分蘖肥。看苗适时施好穗肥，以充分发挥单季稻穗型大的优势。秀水814虽然有耐低钾特性，但有条件仍应配施钾肥。⑤生育后期切忌断水过早，坚持间歇灌溉。⑥根据田间病虫害情况做好防病治虫工作。

# 秀水850 （Xiushui 850）

**品种来源**：浙江省嘉兴市农业科学研究院以秀水37为母本、秀水02/T81-101为父本杂交配组选育而成，原名丙850。1993年通过浙江省农作物品种审定委员会审定（浙品审字第102号）。

**形态特征和生物学特性**：属常规特早熟晚粳稻品种。浙北地区连作晚稻种植，全生育期118～120d。株高75～80cm，比对照秀水37高3～5cm。分蘖力强，茎秆较细，生长繁茂，叶色偏淡，后期转色好。灌浆速度快，为穗数型品种，穗部着粒较密，穗长12.5～13cm，每穗粒数65～70粒，结实率90%，千粒重27～28g。谷粒卵圆形，无芒，易落粒。

**品质特性**：碱消值7.0级，胶稠度54mm，直链淀粉含量17.2%。品质较优。

**抗性**：叶瘟5.0级，穗瘟3.0级，白叶枯病3.6级，抗褐飞虱。抗倒伏力不及对照秀水37，较耐低钾，在贫钾田块仍有一定生长势的产量水平。

**产量及适宜地区**：嘉兴市晚粳稻区试，1989年平均产量7.04t/hm²，比对照秀水37增产0.5%；1990年平均产量6.50t/hm²，比对照秀水37增产8.7%，达显著水平。1991年生产试验，平均产量7.67t/hm²，比对照秀水37增产2.5%。适宜嘉兴、宁波地区作为连作晚稻搭配种植。1991—2001年累计推广8.53万hm²。

**栽培技术要点**：①适期播种，浙北地区7月5～10日。②加强秧田管理，培育壮秧。做到秧板平整无积水，傍晚落谷，深塌谷，加麦壳、油菜荚等覆盖物，2叶1心即上薄水，肥水双足。切忌因秧龄短播种过密。③匀株密植，基本苗插足225.0万～370.0万苗/hm²。④施肥方法为"一轰头"，总用肥量控制在41.25～45t/hm²标准肥，配施钾肥。⑤秧田期用叶青双预防白叶枯病。

# 秀水994 (Xiushui 994)

**品种来源**：浙江省嘉兴市农业科学研究院以嘉59天然杂株为母本、丙95-43为父本杂交配组选育而成，原名丙994、丙99-04。2003年通过浙江省农作物品种审定委员会审定（浙审稻2003007）。

**形态特征和生物学特性**：属常规中熟晚粳稻品种。单季晚稻种植，全生育期160d，抽穗成熟期比对照秀水63迟2～3d。株高94cm，株型紧凑，分蘖力强，茎秆粗壮，耐肥，抗倒伏，生长整齐。叶色稍深，叶片细挺，剑叶直立，叶鞘包节。穗数较多，穗颈较硬，着粒密度中等，穗型较大，结实率高，灌浆充实度好，千粒重中等。有效穗数376.5万穗/hm²，每穗总粒数116.2粒，结实率89.0%，千粒重25.3g。谷粒长短适度，色泽黄亮。

**品质特性**：糙米率84.4%，精米率77.9%，整精米率77.1%，粒长4.8mm，糙米长宽比1.7，垩白粒率28.0%，垩白度2.2%，透明度3级，碱消值7级，胶稠度75mm，直链淀粉含量18.0%，蛋白质含量8.2%。

**抗性**：中抗稻瘟病和白叶枯病，感细菌性条斑病、褐飞虱和白背飞虱。

**产量及适宜地区**：2000年、2001年参加嘉兴市晚粳稻区试，两年区试平均比对照秀水63增产7.9%。2002年生产试验，平均产量8.82t/hm²，比对照秀水63增产6.92%。适宜杭嘉湖、宁绍及苏南稻区作为单季晚稻种植。2002—2007年累计推广12.9万hm²。

**栽培技术要点**：①浙北5月20～25日播种，秧田播种量300kg/hm²，大田用种量37.5～45.0kg/hm²。②种植行株距23.3cm×10.0cm或20.0cm×13.3cm，每穴栽插双苗。③按生育进程施好分蘖肥、壮秆肥及穗肥，要求配施钾肥。苗数达375.0万～420万苗/hm²时及时搁田。齐穗后多灌跑马水，提高千粒重。④除注意对稻飞虱、螟虫、稻纵卷叶螟的防治外，尤其要重视后期病虫害的防治，抽穗前7～10d用井冈霉素防治稻曲病，灌浆期注意防治蚜虫。

# 甬粳18（Yonggeng 18）

**品种来源**：浙江省宁波市农业科学研究所1990年秋季以P44（丙89-84）为母本、P17（甬粳33/甬粳23）为父本杂交，经6年10代定向选择而成。2000年通过浙江省农作物品种审定委员会审定。

**形态特征和生物学特性**：属粳型常规中熟晚稻。全生育期139.1d，熟期适中，感光性强。连作稻栽培株高82cm，单季稻栽培株高98cm。茎秆粗壮，根系发达，叶鞘包节，抗倒伏。前期起发较慢，叶色偏淡，剑叶略为平展。抽穗速度较快而灌浆较慢。后期转色好，熟相稳健，较耐低温，抗寒露风。分蘖中等偏弱，有效穗数400.5万穗/hm²。半弯穗，穗长17.0cm，每穗总粒数96.0粒，每穗实粒数87.5粒，结实率91.1%，千粒重28.0g。脱粒性中等。

**品质特性**：据农业部稻米及制品检测中心检测结果，11项米质指标中有7项达到部颁一级优质米标准，米质总分与对照秀水11相同，直链淀粉含量比对照秀水11低0.4个百分点（约20.6%）。

**抗性**：感稻瘟病，中感白叶枯病和白背飞虱，感褐稻虱。

**产量及适宜地区**：1996—1998年宁波市晚稻品种区试，平均产量分别为7.34t/hm²、7.31t/hm²和7.12t/hm²，比对照宁67分别增产3.6%、5.6%和8.1%；1997年、1998年生产试验，产量分别为8.24t/hm²和7.42t/hm²，比对照宁67分别增产7.9%和11.1%。适宜浙江省宁波、绍兴等地作为连作晚稻或单季稻栽培。1998—2008年累计推广超过69.8万hm²。

**栽培技术要点**：①药剂浸种，适期播种。晒种后药剂浸种，预防种传恶苗病、基腐病的发生。单季稻移栽于6月15日、直播于6月20日播种；连作晚稻移栽于6月24日、抛秧于6月25～28日播种。②足苗落田，重基肥，早追肥。施肥采用"重基肥、早追肥、后期看苗补肥"的原则。氮素用肥量基肥占50%，2次追肥各占20%，穗粒肥看苗色酌情补施。配施磷、钾肥。③治好病虫，完熟收割。破口前3～5d施药预防稻曲病、稻瘟病，齐穗后视天气再预防一次。齐穗至乳熟保持薄水层，以抑制稻曲病孢子萌芽繁殖。完熟收割，避免割青。

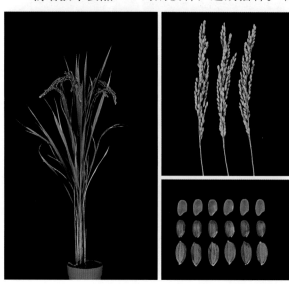

# 甬粳44 (Yonggeng 44)

**品种来源**：浙江省宁波市农业科学研究所以甬粳29为母本、秀水04为父本杂交选育而成。1995年通过浙江省农作物品种审定委员会审定。

**形态特征和生物学特性**：属粳型常规中熟晚稻。全生育期138d，感光性较强，短光促进率为37.1%，生育期较稳定。株高84cm，株型紧凑半矮生，剑叶短阔挺，茎秆粗硬，抗倒伏性好，秧龄弹性好，后期青秆黄熟转色好，半弯穗，穗大粒多，每穗总粒数104.3粒、实粒数83.2粒，结实率79.8%，千粒重28.5g。

**品质特性**：经中国水稻研究所谷化室鉴定，甬粳44达到一级米标准，其整精米率比对照秀水11高2.1%，虽然外观比不上对照秀水11，但食味品质超过秀水11和宁67。经宁波市种子公司晚粳糯品质鉴定会鉴定，食味品质甬粳44为第二位，宁67为第四位，秀水11为第六位。米质好，尤其适宜加工年糕。

**抗性**：稻瘟病、白叶枯病田间抗性较强。耐淹，抗倒伏。

**产量及适宜地区**：1992年和1993年参加宁波市晚稻品种区试，平均产量分别为5.86t/hm² 和6.56t/hm²，比对照秀水11分别增产2.65%和1.32%。1994年生产试验，产量7.86t/hm²，比对照秀水11增产10.2%。适宜浙江省宁波、绍兴地区作为连作晚稻或单季稻栽培，也可作为单季直播稻种植。1994—1997年已累计种植3.27万hm²。

**栽培技术要点**：①育秧。适时播种，秧田播种量450～525kg/hm²，本田用种量45～52.5kg/hm²。②移栽。秧龄弹性大，可在30～45d移栽，一般栽插株行距16.7cm×16.7cm，每穴栽插3苗。③肥水管理。施足基肥，早施追肥，看苗酌情施穗粒肥。秧要浅插，后期忌断水过早。④病虫害防治。注意及时防治稻曲病、蚜虫等病虫害。

# 甬糯34（Yongnuo 34）

**品种来源**：浙江省宁波市农业科学研究所于1998年秋季以甬粳24/台93-26的$F_6$代株系为母本、嘉63为父本进行杂交，经过5年8代选育而成。2005年通过浙江省农作物品种审定委员会审定。

**形态特征和生物学特性**：属粳型常规中熟晚稻，糯稻。全生育期140d，感光性强。连作晚稻栽培株高90cm左右，单季稻栽培株高105cm左右，株型较松散，茎秆粗壮，叶鞘包节，不易倒伏，剑叶挺，后期转色好，熟相清秀，青秆黄熟。分蘖力较弱，有效穗数283.5万穗/hm²。半弯穗，穗大粒多，连作晚稻栽培每穗总粒数117粒，结实率82%，单季稻栽培每穗总粒数158粒，结实率88.8%，千粒重28.8g。

**品质特性**：整精米率73.7%，糙米长宽比1.5，胶稠度100mm，碱消值7.0级，直链淀粉含量1.5%。

**抗性**：中抗稻瘟病和褐稻虱，感白叶枯病。

**产量及适宜地区**：2003年浙江省舟山市生产试验，平均产量6.44t/hm²；2002—2003年宁波市区试，平均产量7.80t/hm²。适宜浙江省舟山、宁波及同类生态区作为单季晚稻种植。1994—1997年累计推广3.27万hm²。

**栽培技术要点**：①适期播种。单季晚稻移栽6月5日左右播种；连作晚稻6月20～28日播种，播种量450kg/hm²。培育带大蘖矮壮秧，秧龄20～30d。单季直播稻5月底至6

月10日播种，用种量52.5～60kg/hm²。确保成苗150万～180万苗/hm²。②插足基本苗。插苗株行距16.5cm×16.5cm，单季稻栽培每穴栽插2苗；连作晚稻栽培每穴栽插3苗。③肥水管理。施肥原则是"前促、中控、后保"，氮肥不宜过量（纯氮187.5～225kg/hm²），配施磷、钾肥（过磷酸钙225～300kg/hm²，钾肥150kg/hm²）。移栽后保持浅水发棵，分蘖中后期多次轻搁；单季直播田适时搁田，多次轻搁，搁实搁硬。穗破口到乳熟期要有浅水层，此后干湿交替，防止后期断水过早。

# 优丰（Youfeng）

**品种来源**：上海市农业科学院作物育种栽培研究所于1985年秋季用罗卡/6366//812084/812085复交后经过11代选育，种性基本稳定，1992年冬季在海南繁殖优良株系，田间编号为92冬繁2，1994年冬季在海南繁殖典型植株92冬繁2-3而定型。1999年通过上海市农作物品种审定委员会审定并定名。

**形态特征和生物学特性**：属粳型常规中熟晚稻。单季晚稻移栽全生育期155～160d。株高90cm，株型紧凑，茎秆坚韧，耐肥，抗倒伏，叶片稍宽，剑叶挺直，叶色翠绿，青秆黄熟。分蘖力中强，成穗率高，有效穗数330万～360万穗/hm$^2$，每穗总粒数110～115粒，结实率90%以上，千粒重24g。谷粒长椭圆形，稃尖及颖壳秆黄色，护颖乳白色，偶有顶芒。

**品质特性**：糙米率83.4%，精米率75.8%，整精米率75.4%，糙米粒长5.0mm，糙米长宽比2.0，垩白粒率16%，垩白度1.2%，透明度1级，胶稠度96mm，碱消值7.0级，直链淀粉含量18.2%，蛋白质含量9.8%。

**抗性**：抗稻瘟病和白叶枯病。

**产量及适宜地区**：一般产量7.80t/hm$^2$，高产田超过8.25t/hm$^2$。1993年上海市农业科学院单季晚稻新品系比较试验产量7.81t/hm$^2$。1994年奉贤县农业技术推广中心优质米品比试验产量8.81t/hm$^2$。1995年奉贤县塘外乡种植0.53hm$^2$，平均产量7.96t/hm$^2$。1996年闵行区马桥镇农场直播2hm$^2$，平均产量8.64t/hm$^2$。适宜上海、浙江、江苏栽培。

**栽培技术要点**：①适时稀播。加强种子消毒。抛秧稻，5月25～31日播种，大田用净种60kg/hm$^2$，秧龄15～20d。直播稻，6月前播种，播净种60kg/hm$^2$；6月8日前播种，播净种67.5kg/hm$^2$。②合理密植。抛秧稻6月10～15日抛秧。栽37.5万穴/hm$^2$，基本苗120万～150万苗/hm$^2$。直播稻，6月前播种基本苗120万苗/hm$^2$，6月8日前播种基本苗150万苗/hm$^2$。③施足基肥，用好追肥。④合理灌溉，搁好田，无水抛秧，浅水分蘖。复水后以湿为主，干干湿湿灌溉，收获前7d断水。⑤根据病虫预报，及时、认真防病治虫。

# 玉丰（Yufeng）

**品种来源**：上海市农业科学院作物育种栽培研究所1994年秋季以田杂/P127为母本、双丰1号为父本配组杂交，经连续8代定向选择于1999年定型，田间编号996022。2003年通过上海市农作物品种审定委员会审定。

**形态特征和生物学特性**：属粳型常规中熟晚稻。全生育期158d，熟期适中。株高108cm，株型较松散，地上部有6个生长节，生长整齐度一般，主茎叶17片，叶片挺直，与茎秆夹角小于45°，叶色深绿，茎秆较坚韧，耐肥、抗倒伏性较好。后期熟期转色一般。分蘖力中等，单株茎蘖数3蘖，成穗率中等，穗数少，穗型中等，一般单季稻有效穗数285万穗/hm²，穗长16～17cm，每穗总粒数110～115粒，结实率高，约96%，千粒重约25.5g。

**品质特性**：精米率73.3%，整精米率65.5%，糙米粒长5.5mm，糙米长宽比1.9，垩白度0.3%，透明度2级，碱消值7.0级，胶稠度78mm，直链淀粉含量16.7%，蛋白质含量9.6%。

**抗性**：稻瘟病田间发病轻，纹枯病较重。抗倒伏性中等。

**产量及适宜地区**：2001年参加新品种区试，平均产量7.08t/hm²，比对照武育粳7号减产22%，达极显著水平。2002年区试中平均产量8.11t/hm²，比对照秀水110减产15.9%，减产极显著。适宜上海地区作为单季晚稻栽培。

**栽培技术要点**：①适时、适量播种，培育壮秧。直播稻栽培宜在5月25日至6月5日播种；移栽稻宜在5月20～25日播种，秧龄30d左右。每公顷播净谷60kg，基本苗105万～135万苗/hm²，最高苗525万苗/hm²左右。②注重肥料运筹，适量增施磷、钾肥。掌握前重、中稳、后补的原则，纯氮控制在225～270kg/hm²。③病虫草害防治。播前种子进行药剂处理。生长期间综合防治病虫草害。④加强水分管理，防止断水过早。生长前期浅水勤灌，中期适量控水及时搁田。后期干干湿湿，切忌断水过早。

# 原粳4号（Yuangeng 4）

**品种来源**：浙江省农业科学院原子能利用研究所用$^{60}$Co$\gamma$射线处理秀水04/秀水27的杂交干种子，1987年定型选育而成，原名R874。1990年通过绍兴市农作物品种审定委员会审定。

**形态特征和生物学特性**：属常规早中熟晚粳稻品种。全生育期134d。株高85cm，株型紧凑，茎秆粗壮，根系发达，耐肥，抗倒伏。叶色淡绿，叶片挺举。抽穗整齐，灌浆速度快，成熟一致，后期青秆黄熟。有效穗数450.0万穗/hm$^2$，每穗总粒数85～90粒，每穗实粒数80粒，千粒重28g。谷粒椭圆，无顶芒，谷壳黄亮，籽粒饱满，落粒难。

**品质特性**：糙米率85.7%，精米率77.5%，整精米率70.8%，出米率高，加工品质好，垩白少，色泽好，米饭食味佳，具有北方粳米饭的软、香、韧风味。

**抗性**：叶瘟2.1级，穗瘟1.8级，抗稻瘟病，中抗白叶枯病，纹枯病较轻。

**产量及适宜地区**：一般产量6.75t/hm$^2$。绍兴市晚粳稻区试，1988年平均产量6.88t/hm$^2$，与对照秀水48持平；1989年平均产量6.58t/hm$^2$，比对照秀水11增产2.03%，比对照秀水48增产3.18%。适宜绍兴市肥力较高地区作为连作晚稻搭配种植，1990—1995年累计推广11.6万hm$^2$。

**栽培技术要点**：①稀播壮秧。播前药剂浸种；播种量450kg/hm$^2$，移栽前4～5d施起身肥，培育壮秧。②少苗密植促早发。基本苗180.0万苗/hm$^2$，行株距16.6cm×13.2cm或16.7cm×10cm；基肥施标准肥30t/hm$^2$，过磷酸钙225kg/hm$^2$，钾肥112.5kg/hm$^2$，插后5d追施尿素112.5kg/hm$^2$。③促壮秆，攻大穗，提高成穗率。茎倒2叶露尖时施保蘖保花肥，抽穗期酌情施用粒肥。④合理灌水。浅水插秧，深水护苗，返青后浅水发棵，并轻露1～2d，390.0万苗/hm$^2$时控制最高分蘖，孕穗期浅水养胎，破口至齐穗期轻露1～2d，抽穗扬花期灌浅水，灌浆结实期间歇灌水，活水、潮田养老，收割前7～10d断水。

# 浙粳112 (Zhegeng 112)

**品种来源**：浙江省农业科学院作物与核技术利用研究所和杭州市良种引进公司合作，2003年春季以优质晚粳稻嘉01-5为母本、丙01-113为父本杂交配组，2007年春季在海南陵水$F_8$代定型选育而成，原名ZH07-112。2012年通过浙江省农作物品种审定委员会审定（浙审稻2012008）。

**形态特征和生物学特性**：属连作常规中熟晚粳稻品种。全生育期141.3d，比对照秀水63迟熟0.1d。株高94.7cm，株型紧凑，分蘖力中等，剑叶较挺，叶色中绿。穗型较大，着粒较密，有效穗数21.2万穗/hm²，成穗率78.2%，穗长15.5cm，每穗总粒数132.4粒、实粒数108.3粒，结实率81.3%，千粒重25.2g。谷粒圆形，谷壳偶有褐斑，颖尖无色，无芒。

**品质特性**：精米率75.9%，整精米率69.9%，糙米长宽比1.7，垩白粒率53.0%，垩白度10.0%，透明度2级，胶稠度71.5mm，直链淀粉含量16.8%，蛋白质含量9.6%。

**抗性**：抗倒伏性较强。叶瘟0级，穗瘟4.0级，穗瘟损失率7.9%，综合指数2.1，白叶枯病5.0级，褐飞虱9.0级。中抗稻瘟病，中感白叶枯病，感褐飞虱。与对照秀水63相比，对稻瘟病的抗性明显增强，对条纹叶枯病和矮缩病抗性强于对照秀水63。

**产量及适宜地区**：丰产性较好。2009年、2010年浙江省双季晚粳稻区试，两年平均产量7.49t/hm²，比对照秀水63增产6.2%。2011年生产试验，平均产量8.72t/hm²，比对照秀水63增产7.9%。适宜浙江省粳稻区作为连作稻种植。

**栽培技术要点**：①晴天晒种，药剂浸种。②双季种植6月20～25日播种，单季种植6月5日播种。③秧田播种量不超过450kg/hm²，培育带蘖秧，秧龄不超过30d。大田用种量45.0～52.5kg/hm²，栽插30万穴/hm²，每穴栽插2～3苗。④总用肥量为37.5t/hm²标准肥，早施促早发，适施穗肥，拔节期不施肥。2叶1心期施尿素拌多效唑和钾肥。后肥切忌过迟过重，齐穗后喷磷酸二氢钾。⑤前期以干湿交替为主，分蘖盛期排水搁田。注意防治稻纵卷叶螟、螟虫和稻曲病。⑥把握适宜的收获时机。

# 浙粳20（Zhegeng 20）

**品种来源**：浙江省农业科学院作物研究所1995年秋季在杭州以秀水63为母本、原粳7号为父本杂交配组，1996年春季在海南播种产生$F_1$代，再以秀水63作为轮回亲本与$F_1$代回交，形成秀水63//秀水63/原粳7号组合。1998年秋季定型选育而成，原名浙湖9820。2002年通过浙江省农作物品种审定委员会审定（浙品审字第369号）。

**形态特征和生物学特性**：属常规中熟晚粳稻品种。双季稻生育期为127d左右，单季稻生育期为155d左右。双季稻株高约85cm，单季稻株高约100cm，株型紧凑，茎秆粗壮，分蘖力较强，叶片挺直。着粒密，结实率高，生育后期青秆黄熟，长势清秀。穗长约15cm，有效穗数362.6万穗/$hm^2$，每穗总粒数82粒、实粒数75.5粒，结实率92.1%，千粒重25.2g。

**品质特性**：米粒玉色透明，富有光泽。糙米率、精米率、整精米率、糙米长宽比、碱消值、胶稠度、蛋白质含量等7项指标达部颁一级优质米标准；垩白度、透明度、直链淀粉含量等3项指标达部颁二级优质米标准。

**抗性**：叶瘟0级，穗瘟1.3级，对照秀水11分别为7.2级和8.5级。高抗稻瘟病，白叶枯病和细菌性条斑病抗性与对照秀水11相仿。

**产量及适宜地区**：金华市双季晚粳稻区试，1999年、2000年两年平均产量6.80t/$hm^2$。2001年生产试验，平均产量6.90t/$hm^2$。杭州市单季晚粳稻区试，1999年平均产量8.02t/$hm^2$；2000年平均产量8.60t/$hm^2$。适宜金华、杭州及类似地区种植，2001—2004年累计推广18.2万$hm^2$。

**栽培技术要点**：①药剂浸种。②杭州、宁绍地区单季种植5月底至6月上旬播种，双季种植6月20～30日播种。③秧田播种量不超过450kg/$hm^2$；要求稀播壮秧，培育带蘖秧，秧龄不超过30d。大田用种量单季种植37.5～45.0kg/$hm^2$，双季种植45～60kg/$hm^2$。合理密植，双季种植，插45万穴/$hm^2$，每穴栽插4～5苗；单季种植，插37.5万穴/$hm^2$，每穴栽插2～3苗。④后肥切忌过迟过重。

# 浙粳22 (Zhegeng 22)

**品种来源**：浙江省农业科学院作物研究所1997年春季在海南以优质晚粳稻品种浙粳27为母本与育种中间材料DP51653/Rathu Heenati的选株杂交配组，1997年秋季在杭州再用浙粳27与浙粳27//DP51653/Rathu Heenati的$F_1$代回交，形成ZH9827$^2$//DP5165$^3$/Rathu Heenati组合。经多年南繁北育，结合米质筛选和抗性鉴定选育而成，原名ZH222。2006年通过浙江省农作物品种审定委员会审定（浙审稻2006013）。

**形态特征和生物学特性**：属常规中熟晚粳稻品种。浙江省连作晚粳稻区试，全生育期136.4d。株高97.2cm，有效穗数292.5万穗/hm$^2$，成穗率76.1%，穗长17.9cm，每穗总粒数112.1粒，每穗实粒数101.5粒，结实率90.5%，千粒重27.0g，着粒密度6.3粒/cm。嘉兴、杭州二市单季晚稻区试，全生育期160～164d。株高100～110cm，有效穗数300万～375.0万穗/hm$^2$，成穗率70%，穗长16～17cm，每穗总粒数120～140粒，每穗实粒数110～115粒，结实率90%，千粒重26～27g，着粒密度8粒/cm。

**品质特性**：整精米率65.2%，糙米长宽比2.0，垩白粒率11.8%，垩白度2.1%，透明度1.5级，胶稠度66.5mm，直链淀粉含量15.7%。

**抗性**：叶瘟3.0级，穗瘟3.0级，穗瘟损失率6.9%，白叶枯病3.8级，褐飞虱9.0级。

**产量及适宜地区**：2003年、2004年参加浙江省双季晚粳稻区试，两年平均产量7.33t/hm$^2$；2005年生产试验平均产量6.32t/hm$^2$。2004年参加杭州市单季晚稻区试，平均产量9.16t/hm$^2$；嘉兴市单季晚稻区试，平均产量8.75t/hm$^2$。适宜浙江省晚粳稻地区晚稻种植。2006—2013年累计推广28.4万hm$^2$。

**栽培技术要点**：①播前药剂浸种消毒。②适期播种。钱塘江以北地区双季稻播种以6月20～25日为宜，单季稻播种以5月15～25日为宜，钱塘江以南地区适当推迟。③控制用种量。秧田播种量不超过450kg/hm$^2$，大田用种量双季稻45.0～52.5kg/hm$^2$，单季稻37.5～45.0kg/hm$^2$。双季晚稻插37.5万穴/hm$^2$，每穴栽插3～4苗；单季晚稻插30.0万穴/hm$^2$，每穴栽插2～3苗。④早施促早发，适施穗肥。⑤把握适宜的收获时机。

# 浙粳27（Zhegeng 27）

**品种来源**：浙江省农业科学院作物研究所1995年春季在海南以大粒糯稻绍糯928为母本与日本优质粳稻越光杂交配组，获得杂种$F_1$代，1995年秋季在杭州种植$F_1$代，用稻瘟病抗性强、丰产性好的ZH9318为母本与绍糯928/越光的$F_1$代杂交。多年南繁北育，1998年秋季定型选育而成，原名浙湖9827、ZH9827。2004年通过浙江省农作物品种审定委员会审定（浙审稻2004017）。

**形态特征和生物学特性**：属常规中熟晚粳稻品种。杭州地区单季晚稻栽培，全生育期平均157.95d，比对照秀水63迟熟2.0d，株高90cm。连作晚稻种植，全生育期平均135d，与秀水63相仿，株高80cm。茎秆粗壮，分蘖力中等。穗长约18cm，有效穗数349.5万穗/$hm^2$，每穗总粒94.3粒、实粒数89.2粒，结实率94.6%，千粒重29.9g。

**品质特性**：糙米率84.4%，精米率76.8%，整精米率74.4%，垩白度4.8%，垩白粒率47.0%，碱消值7.0级，胶稠度72mm，直链淀粉含量17.0%，蛋白质含量8.5%。糙米率、精米率、整精米率、糙米粒长、糙米长宽比、碱消值、胶稠度、直链淀粉含量、蛋白质含量等9项指标达部颁一级优质米标准；垩白度、透明度达二级标准。

**抗性**：叶瘟0.8级，穗瘟4.0级，穗瘟损失率3.6%，白叶枯病平均级4.8级。抗稻瘟病，中抗白叶枯病。

**产量及适宜地区**：2001年、2002年杭州市单季晚稻区试，两年平均产量8.43t/$hm^2$，比对照秀水63增产3.53%。2003年浙江省杭州市生产试验产量7.62t/$hm^2$，比对照秀水63增产4.13%。适宜杭州、湖州及生态类似地区单季种植。2005年累计推广0.87$hm^2$。

**栽培技术要点**：①种子消毒。用402等种子消毒剂浸种，做到种子无病入土。②适期播种。杭州地区的播种期：单季稻种植5月底至6月上旬，双季稻种植6月20～25日。③合理密植。大田用种量37.5kg/$hm^2$，插27.0万穴/$hm^2$，每穴栽插2苗。直播用种量以30.0～37.5kg/$hm^2$为宜。④科学用肥。单季晚稻种植41.25t/$hm^2$标准肥，连作晚稻种植用37.5t/$hm^2$标准肥。⑤注意水分管理和病虫害防治。

# 浙粳28 (Zhegeng 28)

**品种来源**：浙江省农业科学院作物研究所1999年秋季在杭州以优质高产晚粳秀水110为母本、高产大粒亲本R9682为父本杂交，当代干种子经辐射诱变，2000年秋季在杭州再以$F_1$代为母本、秀水110为父本回交，杂交当代干种子再经辐射诱变处理，经多代稻瘟病人工接种和病区诱发筛选鉴定选育而成，原名R4028。2008年通过浙江省农作物品种审定委员会审定（浙审稻2008002）。

**形态特征和生物学特性**：属常规中熟晚粳稻品种。连作晚稻种植，全生育期132d。单季稻种植，全生育期152d。株高97.7cm。株型紧凑，茎秆较粗，生长整齐。剑叶较短，着粒较密。穗长15.5cm，每穗总粒数150.6粒，每穗实粒数125.7粒，结实率83.5%，千粒重25.3g。秕尖无色，无芒，稻谷阔卵形。

**品质特性**：整精米率61.6%，糙米长宽比1.9，垩白粒率49.5%，垩白度8.0%，透明度2.5级，胶稠度73.5mm，直链淀粉含量16.0%。

**抗性**：叶瘟0.3级，穗瘟3.5级，穗瘟损失率5.7%，白叶枯病5.0级，褐飞虱6.0级。

**产量及适宜地区**：2005年、2006年杭州市单季晚粳稻区试，两年平均产量8.19t/hm$^2$，比对照秀水63增产6.8%。2007年生产试验，平均产量8.28t/hm$^2$，比对照秀水63增产9.6%。适宜杭州地区作为单季稻种植。

**栽培技术要点**：①播前药剂浸种消毒。②适时播种移栽。单季种植，5月底至6月初播

种，6月底或7月初移栽。连作稻种植，6月20日播种，7月20日至7月底移栽。③培育稀播壮秧。播种量450.0kg/hm$^2$以下；单苗插时，播种量在225.0kg/hm$^2$以下。秧田施有机肥，配施磷、钾肥。3叶期施断奶肥，移栽前施起身肥。苗期注意防稻蓟马和稻纵卷叶螟。④加强肥水管理。施足基肥，早施追肥，中期少施，平稳发展，后期看苗施肥，防止后期氮肥过多，浅水插秧，深水护苗，浅水发棵，适度搁田，后期干干湿湿到老。⑤防除杂草，加强田间管理。

# 浙粳29（Zhegeng 29）

**品种来源**：浙江省农业科学院作物与核技术利用研究所2002年春季在海南以晚粳稻新品系春江012为母本、半矮生型新品系R2045为父本杂交配组，2005年春季海南陵水F$_6$代定型选育而成，原名ZH0509。2009年通过浙江省农作物品种审定委员会审定（浙审稻2009004）。

**形态特征和生物学特性**：属常规早中熟晚粳稻品种。全生育期153.6d，比对照秀水63早熟2.5d。株高108.2cm，株型紧凑，分蘖力中等。叶色深绿，剑叶较挺。穗大粒多，着粒较密，成穗率较高。有效穗数276.0万穗/hm$^2$，成穗率74.2%，穗长16.7cm，每穗总粒数159.8粒，每穗实粒数129.6粒，结实率81.1%，千粒重27.1g。籽粒短圆，稃尖无色，无芒。

**品质特性**：糙米率82.6%，精米率73.5%，整精米率69.2%，糙米长宽比1.6，垩白度6.2%，透明度2级，胶稠度63.5mm，碱消值7级，直链淀粉含量15.0%，蛋白质含量9.1%。

**抗性**：叶瘟0级，穗瘟4.5级，白叶枯病4.0级，褐飞虱9.0级。耐寒性好。

**产量及适宜地区**：2006年、2007年湖州市单季晚粳稻区试，两年平均产量8.76t/hm$^2$，比对照秀水63增产4.3%。2008年生产试验平均产量8.81t/hm$^2$，比对照秀水63增产3.7%。适宜湖州地区作为单季晚稻种植。

**栽培技术要点**：①播种前晴天晒种，药剂浸种。②钱塘江以北地区单季稻种植，6月5日播种，钱塘江以南地区适当推迟。③控制用种量，培育壮秧。秧田播种量不超过450kg/hm$^2$，培育带蘖秧，秧龄不超过30d。大田用种量45.0～52.5kg/hm$^2$，插30万穴/hm$^2$，每穴栽插2～3苗。④2叶1心期施尿素拌多效唑和钾肥。后肥切忌过迟过重。齐穗后喷磷酸二氢钾。⑤生育前期的水分管理以干湿交替为主。分蘖盛期排水搁田。病虫害防治使用低毒、低残留农药。⑥把握适宜的收获时机。

# 浙粳30（Zhegeng 30）

**品种来源**：浙江省农业科学院作物研究所1995年春季以秀水63为母本、R9475为父本杂交配组选育而成，原名浙湖992、ZH992。2003年通过浙江省农作物品种审定委员会审定（浙审稻2003006）。

**形态特征和生物学特性**：属常规中熟晚粳稻品种。双季稻种植，全生育期平均为130d左右，株高81cm。单季稻种植，全生育期平均为153d，株高95cm。株型紧凑，分蘖力强，叶片挺直，生育后期青秆黄熟，长势清秀。穗长15cm，有效穗数349.5万穗/hm²，每穗实粒数82粒，结实率91.6%，千粒重25.7g。

**品质特性**：糙米率84.3%，精米率76.1%，整精米率73.0%，糙米粒长5.2mm，糙米长宽比1.8，碱消值7级，胶稠度78mm，垩白粒率4.3%，垩白度3.3%，直链淀粉含量15.7%，透明度1级，以上指标均达到部颁一级优质米标准。

**抗性**：叶瘟3.7级，穗瘟3.8级，穗瘟损失率6.78%，稻瘟病抗性强于对照秀水63。白叶枯病和细菌性条斑病抗性与秀水63相仿。抗稻瘟病，中抗白叶枯病，感细菌性条斑病、褐飞虱和白背稻虱。

**产量及适宜地区**：2000年、2001年参加浙江省双季晚粳（糯）稻区试，两年区试平均产量7.01t/hm²，比对照秀水63增产5.46%。2002年生产试验，平均产量6.68t/hm²，比对照秀水63增产2.53%。适宜浙江省作为晚稻种植。

**栽培技术要点**：①种子消毒，用浸种灵等消毒剂浸种，做到种子无病入土。②适期播种，双季稻种植6月20～30日播种，秧田播种量不超过450kg/hm²，播种时要求稀播壮秧，培育带蘖秧。7月底前移栽，大田用种量45.0～52.5kg/hm²。单季稻种植5月底至6月上旬播种，大田用种量37.5～45kg/hm²。③合理密植，插37.5万穴/hm²以上，每穴栽插3～4苗，施标准肥37.5～41.25t/hm²。做好水分管理和病虫害防治工作。④适时收获。适当延迟收获时期，可明显改善稻米品质。

# 浙粳40（Zhegeng 40）

**品种来源**：浙江省农业科学院作物研究所1996年秋季在杭州以秀水63为母本与嘉59杂交配组，1999年秋季定型选育而成，原名浙湖209、ZH209。2005年通过浙江省农作物品种审定委员会审定（浙审稻2005009）。

**形态特征和生物学特性**：属常规中熟晚粳稻品种。连作晚稻种植，全生育期为134d左右，株高85cm。单季稻种植，全生育期为153d，株高100cm。株型紧凑，分蘖力较强，后期青秆黄熟。有效穗数346.5万穗/hm²，每穗实粒数92.8粒，结实率91.1%，千粒重26.3g。

**品质特性**：2001年有7项指标达部颁一级优质米标准，2002年有8项指标达到部颁一级优质米标准。米饭富有光泽，口感软，食味佳。

**抗性**：叶瘟4.1级，穗瘟4.0级，穗瘟损失率7.55%，白叶枯病2.9级，褐飞虱7.0级，对照秀水63分别为4.7级、5.5级、34.6%、4.4级和9.0级。抗性较好，中抗稻瘟病和白叶枯病。

**产量及适宜地区**：2000年浙江省晚稻协作组联合品比（双季组）试验，平均产量7.12t/hm²，比对照秀水63增产2.34%，居第一位。2001年、2002年参加浙江省双季晚粳稻区试，两年区试平均产量7.21t/hm²，比对照秀水63增产6.9%。2004年生产试验，平均产量6.80t/hm²，比对照秀水63增产2.1%。适宜浙江省作为连作晚稻种植。2005—2009年累计推广6.07万hm²。

**栽培技术要点**：①用402或浸种灵等种子消毒剂浸种。②钱塘江以北地区双季稻种植6月20～25日、单季稻种植5月底播种。③秧田播种量不超过450kg/hm²；秧龄不超过30d。大田用种量双季稻种植45.0～52.5kg/hm²、单季稻种植37.5～45.0kg/hm²。用种量过大，易造成倒伏，既影响产量又影响米质。连作晚稻种植栽插45万穴/hm²，每穴栽插3～4苗；单季稻种植栽插37.5万穴/hm²，每穴栽插2～3苗。④总用肥量连作晚稻种植为37.5t/hm²标准肥，单季稻种植为41.25t/hm²标准肥，后肥切忌过迟过重。

# 浙粳41（Zhegeng 41）

**品种来源**：浙江省农业科学院作物与核技术利用研究所2000年秋季在杭州以优质抗稻瘟病晚粳R9936为母本、高抗稻瘟病的原粳41为父本杂交配组，当代干种子辐射处理，2000年冬季在海南种植F$_1$代，2004年春季在海南定型选育而成，原名R4101。2009年通过浙江省农作物品种审定委员会审定（浙审稻2009003）。

**形态特征和生物学特性**：属常规中熟晚粳稻品种。全生育期152.9d，比对照秀水63迟熟2.7d。株高108.2cm，株型紧凑，茎秆较粗壮，偶有露节，分蘖力中等，叶色淡绿，剑叶较宽、短而挺。穗型较大，穗直立，着粒较密。有效穗数262.5万穗/hm$^2$，成穗率75.6%，穗长16.5cm，每穗总粒数154.3粒，每穗实粒数141.3粒，结实率91.5%，千粒重25.2g。谷壳黄色，偶有褐斑，稃尖无色，无芒，谷粒短圆。

**品质特性**：整精米率71.8%，糙米长宽比1.8，垩白粒率14.0%，垩白度2.8%，透明度2级，胶稠度68mm，直链淀粉含量15.7%。米质优。

**抗性**：叶瘟0级，穗瘟5.0级，穗瘟损失率6.0%，白叶枯病5.0级，褐飞虱5.0级。

**产量及适宜地区**：2006年、2007年浙江省单季晚粳稻区试，两年平均产量8.09t/hm$^2$，比对照秀水63增产4.4%。2008年生产试验，平均产量8.04t/hm$^2$，比对照秀水63增产3.2%。适宜浙江省粳稻区作为单季稻种植。

**栽培技术要点**：①适时播种移栽。单季种植，5月底至6月初播种，6月底至7月初移栽。连作种植，6月20日播种，7月底移栽。②培育稀播壮秧。播种量450.0kg/hm$^2$以下，单苗插时播种量可在225.0kg/hm$^2$，施有机肥，配施磷、钾肥。3叶期施断奶肥，移栽前施起身肥。苗期注意防治稻蓟马和卷叶螟。③加强肥水管理。施足基肥，早施追肥，中期少施，平稳发展，后期看苗施肥，防止后期氮肥过多。浅水插秧，深水护苗，浅水发棵，适度搁田，后期干干湿湿到老。④加强病虫草害防治。

# 浙粳50 (Zhegeng 50)

**品种来源**：浙江省农业科学院作物研究所与杭州市余杭区种子技术推广站合作，1995年秋季在杭州以秀水63为母本与嘉58杂交配组获得$F_1$代，1996年春季以秀水63为母本与$F_1$代回交，经多年南繁北育，1998年秋季选育而成，原名浙湖998、ZH998。2005年通过浙江省农作物品种审定委员会审定（浙审稻2005010）。

**形态特征和生物学特性**：属常规中熟晚粳稻品种。在浙江省作为单季晚稻种植，全生育期151d，株高约104cm。作为连作晚稻种植，全生育期135d，株高约86cm。株型紧凑，分蘖力较强，叶片挺直，丰产性较好，后期转色好，长势清秀。穗型中等，穗长15.7cm，有效穗数343.5万穗/hm²，每穗实粒数100.3粒，结实率90.6%，千粒重25.4g。

**品质特性**：整精米率70.6%，糙米长宽比1.8，垩白粒率46.0%，垩白度6.0%，透明度3.0级，胶稠度69.0mm，直链淀粉含量14.9%，米质与秀水63相仿。

**抗性**：叶瘟3.9级，穗瘟4.5级，穗瘟损失率8%，显著轻于对照秀水63的4.8级、6.0级和36.4%；白叶枯病4.9级，稻褐虱8.0级。中抗稻瘟病和白叶枯病，感褐飞虱。

**产量及适宜地区**：2001年、2002年浙江省单季晚粳稻区试，两年平均产量8.22t/hm²，比对照秀水63增产2.8%。2003年生产试验，平均产量8.09t/hm²，比对照秀水63增产1.8%。适宜浙江省作为单季晚稻种植。

**栽培技术要点**：①药剂浸种。②杭州地区的最适播种期单季稻为5月底至6月上旬，双季稻为6月20～25日。③秧田播种量不超过450kg/hm²，大田用种量单季晚稻种植37.5～45.0kg/hm²、连作晚稻种植45.0～52.5kg/hm²。合理密植，单季晚稻种植栽插27.0万穴/hm²，每穴栽插2～3苗；连作晚稻种植，栽插37.5万穴/hm²，每穴栽插3～4苗。④肥料的施用以有机肥为主，少施无机化肥，适当增加磷、钾肥。⑤注意防治稻曲病。

# 浙粳59（Zhegeng 59）

**品种来源**：浙江省农业科学院作物与核技术利用研究所和浙江勿忘农种业股份有限公司合作，2004年秋季在杭州正季以晚粳稻丙02-105为母本与丙03-33杂交，2008年春季在海南陵水F$_7$代定型选育而成，原名ZH08-59。2013年通过浙江省农作物品种审定委员会审定（浙审稻2013008）。

**形态特征和生物学特性**：属双季常规中熟晚粳稻品种。全生育期146.3d。株高98.3cm，株型较紧凑，茎秆粗壮、坚韧，分蘖力较强，生长整齐。剑叶短挺，叶色中绿。穗型中等，着粒较密。有效穗数346.5万穗/hm$^2$，成穗率74.9%，穗长15.9cm，每穗总粒数119.5粒、实粒数100.6粒，结实率83.8%，千粒重24.7g。谷壳黄亮，谷粒圆形，颖尖无色，无芒。

**品质特性**：整精米率71.1%，糙米长宽比1.9，垩白粒率35%，垩白度5.8%，透明度2级，胶稠度71mm，直链淀粉含量17.9%。

**抗性**：抗倒伏性强。叶瘟1.0级，穗瘟4.0级，穗瘟损失率6.1%，综合指数2.6；白叶枯病2.0级；褐飞虱8.0级。中抗稻瘟病和白叶枯病，感褐飞虱。

**产量及适宜地区**：2010年、2011年浙江省双季晚粳稻区试，两年产量7.82t/hm$^2$，比对照秀水09增产3.4%。2012年生产试验平均产量8.56t/hm$^2$，比对照秀水09增产3.7%。适宜浙江省粳稻区作为连作稻种植。

**栽培技术要点**：①药剂浸种消毒。②钱塘江以北，双季稻种植6月20～25日播种，单季稻种植6月5日播种；钱塘江以南地区适当推迟。③稀播培育壮秧。秧田播种量不超过450kg/hm$^2$，培育带蘖秧，秧龄不超过30d。大田用种量45.0～52.5kg/hm$^2$，栽插2万穴/hm$^2$，每穴栽插2～3苗。④2叶1心期施尿素拌多效唑、钾肥。后肥切忌过迟过重，齐穗后喷磷酸二氢钾。肥料的使用以有机肥和生物肥料为主，少施无机化肥。⑤生育前期的水分管理以干湿交替为主，分蘖盛期排水搁田。病虫害防治使用低毒、低残留的农药。⑥把握适宜的收获时机。

# 浙粳60（Zhegeng 60）

**品种来源**：浙江省农业科学院作物与核技术利用研究所和杭州市良种引进公司合作，以丙05-129为母本、丙03-123为父本杂交配组，同年秋天再用$^{60}$Co$\gamma$射线200Gy对浙江正季种植收获的$F_1$代干种子进行辐照处理，2010年春季在海南加代选育而成，原名R102。2013年通过浙江省农作物品种审定委员会审定（浙审稻2013009）。

**形态特征和生物学特性**：属单季常规中熟晚粳稻品种。全生育期157.9d，比对照秀水09迟熟3.4d。株高102.2cm，茎秆坚韧，分蘖力强，抗倒伏性好，生长整齐。剑叶挺直，叶色中绿，后期转色好。有效穗数289.5万穗/hm$^2$，成穗率78.0%，穗长16.7cm，穗大粒多，着粒中等偏密，每穗总粒数130.8粒，每穗实粒数122.8粒，结实率93.9%，千粒重26.6g。谷壳黄亮，谷粒圆形，颖尖无色、无芒。

**品质特性**：整精米率70.0%，糙米长宽比1.9，垩白粒率48%，垩白度4.4%，透明度2级，胶稠度63.5mm，直链淀粉含量16.5%，蛋白质含量9.1%。

**抗性**：叶瘟2.0级，穗瘟4.0级，穗瘟损失率3.6%，综合指数3；白叶枯病2.5级；褐飞虱8.0级。中抗稻瘟病和白叶枯病，感褐飞虱。条纹叶枯病轻于对照秀水09。

**产量及适宜地区**：丰产性较好。2011年、2012年浙江省单季晚粳稻区试，两年平均产量9.30t/hm$^2$，比对照秀水09增产7.7%。2012年生产试验，平均产量9.23t/hm$^2$，比对照秀水09增产5.0%。适宜浙江省粳稻区作为单季稻种植。

**栽培技术要点**：①药剂浸种。②杭州地区单季稻种植5月底至6月上旬播种，其他地区可因地制宜适当调整。③秧田播种量不超过450kg/hm$^2$，秧龄不超过30d。大田用量单季稻种植为37.5kg/hm$^2$。④单季稻用肥量折纯氮202.5～210kg/hm$^2$，宜早，切忌过迟过重。⑤有些年份易感染稻曲病而影响产量及品质，注意防治。⑥适当延迟收获，以利于穗基部谷粒成熟，减少青米比例，改善稻米品质。

# 浙粳66（Zhegeng 66）

**品种来源**：浙江省农业科学院水稻研究所以矮粳23为母本、百哥为父本杂交配组，F₁代花药培养，1978年定型选育而成，原名79-66。1983年通过浙江省农作物品种审定委员会审定（浙品审字第006号）。

**形态特征和生物学特性**：属常规中熟晚粳稻品种。全生育期132～135d，比对照更新农虎早熟3～4d。株高85cm，株型较紧凑，茎秆较粗硬，分蘖力偏弱，感光较强。上位叶较宽厚而挺，叶色较深，后期转色好，功能叶多。着粒密度合适，但脱粒较难。每穗粒数85粒左右，穗长15～19cm，千粒重27g，结实率80%。谷壳呈秆黄色，稃尖淡紫色，谷粒椭圆形。

**品质特性**：米粒腹白较小，米质中等，米饭比对照矮粳23软，可以加工年糕。

**抗性**：抗稻瘟病和白叶枯病能力比对照更新农虎强。耐寒性较好，抽穗期在人工气候箱内用15℃低温处理5d，浙粳66结实率79.92%，而对照更新农虎仅66.83%。

**产量及适宜地区**：浙江省晚粳稻区试，1981年平均产量4.79t/hm²，比对照更新老虎增产4.26%，达到显著水平。1982年全国南方稻区区试，12个试点平均产量5.84t/hm²。浙江省9个生产试验点中，浙北5个点平均产量6.37t/hm²，浙南4个点平均产量5.97t/hm²，分别比对照更新老虎增产6.83%和4.49%。适宜浙江肥力水平中上等的稻瘟病较轻地区作为连作晚稻种植。1983—1984年累计推广1.47万hm²。

**栽培技术要点**：①适期播种，培育壮秧。杭嘉湖地区6月22～25日、宁绍地区6月25～28日、浙南地区7月1～5日播种，播种量600.0～675.0kg/hm²，移栽时带分蘖，本田用种量112.5kg/hm²以下，插秧最迟不过立秋关。②小株密植。插60.0万穴/hm²，基本苗240.0万～300.0万苗/hm²，有效穗数330.0万～375.0万苗/hm²；拔秧前3～4d施起身肥。秧田播后至3叶前，仅沟内灌水，2叶1心后灌浅水。

# 浙粳88（Zhegeng 88）

**品种来源**：浙江省农业科学院作物与核技术利用研究所2002年春季在海南以晚粳稻新品系春江012为母本、R2045为父本杂交配组，2006年春季在海南陵水F$_8$代定型选育而成，原名ZH06-88。2011年通过浙江省农作物品种审定委员会审定（浙审稻2011008）。

**形态特征和生物学特性**：属常规中熟晚粳稻品种。全生育期140.1d，比对照秀水63迟熟3.5d。株高101.3cm，株型较紧凑，茎秆较粗壮，分蘖力较强，生长整齐。剑叶较短挺，叶色浓绿。穗型较大，着粒较密。浙江省区试结果，有效穗数279.0万穗/hm$^2$，成穗率69.6%，穗长15.5cm，每穗总粒数138.2粒，每穗实粒数117.2粒，结实率84.8%，千粒重25.7g。谷壳较黄亮，无芒，颖尖无色，谷粒圆形。

**品质特性**：整精米率74.4%，糙米长宽比1.6，垩白粒率61.5%，垩白度10.0%，透明度2级，胶稠度80mm，直链淀粉含量16.9%，两年米质指标分别达到部颁五级和四级食用稻品种品质。

**抗性**：叶瘟0.5级，穗瘟2.0级，穗瘟损失率3.1%，综合指数2；白叶枯病3.0级；褐飞虱7.0级；条纹叶枯病7.0级。

**产量及适宜地区**：2008年、2009年参加浙江省双季晚粳稻区试，两年区试平均产量7.47t/hm$^2$，比对照秀水63增产5.3%。2010年生产试验，平均产量7.16t/hm$^2$，比对照秀水63增产4.6%。适宜浙江省粳稻区作为连作稻种植。2013年至今累计推广17.33万hm$^2$。

**栽培技术要点**：①播种前晴天晒种，用种子消毒剂使百克2000～4000倍液浸种。②双季稻种植6月20～25日播种，单季稻种植6月5日播种。③秧田播种量不超过450kg/hm$^2$，培育带蘖秧，秧龄不超过30d。大田用种量45.0～52.5kg/hm$^2$。④总用肥量为37.5t/hm$^2$标准肥，早施促早发，适施穗肥，拔节期不施肥。⑤前期以干湿交替为主，分蘖盛期排水搁田。注意稻纵卷叶螟、螟虫危害。⑥把握适宜的收获时机，提高稻米品质。

# 浙粳97（Zhegeng 97）

**品种来源**：浙江省农业科学院作物与核技术利用研究所2005年春季在海南以优质高产亲本R4028为母本、抗稻瘟病亲本R4101为父本杂交配组，杂交种子γ射线辐射处理，2008年春季在海南定型选育而成，原名R8097。2013年通过浙江省农作物品种审定委员会审定（浙审稻2013007）。

**形态特征和生物学特性**：属常规双季中熟晚粳稻品种。全生育期145.3d，比对照秀水63迟熟1.5d。株高97.7cm，株型适中，分蘖力中等，感光性强。剑叶短挺，叶色绿。着粒密，有效穗数330.0万穗/hm$^2$，成穗率76.5%，穗长15.0cm，每穗总粒数125.8粒，每穗实粒数104.4粒，结实率82.8%，千粒重25.3g。谷壳黄亮，谷粒圆形，颖尖无色，无芒。

**品质特性**：整精米率70.4%，糙米长宽比1.9，垩白粒率35%，垩白度6.5%，透明度2级，胶稠度71mm，直链淀粉含量17.3%，米质各项指标达到部颁四级食用稻品种品质。

**抗性**：叶瘟1.4级，穗瘟5.0级，穗瘟损失率8.9%，综合指数3.9；白叶枯病2.0级；褐飞虱6.0级。中抗稻瘟病和白叶枯病，感褐飞虱。

**产量及适宜地区**：2010年、2011年浙江省双季晚粳稻区试，两年平均产量7.97t/hm$^2$，比对照秀水63增产5.3%。2012年生产试验，平均产量8.55t/hm$^2$，比对照秀水63增产3.6%。适宜浙江省粳稻区适宜作为连作稻种植。

**栽培技术要点**：①单季稻种植，5月底至6月初播种，6月底至7月初移栽。连作稻种植，6月20日播种，7月底移栽。②播种量450.0kg/hm$^2$以下，单苗繁种时，播种量225.0kg/hm$^2$以下。③水肥管理。一般条件可用45～52.5t/hm$^2$标准肥，适当配施磷、钾肥。浅水插秧，深水护苗，浅水发棵，适度搁田，后期干干湿湿到老。④插秧前精细翻耕和耖田。插秧后7d内结合施肥用好除草剂，保持田间有足够水分。并及时防除杂草。⑤加强病虫害防治。

# 浙粳98 (Zhegeng 98)

**品种来源**：浙江省农业科学院作物与核技术利用研究所和浙江勿忘农种业股份有限公司，2004年春季以优质晚粳稻丙02-09为母本、丙01-113为父本杂交，2008年春季在海南陵水$F_8$代定型选育而成，原名ZH08-98。2013年通过浙江省农作物品种审定委员会审定（浙审稻2013010）。

**形态特征和生物学特性**：属常规中熟晚粳稻品种。全生育期160.1d，比对照秀水09迟熟4.2d。株高100.4cm，株型较紧凑，茎秆较粗，分蘖力较强，生长整齐，感光性较强。剑叶长挺，叶色中绿。穗型较大，有效穗数280.5万穗/$hm^2$，成穗率74.4%，穗长16.6cm，每穗总粒数127.8粒，每穗实粒数113.3粒，着粒密度7.7粒/cm，结实率89.2%，千粒重26.9g。谷粒圆形，颖尖无色，无芒。

**品质特性**：整精米率71.2%，糙米长宽比1.8，垩白粒率62%，垩白度9.8%，透明度2级，胶稠度64mm，直链淀粉含量16.3%，米质各项指标均达部颁四级食用稻品种品质。

**抗性**：叶瘟0.2级，穗瘟3.0级，穗瘟损失率3.3%，综合指数1.9；白叶枯病2.5级；褐飞虱6.0级。与对照秀水09相比，对稻瘟病和褐飞虱的抗性明显增强，对白叶枯病和矮缩病的抗性相仿，对条纹叶枯病抗性减弱。

**产量及适宜地区**：2010年、2011年浙江省单季晚粳稻区试，两年平均产量8.81t/$hm^2$，比对照秀水09增产2.7%。2012年生产试验，平均产量9.08t/$hm^2$，比对照秀水09增产3.2%。适宜浙江省粳稻区作为单季稻种植。

**栽培技术要点**：①种子消毒。②控制用种量，培育壮秧。秧田播种量不超过450kg/$hm^2$，秧龄不超过30d。③科学用肥。2叶1心期施尿素拌多效唑和氯化钾。④注意水分管理和病虫害防治。⑤把握适宜的收获时机。

# 浙湖3号（Zhehu 3）

**品种来源**：浙江省农业科学院作物研究所与湖州市农业科学研究所合作，以城堡1号///矮粳14/科情3号//金蕾440的选株为母本，秀水04为父本杂交配组选育而成。1990年通过湖州市品种审定小组审定，1991年通过浙江省农业主管部门认定（浙品认字第148号）。

**形态特征和生物学特性**：属常规中熟晚粳稻品种。全生育期130d，比对照秀水11早熟2～3d。株高78cm，株型紧凑，分蘖力中等，茎秆粗壮，耐肥，抗倒伏，叶片短挺。穗型偏小，着粒较密，脱粒较难，老相欠佳。每穗总粒数75.5粒、实粒数66.7粒，千粒重25g。

**品质特性**：糙米率84.3%，精米率75.8%，碾米品质达到部颁一级标准，蒸煮品质、碱消值、胶稠度和直链淀粉含量等达到部颁二级标准。食味佳，米质优。

**抗性**：抗稻瘟病，中抗白叶枯病，后期易受蚜虫危害，并有稻曲病的发生。

**产量及适宜地区**：湖州市晚粳稻区试，1988年平均产量6.28t/hm$^2$，比对照秀水48增产4.6%；1989年平均产量6.65t/hm$^2$，比对照秀水11减产0.3%；1989年生产试验，平均产量8.24t/hm$^2$，比对照秀水11增产8.4%。适宜肥力条件较好的杭嘉湖地区作为连作晚稻种植。

**栽培技术要点**：①浙北地区6月20～25日播种，9月20日前齐穗，11月上旬成熟。钱塘江以南播期可适当推迟，浙南可延迟到6月30日至7月5日播种。②基本苗150.0万～165.0万苗/hm$^2$，用种量75.0～90.0kg/hm$^2$。小株密植，行株距16.7cm×13.3cm，每穴栽插3～4苗。超稀栽培，秧田播种量225.0kg/hm$^2$，本田用种量37.5～45.0kg/hm$^2$，栽插45.0万穴/hm$^2$，每穴栽插2～3苗，基本苗150.0万～165.0万苗/hm$^2$。③施足基肥（占总用肥量的60%以上），早施追肥，巧施穗肥，适施磷、钾肥，灌浆期湿润灌溉。④重病区注意病虫害的防治。

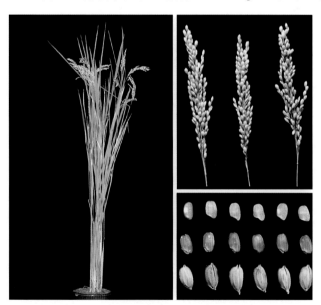

# 浙湖6号 (Zhehu 6)

**品种来源**：浙江省农业科学院作物研究所与湖州市农业科学研究所合作，以测21为母本，与灵峰/虎蕾26//7424（糯）的选株杂交配组选育而成。1988年通过金华市农作物品种审定委员会审定。

**形态特征和生物学特性**：属常规迟熟晚粳稻品种。全生育期从南至北差异较大，浙北地区141～147d，浙中、浙南地区129～139d，与对照秀水48相仿，比对照矮粳23早熟1.6d。株高85cm左右，株型集散适中，茎秆粗壮，分蘖力中等偏强，叶片较挺。穗型大，穗半弯弓形，每穗实粒数多，着粒较密，具有良好的群体自动调节能力，成穗率高，穗层一致，后期转色好。有效穗数375.0万～420.0万穗/hm²，每穗粒数86.7粒、实粒数81.83粒，结实率90%，千粒重26～27g。谷粒黄亮，椭圆形。

**品质特性**：糙米率86.5%，精米率78.3%，整精米率77.7%，糙米粒长5.4mm，糙米长宽比1.9，碱消值7.0级，胶稠度60mm，直链淀粉含量19.7%，蛋白质含量8.8%。米饭质地较柔软而有光泽，食味好。

**抗性**：中抗稻瘟病和白叶枯病，纹枯病轻。抗倒伏性较弱。

**产量及适宜地区**：大田种植产量6.00t/hm²，表现稳产高产。1987年、1988年金华市区试，平均产量分别为6.51t/hm²和6.44t/hm²，比对照矮粳23分别增产15.6%（极显著）和7.38%。适宜金华市中肥地区作为连作晚稻搭配种植。

**栽培技术要点**：① 适时播种，培育壮秧。适宜播种期浙北6月20日，钱塘江以南6月25日为宜，秧龄不超过40d。秧田播种量450.0～600.0kg/hm²，大田用种量90.0～105.0kg/hm²。秧田期间喷一次多效唑，有利促进分蘖，培育壮秧。② 匀株密植，插足基本苗。每穴栽插5～6苗，插足225.0万～270.0万苗/hm²基本苗，争取37.5万～45.0万穴/hm²。③ 施足基肥，早施追肥和增施磷、钾肥。④ 水分管理。注意勤灌浅灌，干干湿湿。分蘖盛期适时搁田。

# 浙糯36（Zhenuo 36）

**品种来源**：浙江省农业科学院作物研究所1994年秋季在杭州以丙92-124为母本、绍糯92-8（选）为父本杂交配组，1995年以吸收剂量200Gy的$^{60}Co\gamma$射线处理$F_2$代干种子。经多年南繁加代，1999年春季在海南定型选育而成，原名浙湖206、ZH206。2003年通过浙江省农作物品种审定委员会审定（浙审稻2003009）。

**形态特征和生物学特性**：属常规中熟晚粳糯稻品种。单季稻种植，全生育期148.3d，株高95cm；连作晚稻种植，全生育期128.0d，株高80cm。株型紧凑，分蘖力中等偏弱，叶片挺直。穗大粒多，千粒重高，后期熟色好。双季稻穗长18cm，每穗总粒数91.4粒，较秀水11多27.7%，每穗实粒数85.0粒，较秀水11多27.4%，千粒重30.4g，比秀水11重2.9g。

**品质特性**：糙米率84.1%，精米率76.1%，整精米率73.7%，碱消值7级，胶稠度100mm，直链淀粉含量1.3%。米粒大而白，外观好。

**抗性**：叶瘟2.1级，穗瘟4.3级，对照秀水11分别为7.2级和8.5级。对稻瘟病的抗性强于对照秀水11，对白叶枯病和细菌性条斑病的抗性与对照秀水11相仿。

**产量及适宜地区**：2000年、2001年金华市晚粳稻区试，两年平均产量7.15t/hm²，比对照秀水11增产10.3%。2001年生产试验，平均产量6.56t/hm²，比对照秀水11增产11.26%。适宜金华、舟山及生态类似地区种植。

**栽培技术要点**：①种子消毒。②适期播种，稀播壮秧。要求秧龄不超过30d。③合理密植，科学用肥。单季稻种植大田用种量37.5～45kg/hm²，插37.5万穴/hm²，每穴栽插2～3苗；双季稻种植大田用种量45～60kg/hm²。连作晚稻种植插45万穴/hm²，每穴栽插4～5苗。总用肥量标准肥单季稻种植为42.5t/hm²、连作晚稻种植为37.5t/hm²，需早施，适当增加磷、钾肥。④水分管理和病虫害防治。分蘖期灌水宜浅不宜深，孕穗至扬花期浅水灌溉。生育后期干干湿湿。注意病虫害防治，稻瘟病重发地区须注意对穗颈瘟的防治。

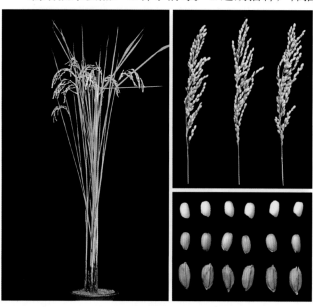

# 浙糯4号（Zhenuo 4）

**品种来源**：浙江省农业科学院作物与核技术利用研究所1997年秋季在杭州以抗稻瘟病新种质R917的后代武运P17为母本、糯稻丙9302为父本杂交配组，杂交当代干种子进行辐射诱变处理，1999年从$F_5$代选择到性状稳定、表现突出的晚粳糯稻品种，原名R2004。2006年通过浙江省农作物品种审定委员会审定（浙审稻2006018）。

**形态特征和生物学特性**：属常规中熟晚粳糯稻品种。单季稻种植，全生育期153d，株高105cm，穗长17cm。连作晚稻种植，全生育期129d，株高87cm。株型紧凑，茎秆粗壮，分蘖力中等，抗倒伏性较好，感光性强。叶片颜色浅绿，叶鞘无色，剑叶角30°，茎节间绿色。有效穗多，穗型较大，着粒密度稀。单季稻种植，穗茎长35cm，每穗总粒数120粒、实粒数110粒，千粒重26g；连作晚稻种植，每穗总粒数98粒、实粒数83.4粒，千粒重26g。无芒，谷粒椭圆形，稃尖无色。

**品质特性**：糙米长宽比1.8，整精米率67.5%，直链淀粉含量1.5%。品质优。

**抗性**：叶瘟0.5级，穗瘟1.5级，穗瘟损失率1.3%，白叶枯病4.4级，褐飞虱7.0级。

**产量及适宜地区**：单季种植产量9.00t/hm²。2001年、2002年金华市常规晚粳糯稻区试和杭州市晚粳稻区试，两年区试平均产量分别为7.13t/hm²和8.93t/hm²。嘉兴市2001年区试，平均产量8.61t/hm²。适宜浙江省作为连作晚稻种植。

**栽培技术要点**：①适时播种移栽。单季稻种植，5月底至6月初播种，6月底至7月初移栽；连作稻种植，6月20日播种，秧龄30～35d。②均匀播种，培育壮秧。播种量450.0kg/hm²，本田用种量52.5～60.0kg/hm²，直播田用种量37.5～52.5kg/hm²。③加强肥水管理。适当施足基肥，配施磷、钾肥。3叶期前施断奶肥，插秧前3～5d施起身肥，本田施足基肥，早施追肥，后期看苗施肥。浅水插秧，深水护苗，浅水发棵，后期干湿到老。④综合防治病虫草害。

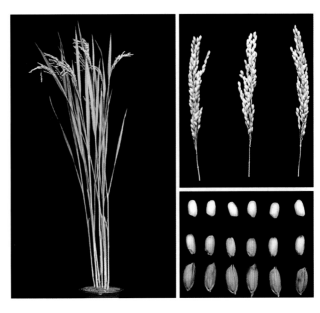

# 浙糯5号 （Zhenuo 5）

**品种来源**：浙江省农业科学院作物与核技术利用研究所以大粒晚粳糯品系R9682为母本、优质晚粳品种丙9302为父本杂交配组，杂交种子用$^{60}Co\gamma$辐射处理，杭州、海南陵水和浙江东辉三地穿梭选育而成，原名R2071。2004年通过浙江省农作物品种审定委员会审定（浙审稻2004020）。

**形态特征和生物学特性**：属常规中熟晚粳糯稻品种。在杭州市作为单季稻种植，全生育期154d，株高102.8cm。在金华市作为连作晚稻种植，全生育期130d，株高86.1cm。整个生育期生长繁茂，整齐度好，而且株型紧凑，茎秆较粗，分蘖中等，茎节半包，抗倒伏性强。作为单季稻种植，有效穗数300万穗/hm²左右，每穗总粒数162.7粒、实粒数131.7粒，千粒重29.5g。作为连作晚稻种植，每穗总粒数113.3粒，实粒99.7粒。穗颈长33cm，穗长15.4cm。无芒，稻谷阔卵形。

**品质特性**：整精米率66.9%，碱消值7.0级，胶稠度100mm，蛋白质含量8.8%，直链淀粉含量1.9%，糯性佳。

**抗性**：叶瘟0级，穗瘟1.0级，穗瘟损失率0.15%，白叶枯病4.8级。

**产量及适宜地区**：2001年、2002年参加金华市连作晚粳稻区试，两年平均产量7.14t/hm²，比对照秀水63增产4.6%。2003年生产试验，平均产量5.85t/hm²，比对照秀水63增产1.5%。适宜金华及生态类似地区推广种植，2006—2010年累计推广6.6万hm²。

**栽培技术要点**：①适时播种移栽。单季稻种植，5月底至6月初播种，6月底至7月初移栽。连作稻种植，6月20日播种，7月底移栽。②稀播培育壮秧。播种量约450.0kg/hm²，单苗种植时播种量约225.0kg/hm²。③加强肥水管理。施足基肥，早施追肥，中期少施，平稳发展，后期看苗施肥，防止后期氮肥过多。浅水插秧，深水护苗，浅水发棵，适度搁田，后期干湿到老。④加强病虫草害防治。

# 浙糯65 (Zhenuo 65)

**品种来源**：浙江省农业科学院作物与核技术利用研究所和上虞市舜达种子有限责任公司，2001年春季在海南以丙98-110为母本、丙850/BBW的选株为父本杂交配组，2001年秋季用丙98110为轮回亲本回交一次，2002年秋季开始利用系谱法进行单株选择，2005年秋季F₈代定型选育而成，原名ZH06-65。2011年通过浙江省农作物品种审定委员会审定（浙审稻2011007）。

**形态特征和生物学特性**：属常规中熟晚粳糯稻品种。全生育期140.0d。株高111.1cm，株型紧凑，分蘖力中等偏弱。剑叶挺直，叶色深绿。穗型较大，着粒紧密，千粒重较高，丰产性较好。有效穗数276.0万穗/hm²，成穗率77.4%，穗长15.5cm，每穗总粒数132.1粒，每穗实粒数119.4粒，结实率90.3%，千粒重25.0g。谷粒椭圆形，颖尖无色，无芒。

**品质特性**：糙米率82.5%，精米率73.4%，整精米率69.3%，白度1级，阴糯米率1%，糙米长宽比1.8，胶稠度100mm，碱消值7.0级，直链淀粉含量1.6%，蛋白质含量9.1%。

**抗性**：叶瘟1.6级，穗瘟2.2级，穗瘟损失率2.4%，综合指数2.0；白叶枯病3.0级；褐飞虱7.0级；条纹叶枯病5.0级。中抗稻瘟病、白叶枯病，中感条纹叶枯病，感褐飞虱。

**产量及适宜地区**：2008年、2009年浙江省双季晚粳稻区试，两年平均产量7.34t/hm²，比对照秀水11增产3.4%。2010年生产试验，平均产量6.96t/hm²，比对照秀水11增产1.7%。适宜浙江省粳稻区作为连作稻种植。

**栽培技术要点**：①晴天晒种，药剂浸种。②双季种植6月20～25日播种，单季种植6月5日播种。③秧田播种量不超过450kg/hm²，培育带蘖秧。大田用种量45.0～52.5kg/hm²，栽插30万穴/hm²，每穴栽插2～3苗。④早施促早发，适施穗肥，拔节期不施肥。2叶1心期施尿素拌多效唑和钾肥。后肥切忌过迟过重。⑤生育前期水分管理以干湿交替为主，分蘖盛期排水搁田。注意稻纵卷叶螟、蚜虫危害。⑥把握适宜的收获时机。

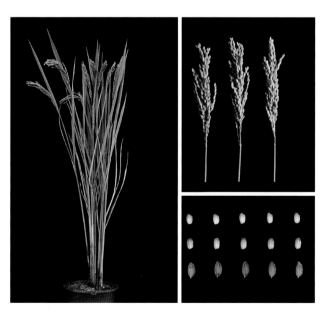

# 中旱3号 (Zhonghan 3)

**品种来源**：中国水稻研究所、上海市农业科学院于1997年从国际水稻研究所引进的巴西旱稻品种CNA6187-3分离群体中，经系统选育而成。2003年分别通过国家和广西壮族自治区农作物品种审定委员会审定。

**形态特征和生物学特性**：属粳型常规早熟中稻。全生育期120～125d，比对照艾巴9号迟熟2～7d，感温。株高130cm，株型较紧凑，生长繁茂，剑叶挺直。茎秆、叶片及谷壳均为光身，前期生长旺盛，叶色深绿，后期黄丝亮秆熟相好。有效穗数214万穗/hm²，穗长23.8cm，每穗总粒数129.6粒，结实率71.9%，千粒重25.9g。

**品质特性**：糙米率80.8%，整精米率47.8%，糙米长宽比2.86，垩白粒率33%，垩白度9.9%，胶稠度76mm，直链淀粉含量19.9%。

**抗性**：抗稻瘟病，高感白叶枯病。抗旱性强。

**产量及适宜地区**：2000年参加国家长江中下游及华南旱稻品种区试，平均产量3.72t/hm²，比对照艾巴9号增产5.23%，达极显著水平，居参试品种第一位。2001年续试，平均产量4.59t/hm²，比对照艾巴9号增产11.83%，达极显著水平，居参试品种第一位。2001年参加广西、浙江、海南生产试验，一般产量为4.65～6.15t/hm²，比对照艾巴9号增产11.24%～24.16%。适宜广西、浙江、海南作为一季旱稻种植。

**栽培技术要点**：①精耕细作。要求土地平整，田地四边和中间开挖排灌沟，做到能排能灌。②播种。采用直播方法播种，行距为33～40cm；也可穴播，行穴距为（26～28）cm×（16～18）cm，每穴播种5粒左右，覆土深度为3～5cm。③施肥。施足基肥，一般每公顷施有机肥15t，磷肥600kg，钾肥150kg，尿素75kg；秧苗4叶时施尿素120～150kg/hm²，分蘖期追施尿素150kg/hm²。④播种后1～2d和分蘖期、孕穗期如遇干旱，应及时灌溉适量的水。⑤除草。山地及荒地在整地前15d要喷施草甘膦类强效除草剂清除杂草；播种时可适当使用旱稻专用除草剂，控制杂草。⑥病虫鼠害防治。重点防治蝼蛄等地下害虫，中后期要注意防治纹枯病、稻瘟病和老鼠危害。

# 中嘉129 (Zhongjia 129)

**品种来源**：中国水稻研究所、浙江省嘉兴市农业科学研究所1977年以农虎3-2为母本、大淀为父本杂交配组，经浙江嘉兴、海南逐年加代选育，于1981年育成，原名H129。1989年通过浙江省农作物品种审定委员会审定。

**形态特征和生物学特性**：属粳型常规中熟晚稻。全生育期135～140d。株高80～85cm，株型适中，整个生长期生长清秀，叶片挺直，耐肥，抗倒伏，对水分比较敏感。分蘖力较强，有效穗数420万～450万穗/hm²，穗型中等偏小，每穗总粒数55～60粒，千粒重28g。灌浆快，谷粒饱满。

**品质特性**：糙米率85.2%，精米率79.4%，整精米率77.6%，垩白度1%，透明度1级，胶稠度67.5mm，碱消值7级，直链淀粉含量18.8%。

**抗性**：中抗稻瘟病，感白叶枯病。后期耐寒性强。

**产量及适宜地区**：一般产量6.00t/hm²。1985年、1986年参加浙江省晚粳稻新品种区试，平均产量分别为5.44t/hm²和6.27t/hm²，比对照秀水48分别增产10.2%和4.8%。1986年参加浙江省晚粳生产试验，平均产量6.55t/hm²，比对照秀水48增产6.50%。适宜浙江省白叶枯病轻的地区作为连作晚稻栽培。

**栽培技术要点**：①适时播种，适龄移栽。一般宜于6月20日前后播种，秧田播种量450～525kg/hm²，掌握秧龄30～35d。②少苗密植，插足基本苗。一般栽插行株距16.7cm×13.3cm，每穴栽插3～4苗，基本苗150万～180万苗/hm²。③合理用肥，重施磷、钾肥。施足基肥，早施追肥，配施攻头肥。④科学灌水。前期一般不宜搁田，后期也不能断水过早。⑤防治病虫害。种子处理防恶苗病，秧苗3叶期、移栽前和分蘖盛期注意防治白叶枯病，后期加强稻飞虱的防治。

# 第四节　杂交粳稻

# 春优172（Chunyou 172）

**品种来源**：中国水稻研究所、浙江农科种业有限公司以春江12A为母本、C172为父本，采用三系法配组而成。2009年通过浙江省农作物品种审定委员会审定。

**形态特征和生物学特性**：属粳型三系杂交中熟晚稻。单季晚稻栽培，平均全生育期148.4d，比对照秀水63迟熟1.2d。株高106.6cm，株型紧凑，剑叶挺直，叶色淡绿，株高适中，抗倒伏性好。分蘖力中等，平均有效穗数232.5万穗/hm²，成穗率67.9%。穗型较大，着粒较密，穗长18.1cm，每穗总粒数167.8粒、实粒数148.1粒，结实率88.2%，千粒重25.8g。谷粒圆形，稃尖秆黄色。

**品质特性**：整精米率71.1%，糙米长宽比1.8，垩白粒率41.5%，垩白度7.5%，透明度2级，胶稠度71mm，直链淀粉含量15.9%。

**抗性**：中抗稻瘟病，中抗白叶枯病，感褐稻虱。

**产量及适宜地区**：2006年浙江省单季杂交晚粳稻区试，平均产量7.93t/hm²，比对照秀水63增产10.7%，达显著水平；2007年浙江省单季杂交晚粳稻区试，平均产量7.60t/hm²，比对照秀水63增产9.3%，未达显著水平；两年浙江省区试平均产量7.76t/hm²，比对照秀水63增产10.0%。2008年浙江省生产试验，平均产量7.30t/hm²，比对照秀水63增产1.0%。适宜浙江省粳稻区作为单季稻种植。

**栽培技术要点**：①6月15～20日播种，秧田播种量105～150kg/hm²，大田用种量15～22.5kg/hm²。②适当增加落田苗，提高穗数。栽插规格16.7cm×20cm，每穴栽插2苗。③施足基肥，早施追肥，每公顷施用纯氮180～210kg，氮、磷、钾肥的施用比例掌握在1∶0.5∶1。④浅水插秧，寸水活棵，浅水勤灌促分蘖，及时晒田，后期干湿交替灌溉，不要断水过早。⑤播种前种子用药剂处理，预防恶苗病，大田加强稻瘟病、二化螟、稻飞虱等病虫害的防治。

# 春优58（Chunyou 58）

**品种来源**：中国水稻研究所、浙江农科种业有限公司以春江12A为母本、CH58为父本，采用三系法于2003年配组而成。2007年通过浙江省农作物品种审定委员会审定，2008年通过国家农作物品种审定委员会审定。

**形态特征和生物学特性**：属粳型三系杂交中熟晚稻。平均全生育期150.6d，比对照秀水63迟熟2.9d，感光性较强。株高124.4cm，株高适中，生长旺盛，茎秆粗壮，抗倒伏性较强，剑叶短、开角小，叶姿挺直，叶色较深，后期耐寒转色好。有效穗数261万穗/hm²，成穗率67.6%。穗弯钩形，穗型大，着粒密，穗长19.5cm，每穗总粒数208.4粒、实粒数173.9粒，结实率83.4%，千粒重23.9g。籽粒椭圆形，偶有芒。

**品质特性**：平均整精米率69.6%，糙米长宽比2.2，垩白粒率39.8%，垩白度6.7%，透明度3级，胶稠度70.0mm，直链淀粉含量14.6%。

**抗性**：高感稻瘟病，中感白叶枯病，感褐稻虱和条纹叶枯病。

**产量及适宜地区**：2005年、2006年浙江省单季杂交晚粳稻区试，平均产量分别为9.16t/hm²、9.39t/hm²，比对照秀水63分别增产19.1%、31.1%（均极显著）。2006年浙江省生产试验，平均产量9.27t/hm²，比对照秀水63增产22.2%。适宜浙江、上海和江苏南部、安徽南部的稻瘟病、条纹叶枯病轻发的晚粳稻区作为单季晚稻种植。

**栽培技术要点**：①育秧。适时播种，一般秧田播种量90～135kg/hm²，大田用种量12～18kg/hm²，足肥稀播，培育带蘖壮秧。②移栽。秧龄掌握在25d左右移栽，合理密植，株行距20cm×23.3cm或20cm×26.7cm，每穴栽插1～2苗。③肥水管理。施足基肥、早施追肥、巧施穗肥，氮、磷、钾比例掌握在1：0.5：1。在水分管理上做到浅水插秧，寸水活棵，浅水分蘖，干湿交替，灌水孕穗，薄水扬花，活水养稻。④加强病虫害防治。

# 春优59（Chunyou 59）

**品种来源**：中国水稻研究所、浙江农科种业有限公司以春江16A为母本、CH59为父本，采用三系法于2005年配组而成。2009年通过江西省农作物品种审定委员会审定。

**形态特征和生物学特性**：属粳型三系杂交中熟晚稻。连作晚稻栽培，全生育期122.0d，比对照淦鑫688早熟1.4d，感光性较强。株高103.3cm，主茎叶14~15片，株型适中，植株生长整齐，叶色浓绿，叶片挺直，长势繁茂，熟期转色好。分蘖力一般，有效穗较少，有效穗数240万穗/hm²。穗粒数多，着粒密，结实率较高，穗长18~20cm，每穗总粒数165.0粒、实粒数126.1粒，结实率76.4%，千粒重25.1g。稃尖无色。

**品质特性**：糙米率78.8%，精米率72.0%，整精米率67.1%，糙米粒长6.0mm，糙米长宽比2.6，垩白粒率64%，垩白度8.9%，碱消值5级，胶稠度83mm，直链淀粉含量15.0%。

**抗性**：高感稻瘟病。

**产量及适宜地区**：江西省水稻区试，2007年平均产量7.02t/hm²，比对照汕优46增产3.80%；2008年平均产量7.59t/hm²，比对照淦鑫688增产3.18%。适宜江西省稻瘟病轻发区种植。

**栽培技术要点**：①6月15~20日播种，秧田播种量105~150kg/hm²，大田用种量15~22.5kg/hm²。②栽插规格16.7cm×20cm，每穴栽插2苗。③施足基肥，早施追肥，每公顷施用纯氮180~210kg，氮、磷、钾肥的施用比例掌握在1：0.5：1。④浅水插秧，寸水活棵，浅水勤灌促分蘖，及时晒田，后期干湿交替灌溉，不要断水过早。⑤播种前种子用药剂处理，预防恶苗病，大田加强稻瘟病、二化螟、稻飞虱等病虫害的防治。

# 春优618（Chunyou 618）

**品种来源**：中国水稻研究所、浙江农科种业有限公司以春江16A为母本、C18为父本，采用三系法配组而成。2012年通过浙江省农作物品种审定委员会审定。

**形态特征和生物学特性**：属粳型三系杂交中熟晚稻。单季晚稻栽培，平均全生育期150.1d，比对照秀水09迟熟3.5d。株高113.6cm，株高适中，株型松散适中，剑叶挺直，叶色淡绿。分蘖力强，平均有效穗数220.5万穗/hm$^2$，成穗率67.2%。穗型较大，着粒较密，穗长22.5cm，每穗总粒数230.1粒、实粒数185.7粒，结实率81.1%，千粒重23.5g。谷粒圆形，颖尖无色，无芒。

**品质特性**：整精米率71.2%，糙米长宽比2.0，垩白粒率38.0%，垩白度6.5%，透明度3级，胶稠度73mm，直链淀粉含量16.4%。

**抗性**：中感稻瘟病，中抗白叶枯病，感褐稻虱。

**产量及适宜地区**：2009年浙江省单季杂交晚粳稻区试，平均产量8.94t/hm$^2$，比对照秀水09增产26.8%，达极显著水平；2010年浙江省单季籼粳杂交稻区试，平均产量8.45t/hm$^2$，比对照秀水09增产16.3%，达极显著水平；两年浙江省区试平均产量8.70t/hm$^2$，比对照秀水09增产21.5%。2011年浙江省生产试验，平均产量8.24t/hm$^2$，比对照秀水09增产4.3%。适宜浙江省作为单季稻种植。

**栽培技术要点**：①6月15～20日播种，秧田播种量105～150kg/hm$^2$，大田用种量15～22.5kg/hm$^2$。②栽插规格16.7cm×20cm，每穴栽插2苗。③施足基肥，早施追肥，每公顷施用纯氮180～210kg，氮、磷、钾肥的施用比例掌握在1：0.5：1。④浅水插秧，寸水活棵，浅水勤灌促分蘖，及时晒田，后期干湿交替灌溉，不要断水过早。⑤播种前种子用药剂处理，预防恶苗病，大田注意稻瘟病和稻曲病的防治。

# 春优658（Chunyou 658）

**品种来源**：中国水稻研究所、浙江农科种业有限公司以春江16A为母本、CH58为父本，采用三系法于2005年配组鉴定而成。分别通过浙江省（2009）和国家（2010）农作物品种审定委员会审定。

**形态特征和生物学特性**：属粳型三系杂交中熟晚稻。在长江中下游作为单季晚稻种植，全生育期平均151.6d，比对照常优1号迟熟3.7d。株高116.9cm，株型适中，茎秆粗壮，叶色较绿，叶片挺，剑叶略内卷，长势繁茂。分蘖力较强，有效穗数261万穗/hm²。穗弯钩形，着粒较密，穗长19.9cm，每穗总粒数202.8粒，结实率81.7%，千粒重24.7g。颖壳、稃尖秆黄色，偶有顶芒，落粒性中等。

**品质特性**：整精米率65.9%，糙米长宽比2.1，垩白粒率29%，垩白度6.5%，胶稠度78mm，直链淀粉含量15.4%。

**抗性**：感稻瘟病，中抗白叶枯病，高感条纹叶枯病和褐稻虱。

**产量及适宜地区**：2009年浙江省单季杂交晚粳稻区试，平均产量8.94t/hm²，比对照秀水09增产26.8%，达极显著水平；2010年浙江省单季籼粳杂交稻区试，平均产量8.45t/hm²，比对照秀水09增产16.3%，达极显著水平；两年浙江省区试平均产量8.70t/hm²，比对照增产21.5%。2011年浙江省生产试验，平均产量8.24t/hm²，比对照增产4.3%。适宜浙江省作为单季稻种植。

**栽培技术要点**：①6月15～20日播种，秧田播种量105～150kg/hm²，大田用种量15～22.5kg/hm²。②秧龄掌握在25d左右移栽，合理密植，株行距20cm×23.3cm或20cm×26.7cm，每穴栽插1～2苗。③施足基肥，早施追肥，施用纯氮180～210kg/hm²，氮、磷、钾肥的施用比例掌握在1：0.5：1。④浅水插秧，寸水活棵，浅水勤灌促分蘖，及时晒田，后期干湿交替灌溉，不要断水过早。⑤播种前种子用药剂处理，预防恶苗病，大田注意稻瘟病和稻曲病的防治。

# 寒优湘晴 (Hanyouxiangqing)

**品种来源**：上海市闵行区农业科学研究所以寒丰A为母本、湘晴为父本，采用三系法配组而成。1989年通过上海市农作物品种审定委员会审定。

**形态特征和生物学特性**：属粳型三系杂交迟熟晚稻。单季晚稻栽培，全生育期165d，感光性较强。株高105cm左右，株型紧凑，茎秆粗壮，主茎总叶数17～18叶，叶色中绿，叶片较挺，后期茎秆黄熟。分蘖中等偏弱，成穗率70%左右，有效穗数270万～285万穗/hm²。穗型大，灌浆时间较长，有较明显的二次灌浆现象，结实率85%，千粒重24～25g。谷粒无芒，颖壳秆黄略带褐斑，颖尖秆黄色。

**品质特性**：糙米率82.8%，整精米率68.7%，垩白粒率22%，垩白度4.7%，胶稠度73mm，直链淀粉含量16.5%，粗蛋白质含量7.31%。

**抗性**：中抗稻瘟病，高感稻曲病。抗倒伏性较强。

**产量及适宜地区**：1987年参加上海市杂交粳稻区试，平均产量8.22t/hm²，比对照秀水04增产5.7%，达显著水平。1988年区试平均产量7.95t/hm²，比对照秀水04增产3.8%，未达显著水平。1988年参加上海市单季晚稻生产试验，平均产量8.34t/hm²，比对照秀水04增产3.3%。适宜上海地区作为单季稻搭配种植。

**栽培技术要点**：①适时早播，稀播壮秧。单季晚稻栽培掌握在5月15～25日播种，有条件的尽可能早播，秧龄30～35d，秧田播种量300kg/hm²。②宽行双株栽插。行株距23cm×13cm或26cm×12cm，每公顷31.5万穴左右较好，基本苗120万～150万苗/hm²。③重肥攻头，中稳后控。化肥总用量折纯氮150～180kg/hm²；其中基面肥占60%，前期追肥占30%～40%，剑叶露尖时看苗少量补施。④浅水勤灌，协调水肥。前期基本苗少，浅水灌溉促分蘖，中期分次搁田控苗，并适时还水，后期不能断水过早，适时收割。⑤病虫害防治。分蘖盛期防治稻纵卷叶螟和纹枯病。

# 嘉优2号 （Jiayou 2）

**品种来源**：浙江海盐县种子公司、浙江诸暨市种子公司、嘉兴市农业科学研究院、绍兴市农业科学研究院、浙江长兴县种子公司合作，以嘉60A（寒丰A/嘉60）为母本、嘉恢30为父本杂交配组选育而成，原名嘉优04-1。分别通过浙江省（2007）和国家（2008）农作物品种审定委员会审定。

**形态特征和生物学特性**：属三系中熟杂交晚粳稻品种。在浙江单季晚稻种植，全生育期145.2d，比对照秀水63早熟2.2d。株高111.4cm，比对照秀水63高2.9cm。株型适中，茎秆较粗壮，分蘖力中等，苗期生长较快，叶较宽长，前期叶色深绿，生长清秀，成熟较一致，无两段灌浆现象，脱粒性适中。有效穗数240万穗/hm²左右，每穗总粒数183.4粒，结实率89.1%，千粒重25～26g，属大穗型品种。籽粒椭圆形，无芒，颖壳黄亮。

**品质特性**：浙江省区试，整精米率68.8%，糙米长宽比1.8，垩白粒率52.8%，垩白度11.2%，透明度3级，胶稠度73.0mm，直链淀粉含量14.1%。长江中下游单季晚稻区试，整精米率76.3%，糙米长宽比1.7，垩白粒率14%，垩白度1.9%，胶稠度80mm，直链淀粉含量16.6%。

**抗性**：浙江省区试，叶瘟0.8级，穗瘟3.0级，穗瘟损失率4.0%，白叶枯病5.0级，褐飞虱9.0级。

**产量及适宜地区**：浙江省单季杂交晚粳稻区试，2005年平均产量8.60t/hm²，比对照秀水63增产11.8%，极显著；2006年平均产量7.69t/hm²，比对照秀水63增产7.4%。2006年生产试验，平均产量7.68t/hm²，比对照秀水63增产1.3%。长江中下游单季晚粳组品种区试验，2006年平均产量8.76t/hm²，比对照秀水63增产7.07%，极显著。适宜浙江、上海、江苏南部、湖北南部、安徽南部的条纹叶枯病轻发的晚粳稻区作为单季晚稻种植。

**栽培技术要点**：①稀播育秧。适时播种，秧田播种量150.0kg/hm²，大田用种量225.0kg/hm²，药剂浸种消毒，培育壮秧。②适时移栽。秧龄控制在30d内，合理密植，栽插15.0万穴/hm²，每穴栽插2～3苗，基本苗45.0万～75.0万苗/hm²。③肥水管理。施足有机肥，总肥量折尿素375.0～450.0kg/hm²，配施磷、钾肥，重前控后，减少后期氮肥用量。水分管理，中后期干湿交替，成熟期切忌断水过早。④及时防治病虫害。

# 嘉优5号（Jiayou 5）

**品种来源**：嘉兴市农业科学研究院、诸暨市越丰种业有限公司、德清县清溪种业有限公司、绍兴市农业科学研究院合作，以嘉335A（以嘉60A为母本，嘉59与美国光叶稻杂交后代材料为父本，杂交配组，并以嘉60A为轮回亲本多次回交选育而成）为母本、嘉恢125（嘉恢32/单测157）为父本杂交配组选育而成，原名嘉优07-2。分别通过浙江省（2010）和国家（2012）农作物品种审定委员会审定。

**形态特征和生物学特性**：属三系中熟杂交晚粳稻品种。在浙江省单季晚稻区试中全生育期146.3d，比对照秀水09迟熟0.6d。株高106cm，茎秆粗壮，苗期生长较快，株型紧凑，分蘖中等，生长清秀，植株挺拔，叶色淡绿，剑叶直立挺举，熟期转色好，灌浆较快，成熟一致，脱粒性适中。穗长而大，着粒较密。有效穗数199.5穗/hm²，成穗率73.2%，穗长19.8cm，每穗总粒数173.7粒、实粒数156.2粒，结实率90.0%，千粒重28.6g，属大穗大粒型品种。谷壳黄亮，无芒，颖尖无色。

**品质特性**：浙江省区试，整精米率69.9%，糙米长宽比1.8，垩白粒率37.5%，垩白度8.2%，透明度2级，胶稠度73mm，直链淀粉含量16.4%，两年区试米质各项指标均达到部颁四级食用稻品种品质。

**抗性**：浙江省区试，叶瘟0.6级，穗瘟3.4级，穗瘟损失率4.7%，综合指数2.5，白叶枯病5.0级，褐飞虱9.0级。

**产量及适宜地区**：2008—2009年参加浙江省单季杂交晚粳稻区试，两年区试平均产量8.34t/hm²，比对照秀水09增产17.8%。2009年生产试验，平均产量8.53t/hm²，比对照秀水09增产15.6%。适宜浙江、上海、江苏南部、湖北沿江、安徽沿江的粳稻区作为单季晚稻种植。

**栽培技术要点**：①稀播培育壮秧，秧田播种量150.0kg/hm²。②栽插22.5万穴/hm²，基本苗45.0万～60.0万苗/hm²。③施足有机肥，施肥量尿素600.0～675.0kg/hm²，配施磷、钾肥，重前控后，减少后期氮肥用量。④中后期干湿交替、健根、壮蘖，成熟期切忌断水过早。⑤播种前用浸种灵等药剂浸种，消灭种传病虫害；注意防治稻瘟病、纹枯病、黑条矮缩病、稻纵卷叶螟、螟虫、稻飞虱、稻蓟马及穗期蚜虫。

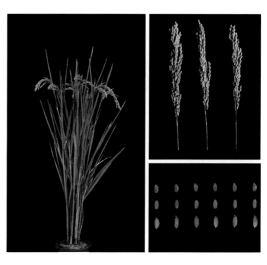

# 秋优118 (Qiuyou 118)

**品种来源**：上海市闵行区农业科学研究所以秋丰A为母本、R118为父本，采用三系法配组而成。2008年通过上海市农作物品种审定委员会审定。

**形态特征和生物学特性**：属粳型三系杂交中熟晚稻。平均生育期161.2d，比对照早熟1.1d。株高91.3cm，植株偏低，生长整齐，株型紧凑，抗倒伏性强，叶色绿，熟期转色好。分蘖力中等，成穗率中等偏低，有效穗数225万～240万穗/hm²。穗大粒多，结实率中等，粒型中等，穗长20.3cm，每穗总粒数210粒，结实率86.5%，千粒重25.8g。

**品质特性**：米质达到国家三级优质米标准。

**抗性**：抗倒性强，田间病害轻。

**产量及适宜地区**：2006年上海市区试，平均产量10.06t/hm²，比对照寒优湘晴增产8.6%，增产极显著。2007年续试，平均产量9.48t/hm²，比对照寒优湘晴增产18.5%，增产极显著。2007年生产试验，平均产量8.99t/hm²，比对照寒优湘晴增产26.5%。适宜上海郊区作为单季晚稻种植。

**栽培技术要点**：①适时早播。5月10～25日播种，6月10日以后栽插。②大田净用种量22.5～30.0kg/hm²（干谷）。③培育适龄壮秧。小苗，秧龄15～20d，叶龄3～4叶。大苗，秧龄30d，叶龄5～6叶，单株带1～2个分蘖。④栽插。22.5万穴/hm²，每穴栽插2～3苗（包括分蘖），基本苗45万～60万苗/hm²。⑤肥料运筹。用纯氮225～300kg/hm²，其中前期肥（基面肥加分蘖肥）占总量的70%～80%，穗肥占20%～30%。⑥水分管理。3叶前湿润管理，以干为主；有效分蘖期浅水干湿交替，保证前水和后水之间有2～3d的间隔期，切忌灌深水；当达到穗数苗的80%时开始脱水轻搁田，由轻到重，降苗后复水。拔节孕穗期采用间歇灌溉方法，至剑叶出齐前后建立水层。抽穗前要轻搁田一次，抽穗后干湿交替，至成熟前7d左右断水。⑦综合防治病虫害。

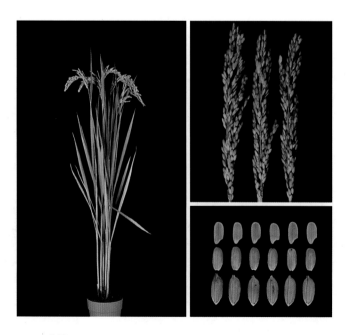

# 秋优金丰 （Qiuyoujinfeng）

**品种来源**：上海市闵行区农业科学研究所以秋丰A为母本、R44为父本，采用三系法于2003年配组而成。2006年通过上海市农作物品种审定委员会审定。

**形态特征和生物学特性**：属粳型三系杂交中熟晚稻。全生育期153～160d。株高105～110cm，主茎18片叶，株叶形态好，株型紧凑，剑叶直立，生长整齐，叶片挺拔上举微内卷，茎秆粗壮，耐肥，抗倒伏，叶色绿，灌浆速度快，熟期转色好。分蘖力中等偏上，成穗率高，有效穗数255万～285万穗/hm²，单株成穗8～10穗，成穗率70%以上。穗大粒多，穗长17cm，每穗总粒数150～170粒、实粒数130～150粒，结实率87%，千粒重25～26g。谷粒椭圆形，脱粒性状好。

**品质特性**：糙米率82.5%，精米率66.8%，整精米率66.8%，糙米粒长5.5mm，糙米长宽比2.1，垩白粒率9%，垩白度0.9%，透明度1级，碱消值7级，胶稠度79mm，直链淀粉含量16.8%，蛋白质含量10.1%。

**抗性**：抗倒伏性较强。

**产量及适宜地区**：2004年、2005年参加上海市区试，产量分别居第一、二位，两年平均产量9.33t/hm²，比对照寒优湘晴增产11.3%，达极显著水平。2005年上海市生产试验，平均产量8.89t/hm²，比对照寒优湘晴增产30%。2004—2005年在闵行区马桥镇、浦江镇等生产示范，平均产量9.05t/hm²，比对照寒优湘晴增产12.4%；在浙江乍浦、上海松江生产示范，加权平均产量9.00t/hm²。2006年扩大示范推广面积，平均产量8.52～9.60t/hm²，高产田块可达12.0t/hm²。适宜上海地区和杭嘉湖地区种植。

**栽培技术要点**：①5月中下旬播种，用种量30kg/hm²，基本苗60万～75万苗/hm²。②施肥掌握前重、中稳、后足的原则，注意增施磷、钾肥。在肥力基础中等条件下，以每公顷施240～285kg纯氮为最佳。③达穗数苗时及时分次搁好田，后期切忌断水过早。④抓好病虫害的综合防治。

# 申优254 (Shenyou 254)

**品种来源**：上海市农业科学院作物育种栽培研究所以申6A为母本、申恢254为父本，采用三系法配组而成。2004年通过上海市农作物品种审定委员会审定。

**形态特征和生物学特性**：属粳型三系杂交早熟晚稻。全生育期150～155d。株高105cm，株型紧凑，茎秆粗壮，抗倒伏性强，叶型好，剑叶挺直，抽穗后剑叶呈叶盖顶，受光姿态好。有效穗数300万～330万穗/hm²。穗大粒多，每穗140～150粒，结实率80%以上，籽粒饱满，千粒重27g。

**品质特性**：品质优，外观透明，食味好，品质指标达到国家三级优质米标准。

**抗性**：中抗稻瘟病。

**产量及适宜地区**：2002—2003年参加上海市区试，2002年平均产量9.55t/hm²，比对照寒优湘晴增产7%，增产极显著；2003年平均产量9.35t/hm²，比对照寒优湘晴增产10.7%，增产极显著。2003年生产试验，平均产量8.29t/hm²，比对照寒优湘晴增产9.8%。适宜上海市作为单季晚稻或茬口双季晚稻种植。

**栽培技术要点**：①适时播种移栽。5月中旬播种，6月中旬移栽，培育适龄壮秧，播种量150～225kg/hm²，播种前晒种，并用402、菌虫清浸种。移栽规格每公顷30万穴左右，每穴栽插2苗。②合理施肥。大田施肥采用前促、中稳、后控的原则，施足基肥，早施追肥，每公顷用纯氮225kg左右，基肥占总用肥量的70%左右，分蘖肥占20%，长粗肥占10%左右，后期以少量氮肥作为穗肥，保稳长。③水分管理。移栽后3d深水护秧，其后浅水勤灌促分蘖早发，适时多次搁田，控制群体生长，后期干湿交替灌溉，不过早断水，做到青秆活熟。④病虫害防治。预防为主，综合防治，及时做好稻瘟病、纹枯病、稻曲病、条纹叶枯病、飞虱、螟虫的防治。

# 申优繁15 （Shenyoufan 15）

**品种来源**：上海市农业科学院作物育种栽培研究所以申10A为母本、申繁15为父本，采用三系法配组而成。2009年通过上海市农作物品种审定委员会审定。

**形态特征和生物学特性**：属粳型三系杂交中熟晚稻。全生育期平均162.6d，比对照寒优湘晴迟熟1.9d。株高105.9cm，生长整齐度一般，株型紧凑，叶色绿，后期熟相好。分蘖力中等，成穗率中等，有效穗数270万穗/hm²左右。穗型偏大，结实率中等，粒型较大，穗长18.1cm，每穗总粒数170粒，结实率90%左右，千粒重26.7g。

**品质特性**：米质达到国家优质米标准。

**抗性**：田间抗病性强，耐逆性好。

**产量及适宜地区**：2007—2008年上海市区试，平均产量9.25～9.91t/hm²，比对照寒优湘晴增产12.6%～23.5%，增产极显著。适宜上海郊区作为单季晚稻种植。

**栽培技术要点**：①适时早播。5月10～20日播种，6月10日以后栽插。②大田净用种量225～30.0kg/hm²（干谷）。③培育适龄壮秧。小苗，秧龄15～20d，叶龄3～4叶。大苗，秧龄30d，叶龄5～6叶，单株带1～2个分蘖。④栽插22.5万穴/hm²，每穴栽插2～3苗（包括分蘖），基本苗45万～60万苗/hm²。⑤肥料运筹。用纯氮225～300kg/hm²，其中前期肥（基面肥加分蘖肥）占总量的85%～90%，穗肥占10%～15%。⑥水分管理。3叶前湿润管理，以干为主；有效分蘖期浅水干湿交替，保证前水和后水之间有2～3d的间隔期，切忌灌深水；当达到穗数苗的80%时开始脱水轻搁田，由轻到重，降苗后复水。拔节孕穗期采用间歇灌溉方法，至剑叶出齐前后建立水层。抽穗前要轻搁田一次，抽穗后干湿交替，至成熟前7d左右断水。⑦综合防治病虫害。

# 秀优169 (Xiuyou 169)

**品种来源**：浙江省嘉兴市农业科学研究院和浙江勿忘农种业集团有限公司合作，以嘉花1号A为母本与XR69杂交配组选育而成。2007年通过浙江农作物品种审定委员会审定（浙审稻2007008）。

**形态特征和生物学特性**：属三系中熟杂交晚粳稻品种。全生育期150.3d，比对照秀水63早熟0.2d。株高112.8cm，株型好，剑叶较小、直立，开角较小，后期熟色好，长势旺。大穗，着粒密，有效穗数226.5万穗/hm²，成穗率67.7%，穗长18.1cm，每穗总粒数166.9粒，每穗实粒数149.5粒，结实率89.6%，千粒重26.7g。颖尖无色、无芒。

**品质特性**：整精米率64.9%，糙米长宽比1.9，垩白粒率28.5%，垩白度4.9%，透明度2级，胶稠度70.0mm，直链淀粉含量15.4%，两年区试米质指标分别达到部颁四级和五级食用稻品种品质。

**抗性**：叶瘟0级，穗瘟1.0级，穗瘟损失率2%，白叶枯病3.5级，褐飞虱9.0级。

**产量及适宜地区**：2004年、2005年参加浙江省单季杂交粳稻区试，两年区试平均产量8.42t/hm²，比对照秀水63增产9.2%。2006年生产试验平均产量7.72t/hm²，比对照秀水63增产1.8%。适宜浙江省粳稻区作为单季晚稻种植。

**栽培技术要点**：浙江省桐乡市石门镇农业经济服务中心对秀优169单季晚稻直播不同用种量的试验结果显示，秀优169因分蘖力较弱，单季晚稻直播不同用种量与产量差异十分明显，播种量对秀优169产量的影响主要是通过影响基本苗、有效穗、每穗粒数来实现。中等土壤肥力、适宜播种期条件下，单季晚稻直播最佳用种量18.75kg/hm²，但由于基本苗数增加，每穗粒数有所下降，田间荫蔽度加大，容易加重病虫害。因此，要加强田间管理，注重磷、钾肥施用，适当增加穗肥，适时提早搁田控苗，提高成穗率，减轻病虫危害。注意褐飞虱等病虫害防治。

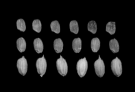

# 秀优378 （Xiuyou 378）

**品种来源**：浙江省嘉兴市农业科学研究院和浙江勿忘农种业股份有限公司合作，以秀水173A为母本与XR78杂交配组选育而成，原名秀优17378。分别通过上海市（2009）和浙江省（2011）农作物品种审定委员会审定。

**形态特征和生物学特性**：属三系中熟杂交晚粳稻品种。全生育期147.1d。株高102.6cm，株型适中，茎秆粗壮，分蘖力中等，生长整齐。剑叶较挺，穗型较大，着粒较密。有效穗数210.0万穗/hm²，成穗率70.5%，穗长19.4cm，每穗总粒数180.2粒，每穗实粒数153.0粒，结实率84.9%，千粒重25.9g。谷壳黄亮，颖尖无色，无芒，谷粒椭圆形。

**品质特性**：浙江省区试结果，整精米率70.9%，糙米长宽比1.8，垩白粒率63.0%，垩白度10.4%，透明度2级，胶稠度71mm，直链淀粉含量16.8%。

**抗性**：浙江省区试结果，叶瘟0.6级，穗瘟2.9级，穗瘟损失率3.8%，综合指数2.1，白叶枯病4.0级，褐飞虱9.0级，条纹叶枯病6.0级。

**产量及适宜地区**：2008年、2009年浙江省单季杂交粳稻区试，两年平均产量7.70t/hm²，比对照秀水09增产8.7%。2010年生产试验，平均产量8.93t/hm²，比对照秀水09增产4.4%。2006年、2007年上海市晚粳稻区试，两年区试平均产量9.74t/hm²，比对照寒优湘晴增产16.0%。2008年生产试验，平均产量9.21t/hm²，比对照寒优湘晴增产16.2%。适宜浙江、上海粳稻区作为单季晚稻种植。

**栽培技术要点**：①单季移栽5月下旬播种，播种量450.0kg/hm²，大田用种量22.5kg/hm²，秧龄25～30d。直播稻5月底至6月初播种，用种量22.5kg/hm²。②株行距16cm×（20～23）cm，每穴栽插1～2苗，基本苗45.0万～60.0万苗/hm²。③总用肥量控制纯氮225.0kg/hm²，配施钾肥150.0kg/hm²。基肥、分蘖肥、长粗肥、穗肥比例以3：3：2：2为宜。④深水护苗，浅水发棵。适时分次搁田，齐穗后干湿交替灌溉。⑤加强病虫害防治。

# 秀优5号（Xiuyou 5）

**品种来源**：浙江省嘉兴市农业科学研究院和浙江勿忘农种业集团有限公司合作，用嘉花1号A与XR69杂交配组选育而成。分别通过上海市[2005，沪农品审稻（2005）第002号]、浙江省（2006，浙审稻2006009）和国家（2006，国审稻2006058）农作物品种审定委员会审定。

**形态特征和生物学特性**：属三系中熟杂交晚粳稻品种。全生育期150～158d，比对照甬优3号和秀水63分别迟熟3d和1d。株高108～115cm。穗长18cm左右。株型适中，长势繁茂，叶色淡绿至中绿，剑叶挺直，分蘖力弱，茎秆粗壮、壁厚。穗大，着粒较密，结实率高，易落粒。有效穗数210万～270万穗/hm²，每穗粒数170～190粒，结实率88%～93%，千粒重26.5～27.0g。属大穗型。壳色金黄。

**品质特性**：糙米率84.1%，精米率75.9%，整精米率74.0%，糙米粒长5.1mm，糙米长宽比1.7，垩白度0.6%，透明度1级，碱消值7级，胶稠度78mm，直链淀粉含量17.6%。

**抗性**：耐肥，抗倒伏力强。叶瘟平均为1.4级，穗瘟2.0级，穗瘟损失率平均为2.5%，白叶枯病平均为3.5级，褐稻虱9.0级，抗稻瘟病，中抗白叶枯病，高感褐稻虱。

**产量及适宜地区**：长江中下游单季晚粳稻组品种区试，2004年平均产量8.88t/hm²，比对照秀水63增产6.98%，极显著。2005年平均产量8.72t/hm²，比对照秀水63增产9.39%，极显著。2005年生产试验平均产量7.47t/hm²，比对照秀水63增产10.51%。适宜浙江、上海、江苏、湖北、安徽稻瘟病轻发的晚粳稻区作为单季晚稻种植。累计推广3.53万hm²。

**栽培技术要点**：①秧田播种量225.0～300.0kg/hm²。②种植行株距23.3cm×13.3cm或20cm×16.7cm，每穴栽插2苗。③总用肥量控制纯氮225.0kg/hm²，配施钾肥150.0kg/hm²，穗肥尿素112.5kg/hm²。适时分次搁田，齐穗后干湿交替。④加强病虫害防治。

# 甬优10号 （Yongyou 10）

**品种来源**：浙江省宁波市农业科学研究院作物研究所、宁波市种子公司以甬糯2号A为母本、K6962为父本，采用三系法配组而成，原名甬糯2号A/K6962。2007年通过浙江省农作物品种审定委员会审定。

**形态特征和生物学特性**：属粳型三系杂交中熟晚稻，糯稻。平均全生育期154.9d，比对照甬优3号迟熟4.8d。株高113.0cm，株型紧凑，半矮生，秆壮茎韧，节间短，叶鞘包节，叶色较绿，生长整齐，后期叶色清秀。分蘖力中等，有效穗数198万穗/hm²，成穗率72.3%。长穗下弯，穗长22.4cm，每穗总粒数169.1粒、实粒数136.3粒，结实率79.7%，千粒重31.8g。颖壳黄色，偶有顶芒，谷粒椭圆形。

**品质特性**：整精米率68.5%，糙米长宽比2.0，碱消值6.8级，胶稠度100.0mm，直链淀粉含量1.8%。

**抗性**：中感稻瘟病，中抗白叶枯病，高感褐稻虱。

**产量及适宜地区**：2003年、2004年浙江省单季杂交晚粳稻区试，平均产量分别为8.36t/hm²、7.97t/hm²，比对照甬优3号分别增产9.4%（极显著）、3.5%。2005年浙江省生产试验，平均产量7.76t/hm²，比对照甬优3号增产1.2%。适宜浙江省粳稻区作为单季晚稻种植。

**栽培技术要点**：①稀播培育壮秧。5月中旬至6月上旬播种，秧龄25~30d。秧田播种量90kg/hm²，秧田与本田比1：10。采用半旱稀播培育壮秧。②适当稀植。移栽规格每公顷15万~18万穴，落田苗60万苗/hm²。③科学肥水管理，减少氮肥用量。重施基肥，早施促蘖肥，中期控制氮肥，必须施保花肥，配施磷、钾肥。科学管水，以水调肥促根，薄水插秧，深水护苗，寸水回青，有效分蘖期浅水勤灌，适时多次搁田，后期干湿交替灌溉，不过早断水。④及时防治稻曲病、灰飞虱、褐稻虱等病虫害。

# 甬优11（Yongyou 11）

**品种来源**：浙江省宁波市农业科学研究院作物研究所、宁波市种子公司以甬粳2号A为母本、K6211为父本，采用三系法配组而成，原名A1/6211。分别通过浙江省（2007）和国家（2008）农作物品种审定委员会审定。

**形态特征和生物学特性**：属粳型三系杂交中熟晚稻。在长江中下游作为单季晚稻种植，全生育期平均153.2d，比对照秀水63迟熟5.7d。株高126.8cm，植株较高，株型紧凑，茎秆粗壮，长势繁茂，叶色浓绿，叶片窄长、直挺而内卷。分蘖力中等偏弱，有效穗数216万穗/hm²。穗长22.9cm，每穗总粒数257.3粒，结实率76.8%，千粒重24.6g。谷粒椭圆形，有顶芒。

**品质特性**：整精米率72.8%，糙米长宽比2.2，垩白粒率18%，垩白度1.9%，胶稠度70mm，直链淀粉含量14.7%。

**抗性**：稻瘟病综合指数4.7，穗瘟损失率最高5级，抗性频率55%，白叶枯病5级，褐飞虱9级。中感稻瘟病和白叶枯病，高感褐稻虱。

**产量及适宜地区**：2006年、2007年长江中下游单季晚粳稻组品种区试，平均产量分别为9.95t/hm²、8.91t/hm²，比对照秀水63分别增产21.63%、17.67%（均极显著）。2007年生产试验，平均产量8.19t/hm²，比对照秀水63增产9.20%。适宜浙江、上海和江苏南部的晚粳稻区作为单季晚稻种植。

**栽培技术要点**：①育秧。适时播种，秧田播种量90kg/hm²，大田用种量9kg/hm²，药剂浸种消毒，做好秧田肥水管理和病虫害防治，培育壮秧。②移栽。秧龄20～22d移栽，栽插株行距26.7cm×26.7cm，每穴栽插2苗。③肥水管理。大田施纯氮210～240kg/hm²，氮、磷、钾比例为1∶0.6∶1，基肥、蘖肥、穗肥比例氮肥为4∶4∶2，钾肥为2∶4∶4，磷肥主要作为基肥施用。移栽后7d及14d各排水搁田一次，有效分蘖终止期搁田，孕穗至抽穗期薄水养胎，灌浆成熟期干湿交替。④加强病虫害防治。

# 甬优12 (Yongyou 12)

**品种来源**：浙江省宁波市农业科学研究院作物研究所、宁波市种子有限公司和上虞市舜达种子有限责任公司以甬粳2号A为母本、F5032为父本，采用三系法配组而成。2010年通过浙江省农作物品种审定委员会审定。

**形态特征和生物学特性**：属粳型三系杂交迟熟晚稻。平均全生育期154.1d，比对照秀水09迟熟7.3d，感光性强。株高120.9cm，植株较高，株型较紧凑，剑叶挺直而内卷，叶色浓绿，茎秆粗壮，生长整齐。分蘖力中等，有效穗数184.5万穗/hm²，成穗率57.1%。穗大粒多，着粒密，穗基部枝梗散生，穗长20.7cm，每穗总粒数327.0粒、实粒数236.8粒，结实率72.4%，千粒重22.5g。谷壳黄亮，偶有顶芒，颖尖无色，谷粒短圆。

**品质特性**：整精米率68.8%，糙米长宽比2.1，垩白粒率29.7%，垩白度5.1%，透明度3级，胶稠度75.0mm，直链淀粉含量14.7%。

**抗性**：中抗稻瘟病和条纹叶枯病，中感白叶枯病，感褐稻虱。

**产量及适宜地区**：2007年、2008年两年浙江省单季杂交晚粳稻区试平均产量8.48t/hm²，比对照秀水09增产16.2%。2009年浙江省生产试验平均产量9.06t/hm²，比对照秀水09增产22.7%。适宜浙江省钱塘江以南作为单季稻种植。2012年至今，累计推广25.7万hm²。

**栽培技术要点**：①培育壮秧。控制播量，采用旱育秧技术，每公顷播150～225kg，5月下旬播种，同时早施断奶肥（尿素75kg/hm²），施好起身肥（视叶色而定，一般施尿素45～75kg/hm²）。②适龄移栽。一般叶龄在3.2～4.0叶（15～20d）移栽，返青第三天左右进行1次追肥，占施用总量的10%。齐穗前后再施1次肥，占施肥总量的10%。③病虫害防治。大田前期以防治螟虫、稻纵卷叶螟和纹枯病为主，中后期以防治稻飞虱、纹枯病为主，始穗前重点控制稻曲病发生，后期防治穗部蚜虫和灰飞虱。

# 甬优14（Yongyou 14）

**品种来源**：浙江省宁波市农业科学研究院作物研究所、宁波市种子有限公司以甬粳3号A为母本、F5006为父本，采用三系法配组而成，又名甬优5006、05-E44。2009年通过浙江省农作物品种审定委员会审定。

**形态特征和生物学特性**：属粳型三系杂交迟熟晚稻。平均全生育期156.8d，比对照秀水63迟熟9.6d，感光性强。株高124.1cm，株型适中，植株较高，茎秆粗壮，叶片挺，叶角较小，叶色绿，叶鞘叶缘绿色，后期熟相较好，抗倒伏性强。分蘖力中等，有效穗数232.5万穗/hm²，成穗率65.9%。穗短，着粒密，粒小，穗长19.4cm，每穗总粒数257.8粒、实粒数189.8粒，结实率73.6%，千粒重22.6g。粒，偶有顶芒，稃尖无色，颖壳黄亮。

**品质特性**：整精米率64.6%，糙米长宽比2.0，垩白粒率16.7%，垩白度3.5%，透明度2级，胶稠度70mm，直链淀粉含量15.0%。

**抗性**：中抗稻瘟病和白叶枯病，抗条纹叶枯病，感褐稻虱，易感稻曲病。

**产量及适宜地区**：2006年浙江省单季杂交晚粳稻区试，平均产量8.39t/hm²，比对照秀水63增产17.1%，达极显著水平；2007年浙江省单季杂交晚粳稻区试，平均产量7.52t/hm²，比对照秀水63增产8.1%，未达显著水平；两年浙江省区试平均产量7.95t/hm²，比对照秀水63增产12.1%。2008年浙江省生产试验，平均产量7.94t/hm²，比对照秀水63增产9.9%。适宜浙江中南地区作为单季稻种植，还可在温州地区作为连作晚稻种植。

**栽培技术要点**：在浙江省温州地区作为连作晚稻种植应在6月底前播种，秧龄控制在25d以内，适当密植，插足落田苗；适当控制后期氮肥用量，提高结实率；注意细菌性条斑病和稻曲病的防治。

# 甬优4号（Yongyou 4）

**品种来源**：浙江省宁波市农业科学研究院作物研究所、宁波市种子公司以甬粳2号A为母本、K2001为父本，采用三系法配组而成。分别通过浙江省（2003）、国家（2004）和江西省（2005）农作物品种审定委员会审定。

**形态特征和生物学特性**：属粳型三系杂交中熟晚稻。在长江中下游作为单季晚稻种植，全生育期平均151.2d，比对照秀水63迟熟2.5d。株高123.7cm，株型适中，长势繁茂，熟期转色好，较易落粒。分蘖力较强，有效穗数276万穗/hm²。穗大粒多，穗长22.5cm，每穗总粒数166.0粒，结实率84.4%，千粒重25.9g。

**品质特性**：糙米率81.8%，精米率71.0%，整精米率68.1%，糙米粒长6.3mm，糙米长宽比2.2，垩白粒率22%，垩白度3.1%，胶稠度80mm，直链淀粉含量15.3%。

**抗性**：感稻瘟病，中抗白叶枯病，高感稻褐虱。

**产量及适宜地区**：2002年参加长江中下游单季晚粳稻组区试，平均产量9.39t/hm²，比对照秀水63增产9.76%（极显著）；2003年续试，平均产量9.64t/hm²，比对照秀水63增产14.48%（极显著）；两年区试平均产量9.24t/hm²，比对照秀水63增产11.92%。2003年生产试验，平均产量8.42t/hm²，比对照秀水63增产4.30%。适宜浙江、江西、上海、江苏、湖北、安徽稻瘟病轻发区作为单季晚稻种植。

**栽培技术要点**：①培育壮秧。根据当地种植习惯与秀水63同期播种，秧苗田播种量127.5kg/hm²。②移栽。秧龄22～25d移栽，栽插规格为23cm×26.5cm，每穴栽插1～2苗。③肥水管理。施足基肥，早追肥。基肥、蘖肥、穗肥比例为5：4：1；氮、磷、钾肥比例为1：0.5：1；施纯氮187.5～225kg/hm²，要求移栽后7d将蘖肥全部施入。④病虫害防治。注意防治稻瘟病。

# 甬优6号 （Yongyou 6）

**品种来源**：浙江省宁波市农业科学研究院作物研究所、宁波市种子公司以甬粳2号A为母本、K4806为父本，采用三系法配组而成，原名01-E26。2005年通过浙江省农作物品种审定委员会审定。

**形态特征和生物学特性**：属粳型三系杂交迟熟晚稻。全生育期156.4d，比对照秀水63迟熟4.7d，感光性强。株高130~135cm，主茎17.4片叶，植株高大，茎秆粗壮，基部节间粗、短，叶鞘厚、长，叶片挺直，抗倒伏性强，后期青秆黄熟，灌浆期长。分蘖力中等，有效穗数201万穗/hm²。穗大粒多，每穗实粒数210.1粒，结实率72.9%，千粒重24.7g。谷粒卵圆形，颖壳秆黄色，有顶芒。

**品质特性**：糙米率82.1%，精米率73.3%，整精米率66.9%，糙米粒长5.8mm，糙米长宽比2.3，垩白粒率16.4%，垩白度1.9%，透明度2.5级，碱消值5.8级，胶稠度69.5mm，直链淀粉含量14.0%，粗蛋白质含量10.8%。

**抗性**：中抗稻瘟病和白叶枯病，感稻褐虱；苗期耐寒性较强。

**产量及适宜地区**：2002年浙江省单季杂交粳稻区试，平均产量8.75t/hm²，比对照秀水63增产11.4%，达极显著水平；2003年浙江省单季杂交粳稻区试，平均产量8.15t/hm²，比对照甬优3号增产6.6%，未达显著水平。2004年浙江省生产试验，平均产量8.54t/hm²，比对照秀水63和甬优3号分别增产1.7%和5.1%。适宜浙江中南部地区作为单季晚稻种植。

**栽培技术要点**：①适时早播。5月中旬至6月上旬播种，秧龄25~30d。秧田播种量90kg/hm²，秧田与本田比1：10。采用半旱稀播培育壮秧。②合理密植。移栽规格每公顷15万~18万穴，落田苗60万苗/hm²。③科学肥水管理，减少氮肥用量。重施基肥，早施促蘖肥，中期控制氮肥，必须施保花肥，配施磷、钾肥。高产田块施纯氮225kg/hm²。科学管水，以水调肥促根，薄水插秧，深水护苗，寸水回青，有效分蘖期浅水勤灌，适时多次搁田，控制群体生长，后期干湿交替灌溉，不过早断水。④病虫害防治。预防为主，综合防治，及时做好稻瘟病、纹枯病、稻曲病、条纹叶枯病、飞虱、叶蝉、螟虫的防治。

# 甬优9号（Yongyou 9）

**品种来源**：浙江省宁波市农业科学研究院作物研究所、宁波市种子公司以甬粳2号A为母本、K306093为父本，采用三系法配组而成，原名02-E8。分别通过浙江省（2007）和国家（2008）农作物品种审定委员会审定。

**形态特征和生物学特性**：属粳型杂交中熟晚稻。在长江中下游作为单季晚稻种植，全生育期平均152.7d，感光性较强。株高118.7cm，株型适中、偏籼，穗、粒偏粳，叶色翠绿，长势繁茂，熟期转色较好。分蘖力中等，有效穗数252万穗/hm²，成穗率67.5%。穗型大，穗长弯钩形，着粒较稀，穗长24.0cm，每穗总粒数200.4粒，结实率77.6%，千粒重25.8g。谷粒中长，椭圆形，稃尖无色，穗顶有芒，易落粒。

**品质特性**：整精米率72.7%，糙米长宽比2.6，垩白粒率12%，垩白度1.4%，胶稠度75mm，直链淀粉含量16.8%。

**抗性**：感稻瘟病，中感白叶枯病，高感褐飞虱。

**产量及适宜地区**：2006年参加长江中下游单季晚粳稻组品种区试，平均产量9.87t/hm²，比对照秀水63增产20.70%（极显著）；2007年续试，平均产量8.97t/hm²，比对照秀水63增产18.53%（极显著）。2007年生产试验，平均产量8.13t/hm²，比对照秀水63增产10.15%。适宜浙江、上海和江苏南部稻瘟病轻发的晚粳稻区作为单季晚稻种植。2007年至今累计推广71.4万hm²。

**栽培技术要点**：①育秧。适时播种，秧田播种量90kg/hm²，大田用种量9kg/hm²，药剂浸种消毒。②移栽。秧龄20～22d移栽，栽插株行距26.7cm×26.7cm，每穴栽插2苗。③肥水管理。氮、磷、钾比例为1：0.6：1，基肥、蘖肥、穗肥比例氮肥为4：4：2，钾肥为2：4：4，磷肥主要作为基肥施用。移栽后7d及14d各排水搁田一次，有效分蘖终止期搁田，孕穗至抽穗期薄水养胎，灌浆成熟期干湿交替。④加强病虫害防治。

# 浙粳优1号 （Zhegengyou 1）

**品种来源**：浙江省农业科学院作物与核技术利用研究所和杭州市良种引进公司合作，以自育的BT型粳稻不育系浙粳2A为母本、自育的恢复系浙粳恢04-02为父本，2002年初测，2003年复测，2004年人工抖粉小区产量鉴定选育而成，原名ZH0502，2008年通过浙江省农作物品种审定委员会审定（浙审稻2008021）。

**形态特征和生物学特性**：属三系中熟杂交晚粳稻品种。全生育期155.0d，株高101.5cm，株型紧凑，剑叶较挺，着粒较密，稃尖无色，无芒。有效穗数279.0万穗/hm²，成穗率71.2%，穗长17.0cm，每穗总粒数144.9粒，每穗实粒数117.0粒，结实率80.8%，千粒重27.5g。

**品质特性**：整精米率66.6%，糙米长宽比1.8，垩白粒率47.0%，垩白度6.5%，透明度2级，胶稠度62.0mm，直链淀粉含量15.6%。

**抗性**：叶瘟1.5级，穗瘟3.0级，穗瘟损失率5.2%，白叶枯病6.0级，褐飞虱8.0级。

**产量及适宜地区**：2005年、2006年参加杭州市单季晚粳稻区试，两年区试平均产量8.37t/hm²，比对照秀水63增产9.3%。2007年生产试验，平均产量8.35t/hm²，比对照秀水63增产10.5%。适宜杭州地区作为单季稻种植。

**栽培技术要点**：①药剂浸种消毒。②适期播种。杭州5月20日至6月10日播种。③用种量。秧田播种量300kg/hm²，培育带蘖秧，秧龄25～27d，大田用种量18.75～22.5kg/hm²。④科学用肥。纯氮总用量225kg/hm²，氮：磷：钾比例1：0.6：1.2，基肥：分蘖肥：穗肥比例4：5：1。⑤加强水分管理和病虫害防治。生育前期以干湿交替为主，促进低节位分蘖，有效分蘖终止期搁田，孕穗至抽穗期薄水养胎，灌浆成熟期干湿交替，活水养稻到老。病虫害防治使用低毒、低残留的农药。⑥把握适宜的收获时机。

# 浙粳优2号 (Zhegengyou 2)

**品种来源**：浙江省农业科学院作物与核技术利用研究所和杭州市良种引进公司合作，以粳稻不育系浙粳3A为母本、恢复系浙粳恢04-02为父本配组而成。2002年初测，2003年复测，2004年人工抖粉进行小区产量鉴定选育而成，原名ZH0501、浙粳3优1号。2009年通过浙江省农作物品种审定委员会审定（浙审稻2009035）。

**形态特征和生物学特性**：属三系中熟杂交晚粳稻品种。全生育期156.3d，比对照秀水63迟熟2.3d。株高101.5cm，株型较紧凑，感光性较强，秧龄弹性大，剑叶较挺，叶色较深。穗型较大，着粒较密，二次灌浆明显，成熟时转色好，较易落粒。有效穗数298.5万穗/hm²，成穗率71.7%，穗长17.3cm，每穗总粒数154.2粒，每穗实粒数116.4粒，结实率75.6%，千粒重25.9g。谷粒短圆，稃尖无色，无芒。

**品质特性**：整精米率64.9%，糙米长宽比1.9，垩白粒率69.0%，垩白度8.3%，透明度2.5级，胶稠度72mm，直链淀粉含量14.9%，两年区试米质指标分别为部颁等外和五级。

**抗性**：平均叶瘟1.4级，穗瘟3.0级，穗瘟损失率5.0%，白叶枯病4.5级，褐稻虱9.0级。耐寒性好。

**产量及适宜地区**：2005年和2007年参加杭州市单季晚粳稻区试，两年区试平均产量8.19t/hm²，比对照秀水63增产8.0%。2008年生产试验，平均产量8.01t/hm²，比对照秀水63增产5.3%。适宜杭州地区作为单季晚稻种植。

**栽培技术要点**：①种子消毒。用402或浸种灵等种子消毒剂浸种，做到种子无病菌入土，减少恶苗病和条纹叶枯病等病害的发生。②因地制宜，适期播种。杭州5月20日至6月10日播种。③控制用种量。秧田播种量300kg/hm²，培育带蘖秧，秧龄宜短，25～27d。大田用种量18.75～22.5kg/hm²。④科学用肥。总纯氮量225kg/hm²，氮：磷：钾比例1：0.6：1.2，基肥：分蘖肥：穗肥比例4：5：1。⑤水分管理。生育前期的水分管理以干湿交替为主，促进低节位分蘖，有效分蘖终止期搁田，孕穗至抽穗期薄水养胎，灌浆成熟期干湿交替，活水养稻到老。⑥适当延迟收获，确保稻米品质。

# 浙优10号 (Zheyou 10)

**品种来源**：浙江省农业科学院作物研究所以BT型不育系8204A为母本、浙恢9816为父本杂交配组选育而成，原名浙优2416。浙恢9816是以本单位选育的大穗、优质恢复系浙恢93-1（轮回422//秀水117/IR58）与皖恢9号杂交配组选育获得，1998年定型。2008年通过浙江省农作物品种审定委员会审定（浙审稻2008018）。

**形态特征和生物学特性**：属三系中熟杂交晚粳稻品种。全生育期153.5d，比对照甬优3号迟熟4.1d，比对照秀水63迟熟3.1d。株高121.9cm，株型适中，茎秆粗壮，繁茂性较好。剑叶较短而挺，叶色较深。穗型较大，着粒密，较难脱粒。有效穗数208.5万穗/hm²，成穗率65.2%，穗长18.5cm，每穗总粒数211.1粒，每穗实粒数163.4粒，着粒密度11.4粒/cm，结实率80.7%，千粒重25.5g。谷粒较圆，无芒。

**品质特性**：整精米率68.1%，糙米长宽比1.7，垩白粒率45.4%，垩白度7.3%，透明度2.3级，胶稠度75.0mm，直链淀粉含量15.0%，两年区试米质指标均达到部颁四级食用稻品种品质。

**抗性**：叶瘟2.7级，穗瘟5.0级，穗瘟损失率9.5%，白叶枯病5.8级，褐飞虱9.0级。中抗稻瘟病，中感白叶枯病，感褐飞虱。

**产量及适宜地区**：2003年、2004年浙江省单季杂交粳稻区试，两年平均产量8.09t/hm²，比对照甬优3号增产5.4%。2005年生产试验，平均产量7.50t/hm²，比对照秀水63增产0.6%。适宜浙江省稻瘟病轻发粳稻区作为单季稻种植。

**栽培技术要点**：注意稻瘟病、白叶枯病、褐飞虱的防治，插足基本苗。

# 浙优12（Zheyou 12）

**品种来源**：浙江省农业科学院作物与核技术利用研究所1999年秋季杭州以强优势粳稻恢复系浙恢9816与中间材料29009杂交配组，经浙江杭州、海南两地多年田间单株选择，2003年定型，定名浙恢H414；同年以本单位自育的浙04A为母本、浙恢H414为父本杂交配组选育而成，原名浙优2414。2008年通过浙江省农作物品种审定委员会审定（浙审稻2008019）。

**形态特征和生物学特性**：属三系中熟杂交晚粳稻品种。全生育期152.0d，比对照秀水63迟熟4.2d。株高120.9cm，叶色浅绿，剑叶挺，有效穗数237.0万穗/hm²，成穗率72.3%，穗型较大，穗长18.7cm，每穗总粒数207.7粒，每穗实粒数174.0粒，结实率83.5%，千粒重24.2g。稃尖无色，无芒，着粒较密，谷粒圆形，淡色。

**品质特性**：整精米率68.4%，糙米长宽比1.8，垩白粒率42.3%，垩白度7.9%，透明度3级，胶稠度67.5mm，直链淀粉含量14.0%。

**抗性**：叶瘟0级，穗瘟5.0级，穗瘟损失率31.6%，白叶枯病7.0级，褐飞虱9.0级。

**产量及适宜地区**：2005年、2006年浙江省单季杂交粳稻区试，两年平均产量8.01t/hm²，比对照秀水63增产7.8%。2007年生产试验，平均产量8.08t/hm²，比对照秀水63增产11.6%。适宜浙江省稻瘟病轻发粳稻区作为单季稻种植。

**栽培技术要点**：①适时播种，培育壮秧。5月下旬至6月10日播种，播前药剂浸种，秧田用种量150.0kg/hm²，大田用种量15.0kg/hm²，秧龄30d内。直播种植用种量30.0kg/hm²。②合理密植，构建高产群体。单季稻株行距16.5cm×26.4cm，力争基本苗30万苗/hm²；直播种植基本苗数在90.0万苗/hm²以内。③科学管理肥水，夺取高产。在施足基肥的基础上，前期适量增施氮肥。单季稻种植需施纯氮270.0kg/hm²，其中基肥占总肥量的70%，分蘖肥占20%，长粗肥占10%。水分管理上，前期湿润灌溉，后期干干湿湿，切忌断水过早。④加强病虫害防治，确保丰产丰收。

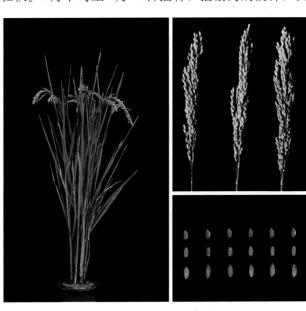

# 浙优18 (Zheyou 18)

**品种来源**：浙江省农业科学院作物与核技术利用研究所、浙江农科种业有限公司、中国科学院上海生命科学研究院合作，以早花时高异交率晚粳稻不育系浙04A为母本、偏籼型广亲和恢复系浙恢H414为父本杂交配组选育而成，原名浙优818。2012年通过浙江省农作物品种审定委员会审定（浙审稻2012020）。

**形态特征和生物学特性**：属三系中熟籼粳交偏粳型品种。全生育期153.6d，比对照甬优9号迟熟1.0d。株高122.0cm，株型紧凑，茎秆粗壮，分蘖力中等偏弱，抗倒伏性好，感光性较强。剑叶挺直，叶色深绿。穗大粒多，着粒较密，落粒性好，成熟期转色好。有效穗数195.0万穗/hm²，成穗率64.0%，穗长20.5cm，每穗总粒数306.1粒，每穗实粒数233.0粒，结实率76.3%，千粒重23.2g。谷粒圆形，无顶芒，稃尖无色。

**品质特性**：整精米率67.3%，糙米长宽比2.0，垩白粒率34.0%，垩白度5.0%，透明度3级，胶稠度70mm，直链淀粉含量14.7%。

**抗性**：叶瘟2.4级，穗瘟4.5级，穗瘟损失率7.8%，综合指数4.3;白叶枯病3.5级；褐飞虱8.0级。中感稻瘟病、白叶枯病，感褐飞虱。

**产量及适宜地区**：2010年、2011年浙江省单季籼粳杂交稻区试，两年平均产量9.93t/hm²，比对照甬优9号增产7.8%。2011年生产试验，平均产量10.09t/hm²，比对照甬优9号增产5.3%。适宜浙江省作为单季稻种植。

**栽培技术要点**：①杭州单季晚稻5月中下旬播种，播前药剂浸种灭菌，秧田播种量120.0kg/hm²，本田用种量15.0kg/hm²，秧龄25d。机插育苗适当稀播，播种量50～60g/盘，秧龄20d。②宽行窄株，双苗浅插，栽插株行距16.5cm×30.0cm。高速插秧机机插密度15万穴/hm²。③纯氮用量约225.0kg/hm²，深水返青，浅水分蘖，干湿交替，灌水孕穗，薄水扬花，活水养稻，好气灌溉，移栽后7d及14d各排水搁田1次，有效分蘖终止期搁田，孕穗至抽穗期薄水养胎，灌浆成熟期干湿交替，切忌断水过早。④注意防治稻瘟病和稻曲病等病害，确保丰产丰收。

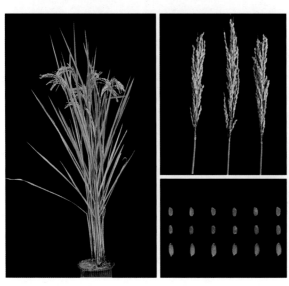

# 第四章
# 著名育种专家

ZHONGGUO SHUIDAO PINZHONGZHI · ZHEJIANG SHANGHAI JUAN

# 吴梦岚

　　浙江省绍兴市上虞区人（1924—　），研究员。1950年7月毕业于浙江大学农艺系，分配到浙江省农业科学研究所，1983年转入中国水稻研究所，任育种系主任、研究员。

　　1953—1954年参与浙江省嘉兴单季晚粳稻、1955—1956年主持宁波双季连作稻、1958年主持嘉兴单季稻改双季稻的生产调查研究，总结群众经验，结合田间试验，参与制订适应的栽培技术和适用品种，为晚粳稻七大技术、连作稻八大技术提供依据，对籼改粳、单改双、间改连的稻田耕作制度改革起到推动作用。

　　"浙江省耕作制度研究"获浙江省科技成果一等奖。1959年起专事早、晚稻新品种选育，主持育成的晚粳农红73获浙江省科学大会奖；主持育成的早籼竹菲10号、青秆黄、中156分别获浙江省科技进步三等奖；主持育成的早籼中83-49获湖南省农业科技进步三等奖；主持育成的早籼中86-44获农业部科技进步三等奖；参与育成的早籼圭陆矮、中秆早获浙江省科学大会奖。为《中国水稻品种及其系谱》第二章（早籼）主要执笔人，发表论文20余篇。

## 林恭松

　　浙江省乐清市人（1930— ），副研究员。浙江农学院农学专业毕业，曾任原温州市农业科学研究所室主任、所长，温州市农学会名誉理事长。1979年获浙江省先进工作者荣誉称号，领导的育种组获1978年全国科学大会先进集体奖，1979年、1982年、1985年3年获浙江省劳动模范称号，2001年获温州市突出贡献科技人才奖。

　　从事水稻育种工作40余年，吃苦耐劳、埋头苦干、锲而不舍、大胆创新，取得多项突破性的重大科研成果，育成珍汕系列早、晚籼良种24个，在江南诸省种植约500万 hm$^2$，创造"水稻花培一次成苗法"，解决了20世纪60年代矮秆稻种丰产不抗病的重大难题。1970年后，珍汕系统品种发展为杂交籼稻的保持系和不育系，产生了汕优系列杂交稻品种，抗病丰产稳产。1982—1997年，汕优系列杂交稻种植面积达1.573亿 hm$^2$，占全国杂交稻面积的88.4%，产生特大社会经济效益。

　　1979年荣获浙江省科技成果一等奖。荣获2000年度温州市和浙江省科技进步一等奖。发表《水稻花药培养一次成苗研究》等论文30多篇。

# 宋粲宪

福建省莆田人（1931—2016），研究员。1953
年福建省农学院农学系毕业，曾任中国水稻研究所
遗传育种系副主任，全国、浙江省晚粳育种课题主
持人，南方稻区水稻育种区域试验主持人之一，兼
任浙江省"六五"至"八五"水稻育种攻关晚粳组
副组长，浙江省农作物品种审定委员会水稻专业组
组长。1978—1987年曾任浙江省第五届、第六届人
大代表。享受国务院政府特殊津贴。

长期从事水稻遗传育种工作。成功选育出晚粳优良新品种农虎系统
（农虎4号、农虎6号、农虎1-1、农虎3-2和农虎19-1）、金垦系统（金垦
18、金垦19和金垦20）、矮洛系统（矮洛4号、矮洛7号和混系）及中嘉
129等。这些品种在我国南方稻区广泛推广，种植面积累计达560万 $hm^2$。
其中，农虎6号作为各地当家品种，大面积栽培应用于1970—1985年，长
达16年之久，累计推广面积为400万 $hm^2$。该品种1978—1987年10年间，
一直为全国南方稻区水稻良种区域试验晚粳稻组对照品种。以农虎品种为
骨干亲本，先后育成16个晚粳稻新品种，并在生产上广泛推广应用。

1977年农虎6号获浙江省优秀科技成果奖，1978年获全国科学大会重
大成果奖。1989年"南方稻区水稻良种区域试验结果及应用"获中国农业
科学院科技进步一等奖。合著《中国水稻品种及其系谱》、农业实用新技
术丛书《水稻》和《中国南方稻区水稻良种区域试验论文集》等；发表论
文多篇。

# 闵绍楷

　　浙江省吴兴县（今湖州市）南浔镇人（1931—　），研究员，博士生导师。1953年浙江农学院农学专业毕业，留校任教。1960年调入浙江省农业科学院，历任稻麦遗传育种研究室主任，水稻研究所所长、副院长等职。1983年调入中国水稻研究所任副所长、学术委员会主任。1984年被授予国家有突出贡献的中青年专家称号。

　　长期从事水稻遗传育种研究。在亲本选配上，除了开展早、中籼杂交外，还利用广东、福建晚籼品种作为亲本，进行早晚稻杂交与地理远缘杂交，以扩大遗传变异。在育种方法上，改变以纯系选育为主为以杂交育种为主，而且在选好亲本的前提下，采取扩大$F_2$代群体和"先选系后选株"的方法，并适当提高中选率，以挖掘优良组合的潜力。在抗病性鉴定上，改变当时只对定型株系进行鉴定的做法，提早在关键世代进行人工诱发鉴定，大量淘汰感病后代。同时，在1962年起将浙江杭州早季选育与海南冬季选育结合起来，其后又结合闽南秋季选育，形成"一年三代"育种程序，并探索其中的选择规律。主持育成二九青、圭陆矮、中秆早、青秆黄等早籼良种，实现早、中、晚熟品种配套，在长江中下游地区累计种植1 000万hm²以上，分别获全国或省级科技成果奖4项；主持或参加的"中国云南稻种矮源研究""光敏核不育水稻的光温反应及温敏核不育性的肯定""优质食用稻米标准的制定及应用"等3项成果先后获农业部科技进步二等奖。曾主持"六五""七五""八五"全国水稻育种攻关项目，担任农业部跨越计划"中国超级稻试验示范"及浙江省重大科技项目8812计划"水稻籼粳亚种间杂种优势利用"的首席科学家。

　　注重国际学术交流，先后承担4项国际科技合作项目。曾任国际水稻遗传学协会首届理事；受国际原子能机构委派，3次出国进行研究项目评估和专家咨询。在国内外共发表论文50余篇，主编或参编专著《中国水稻品种及其系谱》等9本。培养硕士研究生和博士研究生各4名。

## 董世钧

浙江省嘉兴人（1934—2016），汉族，副研究员。1954毕业于浙江嘉兴农校，先后任浙江省农业科学院作物所栽培研究室主任、水稻研究所所长、副院长，华东地区粳型杂交稻新组合选育协作组组长等职务。1993年享受国务院政府特殊津贴。

长期从事水稻栽培、杂交稻育种研究。1977年前主要从事水稻栽培研究，主持"北粳南引"试验，总结北粳南引的基本规律，为引种北方粳稻提供了科学依据。通过"早中稻晚季栽培技术研究"，提出可以用生育期短的早中稻品种替代传统的只能用生育期长的品种作为连晚栽培的观念，解决了当时秧田比例过大、费工、连晚成熟迟、不利于全年增产的矛盾，有力地促进了连作晚稻面积的进一步扩大。"春花田早稻育秧技术研究"和"连作晚稻两段育秧技术研究"对提高三熟制早稻和迟栽晚稻产量起着明显的作用。1977年以后主要从事杂交稻育种研究工作，长期亲临科研第一线开展调查研究，积极组织浙江省农业科研单位开展杂交水稻栽培、新品种选育的联合攻关，相继成立了浙江省杂交水稻攻关协作组和华东地区杂交水稻攻关协作组。推出了杂交稻组合汕优6号作为浙江省主栽品种，推广该组合为主体的杂交稻栽培技术，加速了浙江省杂交水稻生产的发展。"推广汕优6号为主的籼型杂交水稻改进栽培技术，促进晚稻大幅度增产"获浙江省科技成果推广一等奖。育成杂交水稻新品种汕优浙3、协优7954、Ⅱ优7954、协优205、中优205、中优208、钱优1号、协优315和籼型三系不育系浙38A、钱江1号A等。

"春花田早稻育秧技术研究"1962年获浙江省首个农业科技成果鉴定，"连作晚稻两段育秧技术研究"成果获1978年全国科学大会奖，"推广汕优6号为主的籼型杂交水稻改进栽培技术，促进晚稻大幅度增产"获浙江省科技成果推广一等奖，"高产杂交稻新组合协优7954的育成与推广"获浙江省科学技术二等奖。

发表论文15篇，合编《杂交水稻技术问答》，获全国新长征科普优秀作品二等奖。

# 王贤裕

福建省晋江人（1934— ），汉族，中共党员，副研究员。1960年毕业于浙江农业大学植物保护专业，留校在浙江农业大学农业物理系任教，1965年调入浙江省农业科学院从事水稻育种工作。1992年享受国务院政府特殊津贴。

长期从事水稻辐射诱变遗传育种研究工作，先后参加中国农业科学院主持的全国水稻辐射诱变育种协作组和浙江省水稻育种攻关协作组。广泛征集华南稻种资源，频繁从广东、福建引进综合性状优良的高产品种，作为辐射诱变原始亲本，从中选择早熟突变亲本，育成适宜在浙江种植的早籼品种。1967年用广东的二九矮7号诱变育成比原品种早熟15d的辐育1号早籼品种。1971年引用国际水稻所新育成的称之为"绿色革命"的IR8超高产品种，射线诱变处理，获得比原品种早熟40～45d的4个突变株，经加代筛选，1975年育成早籼早中熟高产品种原丰早，至1988年在长江中下游地区累计推广种植967万hm²。1973年采用广东早籼江二矮品种，经诱变处理和异地加代，1975年育成比原品种早熟15d的早籼新品种辐756。1984年起承担"七五"和"八五"国家、浙江省重点科技攻关项目"长江流域双季早籼新品种选育"工作，分别于1983年和1989年采用辐射诱变与常规杂交育种相结合的方法，育成高产抗病的辐籼6号和辐8970新品种，1990—1992年、1997—1998年分别被列为国家科技攻关后补助品种。

1983年荣获国家科技发明奖一等奖（第二完成人），1988年度获浙江省科技进步三等奖（第一完成人），1992年和2000年获浙江省科技进步三等奖（第一、第二完成人）。发表"我国水稻辐射育种的回顾与展望""利用原子能诱变育成水稻新品种原丰早""利用突变体间接育成早籼高产抗病辐籼6号"等多篇学术论文，获浙江省自然科学优秀论文二等奖。1989年受国家计划委员会、国家科学技术委员会、财政部、"七五"国家重点科技攻关组表彰。

# 裴伯钦

　　浙江省嵊州人（1937—　），研究员。1962年毕业于浙江农业大学，历任浙江省农业科学院水稻育种研究室副主任、主任，作物研究所副所长、所长。1991年日本东北农业试验场高级访问学者，日本东北农业试验场客座研究员，浙江省农作物品种审定委员会水稻专业组副组长，浙江省"六五"至"九五"水稻育种攻关协作组副组长，1990年被评为全国农业科技推广年活动先进工作者，1995年享受国务院政府特殊津贴。

　　主持完成我国第一个采用$^{137}$Cs $\gamma$射线辐射杂种一代后选育而成的高产多抗中熟早籼稻品种浙852，1989年、1990年、1991年分别通过浙江省、湖南省和全国农作物品种审定委员会审定，累计种植300万hm²。采用东兰墨米/IR64//浙852的杂交组配方式育成黑米品种黑宝，该品种糙米乌黑透亮，精米玉色透明，无腹白，米饭软而黏，冷而不硬，柔软可口，是我国第一个通过审定的早籼稻黑米新品种。采用优质黑米品种改良早籼稻品质，成功选育出优质早籼浙9248，其品质可与泰国香米媲美，1997年获国家优质农产品博览会金奖，1998年获浙江省优质农产品金奖。以早熟大穗籼稻浙8619为母本、日本高产粳稻品种奥羽为父本杂交，采用孤雌生殖法育成超高产中籼品种浙1500，综合了籼稻与粳稻的优点。

　　科研成果获全国科学大会奖1项，国家科技进步三等奖1项，浙江省科技进步二等奖2项、三等奖4项。发表学术论文40余篇。

# 夏英武

安徽省肥东县人（1937—　），教授，博士生导师，国际著名水稻诱变育种专家。1960年毕业于浙江农业大学农学系，1962年在浙江农业大学开始水稻育种，1983年兼任实验农场场长，1985年6月任副校长，1993年任校长。曾任全国高等农业院校产业协会一届、二届和三届理事长、中国农学会副理事长、浙江省农学会理事长，现任浙江省农学会名誉理事长、浙江省老教授协会副会长、浙江省农函大校长、浙江华川专科学院校长等职，获全国"五一"劳动奖章。先后获全国优秀科技工作者、国家级有突出贡献的中青年专家。

从事水稻辐射育种研究和教学40多年。首次提出了选择早熟突变体的"少本丛插法"，运用此法可使单位面积突变体量增加3～4倍。该方法的创立，解决了长期以来单位面积早熟突变量低的难题，对推动全国水稻辐射育种具有重大实践意义。运用此法，成功育成早熟、抗病和增产效果显著的早籼突变品种浙辐802，累计推广1 200万hm²，是国内外种植面积最大的辐射水稻突变品种。该品种在1986—1994年连续9年种植面积均居常规水稻品种首位。先后培育浙辐802、四梅2号、浙辐9号、浙辐762、浙辐218等18个水稻新品种。

先后获国家科技进步三等奖1项，浙江省重大科技贡献二等奖和浙江省政府重奖各1次。发表论文150余篇，英、俄译文50余万字，专著6本。

# 黄发松

湖北省恩施土家族苗族自治州人（1938—　），研究员。1961年毕业于湖南农学院农学专业，1961年8月起在湖南省农垦局大通湖农业技术学校任教2年；1962年10月到湖南省农业科学院水稻研究所从事水稻育种；1991年8月到中国水稻研究所工作，从事优质稻米育种。曾任湖南省农业科学院水稻研究所副所长、所长，中国水稻研究所遗传育种系主任和业务副所长。曾兼任农业部种植业专家顾问组顾问、全国农作物品种审定委员会水稻专业委员会主任、浙江省农作物品种审定委员会副主任、中国作物学会常务理事。

从事水稻育种研究50余年，是优质稻育种的开拓者。曾主持"九五""十五"期间国家水稻育种专题、国家南方水稻区域试验等研究项目，主持育成水稻新品种20多个。

洞庭晚籼为湖南省通过品种间杂交育成的第一个矮秆优质晚籼品种，1978年获全国科学大会奖。洞庭珍珠香糯获湖南省科技进步三等奖，湘晚籼1号、湘晚籼5号和湘晚籼7号分别获湖南省科技进步二等奖；中优早3号在第二届全国博览会上获金奖，1995年获农业部科技进步二等奖，1997年因其创新性再获国家科技发明四等奖；湘晚籼13、中香1号等"籼型系列优质香稻品种的选育及应用"获2009年度国家科技进步二等奖；"优质早籼高效育种技术研创及新品种选育应用"获2012年度国家科技进步二等奖。出版专著《优质稻米的研究与利用》等4册，合著《发展优质农产品的问题与对策》等4册，发表论文《美国光身稻品种的利用与超高产品种的选育》等30余篇。

# 范洪良

江苏省常州市武进区人（1939—　　），汉族，研究员。1962年毕业于上海农学院农学系，曾任上海市农业科学院作物研究所后季稻组组长，兼任上海市农作物品种审定委员会粮食作物专业组副组长、中国水稻科学第二届编辑委员会委员。上海市农业科技系列高级专业技术任职资格评审委员会委员、上海市种子学会理事、上海市郊区经济促进会理事等职。享受国务院政府特殊津贴。

长期从事水稻育种和栽培研究工作，先后主持育成了寒丰、秋丰、优丰、金丰和玉丰等5个水稻新品种。针对后季稻存在易受低温危害、产量不高不稳问题，提出了主攻提高减数分裂期、抽穗扬花期和灌浆结实期的耐寒性和抗稻瘟病为育种目标，育成了耐寒性强、抗稻瘟病、米质优良新品种寒丰，在上海、江苏、安徽等省份推广面积达300余万hm²，增产稻谷6000万kg。此外，寒丰还是"寒丰雄性不育系"的保持系，用它为亲本育成的杂交稻组合寒优湘晴，是上海郊区推广时间最长、种植面积最大的杂交稻。1983年水稻中晚粳品种寒丰获得上海市科技进步二等奖。20世纪80年代上海郊区一年三熟改为一年二熟，提出了"以增大穗型，提高结实率和抗稻瘟病为中心，兼顾米质"的育种目标，育成了产量高，并具有广谱抗稻瘟病能力、米质优良的秋丰水稻新品种，达到国际先进水平，1998年在江苏、浙江、上海等省份推广6.67万hm²以上。

1998年中熟晚粳新品种秋丰获得上海市科技进步一等奖。1993年主持获得上海市科技兴农三等奖（太湖糯引种推广）。参加的"南方稻区良种区域试验结果及其应用"项目获中国农业科学院科技进步一等奖。1998年参加的"上海市高产优质多抗水稻新品种及配套栽培技术"项目，获全国农牧渔业丰收奖二等奖。2004年主要参加的"优质晚粳新品种金丰、申优1号的选育与应用"项目，获上海市科技进步一等奖。编著《水稻基础知识》，合著《主要农作物育种技术问答》和《育种探索》，发表论文多篇。曾获得上海市科技功臣和上海市农业科学院建院50周年突出贡献奖。

# 汤圣祥

浙江省杭州市人（1942—　），研究员，博士。1964年、1967年浙江农业大学本科、研究生毕业，1989年获国际水稻研究所／国立菲律宾大学植物遗传育种博士学位。长期从事水稻遗传资源等育种基础性研究，先后在浙江省农业科学院和中国水稻研究所工作，并任中国水稻研究所遗传资源系副主任、主任（1990—1997）和国际水稻研究所中国办事处主任、首席科学家（1997—2003），是我国水稻遗传育种资源研究的学术带头人之一。

　　20世纪80年代以来，先后参加、主持"六五"至"九五"稻种资源国家攻关子专题、专题，国家和浙江省自然科学基金、中日稻区生物多样性评价、国际水稻遗传评价网（INGER）、973项目水稻核心种质子专题等17个研究项目。70年代末参加国家稻种资源考察队，考察收集了500余份云南地方品种并保存入国家长、中期库。1996—1998年作为国际水稻研究所高级顾问参与亚洲稻种资源等位酶和SSR多样性国际合作研究。通过主持的INGER国际合作，30年来引入我国台湾品种872份，柬埔寨地方品种500份，IR等国外种质资源7 000余份，并保存于国家中、长期库，同时为中国水稻育种和资源研究单位提供了5 000余份（次）多样性的育种基础材料。主持引入的INGER各类品种／种质1991—2014年在全国累计种植面积达1 650万hm²；利用引入的巴西陆稻（IAPAR9）通过江西、北京、贵州省（直辖市）农作物品种审定委员会审定／认定，在全国16省份1996—2006年累计种植面积20.7万hm²；是陆稻品种中旱209的育成者之一；应用电镜扫描，首次发现在7 000年前的河姆渡出土炭化稻谷中含有普通野生稻，为中国稻种起源研究提供了实质性证据；与其他研究者共同提出建立中国栽培稻核心种质的原则和方法。

　　研究成果获国家科技进步一等奖1项，科技部科技进步三等奖1项，教育部科技进步一等奖1项，农业部科技进步一等奖、二等奖和三等奖各1项，浙江省科学技术奖一等奖1项。在国内外学术刊物上发表中、英论文131篇，合著《中国常规稻品种志》《稻种资源学》《水稻育种学》《水稻知识大全》《中国水稻遗传育种与品种系谱》《Rice Origin, Antiquity and History》《Cereals in China》、《Speciality Rice in the World: Breeding, Production and Marketing》等多部专著。

# 姚海根

　　浙江省嘉善县人（1944—　　），研究员。1965年毕业于浙江农业大学农学系。曾任浙江省嘉兴市农业科学研究院（所）院长。国家级有突出贡献中青年专家、全国"五一"劳动奖章获得者、全国先进工作者、全国劳动模范、全国优秀科技工作者、浙江省特级专家，第八、第九、第十届全国人大代表，浙江省嘉兴市第五届政协副主席。

　　主持育成晚粳稻秀水、苏秀及嘉花，晚糯稻祥湖、早籼嘉早，杂交晚粳稻秀优等系列水稻品种（组合）97个、不育系6个，通过各级农作物品种审定委员会的品种审定115次，其中国家审定12次。育成品种为我国南方稻区水稻生产提供了持久有力的技术支撑，促成了浙江、上海、江苏、安徽等地晚粳稻主栽品种的多次主动、有序更换。育成的水稻品种1982—2012年在我国长江中下游稻区的浙江、上海、江苏、安徽、湖北、湖南、江西等地累计种植1 630万 $hm^2$。其中秀水04、秀水11累计推广133万 $hm^2$ 以上，祥湖84、秀水11、秀水63、秀水134等是国家南方晚粳稻区试及浙江省晚粳稻区试连续多代对照品种。创制的优异种质测21共衍生育成品种（组合）426个（审定474次），以秀水04为亲本衍生育成品种（组合）230个（审定271次），衍生不育系31个，审定杂交组合69个次，获得植物新品种保护授权10个。

　　在我国南方稻区先后率先育成并大面积推广了持有 Pi-k、Pi-ta、 $Pi\text{-}ta^2$ 等抗稻瘟病基因的秀水48、秀水11等系列抗病品种，持有 Bph1 抗褐飞虱基因的秀水620、秀水664等抗虫品种，持有 sd1 矮秆基因和源库优化型的秀水11、秀水134等晚粳品种，适应多种种植制度的特早熟晚粳秀水37、秀水519等品种，有毒重金属镉、铅、砷籽粒低积累的秀水09、秀水128等品种，应用花培技术育成的嘉花1号晚粳品种，应用分子标记技术聚合多种有利性状的秀水123、秀水14等高产稳产晚粳品种。

　　以第一完成人获得30多项各级科学技术成果奖。其中，国家科技进步二等奖、农业部技术改进一等奖各1项，农业部技术改进二等奖1项；浙江省重大贡献奖1项，浙江省科技进步一等奖3项、二等奖5项、三等奖5项。在省级以上学术刊物发表论文62篇，其中，合作发表SCI论文5篇。

# 杨尧城

浙江湖州人（1944—　），研究员，中国水稻研究所特聘研究员。1965年毕业于浙江农业大学植物生理生化专业。曾任浙江省嘉兴市农业科学研究院（所）水稻育种研究室主任。全国优秀农业科技工作者，享受国务院政府特殊津贴。

主持和参与多项国家、省、市重大科技攻关项目。育成晚粳稻品种2个、早中籼品种27个、不育系3个，其中超级稻品种2个。通过国家、省农作物品种审定委员会审定的育成品种42个次。晚粳嘉湖4号是继农虎6号后，浙江省晚稻当家品种，并在江苏、湖北等省推广；1994年育成的优质、早中熟早籼嘉育948，解决了早籼稻品种"高而不优，优而不早，优而不抗，优而不高"的优质育种难题，1996—2014年种植面积220万hm²，成为长江中下游双季稻区优质稻主栽品种，实现了"农民愿种，居民愿买，国家认可"的浙江省早籼稻育种攻关目标；1988年育成的高产、多抗、中熟早籼嘉育293，首次实现浙江省早稻品种区试每667m²产量超500kg，中熟品种产量超迟熟对照10%以上的重大突破。淘汰迟熟品种，创新主栽品种更替。为解决浙江省早稻品种合理布局、从季节上为晚稻高产和全年粮食高产创造了条件。嘉育293作为优异高产种质，育成的衍生高产品种39个以上，种植面积超7万hm²有中早39、中嘉早17等7个；与中国水稻研究所合作育成的国家超级稻中嘉早17，具有超高产、多抗、广适和重金属低积累等重要特性，是长江中下游早稻新一代主栽品种。连续8年被农业部推荐为全国水稻主导品种，更是近30年来唯一一年推广面积超70万hm²的早稻品种。据不完全统计，育成的水稻品种（包括合作育成品种），截止2017年累计推广859万hm²。

研究成果获各级科技奖励15项，其中，浙江省科技进步一等奖2项、二等奖1项、三等奖2项、神农中华农业科技二等奖1项。在省级以上学术刊物发表论文20余篇，参与论文集撰写2部，获浙江省自然科学优秀论文三等奖1篇，合作制订优质品种嘉育948——浙江省首个水稻品种地方标准。

# 第五章
# 品种检索表

ZHONGGUO SHUIDAO PINZHONGZHI · ZHEJIANG SHANGHAI JUAN

| 品种名称 | 英文（拼音）名 | 审定（育成）年份 | 类型 | 审定号 | 品种权号 | 页码 |
|---|---|---|---|---|---|---|
| 8004 | 8004 | 1984 | 常规早籼稻 | 浙品认字第039号 | | 49 |
| Ⅱ优023 | Ⅱ you 023 | 2009 | 三系杂交中籼稻 | 浙审稻2009025 | | 171 |
| Ⅱ优0514 | Ⅱ you 0514 | 2009 | 三系杂交中籼稻 | 浙审稻2009028 | | 172 |
| Ⅱ优2070 | Ⅱ you 2070 | 1999 | 三系杂交中籼稻 | 浙品审字第193号（1999） | | 173 |
| Ⅱ优218 | Ⅱ you 218 | 2003 | 三系杂交中籼稻 | 浙审稻2005002 | CNA20060721.9 | 174 |
| Ⅱ优3027 | Ⅱ you 3027 | 2000 | 三系杂交中籼稻 | 浙品审字第214号（2000） | CNA20020107.7 | 175 |
| Ⅱ优598 | Ⅱ you 598 | 2009 | 三系杂交中籼稻 | 浙审稻2009023 | | 176 |
| Ⅱ优6216 | Ⅱ you 6216 | 1995 | 三系杂交中籼稻 | 浙品审字第125号（1995） | | 177 |
| Ⅱ优7954 | Ⅱ you 7954 | 2002 | 三系杂交中籼稻 | 浙品审字第378号（2002） | CNA20040702.3 | 178 |
| Ⅱ优8006 | Ⅱ you 8006 | 2005 | 三系杂交中籼稻 | 浙审稻2005007 | | 179 |
| Ⅱ优92 | Ⅱ you 92 | 1994 | 三系杂交中籼稻 | 浙品审字第107号（1994） | | 180 |
| 矮粳23 | Aigeng 23 | 1983 | 常规晚粳稻 | 浙品认字第009号 | | 232 |
| 矮南早1号 | Ainanzao 1 | 1964 | 常规早籼稻 | | | 50 |
| 矮南早39 | Ainanzao 39 | 1968 | 常规早籼稻 | | | 51 |
| 矮糯21 | Ainuo 21 | 1987 | 常规晚粳糯稻 | 浙品审字第032号 | | 233 |
| 矮双2号 | Aishuang 2 | 1980 | 常规晚粳稻 | | | 234 |
| 矮珍 | Aizhen | 1968 | 常规早籼稻 | | | 52 |
| 八两优100 | Baliangyou 100 | 1998 | 两系杂交早籼稻 | 湘品审第221号（1998） | | 181 |
| 宝农12 | Baonong 12 | 1998 | 常规晚粳稻 | 沪品审(1998)第002号 | | 235 |
| 宝农14 | Baonong 14 | 2002 | 常规晚粳稻 | 沪农品审(2002)第021号 | | 236 |
| 宝农2号 | Baonong 2 | 1993 | 常规晚粳稻 | 沪农品审(1993)第002号 | | 237 |
| 宝农34 | Baonong 34 | 2003 | 常规晚粳稻 | 沪农品审稻(2003)第063号 | CNA004580E | 238 |
| 朝阳1号 | Chaoyang 1 | 1969 | 常规早籼稻 | | | 53 |
| 春江063 | Chunjiang 063 | 2010 | 常规晚粳稻 | 浙审稻2010002 | | 239 |
| 春江11 | Chunjiang 11 | 2000 | 常规晚粳稻 | 浙品审字第208号 | | 240 |
| 春江15 | Chunjiang 15 | 2000 | 常规晚粳稻 | 浙品审字第209号 | | 241 |
| 春江糯 | Chunjiangnuo | 1993 | 常规晚粳糯稻 | 浙品审字第099号 | | 242 |
| 春江糯2号 | Chunjiangnuo 2 | 2002 | 常规晚粳糯稻 | 浙品审字第373号 | | 243 |
| 春优172 | Chunyou 172 | 2009 | 三系杂交晚粳稻 | 浙审稻2009032 | CNA20070699.3 | 354 |
| 春优58 | Chunyou 58 | 2007 | 三系杂交晚粳稻 | 浙审稻2007009 | CNA20070129.0 | 355 |
| 春优59 | Chunyou 59 | 2009 | 三系杂交晚粳稻 | 赣审稻2009029 | CNA20070698.5 | 356 |
| 春优618 | Chunyou 618 | 2012 | 三系杂交晚粳稻 | 浙审稻2012019 | | 357 |

（续）

| 品种名称 | 英文（拼音）名 | 审定（育成）年份 | 类型 | 审定号 | 品种权号 | 页码 |
|---|---|---|---|---|---|---|
| 春优658 | Chunyou 658 | 2009 | 三系杂交晚粳稻 | 浙审稻2009033 | | 358 |
| 二九丰 | Erjiufeng | 1984 | 常规早籼稻 | 浙品审字第020号（1984） | | 54 |
| 二九南1号 | Erjiunan 1 | 1968 | 常规早籼稻 | | | 55 |
| 二九南2号 | Erjiunan 2 | 1968 | 常规早籼稻 | | | 56 |
| 二九青 | Erjiuqing | 1983 | 常规早籼稻 | 浙品认字第001号（1983） | | 57 |
| 丰优9339 | Fengyou 9339 | 2009 | 三系杂交中籼稻 | 浙审稻2009026 | | 182 |
| 辐501 | Fu 501 | 2011 | 常规早籼稻 | 浙审稻2011001 | | 58 |
| 辐8-1 | Fu 8-1 | 1988 | 常规早籼稻 | 浙品审字第039号（1988） | | 59 |
| 辐籼6号 | Fuxian 6 | 1989 | 常规早籼稻 | 浙品审字第049号（1989） | | 60 |
| 辐籼8号 | Fuxian 8 | 1998 | 常规早籼稻 | 浙品审字第168号（1998） | | 61 |
| 光明粳1号 | Guangminggeng 1 | 2012 | 常规晚粳稻 | 沪农品审水稻2012第003号 | | 244 |
| 广陆矮4号 | Guangluai 4 | 1983 | 常规早籼稻 | 浙品认字第006号（1983） | | 62 |
| 圭陆矮8号 | Guiluai 8 | 1965 | 常规早籼稻 | | | 63 |
| 国稻1号 | Guodao 1 | 2004 | 三系杂交中籼稻 | 国审稻2004032 | CNA20050721.4 | 185 |
| 国稻6号 | Guodao 6 | 2006 | 三系杂交中籼稻 | 国审稻2006034 | CNA20050722.2 | 186 |
| 寒丰 | Hanfeng | 1983 | 常规晚粳稻 | 沪农品审(1983)第002号 | | 245 |
| 寒优湘晴 | Hanyouxiangqing | 1989 | 三系杂交晚粳稻 | 沪农品审(1989)第002号 | | 359 |
| 旱优2号 | Hanyou 2 | 2006 | 三系杂交中籼稻 | 沪农品审稻(2006)第005号 | CNA004381E | 183 |
| 旱优3号 | Hanyou 3 | 2006 | 三系杂交中籼稻 | 沪农品审稻(2006)第006号 | CNA20070781.7 | 184 |
| 杭8791 | Hang 8791 | 1994 | 常规早籼稻 | 浙品审字第105号（1994） | | 64 |
| 杭931 | Hang 931 | 1997 | 常规早籼稻 | 浙品审字第151号（1997） | | 65 |
| 杭959 | Hang 959 | 2000 | 常规早籼稻 | 浙品审字第204号（2000） | | 66 |
| 杭982 | Hang 982 | 2004 | 常规早籼稻 | 浙审稻2004004 | | 67 |
| 黑珍米 | Heizhenmi | 1993 | 常规中籼稻 | 浙品认字第183号（1993） | | 68 |
| 红突31 | Hongtu 31 | 1985 | 常规早籼稻 | 浙品认字第038号（1985） | | 69 |
| 湖251 | Hu 251 | 2006 | 常规晚粳稻 | 浙审稻2006016 | | 246 |
| 湖43 | Hu 43 | 1998 | 常规晚粳稻 | 浙品审字第174号 | | 247 |
| 沪粳1号 | Hugeng 1 | 2011 | 常规晚粳稻 | 沪农品审水稻2011第004号 | | 248 |
| 沪粳抗 | Hugengkang | 1988 | 常规晚粳稻 | 沪农品审(1988)第001号 | | 249 |
| 沪旱15 | Huhan 15 | 2006 | 常规中籼稻 | 国审稻2006072（2006） | CNA004609E | 70 |
| 沪旱3号 | Huhan 3 | 2004 | 常规中粳稻 | 国审稻2004053 | CNA005733E | 250 |
| 花培528 | Huapei 528 | 1989 | 常规中粳稻 | 沪农品审(1989)第001号 | | 251 |

（续）

| 品种名称 | 英文（拼音）名 | 审定（育成）年份 | 类型 | 审定号 | 品种权号 | 页码 |
|---|---|---|---|---|---|---|
| 嘉991 | Jia 991 | 2003 | 常规晚粳稻 | 浙审稻2003008 | | 252 |
| 嘉粳3694 | Jiageng 3694 | 2007 | 常规晚粳稻 | 浙审稻2007002 | | 253 |
| 嘉花1号 | Jiahua 1 | 2003 | 常规晚粳稻 | 沪农品审稻(2003)第065号 | | 254 |
| 嘉籼222 | Jiaxian 222 | 1986 | 常规早籼稻 | | | 71 |
| 嘉籼758 | Jiaxian 758 | 1988 | 常规早籼稻 | | | 72 |
| 嘉兴8号 | Jiaxing 8 | 2001 | 常规早籼稻 | 浙品审字第226号（2001） | CNA008293E | 73 |
| 嘉优2号 | Jiayou 2 | 2007 | 三系杂交晚粳稻 | 浙审稻2007010 | | 360 |
| 嘉优5号 | Jiayou 5 | 2010 | 三系杂交晚粳稻 | 浙审稻2010017 | | 361 |
| 嘉育140 | Jiayu 140 | 2009 | 常规早籼稻 | 浙审稻2009041 | | 74 |
| 嘉育16 | Jiayu 16 | 2000 | 常规早籼稻 | 浙品审字第206号（2000） | | 75 |
| 嘉育164 | Jiayu 164 | 2002 | 常规早籼稻 | 浙品审字第365号（2002） | | 76 |
| 嘉育173 | Jiayu 173 | 2007 | 常规早籼稻 | 浙审稻2007024 | | 77 |
| 嘉育21 | Jiayu 21 | 2003 | 常规早籼稻 | 鄂审稻003-2003 | | 78 |
| 嘉育253 | Jiayu 253 | 2005 | 常规早籼稻 | 浙审稻2005024 | | 79 |
| 嘉育280 | Jiayu 280 | 1996 | 常规早籼稻 | 浙品审字第137号（1996） | | 80 |
| 嘉育293 | Jiayu 293 | 1993 | 常规早籼稻 | 浙品审字第095号（1993） | | 81 |
| 嘉育46 | Jiayu 46 | 2004 | 早籼稻 | 浙审稻2004001 | | 82 |
| 嘉育66 | Jiayu 66 | 2011 | 常规早籼稻 | 浙审稻2011004 | | 83 |
| 嘉育67 | Jiayu 67 | 2008 | 早籼稻 | 浙审稻2008025 | | 84 |
| 嘉育70 | Jiayu 70 | 2006 | 常规早籼稻 | 浙审稻2006023 | | 85 |
| 嘉育73 | Jiayu 73 | 1991 | 早籼稻 | 浙品审字第068号（1991） | | 86 |
| 嘉育948 | Jiayu 948 | 1998 | 早籼稻 | 浙品审字第170号（1998） | | 87 |
| 嘉早05 | Jiazao 05 | 1994 | 早籼稻 | 浙品审字第108号（1994） | | 88 |
| 嘉早08 | Jiazao 08 | 2002 | 早籼稻 | 浙品审字第363号（2002） | | 89 |
| 嘉早12 | Jiazao 12 | 2000 | 常规早籼稻 | 浙品审字第205号（2000） | | 90 |
| 嘉早309 | Jiazao 309 | 2011 | 常规早籼稻 | 浙审稻2011002 | | 91 |
| 嘉早311 | Jiazao 311 | 2008 | 常规早籼稻 | 浙审稻2008026 | | 92 |
| 嘉早312 | Jiazao 312 | 2003 | 早籼稻 | 浙审稻2003001 | | 93 |
| 嘉早324 | Jiazao 324 | 2004 | 早籼稻 | 浙审稻2004021 | | 94 |
| 嘉早332 | Jiazao 332 | 2006 | 常规早籼稻 | 浙审稻2006022 | | 95 |
| 嘉早41 | Jiazao 41 | 1999 | 常规早籼稻 | 浙品审字第187号（1999） | | 96 |
| 嘉早43 | Jiazao 43 | 1998 | 常规早籼稻 | 浙品审字第169号（1998） | | 97 |

（续）

| 品种名称 | 英文（拼音）名 | 审定（育成）年份 | 类型 | 审定号 | 品种权号 | 页码 |
|---|---|---|---|---|---|---|
| 嘉早442 | Jiazao 442 | 2007 | 常规早籼稻 | 浙审稻2007025 | | 98 |
| 嘉早935 | Jiazao 935 | 1999 | 常规早籼稻 | 浙品审字第183号（1999） | | 99 |
| 金丰 | Jinfeng | 2001 | 常规晚粳稻 | 沪农品审稻(2001)第002号 | CNA20010205.2 | 255 |
| 金辐48 | Jinfu 48 | 1989 | 常规早籼稻 | 浙品认字第168号（1993） | | 100 |
| 金优987 | Jinyou 987 | 2005 | 三系杂交中籼稻 | 浙审稻2005006 | CNA20050208.5 | 187 |
| 金早22 | Jinzao 22 | 1998 | 常规早籼稻 | 浙品审字第171号（1998） | | 101 |
| 金早47 | Jinzao 47 | 2001 | 常规早籼稻 | 浙品审字第227号（2001） | | 102 |
| 内2优111 | Nei 2 You 111 | 2008 | 三系杂交中籼稻 | 浙审稻2008014 | | 188 |
| 内5优8015 | Nei 5 You 8015 | 2010 | 三系杂交中籼稻 | 国审稻2010020 | | 189 |
| 宁67 | Ning 67 | 1992 | 常规晚粳稻 | 浙品审字第101号 | | 256 |
| 宁81 | Ning 81 | 2008 | 常规晚粳稻 | 浙审稻2008007 | | 257 |
| 农虎6号 | Nonghu 6 | 1983 | 常规晚粳稻 | 湘品审(认)第13号 | | 258 |
| 培两优2859 | Peiliangyou 2859 | 2006 | 两系杂交中籼稻 | 浙审稻2006001 | CNA20060390.6 | 190 |
| 培两优8007 | Peiliangyou 8007 | 2007 | 两系杂交晚籼稻 | 浙审稻2007021 | CNA005097E | 191 |
| 钱优0501 | Qianyou 0501 | 2008 | 三系杂交中籼稻 | 浙审稻2008012 | | 192 |
| 钱优0506 | Qianyou 0506 | 2009 | 三系杂交晚籼稻 | 浙审稻2009006 | | 193 |
| 钱优0508 | Qianyou 0508 | 2009 | 三系杂交中籼稻 | 浙审稻2009013 | | 194 |
| 钱优0612 | Qianyou 0612 | 2009 | 三系杂交中籼稻 | 浙审稻2009024 | | 195 |
| 钱优0618 | Qianyou 0618 | 2009 | 三系杂交晚籼稻 | 浙审稻2009009 | | 196 |
| 钱优0724 | Qianyou 0724 | 2011 | 三系杂交晚籼稻 | 浙审稻2011014 | CNA006859E | 197 |
| 钱优1号 | Qianyou 1 | 2007 | 三系杂交晚籼稻 | 浙审稻2007015 | CNA20050855.5 | 198 |
| 钱优100 | Qianyou 100 | 2008 | 三系杂交晚籼稻 | 浙审稻2008017 | | 199 |
| 钱优2号 | Qianyou 2 | 2010 | 三系杂交晚籼稻 | 浙审稻2010009 | CNA006860E | 200 |
| 钱优911 | Qianyou 911 | 2014 | 三系杂交晚籼稻 | 浙审稻2014013 | | 201 |
| 钱优930 | Qianyou 930 | 2013 | 三系杂交晚籼稻 | 浙审稻2013018 | | 202 |
| 钱优97 | Qianyou 97 | 2013 | 三系杂交晚籼稻 | 浙审稻2013014 | | 203 |
| 钱优M15 | Qianyou M 15 | 2009 | 三系杂交晚籼稻 | 浙审稻2009007 | | 204 |
| 青角10号 | Qingjiao 10 | 2005 | 常规晚粳稻 | 沪农品审稻(2005)第004号 | | 259 |
| 青角301 | Qingjiao 301 | 2008 | 常规中粳稻 | 沪农品审稻(2008)第003号 | | 260 |
| 青角307 | Qingjiao 307 | 2009 | 常规晚粳稻 | 沪农品审稻(2009)第002号 | | 261 |
| 青农早1号 | Qingnongzao 1 | 1983 | 常规早籼稻 | 沪农品审(1983)第001号 | | 103 |
| 庆早44 | Qingzao 44 | 1986 | 常规早籼稻 | | | 104 |

（续）

| 品种名称 | 英文（拼音）名 | 审定（育成）年份 | 类型 | 审定号 | 品种权号 | 页码 |
|---|---|---|---|---|---|---|
| 秋丰 | Qiufeng | 1996 | 常规晚粳稻 | 沪农品审(1996)第003号 | | 262 |
| 秋优118 | Qiuyou 118 | 2008 | 三系杂交晚粳稻 | 沪农品审稻(2008)第008号 | | 362 |
| 秋优金丰 | Qiuyoujinfeng | 2006 | 三系杂交晚粳稻 | 沪农品审稻(2006)第002号 | CNA20070143.6 | 363 |
| 瑞科26 | Ruike 26 | 2001 | 常规早籼稻 | 浙品审字第225号（2001） | | 105 |
| 汕优10号 | Shanyou 10 | 1989 | 三系杂交中籼稻 | 浙品审字第051号（1989） | | 205 |
| 上农香糯 | Shangnongxiangnuo | 1987 | 常规晚粳糯稻 | 沪农品审(1987)第001号 | | 263 |
| 绍糯119 | Shaonuo 119 | 1995 | 常规晚粳糯稻 | 浙品审字第127号 | | 264 |
| 绍糯9714 | Shaonuo 9714 | 2002 | 常规晚粳糯稻 | 浙品审字第371号 | CNA007879E | 265 |
| 申优254 | Shenyou 254 | 2004 | 三系杂交晚粳稻 | 沪农品审稻(2004)第008号 | | 364 |
| 申优繁15 | Shenyoufan 15 | 2009 | 三系杂交晚粳稻 | 沪农品审稻(2009)第006号 | CNA005983E | 365 |
| 双科1号 | Shuangke 1 | 1983 | 常规早籼稻 | 浙品审字第003号（1983） | | 106 |
| 双糯4号 | Shuangnuo 4 | 1983 | 常规晚粳糯稻 | 浙品认字第011号 | | 266 |
| 四梅2号 | Simei 2 | 1983 | 常规早籼稻 | 浙品审字第001号（1983） | | 107 |
| 苏沪香粳 | Suhuxianggeng | 2002 | 常规晚粳稻 | 沪农品审稻(2002)第022号 | | 267 |
| 台202 | Tai 202 | 1993 | 常规晚粳稻 | 浙品审字第098号 | | 268 |
| 台537 | Tai 537 | 1998 | 常规晚粳稻 | 浙品审字第172号 | | 269 |
| 台早5号 | Taizao 5 | 1983 | 常规早籼稻 | 浙品审字第004号（1983） | | 108 |
| 台早518 | Taizao 518 | 2009 | 常规早籼稻 | 浙审稻2009037 | | 109 |
| 天禾1号 | Tianhe 1 | 2004 | 常规早籼稻 | 浙审稻2004005 | | 110 |
| 天优2180 | Tianyou 2180 | 2011 | 三系杂交中籼稻 | 浙审稻2011012 | CNA008530E | 206 |
| 天优8019 | Tianyou 8019 | 2012 | 三系杂交中籼稻 | 浙审稻2012012 | | 207 |
| 天优华占 | Tianyouhuazhan | 2008 | 三系杂交中籼稻 | 国审稻2008020 | CNA004572E | 208 |
| 铁桂丰 | Tieguifeng | 1985 | 常规晚粳稻 | 沪农品审(1985)第002号 | | 270 |
| 温189 | Wen 189 | 1993 | 常规早籼稻 | 浙品认字第169号（1993） | | 111 |
| 温229 | Wen 229 | 2006 | 常规早籼稻 | 浙审稻2006024 | CNA008076E | 112 |
| 温305 | Wen 305 | 2006 | 常规早籼稻 | 浙审稻2006025 | | 113 |
| 先锋1号 | Xianfeng 1 | 1983 | 常规早籼稻 | GS01012-1984 | | 114 |
| 香糯4号 | Xiangnuo 4 | 1985 | 常规晚粳稻 | 浙品认字第043号 | | 271 |
| 湘虎25 | Xianghu 25 | 1983 | 常规晚粳稻 | 浙品审字第007号 | | 272 |
| 祥湖13 | Xianghu 13 | 2008 | 常规晚粳糯稻 | 浙审稻2008005 | | 273 |
| 祥湖171 | Xianghu 171 | 2007 | 常规晚粳糯稻 | 浙审稻2007007 | | 274 |
| 祥湖25 | Xianghu 25 | 1988 | 常规晚粳糯稻 | 沪农品审(1988)第005号 | | 275 |

（续）

| 品种名称 | 英文（拼音）名 | 审定（育成）年份 | 类型 | 审定号 | 品种权号 | 页码 |
|---|---|---|---|---|---|---|
| 祥湖301 | Xianghu 301 | 2008 | 常规晚粳糯稻 | 浙审稻2008006 |  | 276 |
| 祥湖47 | Xianghu 47 | 1985 | 常规晚粳糯稻 |  |  | 277 |
| 祥湖84 | Xianghu 84 | 1988 | 常规晚粳糯稻 | 浙品审字第042号 |  | 278 |
| 祥湖914 | Xianghu 914 | 2005 | 常规晚粳糯稻 | 浙审稻2005022 |  | 279 |
| 协优413 | Xieyou 413 | 1995 | 三系杂交中籼稻 | 浙品审字第126号（1995） |  | 209 |
| 协优46 | Xieyou 46 | 1990 | 三系杂交中籼稻 | 浙品审字第058号（1990） |  | 210 |
| 协优7954 | Xieyou 7954 | 2001 | 三系杂交中籼稻 | 浙品审字第233号（2001） | CNA20030454.2 | 211 |
| 协优982 | Xieyou 982 | 2002 | 三系杂交中籼稻 | 浙品审字第375号 |  | 212 |
| 协优中1号 | Xieyouzhong 1 | 2010 | 三系杂交晚籼稻 | 浙审稻2010010 | CNA007499E | 213 |
| 秀水03 | Xiushui 03 | 2005 | 常规晚粳稻 | 浙审稻2005016 |  | 280 |
| 秀水04 | Xiushui 04 | 1985 | 常规晚粳稻 | 浙品认字第067号 |  | 281 |
| 秀水05 | Xiushui 05 | 2011 | 常规晚粳稻 | 浙审稻2011009 | CNA007182E | 282 |
| 秀水06 | Xiushui 06 | 1981 | 常规晚粳稻 |  |  | 283 |
| 秀水08 | Xiushui 08 | 2009 | 常规晚粳稻 | 浙审稻2009002 |  | 284 |
| 秀水09 | Xiushui 09 | 2005 | 常规晚粳稻 | 浙审稻2005015 |  | 285 |
| 秀水103 | Xiushui 103 | 2009 | 常规晚粳稻 | 浙审稻2009001 |  | 286 |
| 秀水1067 | Xiushui 1067 | 1996 | 常规晚粳稻 | 浙品审字第140号 |  | 287 |
| 秀水11 | Xiushui 11 | 1988 | 常规晚粳稻 | 浙品审字第040号 |  | 288 |
| 秀水110 | Xiushui 110 | 2001 | 常规晚粳稻 | 沪农品审稻(2001)第001号 |  | 289 |
| 秀水113 | Xiushui 113 | 2006 | 常规晚粳稻 | 浙审稻2006012 |  | 290 |
| 秀水114 | Xiushui 114 | 2009 | 常规晚粳稻 | 浙审稻2009005 |  | 291 |
| 秀水12 | Xiushui 12 | 2010 | 常规晚粳稻 | 浙审稻2010004 |  | 292 |
| 秀水122 | Xiushui 122 | 1992 | 常规晚粳稻 | 沪农品审(1992)第002号 |  | 293 |
| 秀水123 | Xiushui 123 | 2007 | 常规晚粳稻 | 沪农品审稻(2007)第01号 | CNA008497E | 294 |
| 秀水128 | Xiushui 128 | 2006 | 常规晚粳稻 | 沪农品审稻(2006)第004号 |  | 295 |
| 秀水13 | Xiushui 13 | 2002 | 常规晚粳稻 | 鄂审稻021-2002 |  | 296 |
| 秀水132 | Xiushui 132 | 2008 | 常规晚粳稻 | 浙审稻2008004 |  | 297 |
| 秀水134 | Xiushui 134 | 2010 | 常规晚粳稻 | 浙审稻2010003 | CNA007183E | 298 |
| 秀水17 | Xiushui 17 | 1995 | 常规晚粳稻 | 沪农品审(1995)第003号 |  | 299 |
| 秀水209 | Xiushui 209 | 2003 | 常规晚粳稻 | 浙审稻2003004 |  | 300 |
| 秀水217 | Xiushui 217 | 2003 | 常规晚粳稻 | 浙审稻2003005 |  | 301 |
| 秀水223 | Xiushui 223 | 2006 | 常规晚粳稻 | 浙审稻2006015 |  | 302 |

（续）

| 品种名称 | 英文（拼音）名 | 审定（育成）年份 | 类型 | 审定号 | 品种权号 | 页码 |
|---|---|---|---|---|---|---|
| 秀水 24 | Xiushui 24 | 1989 | 常规晚粳稻 | | | 303 |
| 秀水 27 | Xiushui 27 | 1985 | 常规晚粳稻 | 浙品认字第 042 号 | | 304 |
| 秀水 33 | Xiushui 33 | 2007 | 常规晚粳稻 | 浙审稻 2007001 | | 305 |
| 秀水 37 | Xiushui 37 | 1988 | 常规晚粳稻 | 浙品认字第 147 号 | | 306 |
| 秀水 390 | Xiushui 390 | 2000 | 常规晚粳稻 | 浙品审字第 212 号 | | 307 |
| 秀水 40 | Xiushui 40 | 1985 | 常规中粳稻 | | | 308 |
| 秀水 414 | Xiushui 414 | 2011 | 常规晚粳稻 | 浙审稻 2011006 | | 309 |
| 秀水 417 | Xiushui 417 | 2005 | 常规晚粳稻 | 浙审稻 2005008 | | 310 |
| 秀水 42 | Xiushui 42 | 2001 | 常规晚粳稻 | 浙品审字第 231 号 | | 311 |
| 秀水 46 | Xiushui 46 | 1985 | 常规晚粳稻 | 浙品认字第 040 号 | | 312 |
| 秀水 47 | Xiushui 47 | 1998 | 常规晚粳稻 | 浙品审字第 173 号 | | 313 |
| 秀水 48 | Xiushui 48 | 1983 | 常规晚粳稻 | 浙品审字第 005 号 | | 314 |
| 秀水 519 | Xiushui 519 | 2012 | 常规晚粳稻 | 浙审稻 2012005 | | 315 |
| 秀水 52 | Xiushui 52 | 2001 | 常规晚粳稻 | 浙品审字第 232 号 | | 316 |
| 秀水 59 | Xiushui 59 | 2002 | 常规晚粳稻 | 沪农品审稻(2002)第 023 号 | | 317 |
| 秀水 620 | Xiushui 620 | 1989 | 常规晚粳稻 | 沪农品审(1991)第 002 号 | | 318 |
| 秀水 63 | Xiushui 63 | 1997 | 常规晚粳稻 | 浙品审字第 157 号 | | 319 |
| 秀水 664 | Xiushui 664 | 1989 | 常规晚粳稻 | 浙品认字第 176 号 | | 320 |
| 秀水 814 | Xiushui 814 | 1993 | 常规晚粳稻 | 浙品审字第 103 号 | | 321 |
| 秀水 850 | Xiushui 850 | 1993 | 常规晚粳稻 | 浙品审字第 102 号 | | 322 |
| 秀水 994 | Xiushui 994 | 2003 | 常规晚粳稻 | 浙审稻 2003007 | | 323 |
| 秀优 169 | Xiuyou 169 | 2007 | 三系杂交晚粳稻 | 浙审稻 2007008 | | 366 |
| 秀优 378 | Xiuyou 378 | 2009 | 三系杂交晚粳稻 | 沪农品审稻(2009)第 004 号 | | 367 |
| 秀优 5 号 | Xiuyou 5 | 2005 | 三系杂交晚粳稻 | 沪农品审稻(2005)第 002 号 | | 368 |
| 研优 1 号 | Yanyou 1 | 2005 | 三系杂交中籼稻 | 浙审稻 2005004 | | 214 |
| 甬粳 18 | Yonggeng 18 | 2000 | 常规晚粳稻 | 浙品审字第 210 号 | | 324 |
| 甬粳 44 | Yonggeng 44 | 1995 | 常规晚粳稻 | 浙品审字第 128 号 | | 325 |
| 甬糯 34 | Yongnuo 34 | 2005 | 常规晚粳糯稻 | 浙审稻 2005021 | | 326 |
| 甬籼 57 | Yongxian 57 | 2004 | 常规早籼稻 | 浙审稻 2004006 | | 115 |
| 甬籼 69 | Yongxian 69 | 2007 | 常规早籼稻 | 浙审稻 2007026 | | 116 |
| 甬优 10 号 | Yongyou 10 | 2007 | 三系杂交晚粳稻 | 浙审稻 2007012 | | 369 |
| 甬优 11 | Yongyou 11 | 2007 | 三系杂交晚粳稻 | 浙审稻 2007013 | CNA20060722.7 | 370 |

（续）

| 品种名称 | 英文（拼音）名 | 审定（育成）年份 | 类型 | 审定号 | 品种权号 | 页码 |
|---|---|---|---|---|---|---|
| 甬优12 | Yongyou 12 | 2010 | 三系杂交晚粳稻 | 浙审稻2010015 | CNA006244E | 371 |
| 甬优14 | Yongyou 14 | 2009 | 三系杂交晚粳稻 | 浙审稻2009030 | | 372 |
| 甬优4号 | Yongyou 4 | 2003 | 三系杂交晚粳稻 | 浙审稻2003016 | | 373 |
| 甬优6号 | Yongyou 6 | 2005 | 三系杂交晚粳稻 | 浙审稻2005020 | CNA20060197.0 | 374 |
| 甬优9号 | Yongyou 9 | 2007 | 三系杂交晚粳稻 | 浙审稻2007011 | CNA20060747.2 | 375 |
| 优丰 | Youfeng | 1999 | 常规晚粳稻 | 沪农品审稻(1999)第005号 | | 327 |
| 玉丰 | Yufeng | 2003 | 常规晚粳稻 | 沪农品审稻(2003)第064号 | | 328 |
| 原丰早 | Yuanfengzao | 1983 | 常规早籼稻 | 浙品认字第003号（1983） | | 117 |
| 原粳4号 | Yuangeng 4 | 1990 | 常规晚粳稻 | 浙品认字第177号 | | 329 |
| 越糯1号 | Yuenuo 1 | 1997 | 常规早籼糯稻 | 浙品审字第154号（1997） | | 118 |
| 早莲31 | Zaolian 31 | 1986 | 常规早籼稻 | 浙品认字第125号（1989） | | 119 |
| 早籼141 | Zaoxian 141 | 1983 | 常规早籼稻 | 浙品认字第005号（1983） | | 120 |
| 浙101 | Zhe 101 | 2005 | 常规早籼稻 | 浙审稻2005026 | CNA005856E | 121 |
| 浙103 | Zhe 103 | 2004 | 常规早籼稻 | 浙审稻2004023 | | 122 |
| 浙106 | Zhe 106 | 2004 | 常规早籼稻 | 浙审稻2004024 | | 123 |
| 浙1500 | Zhe 1500 | 1998 | 常规早籼稻 | 浙品审字第176号（1998） | | 124 |
| 浙207 | Zhe 207 | 2009 | 常规早籼稻 | 湘审稻2009001 | | 125 |
| 浙408 | Zhe 408 | 2007 | 常规早籼稻 | 浙审稻2007027 | | 126 |
| 浙733 | Zhe 733 | 1991 | 常规早籼稻 | 浙品审字第069号（1991） | | 127 |
| 浙852 | Zhe 852 | 1989 | 常规早籼稻 | 浙品审字第048号（1989） | | 128 |
| 浙9248 | Zhe 9248 | 1997 | 常规早籼稻 | 浙品审字第152号（1997） | | 129 |
| 浙辐802 | Zhefu 802 | 1984 | 常规早籼稻 | 浙品审字第021号（1984） | | 130 |
| 浙粳112 | Zhegeng 112 | 2012 | 常规晚粳稻 | 浙审稻2012008 | CNA008075E | 330 |
| 浙粳20 | Zhegeng 20 | 2002 | 常规晚粳稻 | 浙品审字第369号 | | 331 |
| 浙粳22 | Zhegeng 22 | 2006 | 常规晚粳稻 | 浙审稻2006013 | CNA20070398.6 | 332 |
| 浙粳27 | Zhegeng 27 | 2004 | 常规晚粳稻 | 浙审稻2004017 | | 333 |
| 浙粳28 | Zhegeng 28 | 2008 | 常规晚粳稻 | 浙审稻2008002 | | 334 |
| 浙粳29 | Zhegeng 29 | 2009 | 常规晚粳稻 | 浙审稻2009004 | | 335 |
| 浙粳30 | Zhegeng 30 | 2003 | 常规晚粳稻 | 浙审稻2003006 | | 336 |
| 浙粳40 | Zhegeng 40 | 2005 | 常规晚粳稻 | 浙审稻2005009 | | 337 |
| 浙粳41 | Zhegeng 41 | 2009 | 常规晚粳稻 | 浙审稻2009003 | | 338 |
| 浙粳50 | Zhegeng 50 | 2003 | 常规晚粳稻 | 浙审稻2005010 | | 339 |

(续)

| 品种名称 | 英文（拼音）名 | 审定（育成）年份 | 类型 | 审定号 | 品种权号 | 页码 |
|---|---|---|---|---|---|---|
| 浙粳59 | Zhegeng 59 | 2013 | 常规晚粳稻 | 浙审稻2013008 | | 340 |
| 浙粳60 | Zhegeng 60 | 2013 | 常规晚粳稻 | 浙审稻2013009 | | 341 |
| 浙粳66 | Zhegeng 66 | 1983 | 常规晚粳稻 | 浙品审字第006号 | | 342 |
| 浙粳88 | Zhegeng 88 | 2011 | 常规晚粳稻 | 浙审稻2011008 | CNA20110596.3 | 343 |
| 浙粳97 | Zhegeng 97 | 2013 | 常规晚粳稻 | 浙审稻2013007 | | 344 |
| 浙粳98 | Zhegeng 98 | 2013 | 常规晚粳稻 | 浙审稻2013010 | | 345 |
| 浙粳优1号 | Zhegengyou 1 | 2008 | 三系杂交晚粳稻 | 浙审稻2008021 | | 376 |
| 浙粳优2号 | Zhegengyou 2 | 2009 | 三系杂交晚粳稻 | 浙审稻2009035 | | 377 |
| 浙湖3号 | Zhehu 3 | 1990 | 常规晚粳稻 | 浙品认字第148号 | | 346 |
| 浙湖6号 | Zhehu 6 | 1988 | 常规晚粳稻 | 浙品审字第369号 | | 347 |
| 浙鉴21 | Zhejian 21 | 2004 | 常规早籼稻 | 浙审稻2004022 | | 131 |
| 浙农34 | Zhenong 34 | 2007 | 常规早籼稻 | 浙审稻2007023 | | 132 |
| 浙农7号 | Zhenong 7 | 2004 | 常规早籼稻 | 浙审稻2004002 | | 133 |
| 浙农8010 | Zhenong 8010 | 1993 | 常规早籼稻 | 浙品审字第097号（1993） | | 134 |
| 浙农921 | Zhenong 921 | 1997 | 常规早籼稻 | 浙品审字第149号（1997） | | 135 |
| 浙农952 | Zhenong 952 | 2001 | 常规早籼稻 | 浙品审字第224号（2001） | | 136 |
| 浙糯36 | Zhenuo 36 | 2003 | 常规晚粳糯稻 | 浙审稻2003009 | | 348 |
| 浙糯4号 | Zhenuo 4 | 2006 | 常规晚粳糯稻 | 浙审稻2006018 | | 349 |
| 浙糯5号 | Zhenuo 5 | 2004 | 常规晚粳糯稻 | 浙审稻2004020 | | 350 |
| 浙糯65 | Zhenuo 65 | 2011 | 常规晚粳糯稻 | 浙审稻2011007 | | 351 |
| 浙优10号 | Zheyou 10 | 2008 | 三系杂交晚粳稻 | 浙审稻2008018 | | 378 |
| 浙优12 | Zheyou 12 | 2008 | 三系杂交晚粳稻 | 浙审稻2008019 | | 379 |
| 浙优18 | Zheyou 18 | 2012 | 三系杂交晚粳稻 | 浙审稻2012020 | | 380 |
| 珍汕97 | Zhenshan 97 | 1968 | 常规早籼稻 | | | 137 |
| 中106 | Zhong 106 | 1996 | 常规早籼稻 | 浙品审字第138号（1996） | | 138 |
| 中156 | Zhong 156 | 1991 | 常规早籼稻 | 赣审稻1991002 | | 139 |
| 中86-44 | Zhong 86-44 | 1992 | 常规早籼稻 | 湘品审第92号（1992） | | 140 |
| 中98-18 | Zhong 98-18 | 2002 | 常规早籼稻 | 浙品审字第367号（2002） | | 141 |
| 中9优288 | Zhong 9 You 288 | 2004 | 三系杂交中籼稻 | 国审稻2004026 | CNA20030469.0 | 215 |
| 中9优8012 | Zhong 9 You 8012 | 2009 | 三系杂交中籼稻 | 国审稻2009019 | CNA20080617.3 | 216 |
| 中9优974 | Zhong 9 You 974 | 2001 | 三系杂交早籼稻 | 浙品审字第366号 | | 217 |
| 中辐906 | Zhongfu 906 | 1998 | 常规早籼稻 | 浙品审字第167号（1998） | | 142 |

（续）

| 品种名称 | 英文（拼音）名 | 审定（育成）年份 | 类型 | 审定号 | 品种权号 | 页码 |
|---|---|---|---|---|---|---|
| 中秆早 | Zhongganzao | 1983 | 常规早籼稻 | 浙品认字第004号（1983） |  | 143 |
| 中旱209 | Zhonghan 209 | 2004 | 常规中籼稻 | 国审稻2004052 | CNA20030487.9 | 144 |
| 中旱221 | Zhonghan 221 | 2006 | 常规中籼稻 | 国审稻2006071 | CNA007555E | 145 |
| 中旱3号 | Zhonghan 3 | 2003 | 常规中粳稻 | 国审稻2003030 |  | 352 |
| 中佳早10号 | Zhongjiazao 10 | 2006 | 常规早籼稻 | 浙审稻2006020 |  | 146 |
| 中佳早2号 | Zhongjiazao 2 | 2005 | 常规早籼稻 | 赣审稻2005003 |  | 147 |
| 中嘉129 | Zhongjia 129 | 1989 | 常规晚粳稻 | 浙品审字第050号 |  | 353 |
| 中嘉早17 | Zhongjiazao 17 | 2008 | 常规早籼稻 | 浙审稻2008022 |  | 148 |
| 中丝2号 | Zhongsi 2 | 1995 | 常规早籼稻 | 浙品审字第121号（1995） |  | 149 |
| 中选056 | Zhongxuan 056 | 2009 | 常规早籼稻 | 浙审稻2009040 |  | 150 |
| 中选181 | Zhongxuan 181 | 2002 | 常规早籼稻 | 浙品审字第364号（2002） |  | 151 |
| 中选5号 | Zhongxuan 5 | 1993 | 常规早籼稻 | 浙品审字第096号（1993） |  | 152 |
| 中选972 | Zhongxuan 972 | 2003 | 常规早籼稻 | 国审稻2003044 |  | 153 |
| 中优1176 | Zhongyou 1176 | 2005 | 三系杂交中籼稻 | 赣审稻2005044 |  | 218 |
| 中优177 | Zhongyou 177 | 2003 | 三系杂交中籼稻 | 国审稻2003050 | CNA20050167.4 | 219 |
| 中优218 | Zhongyou 218 | 2003 | 三系杂交中籼稻 | 赣审稻2003017 | CNA20050901.2 | 220 |
| 中优448 | Zhongyou 448 | 2003 | 三系杂交中籼稻 | 国审稻2003061 |  | 221 |
| 中优838选 | Zhongyou 838 Xuan | 2000 | 三系杂交中籼稻 | 桂审稻200044号 |  | 222 |
| 中优85 | Zhongyou 85 | 2003 | 三系杂交中籼稻 | 黔审稻2003011号 | CNA20040347.8 | 223 |
| 中优904 | Zhongyou 904 | 2009 | 三系杂交中籼稻 | 浙审稻2009011 |  | 224 |
| 中优9号 | Zhongyou 9 | 2008 | 三系杂交中籼稻 | 浙审稻2008016 |  | 225 |
| 中优早5号 | Zhongyouzao 5 | 1997 | 常规早籼稻 | 赣审稻1997004 |  | 154 |
| 中优早81 | Zhongyouzao 81 | 1996 | 常规早籼稻 | 赣审稻1996004 |  | 155 |
| 中育1号 | Zhongyu 1 | 1991 | 常规中籼稻 | 浙品审字第070号（1991） |  | 156 |
| 中早1号 | Zhongzao 1 | 1995 | 常规早籼稻 | 赣审稻1995002（1995） |  | 157 |
| 中早22 | Zhongzao 22 | 2004 | 常规早籼稻 | 浙审稻2004003 |  | 158 |
| 中早23 | Zhongzao 23 | 2003 | 常规早籼稻 | 赣审稻2003019 |  | 159 |
| 中早25 | Zhongzao 25 | 2006 | 常规早籼稻 | 国审稻2006011 |  | 160 |
| 中早27 | Zhongzao 27 | 2005 | 常规早籼稻 | 赣审稻2005001 | CNA20030400.3 | 161 |
| 中早35 | Zhongzao 35 | 2009 | 常规早籼稻 | 赣审稻2009038 | CNA006178E | 162 |
| 中早38 | Zhongzao 38 | 2009 | 常规早籼稻 | 浙审稻2009038 |  | 163 |
| 中早39 | Zhongzao 39 | 2009 | 常规早籼稻 | 浙审稻2009039 | CNA006177E | 164 |

（续）

| 品种名称 | 英文（拼音）名 | 审定（育成）年份 | 类型 | 审定号 | 品种权号 | 页码 |
|---|---|---|---|---|---|---|
| 中早4号 | Zhongzao 4 | 1997 | 常规早籼稻 | 浙品审字第150号（1997） | | 165 |
| 中浙优1号 | Zhongzheyou 1 | 2004 | 三系杂交中籼稻 | 浙审稻2004009 | CNA20050319.7 | 226 |
| 中浙优8号 | Zhongzheyou 8 | 2006 | 三系杂交中籼稻 | 浙审稻2006002 | | 227 |
| 中浙优86 | Zhongzheyou 86 | 2007 | 三系杂交中籼稻 | 浙审稻2007020 | | 228 |
| 中组1号 | Zhongzu 1 | 1998 | 常规早籼稻 | 赣审稻1998002 | | 166 |
| 中组3号 | Zhongzu 3 | 2005 | 常规早籼稻 | 赣审稻2005002 | | 167 |
| 舟903 | Zhou 903 | 1994 | 常规早籼稻 | 浙品审字第106号（1994） | | 168 |
| 株两优06 | Zhuliangyou 06 | 2010 | 两系杂交早籼稻 | 湘审稻2010006 | | 229 |
| 株两优609 | Zhuliangyou 609 | 2011 | 两系杂交早籼稻 | 浙审稻2011005 | | 230 |
| 株两优813 | Zhuliangyou 813 | 2013 | 两系杂交早籼稻 | 浙审稻2013004 | | 231 |
| 竹菲10号 | Zhufei 10 | 1985 | 常规早籼稻 | 浙品审字第022号（1985） | | 169 |
| 竹科2号 | Zhuke 2 | 1983 | 常规早籼稻 | 浙品认字第008号（1983） | | 170 |

图书在版编目（CIP）数据

中国水稻品种志. 浙江上海卷／万建民总主编；魏兴华，张小明主编. —北京：中国农业出版社，2018.12

ISBN 978-7-109-24876-2

Ⅰ. ①中… Ⅱ. ①万… ②魏… ③张… Ⅲ. ①水稻-品种-浙江②水稻-品种-上海 Ⅳ. ①S511.037

中国版本图书馆CIP数据核字（2018）第260242号

地图审核号：浙S（2019）3号

中国水稻品种志·浙江上海卷
ZHONGGUO SHUIDAO PINZHONGZHI·ZHEJIANG SHANGHAI JUAN

中国农业出版社

地址：北京市朝阳区麦子店街18号楼
邮编：100125

策划编辑：舒　薇　贺志清
责任编辑：郭　科　浮双双
装帧设计：贾利霞
版式设计：胡至幸　韩小丽
责任校对：陈晓红　吴丽婷　刘飔雨
责任印制：王　宏　刘继超

印刷：北京通州皇家印刷厂
版次：2018年12月第1版
印次：2018年12月北京第1次印刷
发行：新华书店北京发行所

开本：787mm×1092mm　1/16
印张：26.5
字数：605千字

定价：300.00元